Statik des Tunnel- und Stollenbaues

auf der Grundlage geomechanischer Erkenntnisse

Hermann Kastner

Zweite neubearbeitete Auflage

Springer-Verlag Berlin · Heidelberg · New York 1971

Dr.-Ing. E. h. Dr.-Ing. Hermann Kastner
Innsbruck

Mit 121 Abbildungen

ISBN 978-3-642-52161-4   ISBN 978-3-642-52160-7 (eBook)
DOI 10.1007/978-3-642-52160-7

Vorwort zur ersten Auflage

Die Aufgabe, der das vorliegende Buch gewidmet ist, besteht in der Behandlung der statischen Probleme, welche der Tunnel- und Stollenbau und darüber hinaus der gesamte untertägige Hohlraumbau stellen. In diesem Rahmen wieder ist das Zusammenwirken von Bauwerk und Gebirge und damit die Belastung des zeitweiligen und dauernden Hohlraumausbaues, die sich aus dem gemeinsamen Verhalten ergibt, entscheidend. Dieses Zusammenwirken bildet die Grundlage für die Formgebung und Bemessung des Bauwerkes. Weil aber Formgebung und Bemessung im engeren Sinne, d. h. Anordnung und Dimensionierung des Ausbaues in Abhängigkeit von den Festigkeitseigenschaften der verwendeten Baustoffe, Gegenstand der allgemeinen Baustatik bilden und daher keine spezifischen Aufgaben darstellen, wird darüber nur gesprochen, wenn es die Eigenart des Tunnel- und Stollenbaues erfordert. Die Frage der Belastung des Ausbaues, also des Gebirgsdruckes hingegen, die ungleich schwieriger ist, wird in den Vordergrund aller anzustellenden Betrachtungen gerückt.

Bei der Gründung von Bauwerken im Lockergebirge hat in früheren Zeiten die statische Behandlung mit der Wahl der zulässigen Beanspruchung des Bodens sein Ende gefunden. Hierin ist in den letzten Jahrzehnten ein Wandel eingetreten, und die Erkenntnis, daß der Boden funktionell zum Bauwerk gehört, hat in seiner Weiterentwicklung, gefördert durch eine intensive Grundlagenforschung, zu einem wichtigen Zweig der technischen Wissenschaften, zur Bodenmechanik geführt. Ähnlich, aber vielleicht in noch höherem Maße, muß im Tunnel- und Stollenbau die tragende Mitwirkung des Gebirges und die statische Zusammengehörigkeit von Gebirge und Bauwerk berücksichtigt werden. Bei dieser Beurteilung stehen zunächst die Erkenntnisse der Geologie zur Verfügung, die in den Ausführungen des Buches gebührende Beachtung finden. Die Aufnahme wichtiger geologischer Begriffe und Anschauungen durfte nicht unterbleiben. Sie wurden aber, dem Sinne und der Absicht des Buches entsprechend, dem Gedankengut der Mechanik untergeordnet, wodurch bestimmt keine Nachteile hinsichtlich der Exaktheit der Darstellung eintraten. Es war auch angezeigt, die nicht immer klare Begriffsfestlegung und Bezeichnungsweise der Geologie, soweit es sich um ihre Grenzfragen zur Bautechnik handelt, günstiger zu gestalten. Wo die Geologie Bauzwecken dienen soll, muß sie sich den Gesetzmäßigkeiten der Baumechanik unterordnen und sich deren Begriffsbestimmungen anschließen; damit wird sie zur Geomechanik.

Die Geomechanik ist ein im Werden begriffener Wissenschaftszweig, und es sind Anzeichen dafür vorhanden, daß sie sich, obwohl dem umfassenden Bereich der Geophysik angehörend, davon absondern dürfte. Die gleiche Erscheinung ist ja bei der Mechanik selbst eingetreten. Auch sie war ursprünglich ein Bestandteil der Physik, hat aber, den Erfordernissen der technischen Praxis folgend, in den Händen von Ingenieuren eine Entwicklung erfahren, von deren Bedeutung und Ausmaß sich ein Außenstehender kaum eine Vorstellung zu bilden vermag.

Bei der Verfolgung der statischen Aufgaben des Tunnel- und Stollenbaues würde man bald an eine unübersteigbare Grenze gelangen, wenn man nicht auf den naturgegebenen Grundlagen, nämlich den mechanischen Eigenschaften des Gebirges, aufbauen könnte. Damit befaßt sich Kap. I des Buches, worin die wichtigsten Erkenntnisse auf diesem Gebiet geschildert werden. Aber auch die beiden folgenden Kap. II und III, wo der primäre und sekundäre Spannungszustand des Gebirges behandelt werden, gehören ihrem Wesen nach noch zu den Grundlagen, wenngleich sie schon viele Ausblicke auf die Probleme des untertägigen Hohlraumbaues und vor allem des Gebirgsdruckes gestatten. Die Frage der Belastung eines Tunnel- oder Stollenausbaues, also des Gebirgsdruckes im weitesten Sinn des Wortes, stellt ein besonderes Anliegen der Tiefbautechnik und des Bergbaues dar. Es ist erstaunlich, wie weit die Meinungen hierüber auseinandergingen, und es war daher angezeigt, die Entwicklung der Gebirgsdruckfrage wenigstens in groben Zügen in Kap. IV zu schildern, die zutreffenden Erkenntnisse früherer Zeiten zu verwerten und Fehlbeurteilungen, auch dann, wenn sie heute noch Anhänger besitzen, als solche zu kennzeichnen, um auf diesem Wege zu einer richtigen Deutung zu gelangen. Kritische Betrachtungen ließen sich dabei nicht vermeiden; sie sollen aber, wie übrigens auch in allen anderen Buchteilen, nur der Sache dienen.

In weiterer Verfolgung der Zielsetzung des Buches werden dann die Bemessungsaufgaben im Lockergebirge in Kap. V und bei Auftreten von echtem Gebirgsdruck in Kap. VI behandelt, wobei, wie bereits erwähnt wurde, die Bestimmung der Belastung des Ausbaues im Vordergrund der Untersuchungen steht. Die theoretischen Erwägungen, die in diesen Buchteilen naturgemäß besonderes Gewicht besitzen, wurden aber in ihrer mathematischen Formulierung so einfach und übersichtlich als möglich gestaltet, wie denn überhaupt verfeinerte mathematische Untersuchungen, die sich mit den rauhen Bedingungen des Tunnel- und Stollenbaues nicht vereinbaren lassen, unterblieben sind; anderseits aber wurde die Auswirkung von theoretischen Erkenntnissen auf die Praxis des Tunnel- und Stollenbaues erwähnt, wo immer dies zweckmäßig war oder empfehlenswert schien.

Besondere Buchteile, nämlich Kap. VII und VIII, sind der Statik des Druckstollen- und Druckschachtbaues gewidmet worden, weil die Triebwasserleitung bei der Verwertung der Wasserkräfte, insbesondere bei den Hochdruckwasserkraftanlagen, eine außerordentlich wichtige Rolle spielt. Die Behandlung der beim Druckstollen- und Druckschachtbau auftretenden statischen Probleme ist daher, der wirtschaftlichen Bedeutung dieser Bauwerke entsprechend, mit der notwendigen Sorgfalt erfolgt; auch hierbei ist dem Zusammenhang zwischen den theoretischen Erkenntnissen und ihrer praktischen Auswirkung besonderes Augenmerk zugewendet worden. Etwas ähnliches gilt für die statische Beurteilung von Großhohlräumen im Fels, den Kavernen, worüber in einem eigenen Buchteil, dem Kap. IX, kurz berichtet wird.

Abschließend sind die neuen Methoden des Tunnel- und Stollenbaues hinsichtlich ihrer statischen Wirkung behandelt worden, wobei eine kurze Beschreibung dieser Bauweisen unerläßlich war (Kap. X).

Wenn ich das vorliegende Buch der Fachwelt übergebe, so geschieht es mit dem Wunsche, daß die vorgetragenen Untersuchungen behilflich sein mögen, in die theoretischen Probleme des Tunnel- und Stollenbaues Einblick zu gewinnen und ihre Weiterentwicklung zu fördern. Die Bedeutung der Erfahrung im Tunnel- und

Stollenbau soll aber durch die Befassung mit theoretischen Fragen keine Minderung, sondern vielmehr eine Stützung erfahren.

Es ist mir eine angenehme Verpflichtung, der Bauunternehmung Innerebner & Mayer in Innsbruck und insbesondere ihrem im zehnten Lebensdezennium stehenden Seniorchef Herrn Oberbaurat h. c. Dr.-Ing. E. h. KARL INNEREBNER für die Förderung meiner Arbeit zu danken. Ich freue mich auch, dem Springer-Verlag, Berlin, meine besondere Verbundenheit für die vortreffliche Ausgestaltung des Werkes und die angenehme Form der Zusammenarbeit zum Ausdruck zu bringen.

Innsbruck, im Oktober 1961

H. Kastner

Vorwort zur zweiten Auflage

Die erste Auflage des Buches, die 1962 erschien, ist von der Fachwelt günstig aufgenommen worden. Die Besprechungen in den Zeitschriften des In- und Auslandes waren durchweg zustimmend, Verbesserungsvorschläge wurden in diesen nicht gemacht.

Professor Ch. VEDER, Ordinarius der Lehrkanzel für Bodenmechanik, Felsmechanik und Grundbau an der Technischen Hochschule in Graz, der Teile meines Buches für seine Vorlesungen benützt, regte mich zu einer Reihe von Ergänzungen und Verbesserungen an. Ich bin seinem Rate gern gefolgt und danke ihm dafür.

An der grundsätzlichen Einteilung des Stoffes habe ich nichts geändert, wenngleich in der Numerierung der Kapitel eine leichte Verschiebung eingetreten ist. Die mathematischen Ableitungen sind auf Anregung Professor VEDERS für den Gebrauch der Studierenden vielfach ausführlicher gestaltet worden.

Eine stoffliche Erweiterung ist u. a. in der Anwendung der Stollenbohrmaschinen in sehr hartem Fels vorgenommen worden.

Großversuche in der Gebirgsdruckfrage, die an der Technischen Hochschule in Graz auf Anregung von Herrn Professor K. SATTLER unternommen wurden, fanden in der zweiten Auflage Erwähnung. Es ist ein gutes Omen für den Tunnelbau und für die Geomechanik, wenn ein Statiker vom Range Prof. SATTLERS sich mit ihren Problemen befaßt.

Geomechanischen Problemen ist durch kurze Hinweise in der zweiten Auflage mehr Aufmerksamkeit gewidmet worden, insbesondere der Frage des Seitendruckes, die ein entscheidendes Problem der Geomechanik, vielleicht ihr oberstes Prinzip überhaupt bildet.

Mein Dank an die Bauunternehmung Innerebner & Mayer, Innsbruck, und an den Springer-Verlag, den ich im Vorwort zur ersten Auflage ausgesprochen habe, bleibt auch in der zweiten Auflage uneingeschränkt aufrecht. Herrn Dr.-Ing. R. WIDERHOFER, Assistent an der Technischen Hochschule in Graz, bin ich für wertvolle Hinweise und seine Mithilfe bei den Korrekturarbeiten zu Dank verpflichtet.

Innsbruck, im Sommer 1970

H. Kastner

Inhaltsverzeichnis

Kapitel I

Die mechanischen Eigenschaften des Gebirges

Kapitel II

Einteilung der Gesteine

Kapitel III

Der primäre Spannungszustand des Gebirges

Kapitel IV

Der sekundäre Spannungszustand des Gebirges

Kapitel V

Der Gebirgsdruck im Tunnel- und Stollenbau

Kapitel VI

Bemessung bei kohäsionslosem Lockergebirge

Kapitel VII

Bemessung bei echtem Gebirgsdruck

Kapitel VIII

Druckstollen

Kapitel IX

Druckschächte

Kapitel X

Kavernen

Kapitel XI

Neue Bauweisen

Kapitel XII

Schlußbetrachtungen

Kapitel I

Die mechanischen Eigenschaften des Gebirges

1. Über die Grundlagen

Das Buch hat als Gegenstand „Die Statik des Tunnel- und Stollenbaues" und geht von den Grundlagen geomechanischer Erkenntnisse aus. Diese Grundlagen müssen daher entsprechend gewürdigt werden. Aber auch die Probleme der allgemeinen Mechanik müssen eine eingehende auf den Zweck abgerichtete Behandlung erfahren. Dabei werden die Erkenntnisse mechanischer Art, nachdem sich das Buch auch an Geologen wendet, aber auch Studierenden ein Behelf sein soll, eingehend besprochen, indem nicht bloß die Ergebnisse der Untersuchungen angeführt, sondern der ganze Hergang ihrer Ableitung dargestellt werden.

Der Titel des Buches weist darauf hin, daß im wesentlichen theoretische Probleme behandelt werden. Trotzdem kommen praktische Fragen, wo es zweckmäßig ist, zur Erörterung. Bei der Behandlung der Aufgaben des Tunnel- und Stollenbaues und wohl auch im Bergbau sind bei der Lösung ihrer Probleme theoretische Überlegungen nicht beliebt, die praktische Erfahrung wird bevorzugt. Sie setzt aber voraus, daß man gleichartige Bauten unter den gleichen vorgegebenen Bedingungen bereits ausgeführt hat und die Erfahrungen, die dabei gewonnen wurden, verwerten kann. Nun sind aber die geologischen Bedingungen, unter denen ein Tunnel- oder Stollenbau zur Ausführung kommt, sehr wechselhaft und man kann die Erfahrungen, die bei bereits hergestellten Bauten gewonnen wurden, im allgemeinen nicht verwerten. In solchen Fällen ist die Theorie von entscheidendem Wert und man kann aus diesem Grunde sagen, daß die Theorie eine ausschlaggebende praktische Bedeutung besitzt.

Die theoretische Behandlung von technischen Aufgaben ist ohne Mathematik nicht denkbar. Das Buch wird sich, wie bereits erwähnt, im allgemeinen nicht darauf beschränken, Rechenergebnisse mitzuteilen, sondern die Herleitung der sogenannten „Formeln" bringen. Die Bezeichnungsweise „Formeln" wird nicht gern verwendet. Besser ist es, von „Beziehungen" zu sprechen. Es ist jedoch von ausschlaggebender Bedeutung, auf Grund welcher Voraussetzungen sie gewonnen wurden. Die Kenntnis der Grundlagen ist dabei von großer Wichtigkeit. Die naturgegebenen Vorgänge sind aber oft so verwickelt, daß sie ohne vereinfachende Voraussetzungen nicht behandelt werden können. Wegen der Nebenwirkungen, von denen die entscheidenden Vorgänge und Gesetzmäßigkeiten verschleiert werden können, ist es daher wichtig, daß das in den Beziehungen zum Ausdruck gebrachte Geschehen erkennbar ist. In diesem Sinne ergeht daher an die Leser die Bitte, die theoretischen Abhandlungen zu verstehen.

Andererseits vermag aber auch die Theorie des Tunnel- und Stollenbaues, insbesondere die Gebirgsdrucklehre, die geologische und geophysikalische Forschung zu befruchten und wesentlich zur Klärung mancher Fragen beizutragen. Dabei wird vor allem an die ungelösten Probleme der Entstehung der Faltengebirge gedacht.

2. Das Gebirge als wesentlicher Bestandteil des untertägigen Hohlraumbaues

Wie schon der Titel des Buches zum Ausdruck bringt, spielen die Festigkeitseigenschaften des Gebirges eine wichtige Rolle. Die Festigkeitseigenschaften wie Zug-, Druck-, Schub- und Scherfestigkeit, ferner Elastizität und Plastizität, mit denen eine eingehende Befassung notwendig ist, sind letzten Endes auf atomare Bindungskräfte zurückzuführen, die wegen ihrer außerordentlichen Größe aller Wahrscheinlichkeit nach nur elektromagnetischer Natur sein können. Ihr Wesen besteht darin, daß zwischen den Elementarteilchen anziehende und abstoßende Kräfte bestehen, die in Abhängigkeit vom Abstand der Elementarteilchen die Festigkeitseigenschaften bedingen. Dieses Zusammenwirken läßt sich wie folgt veranschaulichen (Abb. 1). Wenn der Verlauf der inneren Kräfte auch nur für Elementarteilchen gilt, so kann dies grundsätzlich auch für die Kristalle der festen Körper als geltend angenommen werden, und es muß ausnahmslos für die Elementarteilchen der hauptsächlich kristallinen Gesteine Gültigkeit besitzen.

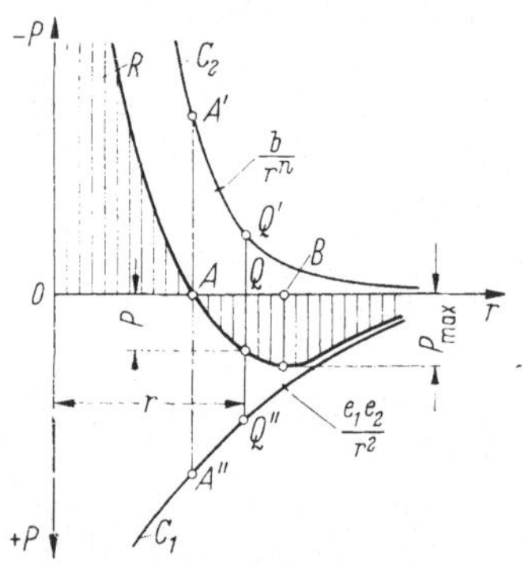

Abb. 1. Atomare Wirkungen zur Erklärung des Zug- und Druckwiderstandes und der Elastizität (nach GRIMSEHL-TOMASCHEK, Lehrbuch der Physik, Bd. II/2, S. 363).

Im Festkörper sind die Elementarteilchen an Ruhelagen gebunden, um welche sie Schwingungen ausführen. Ihre kinetische Energie ist nur von der absoluten Temperatur abhängig und dieser proportional. Aus der Möglichkeit der Diffusion von Atomen durch einen festen Körper folgt, daß in ihnen die Moleküle nicht den ganzen Raum erfüllen. Damit die Moleküle Festplätze mit festen mittleren Abständen halten können, muß eine Anziehungskraft mit einer Abstoßungskraft gerade im Gleichgewicht sein. Dies ist nur dann möglich, wenn mit Verkleinerung der Abstände die molekularen Abstoßungskräfte schneller wachsen, als die Anziehungskräfte. Wenn die kristallinen Gesteine aus Ionen aufgebaut sind, so ist die Anziehungskraft in erster Linie dem Coulombschen Gesetz folgend, also $e_1 e_2 r^{-2}$. Die abstoßende Kraft muß aber mit einer höheren Potenz des Abstandes $b r^{-n}$ $(n > 2)$ abnehmen.

Aus der Abb. 1 ist zu ersehen, daß mit Zunahme des atomaren Abstandes OA die anziehenden Kräfte, dargestellt durch die Kurve C_1 viel kleiner bleiben, als die durch die Kurve C_2 dargestellten abstoßenden Kräfte, so daß sich durch Überlagerung der beiden Wirkungen eine Resultierende R ergibt. In dieser entspricht der Punkt A, in dem Abstoßung und Anziehung gleich sind, der Freiheit von äußeren Spannungen. Aus dem Verlauf von R folgt, daß die Fähigkeit zur Aufnahme eines Druckwiderstandes nur im Bereich OA besteht. Die Entfernung der Elementarteilchen über den durch den Punkt A gekennzeichneten Gleichgewichtszustand erklärt die Möglichkeit eines Zugwiderstandes. Wenn die Entfernung der Elementarteilchen über den Punkt B hinausgeht, ist kein Gleichgewichtszustand möglich. Die Kohäsionskräfte werden überwunden, und es kommt zum Trennbruch.

Um die Gleichgewichtslage, die durch den Punkt A gekennzeichnet ist, führen die Elementarteilchen ihre Temperaturbewegungen aus, welche anharmonisch sind, weil die Energie, die zu einem kleineren $- \Delta r$ nötig ist, aber zu größeren $+ \Delta r$ führt. Da mit wachsender Temperatur die Werte $+ \Delta r$ relativ immer größer werden, folgt die Wärmeausdehnung molekularkinetisch.

Die Erklärung der Bindungskräfte stellt ein recht schwieriges Problem der physikalischen Chemie dar. Immer aber gilt notwendigerweise die in der Abb. 1 dargestellte Wechselwirkung von Anziehung und Abstoßung. Wie bereits angedeutet wurde, treten die Bindungskräfte nie in ihrer ganzen Größe in Erscheinung, sondern ein wesentlicher Teil davon geht durch den Gefügeaufbau der Gesteine und seine Schwächen verloren. Es bedarf eines außerordentlichen Überschusses, damit die für technische Zwecke notwendigen Reserven verbleiben. Als Beispiel möge, nachdem für Gesteine entsprechende Werte nicht bekannt geworden sind, Eisen angeführt werden, dessen molekularer Innendruck rund 320000 kpcm^{-2} beträgt, während die Zugfestigkeit (allseitig gleicher Zug) nur ein geringer Bruchteil davon ist. Selbst das Wasser besitzt einen sehr großen molekularen Innendruck, der von v. d. WAALS bei $0\,°C$ und normalem Atmosphärendruck zu 11000 kpcm^{-2} berechnet wurde. Die Zugfestigkeit des Wassers ist im Gegensatz dazu sehr gering, aber sie ist vorhanden, wie die Kapillaritätsphänomene und die im Maschinenbau sehr unerwünschten Kavitationserscheinungen beweisen. Letztere sind ihrem Wesen nach Trennbrüche (Zerreißungen) bei Flüssigkeiten.

Die meisten Feststoffe sind kristallin, also aus Kristallen aufgebaut, und dies gilt fast ausnahmslos für die Gesteine der Erdrinde; amorphe, d. h. glasartig erstarrte Gesteine sind nicht häufig. Schon die Kristalle sind hinsichtlich ihrer Festigkeitseigenschaften anisotrop. Wenn sie einen kristallinen Körper aufbauen, sind die Flächen geringer Festigkeit entweder statistisch gleichmäßig verteilt, oder es liegt ein geregeltes Gefüge vor. Im ersteren Fall ist zwar Isotropie des kristallinen Körpers als gegeben anzunehmen, seine Festigkeitseigenschaften werden aber von den geringeren Bindungskräften der Kristalle bestimmt. Dazu kommt aber noch das Vorhandensein von Schwachstellen, gegeben durch Verunreinigungen und Hohlräume, sowie ferner durch den schwächeren Gefügeverband an den Korngrenzen. Etwas ähnliches gilt für zusammengesetzte Gesteine, wie Sandsteine und Konglomerate. Es ist aber anzunehmen, daß sich die strukturellen Mängel im guten Werkstück, sofern es kein geregeltes Gefüge besitzt, gleichmäßig verteilt vorfinden, weshalb bei dieser Beschaffenheit und in dieser Größenordnung des Körpers Homogenität und Isotropie als bestehend angenommen werden können. Beim Fels der oberen Schichten der Erdkruste sind Homogenität und Isotropie aber fast nie vorhanden. Ein geregeltes Gefüge, ferner Poren, Klüfte und Spalten sowie Einschlüsse von minderwertigem Gestein setzen die Festigkeitseigenschaften beträchtlich herab. Man hat sich deshalb veranlaßt gesehen, neben der *Gesteinsfestigkeit* die *Gebirgsfestigkeit*, welch letztere die Schwächungen des Gefüges berücksichtigt, einzuführen. Daß bei geregeltem Gefüge, insbesondere bei geschichtetem oder geschiefertem Gestein, für jede Festigkeitserprobung der Belastungsrichtung eine ausschlaggebende Bedeutung zukommt, versteht sich von selbst.

Je größer der Versuchskörper ist, um so mehr werden bei der Erprobung die Störungen erfaßt und um so größer ist die Wahrscheinlichkeit, daß es gelingt, über die Festigkeitseigenschaften des Gebirges, sei es die einachsige Zugfestigkeit, Druck- und Schubfestigkeit, das elastische und plastische Verhalten, richtige Ergebnisse zu erhalten. Einen guten Einblick in die Festigkeitseigenschaften des Gebirges erhält man bei Tunnel- und Stollenbauten, wie sie dann, wenn echter Gebirgsdruck vorliegt, vortreffliche Versuchsobjekte darstellen.

Als Bestätigung dieser Auffassung mögen die folgenden Beispiele dienen: Beim Bau des Simplon-Tunnels wurde festgestellt, daß bei einer Überlagerungshöhe von 1 600 m Erscheinungen echten Gebirgsdruckes auftraten, die immer das Versagen des Gebirges bei der Durchörterung anzeigten. Die ganze Strecke, in der dies der Fall war, hatte eine Länge von 9 km. Ähnlich lagen die Dinge beim Bau des Lötschberg-Tunnels. Auch dort zeigte sich echter Gebirgsdruck, sobald die Überlagerung das Maß von 1 600 m erreichte oder überschritt. Im Phyllit des Bauloses Lend des Salzachkraftwerkes Schwarzach traten, um ein anderes Beispiel zu erwähnen, Brucherscheinungen an den Ulmen regelmäßig bei einer Überlagerungshöhe von 400 m auf.

Diese Tatsachen erweisen nicht nur die Abhängigkeit des echten Gebirgsdruckes von der Überlagerungshöhe, sondern sie geben auch die Möglichkeit, Rückschlüsse auf die Gebirgsdruckfestigkeit zu ziehen, wozu die eben erwähnten Beispiele herangezogen werden. Falls keine tektonischen Spannungen auftreten oder strukturelle Bedingungen eine Abweichung verursachen, wirkt der Überlagerungsdruck

$$p_v = \gamma_g h,$$

lotrecht und der herrschende Seitendruck

$$p_h = \lambda_0 p_v$$

folgt, solange elastisches Verhalten besteht, bei Konstanz der Poissonschen Zahl m_g zu

$$p_h = \lambda_0 p_v = \frac{1}{m_g - 1} \gamma_g h,$$

wobei h die Überlagerungshöhe und γ_g das Raumgewicht des Gebirges bedeuten; λ_0 ist das Verhältnis des Seitendruckes zum Überlagerungsdruck für den primären Spannungszustand und soll als *Seitendruckziffer* bezeichnet werden.

Nachdem über die Seitendruckziffer, insbesondere bei den Geologen, manche divergierende Auffassungen bestehen, möge ihre Herleitung kurz beschrieben werden. Die waagrechte Dehnung im elastischen Halbraum mit waagrechter Oberfläche beträgt

$$\varepsilon_h = \frac{1}{E_g} \left(p_h - \frac{p_v + p_h}{m_g} \right). \tag{1}$$

Sie ist voraussetzungsgemäß gleich Null; infolgedessen gilt

$$p_h - \frac{p_v + p_h}{m_g} = 0, \tag{2}$$

woraus nach Kürzung folgt:

$$\lambda_0 = \frac{1 + \lambda_0}{m_g}, \qquad \lambda_0 m_g = 1 + \lambda_0, \tag{3}$$

oder

$$\lambda_0 = \frac{1}{m_g - 1}. \tag{4}$$

Die tangentialen Randspannungen, die als Ursache des Gebirgsdruckes anzusehen sind, lassen sich bei einem kreisförmigen Tunnel- oder Stollenausbruch an den Ulmen unter der Annahme elastischen Verhaltens wie folgt ermitteln:

$$\sigma_t = p_v(3 - \lambda_0) = \gamma_g h(3 - \lambda_0). \tag{5}$$

Wenn man darin jenen Wert für p_v einsetzt, wo die Erscheinungen des echten Gebirgsdruckes bei wachsender Überlagerungshöhe beginnen, also

$$p_v = 2{,}65 \cdot 1\,600^{1}/_{10} = 400 \text{ kpcm}^{-2}$$

annimmt, so ist die tangentiale Randspannung an den Ulmen gleich der einachsigen Gebirgsdruckfestigkeit zu setzen und sie ergibt sich für das Kristallin des Simplon- oder Lötschberg-Tunnels zu

$$\sigma_{gd} = 400 \cdot 2{,}6 = 1\,040 \text{ kpcm}^{-2};$$

für den Phyllit ist sie wesentlich kleiner und beträgt nur

$$\sigma_{gd} = 2{,}65 \cdot 400^{1}/_{10} \cdot 2{,}6 = 275 \text{ kpcm}^{-2}.$$

Dabei wurde das Raumgewicht des Gebirges mit $\gamma_g = 2{,}65 \text{ kpcm}^{-3}$ und die Seitendruckziffer mit $\lambda_0 = 0{,}4$ angenommen.

Weitere Möglichkeiten, einen Einblick in die Festigkeitseigenschaften des Gebirges zu gewinnen, bietet die versuchsmäßige Ermittlung des Elastizitätsmoduls, der in einer vorläufig nur empirisch festgestellten und sehr rohen Relation zur einachsigen Gebirgsdruckfestigkeit steht.

3. Das Verhalten der festen Körper unter hoher Druckbeanspruchung

Der Spannungszustand im Erdinnern ist dreiachsig. Seine Beschreibung erfolgt mit großer Übersichtlichkeit durch die drei Hauptspannungen, die in jenen immer vorhandenen und zueinander senkrecht stehenden Flächenelementen wirken, in denen keine Schubspannungen auftreten. Die Wirkungslinien der drei Hauptspannungen verlaufen in drei aufeinander senkrecht stehenden Achsen; eine dieser Hauptspannungen ist, wie zunächst grundsätzlich und ohne Rücksicht auf Abweichungen festgestellt werden kann, lotrecht gerichtet und wird als Überlagerungsdruck bezeichnet,

$$\sigma_{\mathrm{III}} = p_v.$$

Diese Hauptspannung dominiert in den meisten Fällen, weshalb der Schwerkraftrichtung eine entscheidende Bedeutung zukommt. Wenn keine tektonischen Kräfte bestehen, sind die beiden waagrechten Seitenspannungen, gleichfalls Druck, einander gleich und richtungsunabhängig. Ein derartiger Spannungszustand wird als *kreiszylindrisch* bezeichnet.

Vorerst soll der einfachste Fall behandelt werden, daß alle drei Hauptspannungen gleich groß sind,

$$\sigma_{\mathrm{III}} = \sigma_{\mathrm{II}} = \sigma_{\mathrm{I}},$$

daß also ein allseitig gleicher Spannungszustand herrscht. Ein solcher Spannungszustand ist bei Flüssigkeiten die Regel, bei Festkörpern aber nicht sehr häufig. Er wird auch im letzteren Fall vielfach als hydrostatisch bezeichnet, was aber unterbleiben sollte, wenn es sich um einen festen Körper handelt, bei welchem er ja nur ausnahmsweise vorkommt. Allerdings läßt er sich im Versuchswege verwirklichen, wobei sich herausgestellt hat, daß er nicht zum Bruch des festen Körpers führt. Er bewirkt nur eine Kompression, also eine Verminderung des Volumens eines isotropen Körpers, wobei der verformte Körper dem ursprünglichen ähnlich bleibt. Die Verformung kann dabei, je nach dem Zustand des Körpers, ganz oder teilweise rückbildungsfähig sein.

Föppl belastete beispielsweise würfelförmige Probekörper von 1—3 cm Kantenlänge aus Sandstein und anderen Gesteinen in einem mit Öl gefüllten dickwandigen Stahlgefäß mit einem Flüssigkeitsdruck, der bis 3000 atü gesteigert werden konnte. Das Ergebnis war, daß der allseitige gleiche Druck keinen Bruch herbeizuführen vermochte, es sei denn, daß der Probekörper Hohlräume oder ein starkes Abweichen vom isotropen Verhalten aufwies. Sandsteinwürfel bekamen beispielsweise Risse in der natürlichen Schichtung des Gesteins, so daß sie in kleine Platten zerfielen. Bei den meisten Probekörpern waren aber keine Schäden zu erkennen.

Aus diesen Versuchen kann geschlossen werden, daß hohlraumfreie kristalline oder amorphe Körper durch allseitig gleichen Druck nur eine geringfügige rückbildungsfähige Kompression erfuhren, aber nicht zum Bruch gebracht werden konnten. Der Spannungszustand ist dadurch gekennzeichnet, daß keine Schubspannungen in dem Probekörper eingetragen wurden und auch nicht entstanden sind.

Grundlegend andere Ergebnisse zeigten Versuche bei dreiachsiger Druckbeanspruchung, wenn eine der drei Hauptspannungen σ_{III} gegenüber den beiden anderen σ_{II} und σ_I überwog oder deren Wert unterschritt. Im ersteren Fall spricht man von einem „Druckversuch", im anderen von einem „Zugversuch", wenngleich im letzteren keine Zugspannungen eingetragen werden.

Beim dreiachsigen Druckversuch wurden meist zylindrische Probekörper einem allseitigen Druck p_a unterworfen, zusätzlich durch einen Axialdruck σ belastet und die spezifischen Dehnungen — in diesem Fall Verkürzungen — gemessen und in ein Diagramm eingetragen.

Als Ordinaten werden dann gewöhnlich die Unterschiede zwischen den Hauptspannungen σ_{III}, σ_{II}, σ_I aufgetragen und als Abszissen die spezifischen Verkürzungen. Man erhält auf diese Weise *Spannungs-Dehnungs-Linien* oder auch *Arbeitslinien* genannt. Dabei ergab sich, daß die Festigkeitseigenschaften wesentlich vom Spannungszustand abhängen. Während beim einachsigen Druckversuch nur eine geringe plastische Verformung eintritt, steigt mit wachsendem Umschließungsdruck p_a nicht nur die Druckfestigkeit stark an, sondern es wächst auch die Fähigkeit zur plastischen Verformung beträchtlich.

Wie aus den obigen Darlegungen hervorgeht, ist durch die atomaren Bindungen begründet, als unmittelbare Festigkeitseigenschaft nur die Kohäsion wirksam, weil es eine Druckfestigkeit eigentlich nicht gibt. Allseitig gleicher Druck vermag einen Probekörper nicht zu zerstören und eine Druckfestigkeit tritt durch Versagen von festen Körpern nur dann in Erscheinung, wenn die drei Hauptspannungen verschiedene Größen aufweisen. Die plastischen Verformungen und der Bruch werden dann durch Schubspannungen hervorgerufen. Je nachdem, ob die Kohäsion überwunden wird oder der innere Gleitwiderstand (Schubwiderstand), muß man zwischen dem *Trennbruch* und dem *Gleitbruch* unterscheiden.

An dieser Stelle mag es angezeigt sein zu vereinbaren, daß von *Scherspannungen* nur dann die Rede sein soll, wenn in der Fläche ihrer Wirkung keine Normalspannungen auftreten. Andererseits, also bei Vorhandensein von Normalspannungen, wird von *Schubspannungen* gesprochen werden. Die analoge Begriffsfestsetzung soll auch für *Scher- und Schubfestigkeit* Geltung haben.

4. Elastizität und Plastizität

Elastizität und Plastizität sind universelle Eigenschaften der festen Körper und daher insbesondere auch der Gesteine, die im Tunnel- und Stollenbau eine Rolle spielen. Beide Eigenschaften sind, wie eingangs bereits erwähnt wurde, in der atomaren Struktur der festen Körper begründet. Bei elastischen Vorgängen bleiben die Elementarteilchen (Moleküle, Atome, Atomgruppen und Ionen) an den durch die Gitteranordnung der Kristalle bedingten Plätzen und nur ihre gegenseitigen Abstände werden durch die herrschenden Spannungen verändert, wobei die Verschiebung in der Verbindungslinie der Elementarteilchen, senkrecht dazu, oder mit Bewegungskomponenten in beiden Richtungen erfolgen kann. In dem Wechselspiel zwischen Anziehung und Abstoßung haben die Elementarteilchen das Bestreben, ihre durch das Gleichgewicht dieser beiden Wirkungen gegebene Ruhelage beizubehalten bzw. bei Verschiebungen wieder auf ihre ursprüngliche im spannungslosen Zustand eingenommenen Plätze zurückzukehren, woraus sich die Rückbildungsfähigkeit der elastischen Verformungen zwangsläufig ergibt. Beim plastischen Vorgang tritt ein Platzwechsel der Elementarteilchen ein, der im Idealfall in der Weise erfolgt, daß der Gitterzusammenhang in den Kristallen des Gesteins nicht beeinträchtigt wird. Dies ist grundsätzlich nur dann möglich, wenn nach der Verschiebung in gleicher Weise wie vorher elektrisch geladene Teilchen einander gegenüber zu liegen kommen. In Wirklichkeit ist dieser Vorgang sehr kompliziert, aber doch immer durch atomare Kräfte bedingt.

Das elastische Verhalten wird im wesentlichen durch den Elastizitätsmodul E und die Poissonsche Zahl m beschrieben. Der Elastizitätsmodul ist jene Normalspannung, die beim einachsigen Spannungszustand zu einer bezogenen Dehnung $\varepsilon = 1$ führen würde. Er läßt sich daher, soweit Druckbeanspruchungen in Frage kommen, durch den einachsigen Druckversuch bestimmen, wobei allerdings das Ergebnis dadurch beeinflußt wird, daß an den Stellen, wo die Eintragung der Beanspruchung in den Probekörper erfolgt, z. B. an den Druckplatten, ein abweichender Spannungszustand herrscht.

Aus der Betontechnologie ist bekannt, daß zur Festigkeitsprüfung Probewürfel verwendet werden. Die Ergebnisse sind mit der einachsigen Druckfestigkeit nicht in Übereinstimmung, die im Durchschnitt nur etwa 70% der Würfelfestigkeit beträgt. Bei den Gesteinen wäre die Herstellung von Würfeln vielfach eine kostspielige und mit häufigen Fehlschlägen verbundene Arbeit, weshalb die Erprobung mit viel leichter herzustellenden kreiszylindrischen Bohrkernen besser wäre.

Ein weiterer Vorteil ist darin gelegen, daß die Länge des Bohrkernes ein Mehrfaches des Kerndurchmessers ist, weshalb die störenden Einflüsse an den Druckflächen wesentlich vermindert werden und man näherungsweise die einachsige Druckfestigkeit erhält. Dieser Vorteil ließe sich auch beim Beton erzielen, wenn man statt der Probewürfel zylindrische Probekörper verwenden würde. Dabei könnte man auch ohne wesentliche Zerstörung den Probekörper aus dem Bauwerk herausbohren und damit eine Bauwerksfestigkeit finden, die mit dem vorläufigen Festigkeitsergebnis verglichen werden könnte. Der zylindrische Probe-

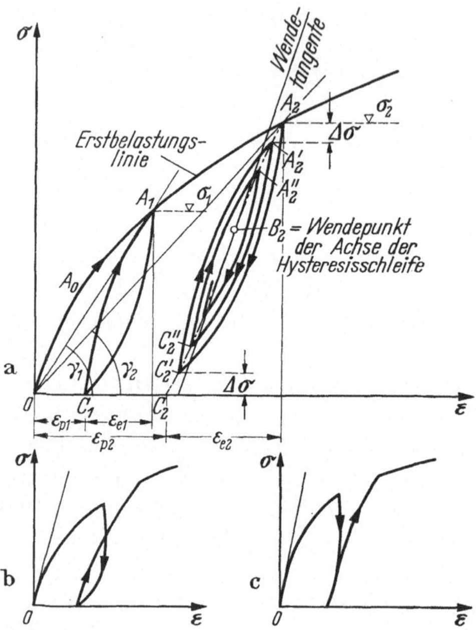

Abb. 2. Das theoretische elastoplastische Verhalten der Gesteine beim Druckversuch.

körper hat außerdem den Vorteil, daß man durch Aufbringung einer Linearbelastung in gegenüberliegenden Erzeugenden des Zylinders die Spaltzugfestigkeit einfach bestimmen könnte.

Die Spannungs-Verformungs-Linie verläuft bei geringen Beanspruchungen bis zur Elastizitätsgrenze gerade; erst bei größerer Beanspruchung erfährt sie eine Ablenkung, die durch die plastische Verformung bedingt ist. Wenn durch die Beanspruchung die Elastizitätsgrenze überschritten wird, dann tritt zur elastischen Verformung ε_e eine plastische ε_p hinzu. Beide erfahren im Verlauf der weiteren Drucksteigerung eine Vergrößerung. Wenn man die Belastung bis zu einer Spannung σ_1, entsprechend dem Punkt A_1 durchführt, so besteht die dabei auftretende Verformung aus einem elastischen ε_e und einem plastischen ε_p Anteil. Bei einer Entlastung wird nur der elastische Teil der Verformung rückgängig gemacht und die Spannungs-Verformungs-Linie gelangt zum Punkt C_1. Bei neuerlicher Belastung steigt die Linie wieder rasch zum Punkt A_1 an und erst, wenn die Spannung σ_1 überschritten wird, schwenkt die Verformungslinie wieder in die Erstbelastungslinie ein, eine Erscheinung, die man als *Gedächtnis des Materials* bezeichnet hat. Dadurch entsteht eine Hysteresis-Schleife (Abb. 2a). Wenn man nun die Belastung bis zum Wert entsprechend dem Punkt A_2 steigert und neuerlich entlastet, wiederholt sich der Vorgang in ähnlicher Form; wieder entsteht eine Hysteresis-Schleife. Die Entlastung von Punkt A nach C und die Wiederbelastung müssen, damit eine geschlossene Schleife entsteht, rasch erfolgen, um zu verhindern, daß plastische Verformungen während der Wegnahme bzw. der Wiederaufbringung der Belastung störend wirken. Anderenfalls wird die Schleife verkümmert in Erscheinung treten oder zu einer Spitze entarten (Abb. 2b und c).

Beim einachsigen Druckversuch tritt außer einer Längsverformung immer auch eine solche quer dazu ein. Das Verhältnis der Hauptverformung zur Querverformung wird im elastischen Bereich, also unter der Elastizitätsgrenze, als konstant angesehen und führt die Bezeichnung Poissonsche Zahl. Ihr reziproker Wert wird als *Querdehnzahl* oder *Querzahl* bezeichnet.

Soweit das elastische Verhalten. Die Spannungsverformungslinien geben aber auch die Möglichkeit, die plastische Verformung zu erfassen. Das Verhältnis der herrschenden Spannung zu ihr ist nicht konstant, sondern nimmt mit wachsender Belastung rasch ab. Es ist eine wesentliche Eigenschaft der Plastizität, daß der Widerstand, den ein fester Körper der plastischen Verformung entgegensetzt, mit wachsender Normalspannung eine Verminderung erfährt. Meist ist es gebräuchlich, als Verformungsmodul den Richtungskoeffizienten der Tangente an die Spannungsverformungslinie zu definieren. Der abnehmende Verformungsmodul nähert sich schließlich dem Wert Null. Manchmal findet man auch das Verhältnis der Spannung σ zur Gesamtdehnung $\varepsilon_{ges} = \varepsilon_e + \varepsilon_p$, also die Tangente des Winkels γ als Verformungsmodul bezeichnet. Beim ideal plastischen Verhalten hat der so definierte Verformungsmodul unabhängig von der Normalspannung den Wert Null. Ebenso wie der Verformungsmodul nicht konstant ist, steht auch die Längsdehnung zur Querdehnung beim plastischen Verhalten nicht in einem konstanten Verhältnis. Der Begriff der Poissonschen Zahl muß daher auf den elastischen Bereich beschränkt bleiben.

5. Das Versagen des Gebirges durch plastisches Fließen und Bruch

Unter Bruch wird die örtliche Zerstörung des atomaren Gefüges eines festen Körpers verstanden, denn es sind letzten Endes immer atomare Kräfte zu überwinden, wenn es zur Lösung des Verbandes eines festen Körpers kommt. Die Beobachtung der Bruchformen und des Bruchvorganges hat dazu geführt, der Hauptsache nach zwei verschiedene und eindeutig zu kennzeichnende Bruchtypen zu unterscheiden: den *Trennbruch* und den *Gleitbruch*. Dabei drängt sich die Frage auf, ob damit zwei verschiedene Arten der Gefügezerstörung festgestellt worden sind oder ob die beiden Formen unter einem gemeinsamen Gesichtspunkt behandelt werden und stetig ineinander übergehen können. Diese Frage ist deshalb bedeutungsvoll, weil im Tunnel- oder Stollenbau das aufgeschlossene Gebirge die mannigfaltigsten Brucherscheinungen zeigt, die tektonische Ursachen haben. Andererseits werden durch den Tunnel- und Stollenbau unter gewissen Voraussetzungen Brucherscheinungen im Gebirge verursacht, die im Zusammenhang mit der Gebirgsdruckfrage bedeutsam sind.

a) Trennbruch

Der *Trennbruch* wird durch Zugspannungen hervorgerufen. Es wäre daher unrichtig, Brucherscheinungen im Gebirge als Trennbrüche zu kennzeichnen, wenn die Möglichkeit des Auftretens von Zugspannungen nicht gegeben wäre. Beim Trennbruch steht die makroskopische Bruchfläche, die eben oder gekrümmt sein kann, senkrecht zu den die Lösung des Gefüges herbeiführenden Zugspannungen. Plastische Verformungen vor dem Bruch sind zwar möglich, sie treten aber bei Gesteinen meist überhaupt nicht oder nur in untergeordnetem Maße auf. Beispiele für Trennbrucherscheinungen im Gebirge sind die Abkühlungsklüfte von Ergußgesteinen, wobei die Zugspannungen durch Temperaturwirkungen hervorgerufen werden, die Schwindrisse beim Austrocknen von Sedimenten, die Rißbildungen in Faltengebirgskämmen, an Verwerfungsrändern u. ä.

b) Gleitbruch

Der *Gleitbruch* wird durch Schubspannungen ausgelöst, wobei gleichzeitig auftretende Normalspannungen in der Bruchfläche sowohl Zug- als auch Druckspannungen sein können, wenngleich der letztere Fall bei Gesteinen vorwiegend in Erscheinung tritt. Die makroskopische Bruchfläche wird Gleitfläche genannt, weil an ihr eine gegenseitige Verschiebung der Gesteinsteile stattfindet. Die Gleitfläche schließt mit der Richtung der extremen Hauptnormalspannung einen Winkel ein, der bei einachsiger Druckspannung kleiner als 45° ist, bei einachsiger Zugbeanspruchung größer. Der letztere Fall kommt allerdings für Gesteine bzw. für das Gebirge kaum in Betracht. Sofern die dem Bruch vorangehende Verschiebung (innere Gleitung) nur sehr gering oder kaum bemerkbar ist, liegt ein spröder Gleitbruch vor. Wenn hingegen die Verschiebung stärker ausgeprägt ist, dann zeigt sie sich als plastische Verformung an und sie führt schließlich zum Gleitbruch.

Unter den Gefügeelementen eines Gesteins werden vor dem Trennbruch auch Gleitungen auftreten und jeder Gleitbruch wird andererseits interkristalline Wirkungen in Spaltflächen aufweisen. Dieser Umstand hat Roš und EICHINGER veranlaßt, den Begriff Verschiebungsbruch einzuführen, womit eine Kombination von Trenn- und Gleitbrüchen gekennzeichnet werden soll.

Das gemeinsame Auftreten von Trennungen und Verschiebungen zeigt sich in entsprechend vergrößertem Maßstab bei den großangelegten tektonischen Brucherscheinungen im Gebirge.

Die elastischen Verformungen, die grundsätzlich rückbildungsfähig sind, stehen mit der Zerstörung eines Körpers durch Bruch nicht in unmittelbarem Zusammenhang. Unter Bruch versteht man ja das endgültige Versagen eines Teiles des Körpers unter der ihm aufgebürdeten Last. Dieses Versagen kann unvermittelt erfolgen: man spricht dann von einem Sprödbruch. Wenn aber der Körper versucht, der Belastung noch einige Zeit zu widerstehen, dadurch, daß er von ihr zurückweicht, kommt es vor dem Bruch zu bleibenden plastischen Verformungen, die in verschiedenem Ausmaß dem vollständigen Versagen vorangehen. Aus zahlreichen Experimenten darf geschlossen werden, daß alle festen Körper unter geeigneten Bedingungen in einen Zustand übergeführt werden können, in welchem sie bei gleichbleibender oder nur ganz wenig gesteigerter Belastung in rasch zunehmendem Maße Verformungen erleiden können, die irreversibel sind, ohne daß der Körper vorerst zu Bruch geht.

Ein klares Bild von einer Naturerscheinung kann nur dann gewonnen und ihr Wesen nur erkannt werden, wenn man ideale Formen der einzelnen Zustände — der elastischen und plastischen Zustände — betrachtet. Denn Gesetzmäßigkeiten werden beim wirklichen Geschehen oft durch Nebenwirkungen verschleiert. Ein ideal elastischer Körper zeigt Verformungen, die verhältnisgleich mit den Belastungen verlaufen und zur Gänze rückbildungsfähig sind. Beim ideal plastischen Verlauf beginnt die bleibende Verformung bei einer gewissen Schubspannung unter der sie bei weiterer Belastung kontinuierlich fortläuft. Das ideal plastische Verhalten, gekennzeichnet durch eine zur waagrechten Achse der Spannungs-Verformungs-Linie parallel also waagrecht verlaufende Gerade ist in Wirklichkeit nicht immer gegeben.

Sehr häufig vermag der über die Elastizitätsgrenze hinaus beanspruchte Körper einen gesteigerten inneren Gleitwiderstand aufzubringen und die Spannungs-Verformungs-Linie steigt daher häufig bis zum Bruch noch etwas an. Die beiden Idealfälle grenzen in Wirklichkeit nicht schroff aneinander, sondern es findet meist ein allmählicher Übergang vom elastischen zum plastischen Ver-

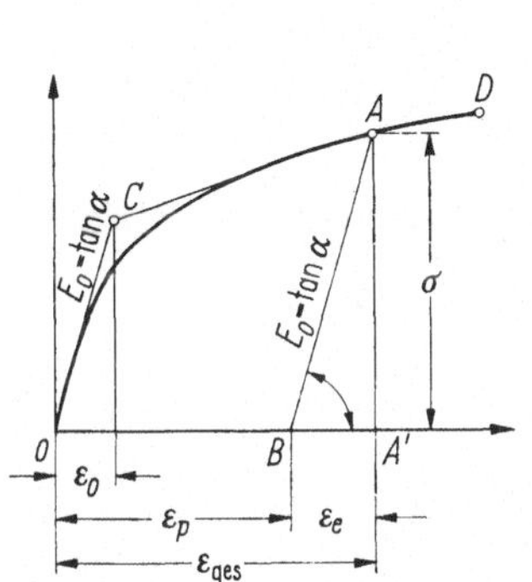

Abb. 3. Grenze zwischen dem elastischen und plastischen Verhalten der Gesteine beim Druckversuch.

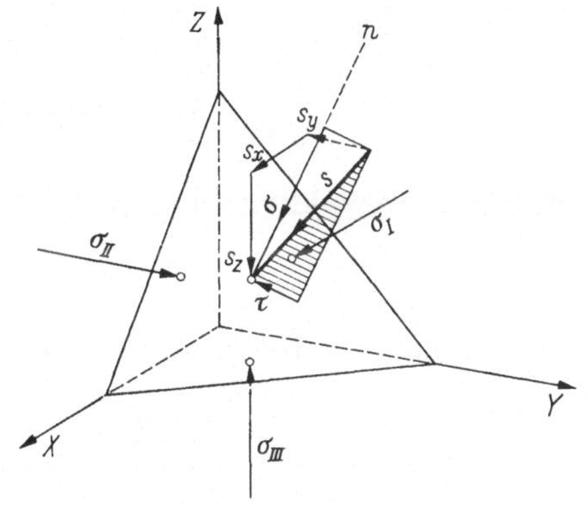

Abb. 4. Der räumliche Spannungszustand.

halten statt. Für theoretische Untersuchungen ist es aber notwendig, eine ausgesprochene Grenze und damit einen Knickpunkt in der Spannungs-Verformungs-Linie anzunehmen. Man wird diesen Knickpunkt, obwohl das wirkliche Verhalten dem idealen nicht vollkommen entspricht, in den meisten Fällen festlegen können. In der Abb. 3 ist dieses Verhalten gekennzeichnet. Das ideal elastische Verhalten wird durch die Linie OC und die an den Punkt C anschließende waagrechte oder wenig geneigte Gerade, die dem plastischen Verhalten entspricht, gekennzeichnet. Im Punkt D tritt nach Erschöpfung des Gleitwiderstandes der Gleitbruch ein.

Jeder Spannungszustand läßt sich durch die drei Hauptspannungen σ_{III}, σ_{II} und σ_I bestimmen, die in drei aufeinander senkrechten Flächen auftreten, in denen keine Schubspannungen herrschen. Um den Spannungszustand zu beschreiben, wird mit den Koordinatenebenen und einer schräg liegenden Fläche gleich der Einheit, ein Tetraeder gebildet (Abb. 4).

Die in der Schrägfläche wirkenden Spannungen werden mit s bezeichnet und in eine zum Flächenelement senkrecht liegende Komponente σ und in eine Schubspannungskomponente τ zerlegt. Nachdem die Normalspannung σ gleich der Summe der Projektionen s_x, s_y und s_z auf die Flächennormale n ist, erhält man für die Normalspannung

$$\sigma = s_x \cos \alpha_x + s_y \cos \alpha_y + s_z \cos \alpha_z \tag{6}$$

und für die Schubspannung ergibt sich daher

$$\tau^2 = s^2 - \sigma^2 = s_x^2 + s_y^2 + s_z^2 - \sigma^2. \tag{7}$$

Die Gleichgewichtsbedingungen erfordern

$$\left.\begin{aligned} s_x &= \sigma_{\mathrm{I}} \cos \alpha_x \\ s_y &= \sigma_{\mathrm{II}} \cos \alpha_y \\ s_z &= \sigma_{\mathrm{III}} \cos \alpha_z \end{aligned}\right\} . \tag{8}$$

Wenn man die Werte gemäß Gl. (8) in die Gl. (6) einsetzt, erhält man

$$\sigma = \sigma_{\mathrm{I}} \cos^2 \alpha_x + \sigma_{\mathrm{II}} \cos^2 \alpha_y + \sigma_{\mathrm{III}} \cos^2 \alpha_z \tag{9}$$

und die Gl. (7) führt schließlich zu dem Ergebnis

$$\tau^2 = \sigma_{\mathrm{I}}^2 \cos^2 \alpha_x + \sigma_{\mathrm{II}}^2 \cos^2 \alpha_y + \sigma_{\mathrm{III}}^2 \cos^2 \alpha_z - $$
$$- (\sigma_{\mathrm{I}} \cos \alpha_x + \sigma_{\mathrm{II}} \cos \alpha_y + \sigma_{\mathrm{III}} \cos \alpha_z)^2 . \tag{10}$$

Dabei ist zu beachten, daß

$$\cos^2 \alpha_x + \cos^2 \alpha_y + \cos^2 \alpha_z = 1 \tag{11}$$

ist.

Wenn man die drei Beziehungen Gl. (8) in die Gl. (11) einsetzt, erhält man

$$\left(\frac{s_x}{\sigma_{\mathrm{I}}}\right)^2 + \left(\frac{s_y}{\sigma_{\mathrm{II}}}\right)^2 + \left(\frac{s_z}{\sigma_{\mathrm{III}}}\right)^2 = 1 . \tag{12}$$

Das ist die Gleichung des Spannungsellipsoids. Es stellt die Endpunkte der resultierenden Spannungen als Vektorgrößen dar, wobei der Radiusvektor

$$s = \sqrt{s_x^2 + s_y^2 + s_z^2} \tag{13}$$

die Größe der Spannungen s angibt.

Die hergeleiteten Beziehungen für die Spannungen sind das Ergebnis von Gleichgewichtsbetrachtungen, wobei die Formänderungen in die Untersuchung nicht einbezogen wurden; die Gleichungen gelten daher gleichermaßen für den elastischen und plastischen Zustand.

6. Ebene Darstellung des räumlichen Spannungszustandes

Der räumliche Spannungszustand wird durch die Gl. (15), bei Kenntnis der drei Hauptnormalspannungen σ_{III}, σ_{II} und σ_{I}, die in drei aufeinander senkrecht stehenden Ebenen xy, yz und zx herrschen, sind für ein beliebig dazu geneigtes Flächenelement die Normalspannung σ und die Schubspannung τ ermittelt worden. Nunmehr handelt es sich darum, den räumlichen Spannungszustand in der Ebene abzubilden, eine Aufgabe, die von MOHR in außerordentlich schöner Weise gelöst worden ist. Seine Darstellung wird bei der Betrachtung von Festigkeitseigenschaften immer wieder angewendet, ohne daß man die Gedankengänge würdigt, die ihr zugrunde liegen.

Für die räumliche Darstellung wählt man einen Oktanten der Einheitskugel, der durch Koordinatenebenen xy, yz und zx begrenzt ist. Ein beliebiger Punkt auf der Oberfläche des Oktanten hat die Koordinaten

$$x = \cos \alpha_x, \quad \gamma = \cos \alpha_y \quad \text{und} \quad z = \cos \alpha_z. \tag{14}$$

In der Abbildungsebene werden auf der Abszissenachse die Normalspannungen σ und senkrecht dazu als Ordinaten die Schubspannungen τ aufgetragen. Ein Punkt A entsprechend dem Punkt B ist daher durch die Spannungen σ und τ bestimmt

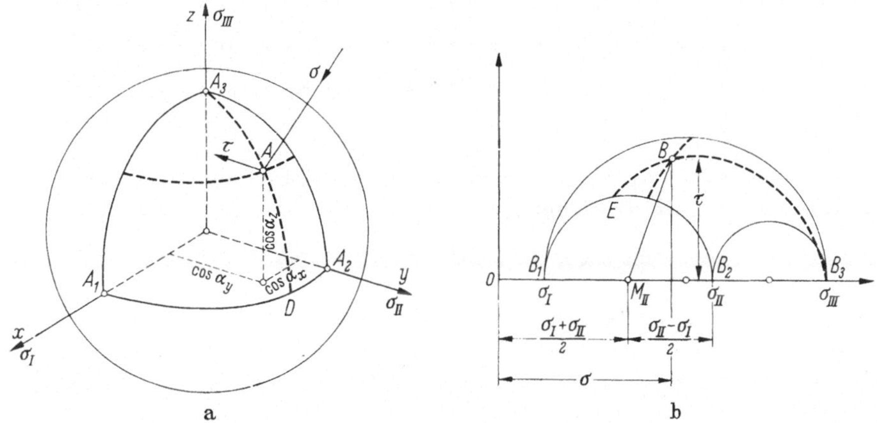

a   b

Abb. 5. Ebene Darstellung des räumlichen Spannungszustandes.

(Abb. 5). Nun soll die Relation zwischen den Punkten A und B hergestellt werden. Für die drei Pole A_1, A_2 und A_3, in denen die Koordinatenachsen der Einheitskugel durchstoßen werden, herrscht keine Schubspannung und es gilt daher $\tau = 0$.

Die entsprechenden Punkte in der Abbildungsebene B_1, B_2 und B_3 liegen wegen $\tau = 0$ auf der Abszissenachse des ebenen Koordinatensystems.

Nunmehr wird dem Punkt A beispielsweise eine Bewegung entlang des Breitenkreises erteilt, wofür

$$z = \cos \alpha_z = 1$$

gilt. Um diese Bedingung zu verwerten, müssen aus den Gln. (7), (8) und (9) die Richtungskosinus ermittelt werden; sie betragen

$$\left.\begin{aligned}
\cos^2 \alpha_x &= \frac{(\sigma_{II} - \sigma)(\sigma_{III} - \sigma) + \tau^2}{(\sigma_{II} - \sigma_{I})(\sigma_{III} - \sigma_{I})} \\[2mm]
\cos^2 \alpha_y &= \frac{(\sigma_{III} - \sigma)(\sigma_{I} - \sigma) + \tau^2}{(\sigma_{III} - \sigma_{II})(\sigma_{I} - \sigma_{II})} \\[2mm]
\cos^2 \alpha_z &= \frac{(\sigma_{I} - \sigma)(\sigma_{II} - \sigma) + \tau^2}{(\sigma_{I} - \sigma_{III})(\sigma_{II} - \sigma_{III})}
\end{aligned}\right\} . \tag{15}$$

Wenn man in der dritten Gl. (15) $z = \cos \alpha_z = $ const. als konstant betrachtet, so ergibt sich die Beziehung

$$(\sigma_{I} - \sigma)(\sigma_{II} - \sigma) + \tau^2 = \cos^2 \alpha_z (\sigma_{I} - \sigma_{III})(\sigma_{II} - \sigma_{III}) = \text{const.}, \tag{16}$$

d. i. die Gleichung eines Kreises in der Bildebene, welche auch wie folgt ausgedrückt werden kann

$$\left(\sigma - \frac{\sigma_I + \sigma_{II}}{2}\right)^2 + \tau^2 = \cos^2 \alpha_z (\sigma_I - \sigma_{III})(\sigma_{II} - \sigma_{III}) - \frac{(\sigma_I - \sigma_{II})^2}{4} = \text{const.}$$

$$(17)$$

Die Bildkurven der Spannungen in den Breitenkreisen sind daher in der ebenen Darstellung eine Familie von konzentrischen Kreisen mit einem Mittelpunkt M_{III}, dessen Entfernung vom Ursprung $\frac{\sigma_I + \sigma_{II}}{2}$ beträgt. Für den Äquator ist insbesondere $z = \cos \alpha_z = 0$ und der Halbmesser des Spannungskreises in der σ,τ-Ebene ist $\frac{\sigma_{II} - \sigma_I}{2}$.

Für die drei durch die Koordinatenebenen aus der Einheitskugel geschnittenen Hauptkreise gelten die Bedingungen

$$\cos \alpha_x = \cos \alpha_y = \cos \alpha_z = 0.$$

Ihnen entsprechen drei durch die Hauptspannungen σ_I, σ_{II} und σ_{III} festgelegte Punkte in der Abbildungsebene. Für den ebenen Spannungszustand etwa in der xz Ebene gilt insbesondere $\cos \alpha_y = 0$; Aus der zweiten Gl. (15) folgt dann

$$(\sigma_{III} - \sigma)(\sigma_I - \sigma) + \tau^2 = 0;$$

$$(18)$$

das ist die Gleichung eines Kreises, dessen Mittelpunkt auf der Abszissenachse im Abstand $\frac{\sigma_I + \sigma_{II}}{2}$ vom Ursprung liegt. In der Gl. (18) kommt die Hauptspannung σ_{II} nicht vor, weshalb dieser Kreis die Abbildung eines ebenen Spannungszustandes ist. Analoge Beziehungen gelten für die Koordinatenebenen xy und yz. Auf Grund der geometrischen Festlegung des Punktes A durch Länge und Breite ist noch die Abbildung des im Meridian herrschenden Spannungsverlaufes in der σ, τ Ebene notwendig.

Für den Meridian A_3 gilt die Bedingung

$$\cos \alpha_x : \cos \alpha_y = \text{const.}$$

Ihre Auswertung in den beiden ersten Gl. (15) liefert den entsprechenden Spannungskreis $B_3 E$.

In den Bedingungen für die Spannungskreise steht τ grundsätzlich allein, ohne additives Glied; die Mittelpunkte aller Spannungskreise liegen daher auf der Abszissenachse.

Die drei Kreise, die den Spannungszustand in den Hauptebenen der Einheitskugel in der σ, τ Ebene begrenzen, stehen daher in einer sichelförmigen Fläche, in der alle auf der Einheitskugel bestehenden Spannungen dargestellt sind. Diese Fläche verschwindet, wenn die mittlere Hauptspannung σ_{II} entweder gleich der kleinsten oder der größten Hauptspannung wird; damit kommt ein Spannungszustand zur Darstellung, der als kreiszylindrisch bezeichnet wurde. Ebenso einfach liegen die Verhältnisse für den ebenen Spannungszustand, der in der Mohrschen Abbildung nur durch die Punkte eines Hauptkreises dargestellt wird und dieser

Umstand bildet bei der Tatsache, daß die mittlere Hauptspannung beim Versagen der Gesteine von geringem Einfluß ist, eine Erleichterung der Untersuchung.

Noch einmal muß betont werden, daß die hergeleiteten Beziehungen Gleichgewichtsbedingungen entsprechen und ohne Rücksicht auf Formänderungen bestehen, weshalb sie für den elastischen und den plastischen Zustand in gleicher Weise gelten.

7. Die Mohrsche Theorie des Versagens von Gesteinen

Nunmehr handelt es sich darum festzustellen, unter welchen Bedingungen der elastische Zustand in den plastischen übergeht, mit anderen Worten, wann der innere Gleitwiderstand durch die herrschenden Spannungen überwunden wird,

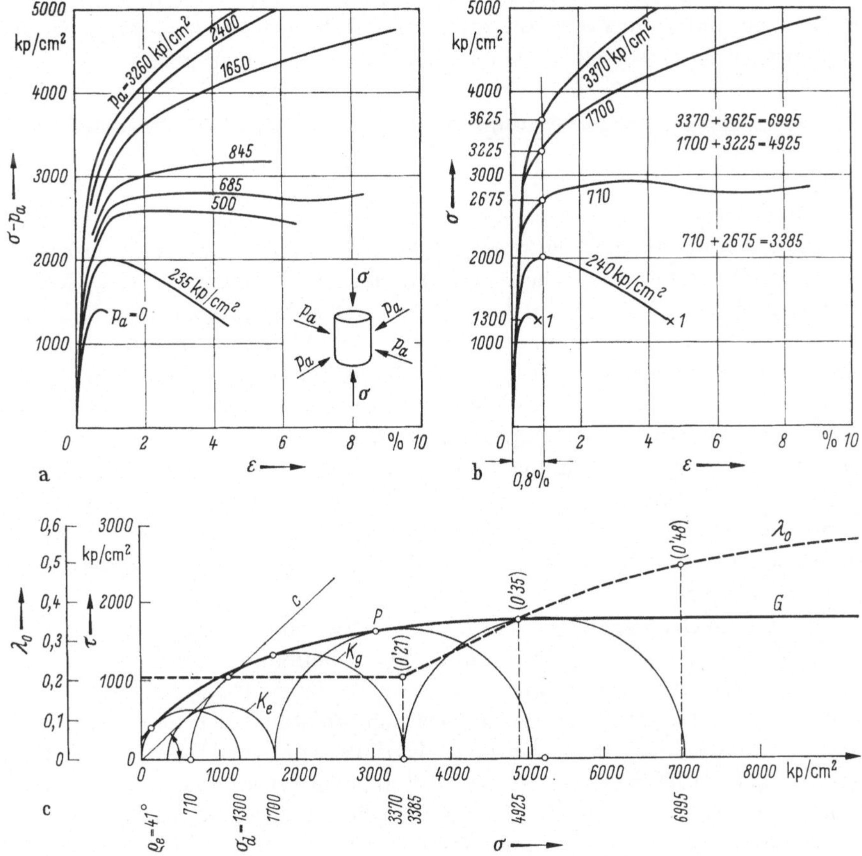

Abb. 6. Auswertung dreiachsiger Druckversuche (mit Marmor) von KÁRMÁN.

denn jede plastische Verformung ist mit inneren Gleitbewegungen verbunden, deren Ausmaß die Größe der elastischen Verschiebungen weit übersteigt. Wenn man Spannungszustände σ, τ, bei denen der Fließvorgang eben eingeleitet wird, in ein Spannungsnetz einträgt, auf dessen Abszissenachse die Normalspannungen und senkrecht dazu die Schubspannungen eingetragen werden, erhält man einen Punkt P, durch den der größte Spannungskreis hindurchgehen muß (Abb. 6).

Durch den Punkt P lassen sich unendlich viele größte Spannungskreise zeichnen. Die Bedingung, daß der Grenzzustand herbeigeführt wird, muß durch einen dieser größten Spannungskreise erfüllt werden, d. h. zum Punkt P gehört nur ein einziger eindeutig bestimmter Grenzspannungszustand. Wenn man eine ähnliche Überlegung für eine Reihe anderer durch σ und τ gegebener Spannungszustände anstellt, ergäbe sich eine Folge von Punkten, die der Grenzkurve angehören. Nachdem jedem Punkt nur ein einziger größter Spannungskreis entspricht, muß dieser die Grenzkurve berühren, d. h. die Grenzkurve ist die Einhüllende aller Spannungskreise, für die der Fließvorgang eingeleitet wird.

Weil nach MOHR nur der größte Spannungskreis in Betracht kommt, würde die mittlere Hauptspannung ohne Einfluß auf den Grenzzustand sein. Die Versuche von FÖPPL scheinen dies zu bestätigen; das kann aber nicht streng gültig sein, sondern nur näherungsweise zutreffen, d. h. für verschiedene mittlere Hauptspannungen σ_{II} wird es verschiedene einhüllende Grenzkurven geben,

$$\sigma_{II} = \sigma_{I} + \frac{\sigma_{III} - \sigma_{I}}{n}, \qquad n = \infty \cdots 1, \tag{19}$$

die nur wenig voneinander abweichen. Hierüber ist nichts näheres bekannt. Wenn aber der Idealfall, der dadurch gekennzeichnet ist, daß keine Störungen durch tektonische Kräfte bestehen und daß ferner Homogenität des Gesteins angenommen werden kann, wird $n = \infty$. Die mittlere Hauptspannung fällt dann mit der kleinsten zusammen, und die für diesen Spannungszustand geltende Grenzlinie ist auch unabhängig von der mittleren Hauptnormalspannung gültig.

Die Mohrsche Grenzlinie ist das entscheidende Kennzeichen für den Eintritt des Gleitbruches, der durch Schubspannungen hervorgerufen wird. Grundsätzlich verschieden davon ist für Gesteine und sonstige unter normalen Verhältnissen spröde Stoffe der Trennbruch, bei dem es zur Überwindung der Kohäsion kommt. Der Hinweis auf diesen wesentlichen Unterschied führt zu dem Ergebnis, daß die Grenzlinie nach der Mohrschen Theorie für das Versagen der Gesteine den Trennbruch nicht mit umfassen kann.

Die tektonische Geologie hat den Unterschied zwischen Trennbruch und Gleitbruch seit jeher erkannt und den Trennbrucherscheinungen, nämlich den Rupturen aller Art einerseits die Flexuren andererseits gegenübergestellt.

Rupturen sind Trennbrüche, die in Zerrungsgebieten auftreten, während die Flexuren (Faltenbildungen) unter dem Einfluß von Druckkräften zustande kommen, wobei Großfaltungen immer durch ungeheure waagrecht wirkende Kräfte hervorgerufen werden. Zu den Gleitbrüchen gehören allerdings jene Rupturen, die durch Scherspannungen verursacht werden, wenn infolge mangelnder oder geringer Druckspannungen senkrecht zur Bruchfläche plastische Verformungen ausbleiben. Dadurch wird ein Trennbruch vorgetäuscht, ein solcher kann aber nicht vorliegen, weil keine Zugspannungen senkrecht zur Bruchfläche vorhanden sind.

Ein Beispiel für den geschilderten spröden Gleitbruch sind die im Tunnel- und Bergbau auftretenden Bergschläge, die bei tiefliegenden Felshohlraumbauten eine arge Gefahr bilden, worüber in Kap. V: Gebirgsdruck noch ausführlich zu sprechen sein wird.

Kapitel II

Einteilung der Gesteine

8. Geophysikalische Gesichtspunkte

Die obersten Schichten der Erdkruste, die dem Tunnel- und Stollenbau zugänglich sind, bieten in ihrer Erscheinungsform eine außerordentliche Mannigfaltigkeit. Jeder Versuch, eine Einteilung der Gesteine durchzuführen, wird den Leitgedanken, unter dem dies geschieht, erkennen lassen. Die Mannigfaltigkeit ist z. T. petrographischer Art; obwohl man mehr als 2000 Mineralarten kennt, sind aber an der Bildung der Gesteine nur etwa 9 Mineraltypen entscheidend beteiligt; es sind dies: Quarz, Feldspate, Glimmer, Hornblende, Augit, Olivin, Tonmineralien, Kalkspat und Dolomit [88].

Die wichtigsten Erkenntnisse über den Aufbau der Erdrinde sind seismischen Beobachtungen zu verdanken. Wenn ihnen auch nicht unbedingte Verläßlichkeit zugesprochen werden darf, so lassen doch in gewissen Tiefen auftretende sprunghafte Änderungen der durch Erdbeben verursachten elastischen Wellen Rückschlüsse auf den Bau des Erdinneren zu. In elastischen Medien kann bei einer Schwingungserregung die Ausbreitung der Energie in Form von Longitudinal- und Transversalwellen erfolgen, wobei im ersteren Fall die Schwingungen mit der Fortpflanzungsrichtung gleich laufen, im zweiten hingegen senkrecht dazu erfolgen. Für die Fortpflanzungsgeschwindigkeit der Longitudinal- oder Druckwellen gilt die Beziehung

$$v_d = \sqrt{\frac{E_g\, m_g\, (m_g - 1)}{\vartheta_g\, (m_g + 1)\, (m_g - 2)}} \tag{1}$$

und für jene der Transversalwellen oder Scherwellen die analog gebaute Gleichung

$$v_s = \sqrt{\frac{G_g}{\vartheta_g}}. \tag{2}$$

Hierin bedeuten E_g den Elastizitätsmodul, G_g den Gleitmodul und m_g die Poissonsche Zahl. Wenn der Gleitmodul den Wert Null besitzt, wenn also kein innerer Gleitwiderstand vorhanden ist, dann ist auch $v_s = 0$ und die Materie ist als flüssig bzw. als schmelzflüssig anzusehen.

Läßt sich hingegen eine Fortpflanzung von Transversalwellen nachweisen, dann befindet sich der Körper im festen Aggregatzustand.

Die aus seismischen Beobachtungen gewonnenen Ergebnisse über den geschichteten Aufbau des Erdinneren lassen sich mit geochemischen Vorstellungen in guten Einklang bringen. Die Oberkruste wird in verschiedener Mächtigkeit von Sedimenten überlagert; sie besteht hauptsächlich aus granitischem Gestein, dessen Raumgewicht i. M. 2,7 tm^{-3} beträgt. Die häufigsten Erstarrungsgesteine sind also Granite und Granodiorite. Diese Magmatite weisen einen chemischen Bestand auf, der durch Sauerstoffverbindungen von Silizium und Aluminium gekennzeichnet ist. Das Vorherrschen von SiO_2 bedingt den sauren Charakter der Gesteine, wobei die Grenze bei einem SiO_2-Anteil von 65% festgelegt wurde. Suess hat für die Oberkruste die Bezeichnungsweise *Sial* eingeführt, die sich allgemein eingebürgert hat. Die sauren Gesteine sind überdies durch das Auftreten von Silizium in Form von Quarz (SiO_2) gekennzeichnet, während er bei den basischen fehlt.

Die ozeanischen Vulkane förderten hingegen ausschließlich Laven von basischer Zusammensetzung, die weniger als 52% SiO_2 enthielten, so daß man zu der Annahme gezwungen ist, daß die Unterkruste aus spezifisch schwererem basaltischem Material mit einem mittleren Raumgewicht von 3,0 tm^{-3} besteht. Suess hat dafür die Bezeichnungsweise *Sima* gewählt, die zum Ausdruck bringen soll, daß das Gestein aus Oxyden von Silizium und dem mehr basischen Element Magnesium besteht. Das Gebiet zwischen 52% und 65% SiO_2 wird von intermediären Gesteinen belegt.

Beobachtungen über die Ausbreitung der Erdbebenwellen haben zur Feststellung des Schalenaufbaues der Erdrinde geführt. Durch Diskontinuitäten ersten Ranges getrennt wurden drei Schichten festgestellt; die Erdkruste, der Mantel und der Kern. Die Grenze zwischen Kruste und Mantel wird durch die Mohorovičić-Diskontinuität festgelegt, die durch die Fortpflanzungsgeschwindigkeit der Longitudinalwellen von 8 kms^{-1} gekennzeichnet ist. Die Erdkruste wird überdies durch die Conrad-Unstetigkeit unterteilt: die Oberkruste, die durch eine mittlere Wellengeschwindigkeit von 5,6 kms^{-1} und die Unterkruste, in der die Wellengeschwindigkeit i. M. 6,5 kms^{-1} beträgt.

9. Technische Gesichtspunkte

Den bisher angeführten Einteilungsgründen lagen im wesentlichen geophysikalische Erwägungen zugrunde. Die theoretische Behandlung im Sinne der Baustatik erfordert bei Berücksichtigung der Verhältnisse für die Erdkruste das Herausgreifen charakteristischer Gebirgstypen, deren Eigenschaften möglichst genau erfaßbar sind und deren mechanisches Verhalten mathematisch verfolgt werden kann. Manchmal treten aber Fälle auf, die eine solche Zuordnung zu einem Idealtypus nicht gestatten. Sie entziehen sich dann einer theoretischen Behandlung und müssen der Erfahrung vorbehalten bleiben. Aber auch in diesem Falle besteht die Möglichkeit der Interpolation bzw. der Einschaltung zwischen Idealtypen.

Vom Standpunkt der statischen Behandlung werden zunächst zwei Hauptgruppen ins Auge gefaßt: der Fels und das Lockergestein. Der Fels wird durch das Vorhandensein echter, auf atomaren Bindungskräften beruhender Kohäsion gekennzeichnet, während das Lockergestein aus Elementen besteht, zwischen denen Kohäsionskräfte dieser Art nicht oder nur in ganz untergeordnetem Maße wirksam sind. Sofern im letzteren Fall Bindungskräfte bestehen, werden sie hauptsächlich vom Wasser hervorgerufen. (Scheinbare Kohäsion, verursacht durch den Kapillardruck) [144a].

10. Unterteilung der Felsgesteine

Die Unterteilung der Felsgesteine kann nach verschiedenen Gesichtspunkten erfolgen. RABCEWICZ [104a] schlägt eine Unterteilung in feste und pseudofeste Gesteine vor, wobei die Festigkeit und das plastische Verhalten als kennzeichnende Merkmale herangezogen werden. Die pseudofesten Gesteine sollen im Gegensatz zu den Festgesteinen eine geringere einachsige Druckfestigkeit und ein ausgeprägtes plastisches Verhalten zeigen, d. h. sie sollen in weitgehendem Maße zu einer bruchlosen bleibenden Verformung befähigt sein. Der genannte Autor zählt zu den pseudofesten Gesteinen u. a. Sandstein mit tonigem Bindemittel, Tonschiefer, Schieferton, viele Mergel, Phyllite, Chloritschiefer, Glimmerschiefer usf. Bei pseudofesten Gesteinen ist die atomare Bindung nicht so fest, wie beim festen Fels. Außerdem sind vor allem bei den geschieferten Gesteinen die Bindungskräfte nicht isotrop, d. h. in irgend einem Punkt des Gesteins nicht nach allen Richtungen gleich stark. Die Festigkeitsanisotropie wird in vielen Fällen durch die Schichtgitterstruktur der Ton- und Glimmermineralien bedingt. Die Ursache dieser Erscheinung ist das Verhalten des Elements Siliziums, das mit seinem Gewichtsanteil von rd. 25% an der Zusammensetzung der Erdkruste nach Sauerstoff an zweiter Stelle steht. Das unveränderliche Skelett der Mineralsilikate bildet die Zusammensetzung mit Sauerstoff zu den Siliziumtetraedern SiO_4, die miteinander über die Sauerstoffatome verknüpft sind. Bei Anordnung dieser Gruppen in einer langen Kette entstehen beispielsweise die Riesenmoleküle des Asbestes; eine zweidimensionale Anordnung — ähnlich jener der Kohlenstoffatome im Graphit — verursacht die Schichtgitterstruktur der Glimmermineralien, wobei die Bindungskräfte senkrecht zu den Schichtebenen schwach sind. Dieser Umstand bedingt die gute Spaltbarkeit der Glimmermineralien; als Gemengteile der Schiefergesteine sind sie bei geregelter Anordnung die Ursache einer weitgehenden Festigkeitsanisotropie.

KEIL [71] hält eine Unterscheidung in feste und veränderlich feste Gesteine für entscheidend. Es gibt kein Gestein, das nicht im Verlauf von geologischen Zeiträumen unter mechanischen und chemischen Einflüssen an Festigkeit einbüßen würde, doch schreitet dieser Zerstörungsprozeß bei festem Fels außerordentlich langsam fort, so daß er im Zeitraum eines Menschenalters, wenn man von der oberflächlichen Verwitterung absieht, kaum merkbar ist. Die veränderlich festen Gesteine hingegen sind zersetzungsempfindlich und verlieren oft rasch von ihrer Festigkeit, wenn der Gleichgewichtszustand, der durch die Druck-, Temperatur- und Wasserführungsverhältnisse gegeben ist, infolge des Eingriffes von Tunnel- und Stollenbauten eine Veränderung erfährt.

Die angeführten Einteilungen nach RABCEWICZ und KEIL dürften aber aus statischen Erwägungen nicht so sehr entscheidend sein, wie jene in festen und gebrechen Fels, wobei die letzteren Felsarten infolge ihrer Gefügeschädigungen mehr oder weniger stark zu Nachbrüchen neigen. Das gebreche Gestein tritt in einer ganzen Reihe von Erscheinungsformen auf, die vom nachbrüchigen Fels bis zu den vollständig zermahlenen und chemisch veränderten Myloniten reichen.

Die Einteilung in festen und gebrechen Fels ist allgemein verbreitet. Gegen eine weitere Differenzierung mit der Absicht den Grad der Nachbrüchigkeit oder Gesteinszerrüttung bei gebrechem Gebirge hervorzuheben, ist nichts einzuwenden.

2*

Die Erweiterung durch die Begriffe druckhaftes oder sehr druckhaftes Gebirge
mag aus praktischen, für die Bauabwicklung maßgebenden Gründen zweckmäßig
sein, aus statischen Erwägungen ist sie jedoch unzutreffend. Die Druckhaftigkeit
ist ja nicht allein eine Eigenschaft des Gebirges, sondern sie wird auch durch den
im Gebirge herrschenden Spannungszustand bedingt. Das gleiche Gebirge kann
bei geringer Überlagerung standfest, bei größerer Tiefenlage unter der Erdoberfläche hingegen druckhaft sein.

11. Unterteilung der Lockergesteine

Die Hauptgruppe der Lockergesteine soll wieder unterteilt werden, einerseits
in die kohäsionslosen Lockergesteine, bei denen keinerlei Bindung durch atomare
Kräfte zwischen den Elementen besteht, und andererseits in die durch ihre plasti-
schen Eigenschaften gekennzeichneten bindigen Lockergesteine, deren Körner
infolge ihrer Kleinheit eine durch den Kapillardruck hervorgerufene scheinbare
Kohäsion aufweisen. Zu ersteren gehören manche klastische Sedimente, wie Sand,
Kies, Gerölle, Hangschutt und Blockwerk; zu letzteren Tone, Lehm und viele
Mergel.

Die vier Gruppen: fester Fels, gebrecher Fels, kohäsionloses Lockergebirge
und bindiges Lockergebirge stellen vier Idealtypen dar, die in den folgenden Ausführungen getrennt behandelt werden, weil dies auf Grund ihrer eindeutig be-
schreibbaren Eigenschaften möglich ist. Die beiden letztgenannten Gebirgsarten,
bindiges Gebirge und kohäsionsloses Lockergebirge bilden den Gegenstand der
heute hochentwickelten Wissenschaft der Bodenmechanik, deren Ergebnisse, soweit es angängig ist, in der Theorie des Tunnel- und Stollenbaues verwertet
werden.

Kapitel III

Der primäre Spannungszustand des Gebirges

12. Die durch die Überlagerung hervorgerufenen Spannungen

Vor der Behandlung der durch Überlagerung hervorgerufenen Spannungen, ist es angezeigt, sich mit dem Aufbau der Erdrinde, bestehend aus Erdkruste und Mantel, zu beschäftigen. Dies ist unerläßlich, obwohl es sich dabei um geophysikalische Betrachtungen handelt.

Die Erdrinde ist nur bis zu einer verhältnismäßig geringen Tiefe erschlossen. Der Bergbau und damit die Möglichkeit, das Gebirge der menschlichen Beobachtung unmittelbar zugänglich zu machen, hat eine Teufe von etwa 3000 m unter der Erdoberfläche erreicht. Die Schwierigkeiten, die dort infolge von Bergschlägen auftraten, waren ganz außerordentlich und es hat den Anschein, daß man damit nahe an die erreichbare Grenze gelangt ist. Der Simplon-Tunnel besitzt unter den Alpendurchstichen die größte Überlagerungshöhe von 2500 m, der Montblanc-Tunnel eine solche von 2400 m. Dort äußerte sich der Gebirgsdruck in einer Form, daß seine Bewältigung nahe der Grenze des Menschenmöglichen lag. An Tunnel und Stollen mit noch größerer Überlagerung wird man nur mit äußerster Vorsicht herangehen dürfen, um nicht auf unüberwindliche Schwierigkeiten zu stoßen.

Bei Erdölbohrungen ist ein Bohrloch im Staate Wyoming, USA, bis auf 6225 m tiefgebracht worden, bei den Aufschlußbohrungen in den Ölfeldern von Texas wurde im Jahre 1958 ein neuer Tiefenrekord von 7000 m erreicht. Weil die Bohrung noch nicht fündig geworden ist, soll sie auf 7500 m weitergetrieben werden. In Kreisen der Bohrfachleute der amerikanischen Ölindustrie ist man der Meinung, mit Bohrungen bis auf 16000 m vordringen und über die Mohorovičić-Diskontinuität hinaus den Erdmantel erreichen zu können [17]. Die Gebirgs-druckverhältnisse sind aber bei lotrechten Bohrlöchern mit denen eines waag-rechten Tunnels oder Stollens nicht zu vergleichen. Die Möglichkeit mit Bohr-löchern größere Tiefen zu erreichen, als mit Tunneln oder Stollen wird nicht nur durch den geringeren Querschnitt des zu schaffenden Hohlraumes begünstigt, sondern es spielt auch der Umstand eine Rolle, daß der waagrechte Tunnel oder Stollen unter der Wirkung der lotrechten, also senkrecht zur Längsachse des Bau-werkes gerichteten, von der Überlagerung herrührenden Druckes steht, während beim Bohrloch die geringeren waagrechten Spannungen eine drehsymmetrische Beanspruchung des Gebirges rings um das Bohrloch verursacht.

Für größere Tiefen, als sie bei den Bohrungen erreicht werden können, stehen zur Beurteilung der Gebirgsbeschaffenheit nur die aus seismischen Beobachtungen zu ziehenden Schlüsse zur Verfügung; im übrigen ist man auf Hypothesen und allenfalls auf Theorien angewiesen.

Die wichtigsten im Versuchwege gewonnenen Erkenntnisse über die Beschaffenheit des Erdinnern, nämlich die Beobachtungen über die Ausbreitung von Erdbebenwellen, hat zur Feststellung des Schalenaufbaues der Erde geführt. Durch Diskontinuitäten ersten Ranges getrennt wurden drei Schichten festgestellt; die Erdkruste, der Mantel und der Kern. Kruste und Mantel werden häufig unter dem Begriff der Erdrinde zusammengefaßt. Die Grenze zwischen Kruste und Mantel wird durch die Mohorovičić-Diskontinuität angezeigt, die durch eine Fortpflanzungsgeschwindigkeit der Longitudinalwellen von 8 kms⁻¹ gekennzeichnet ist. In der darüber liegenden Kruste ist die Fortpflanzungsgeschwindigkeit merklich kleiner. Die Mohorovičić-Diskontinuität scheint durchwegs vorhanden zu sein. Unter den Ozeanen liegt sie rd. 10 km tief, unter den Flachländern wurde sie in einer mittleren Tiefe von 40 km festgestellt; unter den Gebirgen reicht sie noch tiefer hinab. So wurde sie z. B. in Zentralasien in einer Tiefe von 60 km nachgewiesen. Als durchschnittlicher Wert unter den Festländern kann etwa ein Maß von 30 km angenommen werden.

Für den Tunnel- und Stollenbau kommt nur die Erdkruste in Betracht, die durch die sog. Conrad-Unstetigkeit, die in 10—20 km Tiefe festgestellt wurde und in zwei Schichten geteilt ist: die Oberkruste, die durch eine mittlere Wellengeschwindigkeit von 5,6 kms⁻¹ gekennzeichnet ist, und die Unterkruste, in der die Wellengeschwindigkeit i. M. 6,5 kms⁻¹ beträgt.

Es war wiederholt von Erdbebenwellen die Rede, so daß es angezeigt ist, etwas Näheres darüber zu sagen. Die Fortpflanzung der durch Erschütterung oder Schwingungserregung im Gebirge entstehenden Wellen ist eine ausgesprochen elastische Erscheinung. Dabei werden Druckwellen und Scherwellen unterschieden. Die Druckwellen werden durch eine Erschütterung erregt, die z. B. durch eine Sprengladung hervorgerufen werden kann.

Sie sind Longitudinalwellen, wobei die Gesteinselemente in der Fortpflanzungsrichtung der Wellen schwingen, ebenso wie die Schallwellen. Die Fortpflanzungsgeschwindigkeit läßt sich, wie bereits erwähnt, wie folgt ausdrücken:

$$v_d = \sqrt{\frac{E_g\, m_g\,(m_g - 1)}{\vartheta_g\,(m_g + 1)\,(m_g - 2)}}.\tag{1}$$

Sie ist vom Elastizitätsmodul des Gebirges E_g und seiner Poissonschen Zahl m_g abhängig. Außerdem kommt in der Gleichung für v_d die Dichte des Gebirges ϑ_g vor.

Zur Bildung von Scherwellen kommt es bei einer Schwingungserregung. Die Scherwellen sind Transversalwellen, wobei die Elementarteilchen senkrecht zur Fortpflanzungsrichtung der Wellen schwingen. Die Geschwindigkeit läßt sich bekanntlich durch die Gleichung

$$v_s = \sqrt{\frac{G_g}{\vartheta_g}}\tag{2}$$

ausdrücken. In dieser Gleichung kommen die elastischen Eigenschaften des Gebirges durch den Gleitmodul G_g zum Ausdruck. Außerdem findet sich darin wieder die Dichte des Gesteins ϑ_g. Nachdem die Größen E_g, G_g und m_g durch die Beziehung

$$G_g = \frac{E_g m_g}{2\,(m_g + 1)}\tag{3}$$

verknüpft sind, läßt sich die Geschwindigkeit der Scherwellen auch in der Form

$$v_s = \sqrt{\frac{E_g}{2\vartheta_g} \frac{m_g}{(m_g + 1)}} \tag{4}$$

ausdrücken. Wenn man also v_d und v_s durch seismische Beobachtung ermittelt hat, läßt sich die Poissonsche Zahl des Gebirges durch die Beziehung

$$\frac{v_d}{v_s} = \sqrt{2\frac{m_g - 1}{m_g - 2}} \tag{5}$$

errechnen.

Für die obersten Schichten der Erdkruste ergeben sich die Werte von $v_d = 7{,}17$ kms^{-1} und $v_s = 4{,}01$ kms^{-1}. Aus dem Verhältnis der Geschwindigkeiten folgt ein durchschnittlicher Wert der Poissonschen Zahl von $m_g = 3{,}7$. In ähnlicher Weise wie die Seismik kann auch der Ultraschall für die Bestimmung der elastischen Eigenschaften herangezogen werden. Die grundlegenden theoretischen Beziehungen sind, nachdem es sich in beiden Fällen um Schwingungen in einem elastischen Medium handelt, dieselben, wie oben ausgedrückt.

Man ist gewöhnt, die Erdkruste, die gegen den Mantel durch die Mohorovičić-Diskontinuität in einer Tiefe von 30—40 km begrenzt ist, aus petrographischen Gründen in eine Sedimentschicht, in eine obere sialische und in eine untere simatische Schicht zu unterteilen. Die Grenze der letzteren Schichten liegt bei etwa 10—20 km. Für die mechanischen Erscheinungen und insbesondere für den Tunnel- und Stollenbau ist jedoch die Unterscheidung zwischen einer oberen elastischen Schicht und der darunter liegenden latent-plastischen Zone, die sich über die Erdkruste hinaus in den ganzen Mantelbereich erstreckt, von Bedeutung. Mit der Bezeichnung elastische Schicht soll nicht zum Ausdruck gebracht werden, daß ein vollkommen oder ideal elastisches Verhalten vorliegt, wenngleich ein solches bei geringen Beanspruchungen, wie beispielsweise bei den Gezeitenwirkungen oder bei der Ausbreitung von seismischen Wellen, besteht. Der Unterschied zwischen der elastischen Schicht und der latent-plastischen Zone ist darin begründet, daß bei der ersteren unter der Wirkung des Druckes der Überlagerung in Schrägflächen Schubspannungen auftreten, die kleiner bleiben, als der innere Gleitwiderstand der Gesteine, während in der latent-plastischen Zone der innere Gleitwiderstand erreicht wird. Dieser Umstand ist für die Bestimmung der Grenze entscheidend. Die latent-plastische Zone der Erdkruste ist mit naturgesetzlicher Notwendigkeit, beginnend von einer Tiefe unter der Erdoberfläche, die für Festgesteine mit rd. 10 km angegeben werden kann, vorhanden. Diese Grenze soll besagen, daß unter ihr unter allen Umständen latent-plastisches Verhalten besteht. Für den Tunnelbau ist aber von großer Wichtigkeit, daß von den Festigkeitseigenschaften der Gesteine bedingt, ein latent-plastisches Verhalten in viel geringerer Tiefe möglich ist und daß sich latent-plastische Enklaven in elastischen Bereichen eingeschlossen in viel geringerer Tiefe finden können. Vor allen Dingen ist es wichtig, daß sich latent-plastische Zonen bei Tongesteinen oder im Salzgebirge ganz nahe der Erdoberfläche finden können. Für den Tunnelbau gilt also, daß er sich in der elastischen Schicht der Erdkruste oder manchmal in einer latent-plastischen Zone abspielt.

Ein wesentliches Merkmal für die Unterteilung der Erdkruste ist auch der herrschende Seitendruck. Der in der Kruste bestehende primäre Spannungszustand ist dreiachsig. In lotrechter Richtung wirkt der mit wachsender Tiefe und dem Raumgewicht des Gesteins zunehmende Überlagerungsdruck $p_v = \gamma_g h$. Er hat unter allen Umständen Seitendruckspannungen zur Folge, die bei Homogenität und Isotropie drehsymmetrisch sind.

Das Verhältnis der Seitendruckspannungen zum Überlagerungsdruck wird als Seitendruckziffer λ_0 bezeichnet. Sie spielt im Tunnelbau eine beachtliche Rolle. Nicht minder bedeutsam ist ihre Auswirkung in der Tektonik, insbesondere bei der Erklärung der Faltengebirgsbildung.

Im elastischen Bereich ist der Seitendruck durch die Gesetze, die für den unendlich ausgedehnten Halbraum gelten, durch die Elastizitätstheorie gegeben. Sie beträgt, wenn mit m_g die Poissonsche Zahl des Krustengesteins bezeichnet wird

$$\lambda_0 = \frac{1}{m_g - 1}. \tag{6}$$

Diese Beziehung gilt bei vollkommener Homogenität und Isotropie; in ihr ist die Seitendruckziffer durch die Poissonsche Zahl ausgedrückt. Letztere ist aus seismischen Beobachtungen bekannt und ihr durchschnittlicher Wert beträgt für den oberen Teil der Kruste $m_g = 3{,}7$, woraus sich eine mittlere Seitendruckziffer von $\lambda_0 = 1:2{,}7 = 0{,}37$ ergibt.

In der latent-plastischen Zone ist die Seitendruckziffer nicht konstant, sondern sie wächst mit der Überlagerungshöhe und nähert sich einem Maximalwert, der durch die Grenzlinie im Mohrschen Diagramm gekennzeichnet ist.

Aus den bisherigen Darlegungen, welche Bedingungen für die Grenzfläche der oberflächennahen elastischen Schicht und der latent-plastischen Zone der Erdkruste gelten müssen, wird das Mohrsche Diagramm mit der für plastische Verformungen geltenden Grenzlinie herangezogen, für deren Bestimmung in erster Linie dreiachsige Druckversuche erforderlich sind. Es ist bedauerlich, daß während des geophysikalischen Jahres solche Versuche für die die Erdkruste aufbauenden Gesteine nicht ausgeführt worden sind, wodurch man sich eines Hilfsmittels, das für die Tektonik von ausschlaggebender Bedeutung ist, begeben hat. Um sich an irgendwelche konkrete Zahlen zu halten, werden beispielsweise dreiachsige Druckversuche ausgewertet, die von KÁRMÁN ausgeführt wurden. Die Spannungs-Dehnungs-Diagramme sind in der Abb. 6 dargestellt. Den einzelnen Arbeitslinien ist als Parameter jene allseitig gleiche Druckspannung beigeschrieben, der die jeweilige Gesteinsprobe unterworfen wurde. Auf der Abszissenachse finden sich die Dehnungen aufgetragen und als Ordinaten die einachsigen Druckspannungen, die dem allseitig gleichen Spannungszustand überlagert wurden. Aus den Kurven ist ersichtlich, unter welchen Bedingungen das plastische Fließen und damit das Versagen der Probekörper beginnt. Die Grenzen sind nicht scharf, doch so ausgeprägt, daß ihre Verwertung möglich ist. Die Spannungen sind auf den ursprünglichen Querschnitt bezogen; sofern man bei ihrer Ermittlung den verformten Querschnitt berücksichtigt, wird der Übergang noch auffälliger erkennbar. Für die Grenze gilt eine Dehnung von ungefähr 0,8%.

Aus der Abb. 6 ergeben sich für den Eintritt des Fließens die in der nachstehenden Tab. 1 angeführten Werte:

Tabelle 1

Allseitig gleicher Druck kpcm^{-2}	zusätzlicher Axialdruck kpcm^{-2}	Summe kpcm^{-2}
710	2675	3385
1700	3225	4925
3370	3625	6995

Wenn man die entsprechenden Spannungskreise in das Mohrsche Diagramm einzeichnet, so gestatten sie die Ermittlung der einhüllenden Grenzlinie G. Sie wird im Bereich der niedrigen Spannungen durch den Spannungskreis K_g für die einachsige Druckfestigkeit von $\sigma_{gd} = 1300$ kpcm^{-2} ergänzt. Dieser Kreis bzw. der ihn bestimmende Spannungszustand ist dadurch gekennzeichnet, daß der Bruch fast ohne vorherige plastische Verformung erfolgt. Unter der Annahme, daß K_g den Grenzkreis darstellt, gilt die unter dem Winkel $\varrho_g = 41°$ gegen die Abszissenachse geneigte Gerade als Tangente für alle Kreise, welche die Spannungszustände in der elastischen Schicht darstellen. Einer von ihnen ist beispielsweise der in der Abb. 6 eingezeichnete Kreis K_e. Für alle diese Kreise ist die Konstanz der Seitendruckziffer charakteristisch. Sie beträgt bei dem gewählten Beispiel $\lambda_0 = 0,21$.

In der latent-plastischen Zone besitzen die Seitendruckziffern für die gewählte Versuchsreihe die in der nachfolgenden Tab. 2 enthaltenen Werte:

Tabelle 2

Überlagerungsdruck p_v kpcm^{-2}	Entsprechende Tiefe unter der Erdoberfläche m	Seitendruckziffer λ_0
3385	12300	0,21
4925	17900	0,35
6995	25400	0,48

Der Verlauf der Seitendruckziffern wurde in der Abb. 6 als strichlierte Linie eingetragen. Er zeigt die Tendenz, sich in sehr großer Tiefe einer waagrechten Asymptote zu nähern. Durch den Grenzkreis K_g gekennzeichnet, ergibt sich für den Übergang von der elastischen Schicht zur latent-plastischen Zone der Erdkruste eine Tiefe unter der Erdoberfläche von 3385 kpcm^{-2} : $2,75$ tm^{-3} $= 12$ km. Unter einem Druck einer Gesteinsschichte, deren Mächtigkeit 12 km beträgt oder überschreitet, muß sich bei der angenommenen Gesteinsbeschaffenheit das Erdinnere in einem latent-plastischen Zustand befinden. Die Voraussetzungen, daß p_v und p_h lotrecht bzw. waagrecht wirken und daß der Spannungszustand homogen ist, gelten nur mit gewissen Einschränkungen, die durch die Form der Geländeoberfläche, durch die geologischen Verhältnisse und die Tektonik bedingt sind.

a) Die Geländeform beeinflußt den im Berginneren herrschenden primären Spannungszustand. Die Druckverteilung zeigt in einer waagrechten Fläche nicht einen der Geländeoberfläche ähnlichen Verlauf, sondern sie weicht von dieser Form ab.

b) Wie die geologischen Verhältnisse die Verteilung der lotrechten Spannungen beeinflussen, möge am Beispiel eines Tunnels erläutert werden, der eine Antiklinale senkrecht zur Faltenachse durchörtert. Im Bereich der Faltenschenkel ist der Druck wesentlich größer als im Kern der Falte, obwohl dort die Überlagerung am größten ist [159]. Ein Beweis dafür ist der Tauern-Tunnel in Österreich, der eine mächtige domförmig aufgewölbte Gneiskuppe unterfuhr. Die Gebirgsdruck-

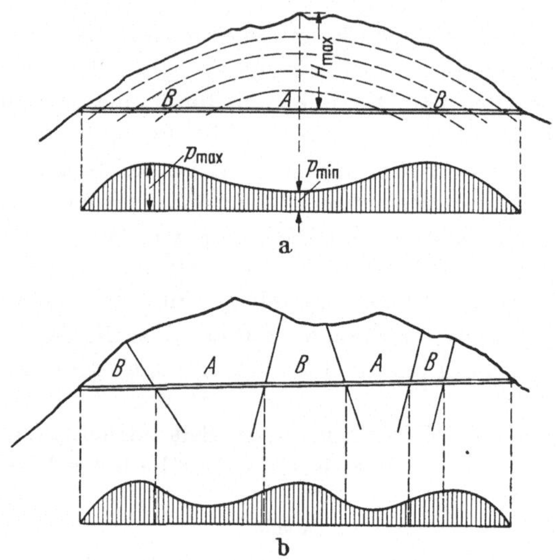

Abb. 7. Beeinflussung des Überlagerungsdruckes durch die tektonischen Verhältnisse;
a) im Bereich einer Antiklinale;   b) in einem durch Schollenverwerfungen geteilten Gebirge.

erscheinungen (Bergschläge) ließen nach, sobald der Tunnel in den teilweise entlasteten Kern der Aufwölbung gelangte (Abb. 7a). Als weiteres Beispiel möge der Fall erwähnt werden, auf den STINI hingewiesen hat [138]. Er betrachtet einen Gebirgsstock, der durch Verwerfungen so unterteilt ist, daß keilförmige Blöcke entstanden sind. Der nach unten verjüngte Keil A wird dabei von den benachbarten Blöcken B gestützt und entsprechend entlastet (Abb. 7b). Die primären Spannungen p_v und p_h im Bereich der nach unten schmäler werdenden Keile werden daher auch geringer sein, während die nach oben verjüngten Keile eine zusätzliche Belastung erfahren. Erscheinungen solcher Art treten sehr häufig auf. Ferner kann der Fall vorkommen, daß ein Lehnentunnel in einen Hang zu liegen kommt, der oberflächenparallele Schichtung oder Schieferung aufweist. Der Schubwiderstand in den Schicht- oder Schieferungsflächen ist beträchtlich herabgemindert und kann durch lehmige oder tonige Zwischenlagen ausgeschaltet werden. In diesem Falle kann die größte Hauptdruckspannung eine parallel dem Schichtenverlauf annähernd gleichgerichtete Schrägstellung erfahren.

c) Kräfte, deren Ursachen in tieferen Schichten der Erde zu suchen sind, haben in der Erdkruste Spannungen ausgelöst, die zu plastischen Bewegungen und Brucherscheinungen geführt haben. Die Erdkruste ist aber auch in der Jetztzeit nicht zur Ruhe gekommen, sondern noch immer in Bewegung begriffen. Tektonische Vorgänge sind auch heute noch im Gang und unmittelbar zu beobachten. Zeugnisse dafür sind Erdbeben und epirogenetische Vorgänge, d. s. langsam sich abspielende Krustenbewegungen, bei denen ausgedehnte Gebiete in ihrer Gesamtheit eine Hebung oder Senkung erfahren, ohne daß dabei der Schichtverband gestört wird. Orogene gebirgsbildende Vorgänge, die sich — mit geologischen Maßstäben gemessen — rascher und mit größerer Intensität abgespielt und zu weitgehender Veränderung der Lage und des Verbandes der Schichten geführt haben, kommen für den Tunnelbau, von wenigen Ausnahmen abgesehen, nur in ihren Ergebnissen, dem tektonischen Befund, in Betracht. Ob Restspannungen solcher tektonischer Ereignisse heute noch vorhanden sein können, verlangt eine genaue Untersuchung.

Die im Tunnelbau zu beobachtenden auf engem Raum erfolgenden plastischen Erscheinungen und Bruchvorgänge, die sich manchmal aus der Beanspruchung des Gebirges durch den Druck der Überlagerung nicht erklären lassen, insbesondere dann, wenn sie bei einer geringeren Überlagerungshöhe oder gar an der Erdoberfläche auftreten, liegen in großer Zahl vor.

Der Geologe HAUER berichtete 1878, daß in verschiedenen Steinbrüchen Nordamerikas beobachtet wurde, wie größere Platten bei der Lösung aus dem Schichtverband eine Ausdehnung erlitten, die nach durchgeführten Messungen etwa 1/1000 ihrer Länge betrug. Diese Ausdehnung zeigte sich in der Nord-Süd-Richtung, nicht aber in der Ost-West-Richtung.

In einem Steinbruch in Lemont südlich Chicago wurde durch Abräumungsarbeiten die Sohle des Bruches bloßgelegt. Daraufhin wölbte sich der anstehende Fels allmählich sanft auf und bildete eine Welle, deren von Ost nach West verlaufende Scheitellinie auf eine beträchtliche Länge zu verfolgen war. Auf der Scheitellinie entstand unter explosionsartigem Geräusch ein Längsriß. Die Aufwölbung und der Trennbruch hatten unverkennbar eine ausmittige waagrechte Pressung als Ursache.

Eine ähnliche Erscheinung wird von dem im Granit liegenden Stormking-Tunnel der Catskill-Wasserleitung, New York, berichtet, wo die Überlagerungshöhe nur 330 m betrug.

RABCEWICZ schildert Beobachtungen an der Oberfläche der glazialen Rundbuckellandschaft Nordnorwegens, wo sich parallel zur Oberfläche Schalen von 5—10 cm Mächtigkeit loslösen und die Ursache von gewaltigen Bergstürzen bilden. Die Loslösungen bedecken Gebiete von vielen Quadratkilometern. Häufig findet man auch die Ablösung von dünnen Platten bis zu einem Dezimeter Dicke, die manchmal ausknicken. Nach RABCEWICZ handelt es sich bei diesen Erscheinungen um Entspannungsvorgänge.

TSCHERNIG kommt auf Grund seiner langjährigen Beobachtungen zu dem Ergebnis, daß von 2000 Bergschlägen im Kärntner Erzbergbau nahezu 90% bei Nord- und Nordostklüften vorkommen. Dies ist seiner Ansicht nach ein Beweis dafür, daß die Ostalpen einer nach Norden oder Nordosten gerichteten Bewegungstendenz folgen.

Als Ursache der geschilderten Erscheinungen wird oft die Möglichkeit von tektonischen Restspannungen in Erwägung gezogen, und es soll untersucht werden, ob und in welchem Maße dies zutreffen kann. Ganz allgemein gesprochen, kommen für diese Erscheinungen, bei denen außer dem Überlagerungsdruck noch andere und anders gerichtete Spannungen wirksam sind, folgende Ursachen in Betracht: Einerseits Restspannungen früherer tektonischer Vorgänge und andererseits noch lebendige Krustenbewegungen und gegenwärtig wirksame tektonische Kräfte.

Die tektonischen Restspannungen gehören zur Gruppe der Eigenspannungen. Zum Zwecke einer Klarstellung ist es notwendig, hierüber einiges zu sagen. Der Begriff der Eigenspannungen läßt sich in der Weise festlegen, daß alle bei einem Körper auftretenden Spannungen, die unabhängig von den an ihm angreifenden äußeren Kräften bestehen. In diesem Sinne gibt es also zwei Arten von Spannungen: die Lastspannungen, die von den am Körper angreifenden äußeren Kräften, den Lasten, hervorgerufen werden, und die Eigenspannungen, die an einem unbelasteten Körper bestehen, gleichgültig, auf welche Ursachen sie zurückzuführen sind. Zu den Eigenspannungen gehören auch jene, für die nachfolgenden Betrachtungen bedeutsamen Spannungen, die in einem Körper zurückbleiben, wenn eine vorher aufgebrachte Belastung wieder entfernt wird. Sie können aber nur dann auftreten, wenn vorher in Teilbereichen eine plastische Verformung erfolgt ist.

Für die getroffene Begriffsbestimmung gilt als wichtige Voraussetzung, daß der Körper nach Umfang und Inhalt festgelegt werden kann. Die äußeren Kräfte sollen ja am Umfang des Körpers angreifen. Durch Schnitte im Körper kann man alle inneren Kräfte und daher auch alle Eigenspannungen in äußere Kräfte verwandeln. Wenn man bei dieser Schnittführung den Übergang zu einem unendlich kleinen Körperelement macht, ergibt sich aus dieser Überlegung, daß ein solches Element keine Eigenspannungen aufweisen kann.

Nach ihrer Entstehungsursache kann man die Eigenspannungen, die im Gebirge zu erwarten sind, in zwei Hauptgruppen einteilen, wobei allerdings eine scharfe Abgrenzung nicht möglich ist.

a) Zunächst sind die *Wärmespannungen* zu nennen, die dann entstehen, wenn ein Körper und insbesondere auch das Gebirge an verschiedenen Stellen verschieden stark erwärmt oder abgekühlt wird. Als Ursache der Wärmespannungen seien die Abkühlung magmatischer Gesteine oder die Erwärmung von Gesteinen, die füher eine Eisbedeckung aufwiesen, erwähnt. Auch im Zusammenhang mit magmatischen Vorgängen sind Temperaturunterschiede in den Gesteinen in der Regel vorhanden.

b) An zweiter Stelle sind die *tektonischen Eigenspannungen* anzuführen, die sich aus der Entstehungsgeschichte der Gebirge erklären lassen. Sie bleiben im Gebirge zurück, wenn eine vorher wirksam gewesene Belastung verschwindet. Voraussetzung für das Auftreten tektonischer Eigenspannungen ist aber, daß durch die vorherige Belastung des Gebirges eine Überschreitung der Elastizitätsgrenze erfolgt ist. In solchen Gebirgsteilen ist dann außer einer elastischen eine plastische Verformung erfolgt. Wenn die Belastung verschwindet, dann sinkt aber die Verformung nicht auf den größeren plastischen Anteil ab, sondern es bleiben darüber hinaus *Nachdehnungen* bestehen, die sich aus dem Zusammenhang des Gebirges ergeben. Einzelne Gebirgsteile können sich ja nicht unabhängig von ihrer Umgebung verformen, und aus diesem Zwang folgt, daß Nachdehnungen *Eigenspannungen* zur Folge haben, die *Nachspannungen* oder *Restspannungen* genannt werden. Um dies näher zu erläutern, sei folgender Fall erwähnt: die Erdkruste besteht aus Schollen, die durch Bruchflächen getrennt, auf einer plastischen Unterlage aufruhen. Aus irgendwelchen Gründen, sei es Kontraktion oder Isostasie, weiche in einer parallel zur Erdoberfläche verlaufenden Fläche die Unterlage zurück, so daß in dieser Fläche die radial gerichtete Reaktion geringer wird, als dem Gewicht der Überlagerung entspricht. Dann ist der Unterschied zwischen dem Gewicht und der Auflagerreaktion als äußere Kraft anzusehen. Unter seiner Wirkung bildet sich ein Entlastungsgewölbe aus, in dem tektonische Spannungen entstehen, die z. T. elastische und z. T. plastische Verformungen zur Folge haben. Wenn die Unterlage nach einiger Zeit wieder voll wirksam wird, z. B. dadurch, daß die Verspannung wegen Nachgiebigkeit der Widerlager des Gewölbes verschwindet, dann werden die plastischen Verformungen nicht zurückgebildet, es treten Nachdehnungen und damit tektonische Nachspannungen auf.

Die aufgezählten thermischen und tektonischen Ursachen für das Auftreten von Nebenspannungen sind nicht die einzigen. Man denke nur an die durch das Schwellen der Tone oder des Anhydrits hervorgerufenen Spannungen.

Die dargelegten Begriffe: Eigenspannungen, Nebenspannungen, Nachspannungen bzw. Restspannungen sind in der Festigkeitslehre eindeutig definiert. Es empfiehlt sich daher, sie auch bei geologischen Betrachtungen anzuwenden und nicht neue Bezeichnungen einzuführen, wodurch die Verständigung erschwert werden würde.

Man kann das Bestehen von Eigenspannungen nur dann feststellen, wenn bei einer späteren Wiederbelastung eine Spannungssteigerung eintritt, die zu bleibenden Verformungen oder zum Bruch führt, wobei diese Grenze früher erreicht wird, als dann, wenn keine Eigenspannungen vorhanden gewesen wären. Das typische Beispiel hierfür ist das Auftreten von echtem Gebirgsdruck, insbesondere von Bergschlägen, wenn der Überlagerungsdruck zu ihrer Deutung nicht ausreicht.

Das Problem der Eigenspannungen ist sehr schwierig und selbst bei Körpern, deren Festigkeitseigenschaften gut bekannt sind, nur in wenigen Fällen als gelöst anzusehen. Man wird daher über die Größe der Eigenspannungen meist nichts aussagen können. Dazu tritt aber noch der Umstand, daß die *elastische Nachwirkung* und das *Kriechen des Gebirges* zu berücksichtigen sind, die im Laufe der Zeit einen Abbau der Eigenspannungen zur Folge haben. Theoretische Untersuchungen darüber sind nur unter besonderen Voraussetzungen möglich. Einiges darüber wird bei der Behandlung des Druckstollen- und Druckschachtproblems gebracht werden.

a) Tektonische Restspannungen

Die *tektonischen Restspannungen* sind demnach so zu erklären, daß die Energie von früheren und zum Stillstand gekommenen Krustenbewegungen aufgespeichert wurde. Dazu muß gesagt werden, daß Energie nur durch elastische Verformungen aufgespeichert werden kann, während plastische Verformungen nach ihrem Abschluß vollzogen sind, wobei die aufgewendete Energie in Form von Wärme abgeführt wurde und nicht mehr rückbildungsfähig ist. Restspannungen sind in der Erdkruste zweifellos vorhanden gewesen. Ob sie aber im Verlauf von geologischen Zeiträumen erhalten geblieben sind, muß als fraglich bezeichnet werden. Ein wesentlicher Teil davon wird durch elastische Nachwirkung und Kriechvorgänge abgeklungen sein. Dem Auftreten von Restspannungen, die von früheren tektonischen Vorgängen herrühren, dürfte also keine große Bedeutung zukommen.

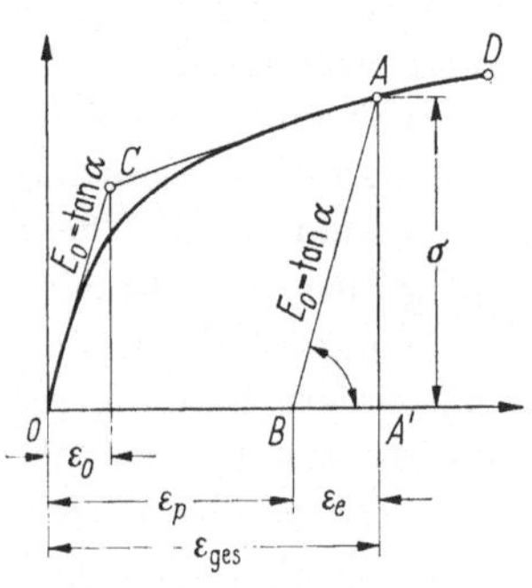
Abb. 8. Die bei Verformungen rückbildungsfähige Energie.

Die Kurve OA stellt die Arbeitslinie bei der Erstbelastung dar (Abb. 8). Wenn die Spannung σ den dem Punkt A entsprechenden Wert erreicht hat, erfolgt eine Entlastung, die zum Punkt B führt. Die Fläche OAA' ist ein Maß für die gesamte aufgewendete Energie. Die elementare Formänderungsarbeit für die Volumseinheit ist

$$d\mathfrak{a} = \sigma d\varepsilon \tag{7}$$

und die gesamte Formänderungsarbeit beträgt für die Volumseinheit

$$\mathfrak{a} = \int_0^{\varepsilon_{ges}} \sigma d\varepsilon. \tag{8}$$

Die Fläche $AA'B$ stellt die gespeicherte Energie dar, die bei der Entlastung frei wird und daher rückgewonnen werden kann. Sie beträgt größenordnungsmäßig

$$\mathfrak{a}_e = \frac{\sigma}{2}\,\varepsilon_e = \frac{\sigma^2}{2\,E_0}, \tag{9}$$

die Fläche OAB ist ein Maß für die Energie, die verlorengeht, weil sie in Wärme umgewandelt wurde.

b) Lebendige tektonische Kräfte

Mit größerer Wahrscheinlichkeit als dem Vorhandensein von Restspannungen muß daher mit heute noch wirksamen tektonischen Kräften, also mit lebendigen tektonischen Vorgängen, gerechnet werden. Anzeichen für solche Vorgänge sind auf der Erde an vielen Stellen beobachtet worden und seit dem Bestehen der Erdkruste, also seit etwa 2 Mrd. Jahren ständig vorhanden gewesen. Sie dauern auch heute noch an. Beispiele dafür sind: Amerika treibt vom europäischen Festland ab, wobei die Verschiebung seit der Entdeckung Amerikas das Maß von 160 m erreicht hat.

Die Hebung des fennoskandischen Schildes seit dem Abschmelzen der Inlandeismasse, also eine glazialisostatische Erscheinung, ist an der Küstenlinie eindeutig nachgewiesen und gemessen worden. Die deutsche Tiefebene, Belgien und Holland sind hingegen in Senkung begriffen, die jährlich 3 mm beträgt.

In prähistorischer Zeit gehörte der Meeresboden in der Nordsee dem deutschen Tiefland an. Der Rhein vereinigte sich in diesem Gebiet mit der Themse und mündete in der Gegend von Schottland in das Meer.

Die Alpen und Karawanken führen eine nach Norden bzw. Nordosten gerichtete Bewegung aus und sind, wie scheinbar alle jüngsten Faltengebirge, in Hebung begriffen.

Die bayerischen Alpen haben sich der Stadt München von 1801—1905 um 1/4 m genähert.

Die Straße von Messina hatte in der Antike eine Breite von 2,1 km, die bis heute auf 3,3 km gewachsen ist.

Strömungen in der Straße von Gibraltar, die im Altertum eine arge Gefährdung der Schiffahrt bildeten, sind heute, wahrscheinlich infolge Verbreiterung der Meerenge, nicht mehr im gleichen Maße vorhanden.

Im Bereiche bzw. an der Grenze solcher Vorgänge muß der Tunnelbau mit tektonischen Spannungen rechnen. Ein Beispiel dafür bot sich beim Bau des Wolfsberg-Tunnels der Autobahnstrecke Salzburg—Villach, wo beim Sohlstollenvortrieb eine schräg zur Stollenachse verlaufende Störungszone durchörtert wurde, in der bald schwere Druckerscheinungen auftraten. Sie äußerten sich besonders stark in der Sohle und waren im First und an den Ulmen geringer. Die Überlagerungshöhe betrug etwa 60 m. STINI führte das Vorherrschen des Sohlendruckes auf tektonische Kräfte zurück und brachte sie in Zusammenhang mit einem Gebirgsschub, der von den Karawanken gegen die Zentralalpen wirkt.

Als Ergebnis der angestellten Untersuchungen folgt, daß als Ursache von Brucherscheinungen im Gebirge, die sich gegenwärtig beim Tunnel- und Stollenbau ereignen und aus der Schwerkraft der überlagernden Gebirgsmassen nicht erklären lassen, kaum Restspannungen vorliegen dürften, die von früheren tektonischen Vorgängen herrühren, sondern um Spannungen, die durch heute noch wirksame Krustenbewegungen oder durch tektonische Kräfte hervorgerufen werden. Die feste Erdkruste ruht auf einer plastischen Unterlage. Trotz der großen Unregelmäßigkeit ihrer Oberfläche befindet sich die Erdkruste nahezu im Gleichgewicht. Diese Tatsache wird durch den Begriff *Isostasie* beschrieben. Dabei kommt es vor allem auf das Wort „nahezu" an; in der Erdkruste herrscht kein vollkommenes Gleichgewicht; wenngleich die Abweichungen davon nicht groß sind, so haben sie doch zur Folge, daß entweder epirogene Vorgänge oder Verspannungen auftreten, d. h. die Unvollkommenheit der Isostasie gibt entweder Anlaß zu Bewegungen, oder das Gleichgewicht wird vorübergehend durch Verspannungsgewölbe aufrechterhalten; die letzteren liegen etwa senkrecht zur Richtung der Schwerkraft und führen daher zu waagrecht wirkenden tektonischen Kräften.

Der primäre Spannungszustand mit allenfalls auftretenden tektonischen Spannungen ist der Messung schwer zugänglich. Eine unmittelbare Messung hat zur Voraussetzung, daß man zur Meßstelle gelangen kann. Damit wird der primäre Spannungszustand gestört und örtlich in einen sekundären Spannungszustand übergeführt. Die Versuche zur Ermittlung des primären Spannungszustandes, die in der letzten Zeit ausgeführt wurden, haben daher zu keinen befriedigenden Ergebnissen geführt.

Der Querschnitt durch ein Faltengebirge zeigt Zertrümmerungen und plastische Verformungen, die unter Raumverminderung vor sich gegangen sind, von einer Größe, für die nur ungeheure Tangentialdruckkräfte in Betracht kommen können. Über die Natur und Ursache dieser Kräfte gehen die Meinungen stark auseinander und alle Hypothesen, die sich damit befassen, weisen Widersprüche auf. Diese Hypothesen stellen kein Ruhmesblatt in der geologischen Forschung dar. Man muß sich daher weiterhin mit diesem faszinierenden Problem befassen und eine Lösung suchen, die den geomechanischen und physikalischen Voraussetzungen vollauf entspricht.

13. Der Wanderdruck

Im Anschluß an die Betrachtungen der tektonischen Spannungen ist es angezeigt, jene Erscheinungen zu besprechen, die STINI als Wanderdruck bezeichnet hat. Man begegnet diesem immer im Rutschgelände, aber auch sehr häufig auf Steilhängen, die von minderfestem Gestein aufgebaut sind, wo talwärts gerichtete Bewegungen auftreten können und als Talzuschub bezeichnet werden.

Einem Rutschgelände und Hängen, die tatsächlich in Bewegung begriffen sind, wird man bei Tunnel- und Stollenbauten wohl immer ausweichen. Es gibt aber im Gebirge Steilhänge, die sich in früheren Zeiten gegen das Tal verschoben haben und gegenwärtig in Ruhe sind, deren Bewegung aber wieder aufleben kann, besonders dann, wenn ein technischer Eingriff dies fördert. Talwärts fallende Schichten oder gleichgerichtete stark ausgeprägte Klüfte begünstigen den Talzuschub und erhöhen nicht bloß die Spannungen im Gebirge, sondern führen zu einer Schrägstellung der primären Hauptdruckspannungen.

14. Der primäre Spannungszustand im kohäsionslosen Lockergebirge

Die Untersuchungen über den primären Spannungszustand im kohäsionslosen Lockergebirge machen es notwendig, den Halbraum, d. h. die durch eine ebene Oberfläche begrenzte, aber sonst nach allen Richtungen sich erstreckende homogene und isotrope Gebirgsmasse in Betracht zu ziehen. Wenn man vorerst eine waagrechte Begrenzung voraussetzt, so herrscht in einem beliebigen Punkt des Halbraumes, der in der Tiefe h unter der Geländeoberfläche liegt, eine lotrechte Spannung p_v. Sie ist gleichzeitig eine Hauptspannung. Der Spannungszustand in diesem Punkt ist gegeben, wenn man auch die Größe der beiden horizontalen Hauptspannungen p_h kennt. Sie sollen zur lotrechten Hauptspannung ins Verhältnis gesetzt, durch die Beziehung

$$\lambda_0 = \frac{p_h}{p_v} \tag{10}$$

ausgedrückt werden, wobei die Größe λ_0 die Seitendruckziffer bzw. Ruhedruckziffer ist. Die Bezeichnungsweise Ruhedruckziffer ist in der Bodenmechanik gebräuchlich; sie soll daher für das Lockergebirge Anwendung finden, während für den Fels die Bezeichnungsweise Seitendruckziffer beibehalten wird. Diese wichtige Größe ist theoretisch nicht bestimmbar, sie muß auf experimentellem Wege ermittelt werden. Nur Grenzwerte können dafür angegeben werden, die allerdings nicht sehr weit gespannt sind; es gilt

für dichtgelagerten Sand $\lambda_0 = 0,40 - 0,45$,
für gelockert gelagerten Sand $\lambda_0 = 0,45 - 0,50$.

Um den geschilderten Spannungszustand näher zu beschreiben, bedient man sich am zweckmäßigsten des Mohrschen Spannungskreises. Wenn auf der Abszissenachse die Hauptspannungen p_v und p_h aufgetragen werden, so bestimmen diese beiden Punkte den Spannungskreis. Um die Grundlagen für die Ermittlung der Spannungen in jeder beliebigen Ebene zu erhalten, zieht man durch einen der beiden Hauptspannungspunkte eine Gerade parallel zur Ebene, in der die Spannung wirkt, also durch p_v eine waagrechte oder durch p_h eine lotrechte Gerade.

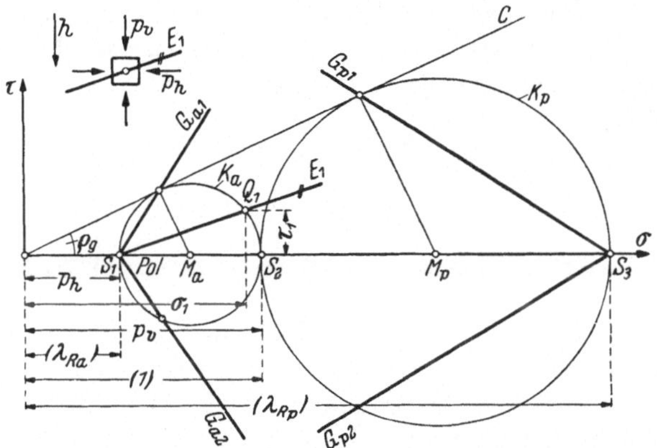

Abb. 9. Der Rankinesche Spannungszustand.

Die beiden Geraden schneiden oder berühren den Spannungskreis in einem Punkt, der als Spannungspunkt bezeichnet wird (Abb. 9). Zieht man durch ihn eine Parallele zu jener Ebene E_1, in der die Spannung ermittelt werden soll, und bringt sie mit dem Spannungskreis zum Schnitt, so erhält man als Koordinaten des Schnittpunktes Q_1 die Normalspannung σ und die Schubspannung τ, die in der Ebene E_1 herrschen.

Nachdem kohäsionsloses Lockergebirge vorliegt, können seine Festigkeitseigenschaften durch eine einzige Größe, den Winkel des inneren Gleitwiderstandes ϱ_g oder $\tan \varrho_g$, gekennzeichnet werden. Die Beziehung, die zwischen der Druckspannung σ und dem Schubwiderstand τ bei Überwindung des inneren Gleitwiderstandes besteht, ist durch das Coulombsche Gesetz

$$\tau = \sigma \tan \varrho_g \tag{11}$$

festgelegt. Im Mohrschen Diagramm wird die Beziehung Gl. (11) durch eine Gerade dargestellt, die unter dem Winkel ϱ_g zur Abszissenachse geneigt ist. Wenn man einen Spannungszustand p_v und p_h betrachtet, dessen Spannungskreis die Grenzlinie weder schneidet noch berührt, so soll der dadurch gekennzeichnete Zustand des Lockergebirges als elastisch bezeichnet werden. Mit dieser Bezeichnung soll aber keineswegs eine Gesetzmäßigkeit zwischen Spannung und Dehnung ins Auge gefaßt, sondern nur zum Ausdruck gebracht werden, daß eine infinitesimale Änderung der Spannung nur eine unendlich kleine Verformung zur Folge hat. Im Gegensatz dazu soll der plastische Zustand des Lockergebirges dadurch gekennzeichnet sein, daß bei einer unendlich kleinen Vergrößerung der lotrechten

Hauptspannung p_v oder bei einer gleichen Verminderung der waagrechten Hauptspannung p_h eine bleibende Formänderung eintritt. Dieser Fall wird im Mohrschen Diagramm dadurch gekennzeichnet, daß der Spannungskreis die Grenzlinie berührt, wird also durch den Spannungskreis K_a dargestellt. Aus der Abb. 9 geht hervor, daß es eine zweite Art des plastischen Zustandes gibt, wo p_h größer ist als p_v. In diesem Falle führt eine Vergrößerung von p_h oder eine Verkleinerung p_v den plastischen Zustand des Gebirges herbei. Die durch die Spannungskreise K_a und K_p gekennzeichneten Spannungszustände stellen die Rankineschen Spannungszustände dar. Für diese sind die Seitendruckziffern λ_{Ra} und λ_{Rp}, der erstere für den aktiven und der zweite für den passiven Grenzzustand geltend, bei Kenntnis des Winkels des inneren Gleitwiderstandes bestimmt:

$$\left. \begin{aligned} \lambda_{Ra} &= \frac{1 - \sin \varrho_g}{1 + \sin \varrho_g} = \tan^2\left(45° - \frac{\varrho_g}{2}\right) \\[2mm] \lambda_{Rp} &= \frac{1 + \sin \varrho_g}{1 - \sin \varrho_g} = \tan^2\left(45° + \frac{\varrho_g}{2}\right) \end{aligned} \right\} . \tag{12}$$

Diese Beziehungen lassen sich aus dem Mohrschen Diagramm in der bekannten Weise herleiten. Die Größen λ_{Ra} und λ_{Rp} gelten für den Grenzzustand des Gleichgewichts im kohäsionslosen Lockergebirge und geben daher gleichzeitig die Grenzen der Ruhedruckziffern an, d. h. λ_0 muß größer sein als λ_{Ra} und kleiner als λ_{Rp}. Jede plastische Durchbewegung des Gebirges ist durch innere Gleitungen gekennzeichnet, welche seine bleibende Formänderung hervorrufen. Die Gleitflächen sind im allgemeinen gekrümmt, nur für den Rankineschen Sonderfall verlaufen sie eben, wobei die Gleitflächenrichtungen G_a und G_p aus dem Mohrschen Diagramm unmittelbar ablesbar sind.

Als wichtige Folge der Erkenntnisse der vorstehenden Ausführungen über das kohäsionslose Gebirge ist der Umstand zu werten, daß der Ruhedruck im allgemeinen größer ist als der Rankinesche Druck. Das hängt damit zusammen, daß beim Rankineschen Seitendruck der innere Gleitwiderstand voll ausgenützt ist, beim Ruhedruck jedoch nicht. Der Rankinesche Erddruck geht also von der Voraussetzung aus, daß ein Gleitkeil eben zur Ausnützung des inneren Gleitwiderstandes eine Bewegung ausführt. Für die Coulombsche Erddrucktheorie gilt ähnliches. Für die Rankinesche Erddrucktheorie ist Voraussetzung, daß bei geneigter Stützwand und geneigter Bodenoberfläche die Wandreibung gerade die entsprechende Größe und Richtung hat, um diesen Spannungszustand herbeizuführen. Für eine lotrechte Stützwand ist bei waagrechter Bodenoberfläche der Wandreibungswinkel $\delta = 0$ entsprechend, und dann bildet sich eine ebene Gleitfläche aus. Ist die Wand geneigt und die Oberfläche nicht waagrecht, dann ist zur Ausbildung des Rankineschen Spannungszustandes ein anderer Wandreibungswinkel erforderlich. Die Wandreibung wird in den meisten Fällen nicht gerade die entsprechende Größe besitzen, und die Gleitfläche wird daher notwendigerweise gekrümmt sein müssen. Um diese Frage einwandfrei zu lösen, werden hinsichtlich der Form der Gleitfläche in der Praxis Annahmen getroffen, etwa in der Weise, daß sie aus einem Kreis und einer Geraden zusammengesetzt ist oder daß man eine logarithmische Spirale wählt. Diese Annahmen sind insbesondere bei der Bewertung des passiven Erddruckes von Bedeutung. Der Verfasser hat versucht, eine strenge Lösung dieses Problems zu finden, wobei aber nur eine Näherungsbehandlung möglich ist. Allerdings kann die Näherung beliebig weit getrieben werden, und das ist ein Problem, das nur durch das elektronische Rechenverfahren gelöst werden kann.

15. Der primäre Spannungszustand im bindigen Lockergebirge

Während im kohäsionslosen Lockergebirge die Struktur und Lagerungsdichte von der Art abhängig ist, wie das klastische Sediment gebildet wurde, trifft dies für die kontinentalen Lehm- und Tonlager nicht zu. Infolge der Form und der Biegsamkeit der schuppenförmigen Teilchen des Tones wird sein Porenvolumen nicht genetisch, d. h. von den Sedimentationsbedingungen beeinflußt, sondern vielmehr vornehmlich durch den Druck bestimmt, unter dem das Material steht oder gestanden hat. Die oberste Schicht der Lehm- und Tonböden besitzt lufterfüllte Hohlräume und weist daher Krümelstruktur auf. In den tieferen Schichten, die für den Tunnel- und Stollenbau in Betracht kommen und wo größere Überlagerung herrscht, sind die Poren der kontinentalen Ton- und Lehmmassen luftfrei und wassergefüllt. Es ist also im allgemeinen anzunehmen, daß in solchen Massen, die seit geologischen Zeiträumen unter unveränderlichem Druck stehen oder standen, das Porenvolumen dem Überlagerungsdruck entspricht, womit die aus dem Druck-Porenziffer-Diagramm sich ergebende Porenziffer gegeben und damit die Konsistenzform festgelegt ist.

Jede Druckänderung hat eine Änderung des Porenvolumens und damit eine Strömung des Porenwassers zur Folge. Diese Strömung erfolgt mit Rücksicht auf die außerordentlich geringe Durchlässigkeit der Ton- und Lehmmassen sehr langsam, insbesondere dann, wenn der freie Abzug des Überschußwassers behindert ist, derart, daß örtliche Bereiche trotz großer Tiefenlage auch heute noch in einer plastischen Konsistenzform angetroffen werden. Ganz besonders gilt dies dann, wenn ausgedehnte mit Lehm oder Ton gefüllte Felshohlräume angefahren werden, wo sie auch in größerer Tiefe unter der Erdoberfläche nur unter geringem Druck, meist auch unter Wasser stehen, so daß ihr Zustand weichplastisch oder gar zähflüssig sein kann. Solche Vorkommen überraschen den Tunnel- und Stollenbau dann mit Schlammeinbrüchen; aber auch wenn die Tonmassen steifplastisch sind, erfordern sie besondere Maßnahmen; sie stören den Arbeitsfortschritt, weil sie beim Ausbruch eine Umstellung der Bauweise und bei den Auskleidungsarbeiten eine Sonderbehandlung notwendig machen.

An dieser Stelle sei auch angeführt, daß sich die Seitendruckziffer (Ruhedruckziffer) für Ton auf $\lambda_0 = 0{,}60 - 0{,}65$ stellt.

Kapitel IV

Der sekundäre Spannungszustand des Gebirges

16. Kennzeichnung der durchzuführenden Untersuchung

Die Erörterung des im Gebirge herrschenden sekundären Spannungszustandes
hat den nach der Herstellung des Tunnel- und Stollenausbruches, also nach der
Schaffung des Hohlraumes entstehenden Spannungszustand im Gebirge zum
Gegenstand. Die Untersuchungen darüber befassen sich zunächst mit dem festen
Fels und sind daher elastizitätstheoretischer Natur. Sie werden aber später durch
Behandlung der Plastizitätserscheinungen erweitert. Außerdem kommen die
Spannungen im kohäsionslosen Lockergebirge und das Schwellen von bindigem
Lockergebirge zur Sprache.

Bei den Untersuchungen werden im allgemeinen die stützende Wirkung eines
zeitweiligen oder dauernden Ausbaues nicht in Betracht gezogen. Im kohäsionslosen Lockergebirge kann aber ein solcher Zustand auch vorübergehend nicht
bestehen bleiben. Aus diesem Grund werden die Erscheinungen untersucht, die
sich dann zeigen, wenn stützende Teile nachgeben, wenn also die Firstverzimmerung eines Stollens nachsinkt oder wenn die Ulmenverzimmerung unter der
Wirkung des seitlichen Druckes gegen den Stollenhohlraum hin ausweicht.

Im Lockergebirge kann aber auch der Fall eintreten — er ist glücklicherweise
sehr häufig —, daß das Vorhandensein einer geringen echten oder scheinbaren
Kohäsion ausreicht, um den Ausbruchshohlraum wenigstens vorübergehend offen
zu halten und die Zeit zu gewinnen, die Anordnung einer nachträglichen Verzimmerung oder eines sonstigen zeitweiligen Ausbaues zu gewinnen. Dann kann
eine Getriebezimmerung vermieden werden. Ein Sonderfall liegt in bindigem
Gebirge vor, wo der Hohlraum gleichfalls oft kurze Zeit offen belassen werden
kann. Unter dieser Voraussetzung sind dann die zu erwartenden Schwellerschei-
nungen zu behandeln.

Wenn der primäre Spannungszustand des Gebirges elastisch ist, bestehen für
den sekundären Spannungszustand zwei Möglichkeiten: entweder der Zustand
bleibt elastisch, dann gelten für die statische Beurteilung die Gesetze der Elastizitätstheorie, das Gebirge ist abgesehen von Auflockerungsdruckerscheinungen
standfest. Wenn aber andererseits nach der Durchörterung die Druckfestigkeit
des Gebirges stellenweise überschritten wird, dann treten sekundär plastische
Erscheinungen auf. Nur bei bindigem Gebirge ist dann ein druckloser Fließvorgang
bei jeder Belastung möglich. Bei festem Fels bildet der plastische Vorgang, im
weiteren Sinne des Wortes, der mit Brucherscheinungen verbunden ist, die Regel.
Pseudofeste Gesteine nehmen eine Zwischenstellung ein.

Die im Gebirge auftretenden plastischen Vorgänge, die mit Brucherscheinungen Hand in Hand gehen, lassen sich mit dem landläufigen Begriff der Plastizität nicht vereinbaren. In der angewandten Mechanik bezeichnet man mit dem

Ausdruck plastisches Fließen die fortlaufende Verformung bei gleichbleibendem Spannungszustand. Das plastische Fließen ist insbesondere bei höheren Spannungen mit Strukturstörungen verbunden. Das Auftreten von Brucherscheinungen soll daher kein Hindernis sein, von plastischen Vorgängen zu sprechen. Wenn der größte Spannungskreis die Mohrsche Grenzlinie berührt, löst eine geringe Steigerung der größten und jede Verminderung der kleinsten Hauptspannung eine fortlaufende Verformung aus, die man auch bei kohäsionslosem Gebirge als plastisches Fließen bezeichnet, obwohl beispielsweise ein solches Gebirge keineswegs als plastisch im gewöhnlichen Sprachgebrauch anzusehen ist.

17. Die Elastizitätstheorie des dickwandigen Rohres

Um die durchzuführenden Untersuchungen theoretisch zu stützen und um die Grundlagen für später zu behandelnde Aufgaben zu gewinnen, ist es zweckmäßig, eine kurze Darstellung der Elastizitätstheorie des dickwandigen Rohres zu geben.

Vorerst muß die Frage geklärt werden, ob man im Tunnel- oder Stollenbau einen ebenen Spannungs- oder einen ebenen Formänderungszustand als gegeben annehmen soll. Beim ebenen Spannungszustand wirken alle auftretenden Spannungen in den Querschnittsebenen des langgestreckten Bauwerkes, aber senkrecht zu den Querschnittsebenen werden keine Spannungen übertragen. Dieser Spannungszustand ist im Gebirge nicht vorhanden. Aber er kann annähernd auftreten, wenn senkrecht zur Tunnel- oder Stollenachse verlaufende offene Spalten die Kontinuität des Gebirges und damit eine Spannungsübertragung in der Längsrichtung beeinträchtigen oder verhindern. Die Ausmauerung ist durch Ringe unterteilt, deren Fugen sich infolge Schwindens des Betons öffnen und dadurch im gleichen Sinne wirken. Beim ebenen Formänderungszustand erfolgen alle Verschiebungen in senkrecht zur Tunnel- oder Stollenachse verlaufenden Querschnittsebenen. Um diesen Zustand zu erzwingen, sind senkrecht zu den Querschnittsebenen Spannungen notwendig, und es liegt ein dreiachsiger Spannungszustand vor. Ein solches Verhalten wurde auch im Gebirge anläßlich der Betrachtung des primären Spannungszustandes bei der Ermittlung der Seitendruckziffer angenommen. Ein ebener Formänderungszustand ist an die Bedingung der Kontinuität des Gebirges und der Ausmauerung gebunden. Offene Spalten des Gebirges und Ringfugen der Ausmauerung unterbrechen ihn.

In Wirklichkeit ist aber keiner der beiden Idealfälle, weder der ebene Spannungszustand, noch der ebene Formänderungszustand gegeben. Die Spannungen, die senkrecht zu den Querschnittsebenen wirken, sind aber meist nicht von Interesse, weshalb die elastizitätstheoretische Behandlung der Aufgaben des Tunnel- und Stollenbaues der Einfachheit halber unter der Voraussetzung eines ebenen Spannungszustandes erfolgt. Etwas anders liegen die Dinge bei der Mohrschen Theorie, welche im gegebenen Fall die Voraussetzung beinhaltet, daß für ein Element des Gebirges die größte und kleinste Hauptspannung in der Querschnittsebene wirken, während die dritte, parallel zur Tunnel- oder Stollenachse bestehende Hauptspannung, einen dazwischen liegenden Wert besitzt, wobei die Grenzen des Intervalls inbegriffen sind. Der Einfluß dieser dritten Hauptspannung kann vernachlässigt werden; damit schafft die Mohrsche Theorie auch bei Bestehen eines räumlichen Formänderungszustandes die Aufgaben des Tunnel- und

Stollenbaues als ebenes Spannungsproblem zu behandeln. Durch die logische Konsequenz in der Anwendung der Mohrschen Theorie werden dadurch Einblicke gewonnen, die zwar nur näherungsweise gelten, anders aber keinesfalls in so einfacher und übersichtlicher Form zu erzielen wären.

Wegen der für das dickwandige Rohr vorauszusetzenden Drehsymmetrie der Anordnung und Belastung, die auch in den Aufgaben des Tunnel- und Stollenbaues vorgezeichnet wird, empfiehlt es sich, bei der Herleitung der geltenden Beziehungen Polarkoordinaten zu wählen. Die Form des Bauwerkes weist eindeutig darauf hin, die Aufgabe als ebenes Problem zu behandeln.

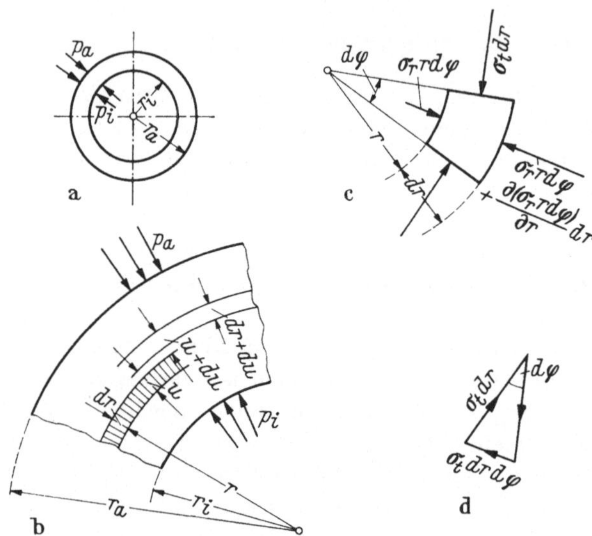

Abb. 10. Zur Elastizitätstheorie des dickwandigen Rohres.

Der innere Halbmesser des Rohres sei r_i, der äußere r_a. Die elastischen Eigenschaften des Rohrmaterials seien durch den Elastizitätsmodul E und durch die Poissonsche Zahl m gekennzeichnet. Auf die innere Mantelfläche des Rohrzylinders wirke der Druck p_i und auf die äußere der Druck p_a (Abb. 10).

Es wird allgemein festgelegt, daß Druckspannungen grundsätzlich ein positives, Zugspannungen hingegen ein negatives Vorzeichen erhalten. Diese Festlegung ist nicht im Einklang mit der in der Elastizitätstheorie gebräuchlichen Regelung. Weil aber bei den zu behandelnden Problemen Zugspannungen nur selten auftreten, ist die getroffene Maßnahme zweckmäßig. Sie ist übrigens immer dann gebräuchlich, wenn Zugspannungen einen Ausnahmefall bilden und besonders ins Auge springen sollen, so z. B. bei der statischen Berechnung von Betonstaumauern. Um eine Beziehung zwischen den elastischen Spannungen und den Verschiebungen an irgendeiner Stelle des Rohres herzustellen, wird eine kreisringförmige Lamelle betrachtet, deren innerer Halbmesser r und deren Dicke dr beträgt. Wegen der herrschenden Drehsymmetrie gelten für die in Radialrichtung aufgestellten Beziehungen für jeden Punkt der Lamelle. Unter dem Einfluß der auf die Mantelflächen des Rohres wirkenden Druckspannungen erfährt der Innenrand der Lamelle eine Verschiebung um u und der Außenrand eine solche um

$u + du$. Die Dicke der Lamelle, die ursprünglich dr betrug, erfährt eine Änderung im Ausmaß von du.

Die Dehnung in Tangentialrichtung ergibt sich entsprechend der Größe des Umfanges der Lamelleninnenseite, während in Radialrichtung die Dehnung aus der Abb. 10 unmittelbar ablesbar ist.

$$\varepsilon_r = \frac{du}{dr}, \qquad \varepsilon_t = \frac{u}{r}. \tag{1}$$

Die Gleichungen für den ebenen Spannungszustand lauten:

$$\left. \begin{aligned} \varepsilon_r &= \frac{1}{E}\left(\sigma_r - \frac{\sigma_t}{m}\right) \\[2mm] \varepsilon_t &= \frac{1}{E}\left(\sigma_t - \frac{\sigma_r}{m}\right) \end{aligned} \right\}. \tag{2}$$

Wenn man die Formänderungen gemäß Gl. (1) in die Gl. (2) einsetzt, so erhält man für die Spannungen die folgenden Ausdrücke:

$$\left. \begin{aligned} \sigma_r &= \frac{Em}{m^2-1}\left(m\frac{du}{dr} + \frac{u}{r}\right) \\[2mm] \sigma_t &= \frac{Em}{m^2-1}\left(\frac{du}{dr} + m\frac{u}{r}\right) \end{aligned} \right\}. \tag{3}$$

Nunmehr wird aus der Lamelle mit der Dicke dr ein Element herausgeschnitten, das den Zentriwinkel $d\varphi$ aufweist. Die Gleichgewichtsbedingungen liefern eine Beziehung zwischen den Spannungen σ_r und σ_t in der Weise, daß die Resultierende aus den beiden Tangentialkräften $\sigma_t dr$ der Differenz aus den radialwirkenden Kräften gleichgesetzt wird. Damit erhalt man die Beziehung

$$\sigma_t = \frac{\partial(\sigma_r r)}{\partial r}. \tag{4}$$

In diese Gleichung werden nun die Spannungen gemäß Gl. (3) eingesetzt, womit man

$$\left. \begin{aligned} \frac{Em}{m^2-1}\left(\frac{du}{dr} + m\frac{u}{r}\right) &= \frac{Em}{m^2-1}\left(\frac{\partial\sigma_r}{dr}r + \sigma_r\right) \\[2mm] r^2\frac{d^2u}{dr^2} + r\frac{du}{dr} - u &= 0 \end{aligned} \right\} \tag{5}$$

nach einigen Umformungen die Differentialgleichung für die radiale Verschiebung u erhält. Die Lösung dieser homogenen linearen Differentialgleichung 2. Ordnung ist bekannt, und sie ergibt sich, wie sich einfach verifizieren läßt, in der Form

$$u = Br + \frac{C}{r} \tag{6}$$

$$\left. \begin{aligned} \frac{du}{r} &= B + \frac{C}{r^2} \\[2mm] \frac{du}{dr} &= B - \frac{C}{r^2} \end{aligned} \right\}. \tag{7}$$

Die Werte gemäß Gl. (7) werden nun in die Gl. (5) eingesetzt, womit man die Abhängigkeit der Spannungen vom Radius r erhält.

$$\left. \begin{aligned} \sigma_r &= \frac{E m}{m^2 - 1}\left[(m + 1)\, B - (m - 1)\,\frac{C}{r^2}\right] \\[2mm] \sigma_t &= \frac{E m}{m^2 - 1}\left[(m + 1)\, B + (m - 1)\,\frac{C}{r^2}\right] \end{aligned} \right\} . \tag{8}$$

Die beiden Gl. (8) sollen zunächst dazu benützt werden, die zwei Integrationskonstanten B und C zu ermitteln. Für die Berechnung der Integrationskonstanten dienen die Grenzbedingungen

$$\left. \begin{aligned} r &= r_i, \quad \sigma_r = p_i \\[2mm] r &= r_a, \quad \sigma_r = p_a \end{aligned} \right\}, \tag{9}$$

womit sich die folgenden Werte für die Integrationskonstanten ergeben:

$$\left. \begin{aligned} B &= \frac{m - 1}{E m}\,\frac{1}{a^2 - 1}\,(p_a a^2 - p_i) \\[2mm] C &= \frac{m + 1}{E m}\,\frac{r_a^3}{a^2 - 1}\,(p_a - p_i) \end{aligned} \right\} . \tag{10}$$

Die in Gl. (10) vorkommende Größe a soll das Verhältnis des Außenradius r_a zum Innenradius r_i zum Ausdruck bringen. Mit Hilfe der Integrationskonstanten B und C lassen sich nunmehr alle Spannungen und Formänderungen ausdrücken. Für die radiale Verschiebung irgendeines Punktes des dickwandigen Rohres, dessen Halbmesser r ist, erhält man zunächst

$$u_a = \frac{m - 1}{E m}\,\frac{1}{a^2 - 1}\,(p_a a^2 - p_i) + \frac{1}{r}\,\frac{m + 1}{E m}\,\frac{r^2}{a^2 - 1}\,(p_a - p_i). \tag{11}$$

In der gleichen Weise erhält man für $r = r_i$ die Verschiebung des Innenrandes

$$u_i = \frac{m + 1}{E m}\,\frac{a^2 r_i}{a^2 - 1}\,(p_a - p_i); \tag{12}$$

es bleiben noch die Spannungen zu ermitteln. Um sie möglichst einfach ausdrücken zu können, wird die Hilfsgröße

$$\alpha = r_a : r$$

eingeführt, und man erhält mit Benützung der Gl. (8)

$$\sigma_r = p_a\,\frac{a^2 - \alpha^2}{a^2 - 1} + p_i\,\frac{\alpha^2 - 1}{a^2 - 1}$$

$$\sigma_t = p_a\,\frac{a^2 + \alpha^2}{a^2 - 1} - p_i\,\frac{\alpha^2 - 1}{a^2 - 1} .$$

Für den Innenrand des dickwandigen Rohres gilt

$$\alpha = r_a : r_i = a; \tag{13}$$

die Randspannungen ergeben sich zu

$$\sigma_{ri} = p_i, \qquad \sigma_{ti} = p_a \frac{2a^2}{a^2 - 1} - p_i \frac{a^2 + 1}{a^2 - 1}. \tag{14}$$

Für den Außenrand des Rohres hat man

$$\alpha = r_a : r_a = 1 \tag{15}$$

zu setzen und die Randspannungen ergeben sich wie folgt:

$$\sigma_{ra} = p_a$$

$$\sigma_{ta} = p_a \frac{a^2 + 1}{a^2 - 1} - p_i \frac{2}{a^2 - 1}. \tag{16}$$

Liegt eine unendlich ausgedehnte kreisförmig gelochte Scheibe vor, die nur an der Lochwandung belastet ist, so gilt

$$r_a = \infty, \quad \alpha = r_a : r_i = r_a : r = \infty, \quad a = \infty; \tag{17}$$

außerdem ist $p_a = 0$ zu setzen, und es folgt

$$\left. \begin{array}{c} \sigma_{ri} = p_i \\ \sigma_{ti} = -p_i \end{array} \right\}. \tag{18}$$

18. Der sekundäre Spannungszustand im Fels

Der im Fels nach der Durchörterung auftretende sekundäre Spannungszustand läßt sich auch dann, wenn die Spannungen unter der Elastizitätsgrenze bleiben, nur in einigen Sonderfällen theoretisch genau erfassen. Eine wichtige Voraussetzung ist die Homogenität und Isotropie des Gebirges. Sie ist zwar streng selten erfüllt, es zeigt sich aber, daß diese Bedingung in vielen Fällen als bestehend angenommen werden darf. Allerdings ist für geschiefertes und geschichtetes Gebirge auf alle Fälle eine Abweichung davon gegeben. Die Ansicht, daß Inhomogenität und Anisotropie wegen der hohen Druckvorspannung des Gebirges bedeutungslos seien, ist nicht zutreffend, weil ja beim Ausbruch eines Tunnels oder Stollens eine Entspannung eintritt.

Verhältnismäßig einfach gestaltet sich die elastizitätstheoretische Untersuchung in einer unendlich ausgedehnten kreisrund gelochten Scheibe, in der primär, also vor der Lochung, ein homogener Spannungszustand geherrscht hat. Diese Voraussetzung gilt mit um so besserer Annäherung, je tiefer der Tunnel oder Stollen unter der Geländeoberfläche liegt, weil dann die Berücksichtigung eines Spannungszuwachses im lotrechten Sinn, also der Massenkraft, im betrachteten Bereich vernachlässigt werden kann.

Für die Ermittlung der Spannungen werden Polarkoordinaten verwendet (Abb. 11). Die Radialspannungen seien mit σ_r, die Tangentialspannungen σ_t und die Schubspannungen mit τ bezeichnet. Die in der Richtung der lotrechten Achse $\varphi = 0$ wirkende Druckspannung p_v, die parallel zur Achse $\varphi = 90°$ wirkende

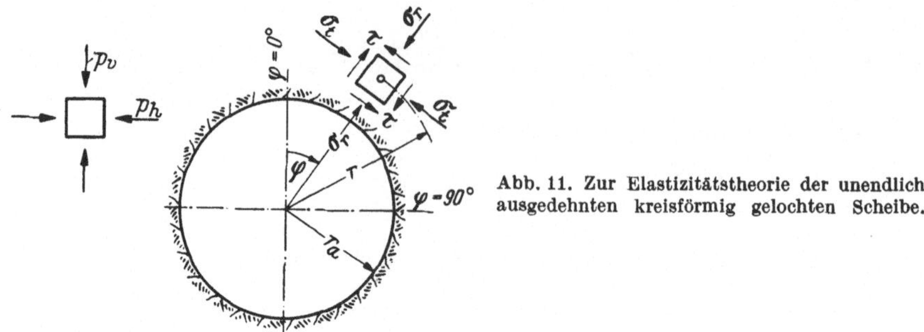

Abb. 11. Zur Elastizitätstheorie der unendlich ausgedehnten kreisförmig gelochten Scheibe.

waagrechte Druckspannung mit $p_h = \lambda_0 p_v$, wobei λ_0 die Seitendruckziffer darstellt. Der Halbmesser des Ausbruchsquerschnittes sei mit r_a, der Halbmesser irgendeines Punktes der Scheibe mit r bezeichnet, zu dessen Festlegung außerdem der Winkel φ notwendig ist. Zur Vereinfachung der Beziehung wird die Hilfsgröße

$$r_a : r = \alpha \tag{19}$$

eingeführt. Die Spannungen lassen sich dann, wie folgt, ausdrücken:

$$\left.\begin{aligned}
\sigma_r &= p_a \frac{a^2 - \alpha^2}{a^2 - 1} + p_i \frac{\alpha^2 - 1}{a^2 - 1} \\[2mm]
\sigma_t &= p_a \frac{a^2 + \alpha^2}{a^2 - 1} - p_i \frac{\alpha^2 + 1}{a^2 - 1}
\end{aligned}\right\} . \tag{20}$$

Von besonderem Interesse für die Gebirgsdrucklehre und für die Statik des Tunnel- und Stollenbaues ist die Abhängigkeit des sekundären Spannungszustandes von der Seitendruckziffer. Es werden daher einige Sonderfälle behandelt, d. h. für die Seitendruckziffer λ_0 werden einige spezielle Annahmen getroffen, weil die dafür geltenden Spannungswerte bei den späteren Untersuchungen benötigt werden.

a) Für den einachsigen primären Spannungszustand gilt $\lambda_0 = 0$, und man erhält:

$$\left.\begin{aligned}
\sigma_r &= \frac{p_v}{2} \left([1 - \alpha^2) + (1 - 4\alpha^2 + 3\alpha^4) \cos 2\varphi\right] \\[2mm]
\sigma_t &= \frac{p_v}{2} \left[(1 + \alpha^2) - (1 + 3\alpha^4) \cos 2\varphi\right] \\[2mm]
\tau &= -\frac{p_v}{2} (1 - 2\alpha^2 + 3\alpha^4) \sin 2\varphi
\end{aligned}\right\} . \tag{21}$$

Die Werte dieser drei letzten Gln. (21) stellen jene Lösungen dar, die KIRSCH 1898 auf Grund von Versuchsrechnungen gefunden hat. Es gelang ihm nämlich, durch

Probieren den Ausdruck für die Airysche Spannungsfunktion F zu finden.

$$F = \frac{p_v}{4}\,\frac{r_a^2}{\alpha^2}\left[1 - 2\alpha^2(1-\alpha^2)^2 \ln\frac{r_a}{\alpha}\cos 2\varphi\right]. \tag{22}$$

Der Spannungszustand gemäß den Gln. (21) führt an den Ulmen, also für $\varphi = 90°$ und $270°$ zu einer Steigerung der tangentialen Randspannungen auf den

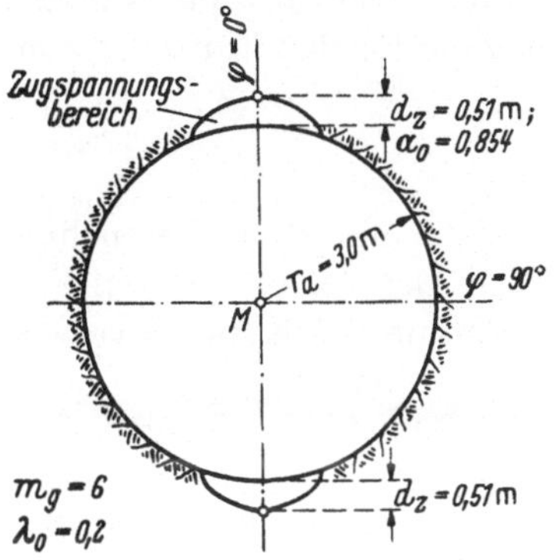

Abb. 12. Bereiche der elastischen tangentialen Zugspannungen über dem First und unter der Sohle eines Stollenausbruches mit kreisförmigem Querschnitt bei ausreichender Zugfestigkeit des Gebirges.

Wert $\sigma_t = 3\,p_v$. Dieses Ergebnis kann durch das Einsetzen von $\alpha = 1$ in die Gleichung für σ_t (Gl. (21)) gewonnen werden, wonach sich die Spannungen wie folgt ergeben:

$$\left.\begin{array}{l}\sigma_r = 0 \\[4pt] \sigma_t = 3\,p_v \\[4pt] \tau = 0\end{array}\right\}. \tag{23}$$

Über dem First und unter der Sohle treten tangentiale Zugspannungen auf. Für den First ist $\varphi = 0$ und die herrschenden Spannungen betragen (Abb. 12):

$$\left.\begin{array}{l}\sigma_r = 0 \\[4pt] \sigma_t = -\,p_v \\[4pt] \tau = 0\end{array}\right\}. \tag{24}$$

b) Für $\lambda_0 = 1$, also für den primär allseitig gleichen Druck, ist $p = p_v = p_h$ ist der Spannungszustand drehsymmetrisch und die Spannungen haben die Werte

$$\left.\begin{array}{l}\sigma_r = p(1-\alpha^2) \\[4pt] \sigma_t = p(1+\alpha^2) \\[4pt] \tau = 0\end{array}\right\}. \tag{25}$$

Für den Ausbruchsrand, also $\alpha = 1$, gilt insbesondere

$$\left.\begin{array}{l}\sigma_r = 0 \\[4pt] \sigma_t = 2\,p \\[4pt] \tau = 0\end{array}\right\}. \tag{26}$$

19. Plastische Zonen bei großem Wert der Seitendruckziffer

Wenn die Seitendruckziffer sehr groß ist, kann annäherungsweise die Voraussetzung getroffen werden, daß $\lambda_0 = 1$ und $p_h = p_v$ gilt. Unter dieser Voraussetzung werden die nachfolgenden Untersuchungen durchgeführt. Sie können unter zwei Voraussetzungen erfolgen. Im ersteren Fall wird angenommen, daß das Gebirge aus vollkommen plastischem Material besteht, dessen Verhalten durch die Schubspannungstheorie beschrieben wird. Nach dieser Theorie ist die Bedingung für das Eintreten von plastischen Verformungen durch die Gleichung

$$\tau_{max} = \frac{\sigma_{III} - \sigma_I}{2} = \text{const.}$$

gegeben, dann ist die Grenzlinie nach MOHR eine zur Normalspannungsachse parallele Gerade. Im zweiten Fall wird ein toniges Gebirge behandelt, das unter dem Einfluß des Kapillardruckes steht, das aber keine echte Kohäsion besitzt. Ferner wird mit einer dem Coulombschen Gesetz entsprechenden geraden Grenzlinie gerechnet. Der Tunnelausbruch kann in diesem zweiten Fall, sofern kein Einbau angeordnet ist, nur durch die scheinbare Kohäsion stabilisiert werden; bei dessen Ausschaltung würde sich der Hohlraum schließen. Bei den nachfolgenden Untersuchungen wird vorausgesetzt, daß sich das Gebirge ursprünglich im elastischen Gleichgewicht befand. Nachdem primär allseitig gleicher Druck herrschte, war dabei der innere Gleitwiderstand nicht in Anspruch genommen worden, weil keine Schubspannungen vorhanden waren. Im Mohrschen Spannungsdiagramm wird ein solcher Zustand durch einen Punkt auf der Spannungsachse dargestellt. Nach erfolgter Durchörterung verschwinden die Radialspannungen am Ausbruchsrand, während die Werte der dort herrschenden Tangentialspannungen beträchtlich anwachsen. Diesem Anstieg ist aber durch die Druckfestigkeit des Gebirges eine Grenze gesetzt. Wenn diese überschritten wird, bildet sich rings um den Ausbruch eine plastische Zone aus, die dadurch gekennzeichnet ist, daß in ihrem Bereich der innere Gleitwiderstand zur Gänze ausgenützt wird. Ob es dabei bei plastischen Verformungen bleibt oder zu Brucherscheinungen kommt, hängt von der Art des Gebirges ab. Für die nachfolgenden Untersuchungen möge gelten, daß sich diese Vorgänge knapp unterhalb der Bruchgrenze abspielen.

Vorerst sollen die Gleichgewichtsbedingungen aufgestellt werden, die für den plastischen Bereich ebenso Gültigkeit haben wie beim elastischen Verhalten des Gebirges. Die gestellte Aufgabe läßt es angezeigt erscheinen, Polarkoordinaten anzuwenden; die aus den Gleichgewichtsbedingungen ermittelten Ausdrücke lauten:

$$\left.\begin{aligned}
\sigma_r &= \frac{1}{r^2}\frac{\partial^2 F}{\partial \varphi^2} + \frac{1}{r}\frac{\partial F}{\partial r} \\[2ex]
\sigma_t &= \frac{\partial^2 F}{\partial r^2} \\[2ex]
\tau &= -\frac{\partial}{\partial r}\left(\frac{1}{r}\frac{\partial F}{\partial \varphi}\right)
\end{aligned}\right\} . \tag{27}$$

Hierin bedeutet F die Airysche Spannungsfunktion. Unter der getroffenen Voraussetzung einer drehsymmetrischen Spannungsverteilung ändert sich bei konstant bleibendem r keine Spannung mit φ. Die Spannungsfunktion muß daher von φ unabhängig sein.

Die partiellen Differentialquotienten nach φ entfallen und jene nach r können durch gewöhnliche Differentialquotienten ersetzt werden. Aus dieser Erwägung folgen die Ausdrücke in einfachster Form, wie folgt:

$$\left.\begin{aligned} \sigma_r &= \frac{1}{r}\frac{dF}{dr} \\[2mm] \sigma_t &= \frac{d^2F}{dr^2} \\[2mm] \tau &= 0 \end{aligned}\right\} . \tag{28}$$

Damit ist aber die Aufgabe noch nicht gelöst, denn die Gleichgewichtsbedingungen reichen nicht aus, um den Spannungszustand zu beschreiben. Die Einführung der Airyschen Spannungsfunktion eröffnet den Weg, die Spannungen

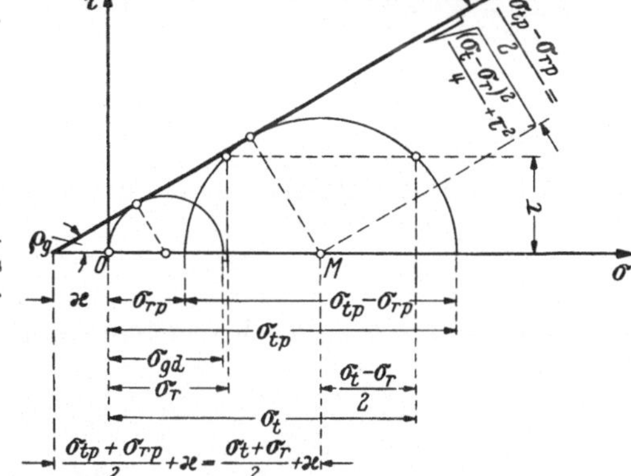

Abb. 13. Die Mohrsche Hypothese bei Annahme einer geraden Grenzlinie für das Eintreten von plastischen Verformungen.

zu bestimmen, wenn eine weitere Bedingung gegeben ist. Für den elastischen Bereich gilt als solche das Hookesche Gesetz, das den Zusammenhang zwischen den Spannungen und den Verformungen definiert. Für die beabsichtigten Untersuchungen im plastischen Bereich ist die Bedingung maßgebend, daß der innere Gleitwiderstand zur Gänze ausgenützt wird, daß also, wenn die Mohrsche Hypothese verwendet wird, der Spannungskreis die Grenzlinie berührt. Als Voraussetzung für die weitere Behandlung der Aufgabe soll, wie bereits früher erwähnt wurde, ein unmittelbarer Übergang zum ideal-plastischen Zustand des Gebirges als geltend angenommen werden. Ferner soll, nachdem es sich ja vor allen Dingen darum handelt, einen Einblick in das Wesen der Erscheinungen zu gewinnen, angenommen werden, daß die Mohrsche Grenzlinie für das Eintreten der plastischen Verformungen eine gerade Linie ist. Diese Gerade ist durch die einachsige Gebirgsdruckfestigkeit σ_{gd} und durch den Winkel des inneren Gleitwiderstandes ϱ_g bestimmt.

Die Radial- und Tangentialspannungen im plastischen Bereich σ_{rp} und σ_{tp} lassen sich unter diesen Annahmen aus der Mohrschen Hypothese ermitteln. Die aus der Abb. 13 folgende Plastizitätsbedingung lautet:

$$\sin \varrho_g = \frac{\sigma_{tp}-\sigma_{rp}}{\sigma_{tp}+\sigma_{rp}+2\varkappa}. \tag{29}$$

Für die Bestimmung der Größe $\varkappa$ gilt die Beziehung

$$\sin \varrho_g = \frac{\sigma_{gd}}{2\varkappa + \sigma_{gd}}, \qquad (30)$$

woraus der Wert $\varkappa$ folgt zu

$$\varkappa = \frac{\sigma_{gd}}{2} \frac{1 - \sin \varrho_g}{\sin \varrho_g}. \qquad (31)$$

Wenn man diesen Wert in die Gl. (29) einsetzt, so erhält man

$$\sigma_{tp}(1 - \sin \varrho_g) - \sigma_{rp}(1 + \sin \varrho_g) - \sigma_{gd}(1 - \sin \varrho_g) = 0$$

oder

$$\sigma_{tp} - \frac{1 + \sin \varrho_g}{1 - \sin \varrho_g} \sigma_{rp} - \sigma_{gd} = 0. \qquad (32)$$

Bezeichnet man den nur vom Winkel des inneren Gleitwiderstandes ϱ_g abhängigen Koeffizienten von σ_{rp} mit

$$\zeta = \frac{1 + \sin \varrho_g}{1 - \sin \varrho_g} = \lambda_{Rp}, \qquad (33)$$

so gewinnt die Plastizitätsbedingung die sehr übersichtliche Form

$$\sigma_{tp} - \zeta \sigma_{rp} - \sigma_{gd} = 0. \qquad (34)$$

Wenn man die aus den Gleichgewichtsbedingungen ermittelten Werte der Spannungen gemäß Gl. (28) in die Plastizitätsbedingungen Gl. (34) einsetzt, so erhält man die für die Ermittlung der Spannungsfunktion geltende Differentialgleichung

$$\frac{d^2 F}{dr^2} - \zeta \frac{1}{r} \frac{dF}{dr} - \sigma_{gd} = 0. \qquad (35)$$

Ihre Integration liefert das Ergebnis

$$\left.\begin{aligned} F &= C_1 \frac{r^{\zeta+1}}{\zeta + 1} - \frac{\sigma_{gd}}{\zeta - 1} \frac{r^2}{2} + C_2 \\ \frac{dF}{dr} &= C r^\zeta - \frac{\sigma_{gd}}{\zeta - 1} r \\ \frac{d^2 F}{dr^2} &= C \cdot \zeta r^{\zeta-1} - \frac{\sigma_{gd}}{\zeta - 1} \end{aligned}\right\}. \qquad (36)$$

Nachdem am Ausbruchsrand keine Radialspannung wirkt, gilt die Randbedingung

$$r = r_a, \quad \sigma_{rp} = 0,$$

die in der ersten Gl. (36) und in Gl. (28) und (33) berücksichtigt, die Integrationskonstante C_1 ergibt

$$C_1 = \frac{1}{r_a^{\zeta-1}} \frac{\sigma_{gd}}{\zeta - 1}.$$

Die Integrationskonstante C_2 kommt in der Plastizitätsbedingung nicht vor. Die Spannungen im plastischen Bereich ergeben sich somit zu

$$\left.\begin{aligned}
\sigma_{rp} &= \frac{\sigma_{gd}}{\zeta - 1}\left[\left(\frac{r}{r_a}\right)^{\zeta-1} - 1\right] \\
\sigma_{tp} &= \frac{\sigma_{gd}}{\zeta - 1}\left[\left(\frac{r}{r_a}\right)^{\zeta-1}\zeta - 1\right] \\
\tau_p &= 0
\end{aligned}\right\} . \tag{37}$$

Die Spannungen im elastischen Bereich, der gegen den plastischen im Querschnitt durch einen Kreis mit dem Halbmesser r_0 abgegrenzt ist, werden unter der Voraussetzung ermittelt, daß außer den Spannungen des primären Zustandes die zunächst noch unbekannte drehsymmetrische Radialspannung σ_{r0} auftritt. Die im elastischen Bereich unter der Wirkung des allseitig gleichen Druckes p auftretenden Spannungen betragen gemäß Gl. (25)

$$\left.\begin{aligned}
\sigma_{re1} &= p\left(1 - \frac{r_0^2}{r^2}\right) \\
\sigma_{te1} &= p\left(1 + \frac{r_0^2}{r^2}\right) \\
\tau_{e1} &= 0
\end{aligned}\right\} . \tag{38}$$

Hierzu treten, wie erwähnt, die Spannungen infolge einer an der kreisförmigen Begrenzung mit dem Halbmesser r_0 wirkenden vorläufig unbekannten radialen Pressung σ_{r0}

$$\left.\begin{aligned}
\sigma_{re2} &= \sigma_{r0}\,\frac{r_0^2}{r^2} \\
\sigma_{te2} &= -\,\sigma_{r0}\,\frac{r_0^2}{r^2} \\
\tau_e &= 0
\end{aligned}\right\} . \tag{39}$$

Die Zusammensetzung der Spannungen gemäß Gl. (38) und (39) ergibt

$$\left.\begin{aligned}
\sigma_{re} &= \sigma_{re1} + \sigma_{re2} = p\left(1 - \frac{r_0^2}{r^2}\right) + \sigma_{r0}\,\frac{r_0^2}{r_2^2} \\
\sigma_{te} &= \sigma_{te1} + \sigma_{te2} = p\left(1 + \frac{r_0^2}{r^2}\right) - \sigma_{r0}\,\frac{r_0^2}{r^2} \\
\tau_e &= \tau_{e1} + \tau_{e2} = 0
\end{aligned}\right\} . \tag{40}$$

Aus der Bedingung, daß für die Grenze der plastischen Zone $r = r_0$ Gleichheit der Spannungen bestehen muß, daß also

$$\sigma_{r0} = \sigma_{rp} = \sigma_{re} \quad \text{und} \quad \sigma_{tp} = \sigma_{te}$$

gilt, folgt

$$\left.\begin{aligned}
\frac{\sigma_{gd}}{\zeta - 1}\left[\left(\frac{r_0}{r_a}\right)^{\zeta-1} - 1\right] &= \sigma_{r0} \\
\frac{\sigma_{gd}}{\zeta - 1}\left[\left(\frac{r_0}{r_a}\right)^{\zeta-1}\cdot\xi - 1\right] &= 2p - \sigma_{r0}
\end{aligned}\right\} . \tag{41}$$

Wenn man die beiden Gl. (41) addiert, verschwindet σ_{r0} und man erhält die Beziehung

$$\left(\frac{r_0}{r_a}\right)^{\zeta-1}(\zeta+1) = \frac{2p(\zeta-1)}{\sigma_{gd}} + 2, \tag{42}$$

deren Auswertung zur Grenze der plastischen Zone r_0 führt.

$$r_0 = r_a \left[\frac{2}{\zeta+1}\frac{p(\zeta-1)+\sigma_{gd}}{\sigma_{gd}}\right]^{\frac{1}{\zeta-1}}. \tag{43}$$

Damit sind alle Grundlagen gegeben, um die Ausdehnung der plastischen Zone und die in ihr sowie in dem anschließenden elastischen Bereich herrschenden Spannungen zu ermitteln.

20. Beispiele für die Ausbildung der plastischen Zonen bei primär allseitig gleichem Druck

Die gewonnenen Beziehungen sollen durch einige Beispiele erläutert werden.

a) Die einachsige Druckfestigkeit des Gebirges betrage $\sigma_{gd} = 20\ \mathrm{kpcm^{-2}}$. Dies entspricht jenem Wert, der beispielsweise der im Alpenvorland in großer Mächtigkeit auftretende Schlier besitzt. Der Winkel des inneren Gleitwiderstandes sei

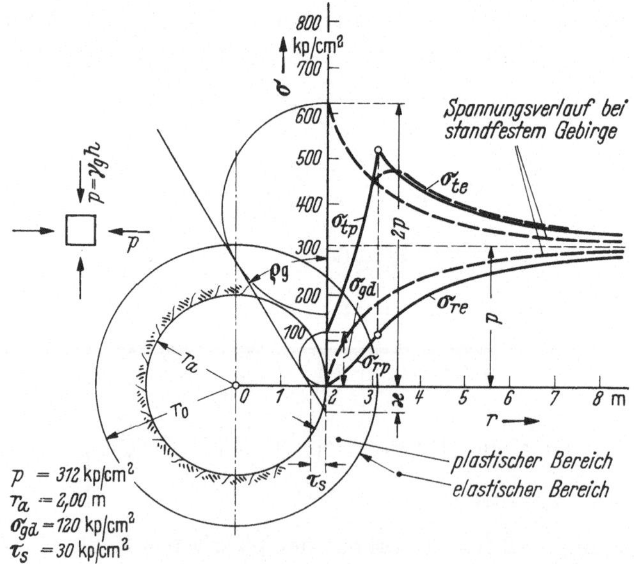

Abb. 14a. Verlauf der sekundären Spannungen in der Umgebung eines kreisrunden Tunnelausbruches bei allseitig gleichem primären Druck.

$\varrho_g = 30°$. Der allseitig gleich angenommene Überlagerungsdruck besitze den Wert $p = p_v = p_h = 120\ \mathrm{kpcm^{-2}}$. Ihm entspricht bei einem Raumgewicht des Gebirges von $\gamma_g = 2{,}0\ \mathrm{tm^{-3}}$ eine Überlagerungshöhe von 600 m. Die Grenze der plastischen Zone ergibt sich unter diesen Annahmen zu $r_0 = 255$ m. Wenn die plastische Zone nicht aufträte, also $r_0 = r_a$ sein soll, dann folgt die tangentiale

Randspannung aus Gl. (26). Sofern sie gleich der einachsigen Druckfestigkeit des Gebirges ist, ergibt sich ein Überlagerungsdruck von $p = 10\ \mathrm{kpcm^{-2}}$, entsprechend einer Überlagerungshöhe von 50 m. Bei Überschreiten dieser Überlagerungshöhe ist also mit dem Auftreten von Gebirgsdruckerscheinungen zu rechnen; in welcher Form sie sich äußern, wird später berichtet werden.

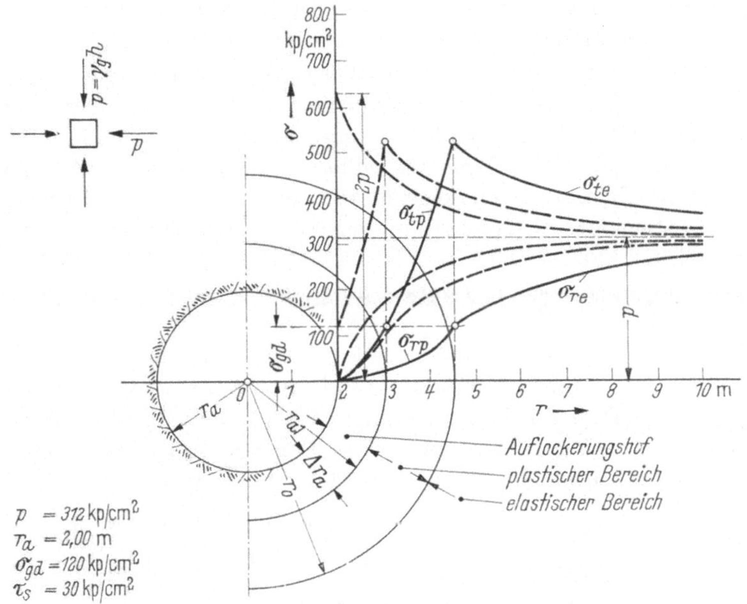

Abb. 14b. Verlauf der sekundären Spannungen in der Umgebung eines kreisrunden Tunnelausbruches bei primär allseitig gleichem Druck und bei Berücksichtigung eines durch die Sprengarbeiten hervorgerufenen Auflockerungshofes.

b) Als fester Fels wird ein Kalkstein angenommen, der eine einachsige Gebirgsdruckfestigkeit von $\sigma_{gd} = 500\ \mathrm{kpcm^{-2}}$ und eine Scherfestigkeit von $\tau_s = 60\ \mathrm{kpcm^{-2}}$ besitzt. Der konstant angenommene Winkel des inneren Gleitwiderstandes beträgt demzufolge $\varrho_g = 63°$. Die Überlagerungshöhe des Stollens, der einen kreisförmigen Ausbruchsquerschnitt vom Halbmesser $r_a = 2{,}0\ \mathrm{m}$ besitzen möge, beträgt 1200 m. Der allseitig gleich groß angenommene Überlagerungsdruck folgt daraus zu $p = p_v = p_h = 312\ \mathrm{kpcm^{-2}}$, wobei das Raumgewicht des Gebirges $\gamma_g = 2{,}6\ \mathrm{tm^{-3}}$ angenommen wurde. Die Grenze der plastischen Zone stellt sich auf $r_0 = 202{,}6\ \mathrm{cm}$. Die plastische Zone ist sehr schmal und die Tangentialdruckspannungen werden am Rand des Felsausbruches von einem Wert, der nahe der einachsigen Druckfestigkeit des Gebirges $\sigma_{gd} = 500\ \mathrm{kpcm^{-2}}$ liegt, rasch zu einem Maximalwert, der $2p = 624\ \mathrm{kpcm^{-2}}$ beträgt, ansteigen. Es ist zu erwarten, daß sich in diesem Gebirge der echte Gebirgsdruck in Form von Abschalungen oder Bergschlägen äußern wird.

c) Als pseudofestes Gebirge nach RABCEWICZ wird ein Mergel angenommen, der eine einachsige Gebirgsdruckfestigkeit von $\sigma_{gd} = 120\ \mathrm{kpcm^{-2}}$ und eine Scherfestigkeit von $\tau_s = 30\ \mathrm{kpcm^{-2}}$ besitzt. Der Winkel des inneren Gleitwiderstandes ergibt sich daraus zu $\varrho_g = 36{,}9°$. Der allseitig gleich große Überlagerungsdruck ist $p = p_v = p_h = 312\ \mathrm{kpcm^{-2}}$. Bei einem Ausbruchshalbmesser von $r_a = 2{,}0$ m, ergibt sich die äußere Begrenzung der plastischen Zone zu $r_0 = 3{,}04$ m; ihre Dicke beträgt daher 1,04 m (Abb. 14a).

Bei den Berechnungsbeispielen wurde nicht berücksichtigt, daß das Gebirge durch die Ausbruchsarbeiten eine ungünstige Beeinflussung der Festigkeitseigenschaften erfährt, die in der Umgebung des Hohlraumes zu einer Störung des Gebirges Anlaß geben. Es wird gezeigt, wie sich die Brücksichtigung einer durch Sprengarbeiten entstandenen Auflockerungszone auswirkt. Dabei werden die Annahmen des Beispieles c) beibehalten, aber es findet der Umstand Berücksichtigung, daß rings um den Ausbruchshohlraum eine $\varDelta r_a = 1{,}0$ m dicke Auflockerungszone entstand, in der das Gebirge keine einachsige Druckfestigkeit besitzt. Der Bestand dieser Zone ist ohne Ausbau nur durch Verspannungserscheinungen möglich, als deren Folge die radiale und tangentiale Druckspannung von r_a bis r ansteigen wird, bis letztere den Wert der einachsigen Gebirgsdruckfestigkeit erreicht (Abb. 14b).

Abschließend möge nochmals darauf hingewiesen werden, daß die Annahme $\lambda_0 = 1$ nur einen Idealfall darstellt. Sie gibt aber die Möglichkeit einer strengen plastizitätstheoretischen Untersuchung, die einen guten Einblick in die Gebirgsdruckerscheinungen vermittelt und als Grundlage für die Bemessung der Tunnelauskleidung dienen kann. Sie bleibt aber nur dann anwendbar, wenn die Bedingung $\lambda_0 = 1$ näherungsweise erfüllt ist. Auf diese Frage wird bei der Bemessung von Tunnel- und Stollenauskleidungen noch zurückzukommen sein.

21. Begrenzung der plastischen Zonen bei Überwiegen des lotrechten primären Druckes

Wenn die waagrechte Pressung vor der Durchörterung des Gebirges p_h wesentlich kleiner ist als die lotrechte p_v, dann führt der Weg die Begrenzung der plastischen Zonen aus dem in ihnen herrschenden Spannungszustand, der durch volle Ausnützung des inneren Gleitwiderstandes gekennzeichnet ist, nicht zum Ziele. Eine brauchbare analytische Lösung ist auch unter der einfachen Voraussetzung vollkommener Plastizität nicht gefunden worden, wie wir denn bis heute über keine Plastizitätstheorie verfügen, die sich der Elastizitätstheorie auch nur annähernd gleichwertig an die Seite stellen kann. Der drehsymmetrische Fall, wobei primär allseitig gleicher Druck herrschte, der früher behandelt wurde, bildet eine der wenigen Ausnahmen. Um aber durch eine Näherungslösung doch Einblick in die Verhältnisse zu gewinnen, wird für das Gebirge, das ja primär im elastischen Zustand sein soll, auch nach der Durchörterung zunächst ein elastisches Verhalten angenommen. Mit Hilfe der sich dabei ergebenden Spannungen wird jene Grenzlinie bestimmt, für welche die Plastizitätsbedingung eben gilt. Innerhalb dieser Grenzlinie soll dann gegen den Tunnel hin die plastische Zone verlaufen. Aus dem Mohrschen Diagramm läßt sich die Plastizitätsbedingung unter der Annahme vollkommener Plastizität ermitteln wie folgt:

$$\tau_{\max}^2 = \frac{1}{4}(\sigma_t - \sigma_r)^2 + \tau^2. \tag{44}$$

Bei vollkommener Plastizität gilt

$$2\,\tau_{\max} = \sigma_{gd}. \tag{45}$$

Es ist zweckmäßig, die einachsige Gebirgsdruckfestigkeit in ein Verhältnis zum primären lotrechten Überlagerungsdruck zu setzen

$$\sigma_{gd} = k p_v = k \gamma_g h = 2\,\tau_{\max}, \tag{46}$$

womit die Plastizitäsbedingung folgende Form annimmt:

$$\frac{1}{4}(\sigma_t - \sigma_r)^2 + \tau^2 = k^2 \left(\frac{t_g h}{2}\right)^2. \tag{47}$$

Setzt man in die Plastizitätsbedingung Gl. (47) die elastischen Spannungen gemäß Abschnitt 18 ein, so erhält man näherungsweise für die zu ermittelnde Grenzlinie der plastischen Zone die Beziehung

$$\cos^2 2\varphi + 2\cos 2\varphi \frac{1+\lambda_0}{1-\lambda_0}\frac{1-2\alpha^2+3\alpha^4}{4(2-3\alpha^2)} - \left(\frac{1+\lambda_0}{1-\lambda_0}\right)^2 \frac{\alpha^2}{4(2-3\alpha^2)} -$$

$$- \frac{1+2\alpha^2-3\alpha^4}{4\alpha^2(2-3\alpha^2)} + \frac{k^2}{(1-\lambda_0)^2 + \alpha^2(2-3\alpha^2)} = 0. \tag{48}$$

Hierbei wurde die Hilfsgröße

$$\alpha = r_a : r \tag{49}$$

eingeführt. Die Grenzlinie wurde für $\lambda_0 = 0$, also für primär einachsige Druckspannung, für $\lambda_0 = 0{,}5$, und für $\lambda_0 - 1$ bestimmt. Im letzteren Fall für primär allseitig gleichen Druck unter Annahme verschiedener Werte $k = \dfrac{\sigma_{gd}}{p_v}$. Den einzelnen Grenzkurven sind die jeweiligen k-Werte beigefügt. Die plastischen Zonen für $k = 1$, also für den Fall, in dem die Gebirgsdruckfestigkeit σ_{gd} eben gleich dem Druck der lotrechten Überlagerung $\gamma_g \cdot h$ ist, sind durch Schraffur gekennzeichnet (Abb. 15 a—c).

Die Annahme vollkommener Plastizität stellt eine sehr weitgehende Vereinfachung dar. Um der Wirklichkeit näher zu kommen, wird als Grenzlinie im Mohrschen Diagramm eine Gerade angenommen. Die Plastizitätsbedingung lautet dann:

$$\sin \varrho_g = \sqrt{\frac{(\sigma_t - \sigma_r)^2 + 4\tau^2}{\sigma_t + \sigma_r + 2\varkappa}}. \tag{50}$$

Nach Einführung der sekundären elastischen Spannungen gemäß Abschnitt 18 erhält man die Bedingung für die Begrenzung der plastischen Zonen wie folgt:

$$\cos^2 2\varphi + \frac{2}{\omega}\left[\frac{1+\lambda_0}{4(1-\lambda_0)}(1-2\alpha^2+3\alpha^4) - \frac{\left(1+\lambda_0-\dfrac{2\varkappa}{\gamma_g h}\right)^2 \sin^2\varrho_g}{2(1-\lambda_0)}\right]\cos 2\varphi -$$

$$- \frac{1}{\omega}\frac{(1+\lambda_0)\alpha^2}{4(1-\lambda_0)^2} - \frac{(1+2\alpha^2-3\alpha^4)^2}{4\alpha^2} + \frac{\left(1+\lambda_0+\dfrac{2\varkappa}{\gamma_g h}\right)^2 \sin^2\varrho_g}{4\alpha^2(1-\lambda_0)^2} = 0, \tag{51}$$

wobei die Hilfsgröße

$$\omega = \alpha^2 \sin^2 \varrho_g + 2 - 3\alpha^2 \tag{52}$$

eingeführt wurde.

4*

Während bei der früheren Berechnung nur die Scherfestigkeit des Gebirges im Parameter k erscheint, müssen beim allgemeinen Verfahren nach der obigen Gl. (51) in jedem zu untersuchenden Fall die Festigkeitseigenschaften des Ge-

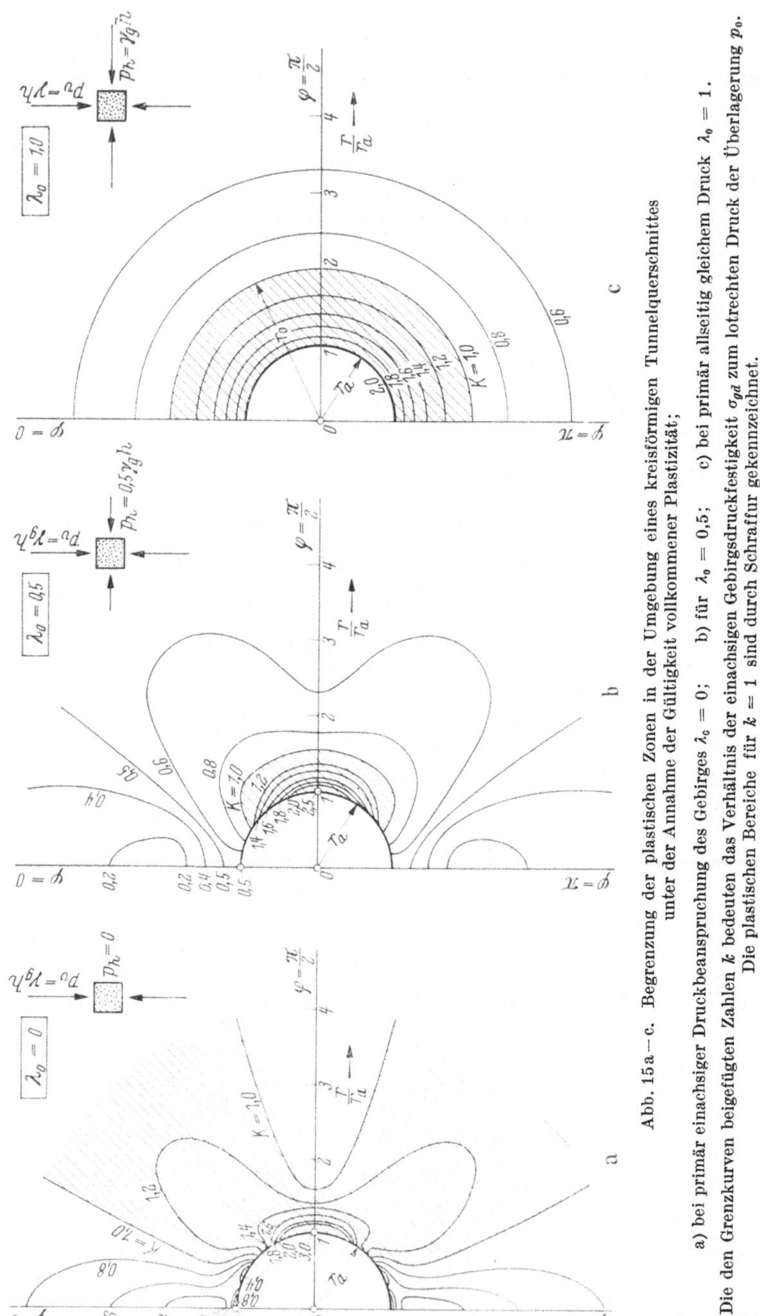

Abb. 15a—c. Begrenzung der plastischen Zonen in der Umgebung eines kreisförmigen Tunnelquerschnittes unter der Annahme der Gültigkeit vollkommener Plastizität;
a) bei primär einachsiger Druckbeanspruchung des Gebirges $\lambda_c = 0$; b) für $\lambda_o = 0{,}5$; c) bei primär allseitig gleichem Druck $\lambda_o = 1$.
Die den Grenzkurven beigefügten Zahlen k bedeuten das Verhältnis der einachsigen Gebirgsdruckfestigkeit σ_{gd} zum lotrechten Druck der Überlagerung p_o. Die plastischen Bereiche für $k = 1$ sind durch Schraffur gekennzeichnet.

birges, gegeben durch den Winkel des inneren Gleitwiderstandes und durch die Scherfestigkeit oder die einachsige Druckfestigkeit besonders berücksichtigt werden.

Mit Hilfe der obigen Gl. (51) wurden für verschiedene Annahmen die Begrenzungen der plastischen Zone berechnet und graphisch dargestellt (Abb. 16). Dabei wurden folgende Annahmen zugrunde gelegt: Der Winkel des inneren Gleitwiderstandes betrage $\varrho_g = 30°$, die Scherfestigkeit des Gebirges $\tau_s = 25$ kpcm^{-2}

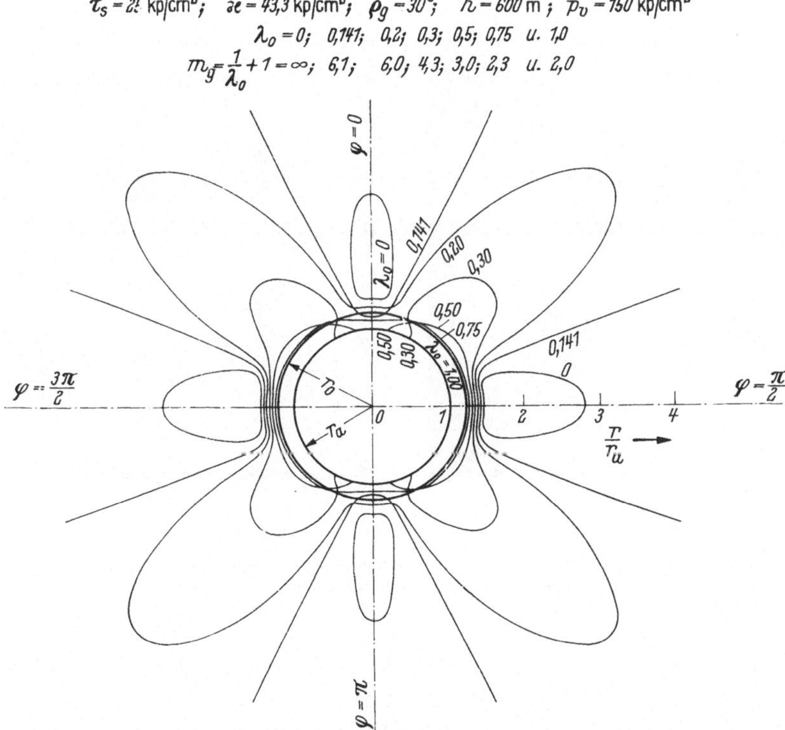

Abb. 16. Begrenzung der plastischen Zonen in der Umgebung eines kreisförmigen Tunnelausbruches bei Überwiegen des lotrechten primären Überlagerungsdruckes.

$\varkappa = 43{,}3$ kpcm^{-2}, woraus sich die einachsige Gebirgsdruckfestigkeit zu $\sigma_{gd} = 86{,}5$ kpcm^{-2} ergibt. Die Überlagerungshöhe betrage $h = 600$ m, aus der die primäre lotrechte Druckspannung zu $p_v = 150$ kpcm^{-2} folgt. Die Berechnung der Grenzen der plastischen Zonen erfolgte für Werte der Seitendruckziffer von $\lambda_0 = 0$, 0,141, 0,2, 0,3, 0,5, 0,75, und 1,00. Bei $\lambda_0 = 0{,}141$ erstreckt sich die Begrenzung der plastischen Zone bis ins Unendliche (Abb. 16).

Um die Übersichtlichkeit nicht zu stören, wurden lokale plastische Zonen, die für $\lambda_0 = 0$, 0,141, 0,2 und 0,3 im First und an der Sohle knapp neben dem Ausbruchskreis verlaufen, weggelassen. Nachdem die Poissonsche Zahl des Gebirges im allgemeinen zwischen den Werten $m_g = 3$ und $m_g = 6$ liegen wird, sind für den sekundären Spannungszustand des Gebirges jene Grenzlinien der plastischen Zonen entscheidend, die zwischen den Werten $\lambda_0 = 0{,}5$ und 0,2 liegen. Für

$\lambda_0 = 0{,}5$ legen sich die plastischen Zonen sichelförmig an die beiden Ulmen, für $\lambda_0 = 0{,}3$ beginnen sie sich kreuzförmig zu erweitern und nehmen schließlich $\lambda_0 = 0{,}2$ die charakteristische Form an, bei der die unter $45\,^\circ$ Neigung entstehenden Zungen schon weit in das Gebirge eingreifen. Dabei muß beachtet werden, daß im Bereich der Ulmen am Ausbruchsrand mit abnehmendem Wert λ_0 keine bedeutende Ausweitung eintritt. Die starke Konzentration der plastischen Zonen im Bereich der Ulmen ist aber besonders wichtig, und ihre Kenntnis ist für die weiteren Untersuchungen besonders bedeutungsvoll.

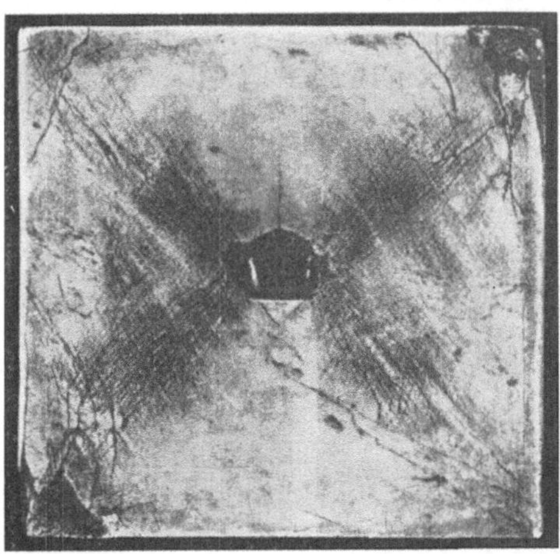

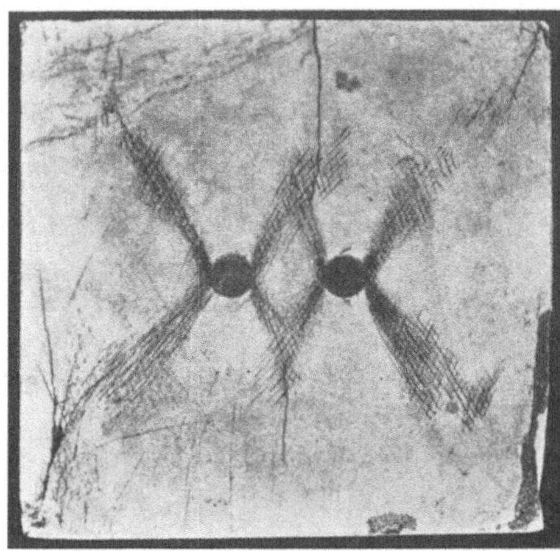

Abb. 17.   Abb. 18.

Abb 17. Plastische Zonen in der Umgebung eines tunnelartig gelochten Probekörpers aus Carraramarmor.

Abb. 18. Plastische Zonen in der Umgebung einer doppelten kreisförmigen Lochung eines Probekörpers aus Carraramarmor.

In Bestätigung früherer Ergebnisse geht aus der Abb. 15 hervor, daß sich die plastischen Zonen bei Werten λ_0, die von der Einheit nicht weit abweichen, ringförmig um den Ausbruchsquerschnitt legen. Dies gilt für $\lambda_0 > 0{,}5$.

In diesem Zusammenhang sei auch auf die Versuche hingewiesen, die Prof. LEON in Wien mit tunnelartig gelochten Steinen aus Carrara-Marmor ausgeführt hat (Abb. 17 und 18). Die plastischen Zonen gehen aus diesen Versuchen eindeutig hervor und auch die Gleitflächen in ihnen sind klar zu erkennen. Die Bedeutung der plastischen Zonen ist aber damals nicht beachtet worden. Näheres hierüber siehe in der 1. Auflage des Buches, S. 86 und 87.

In letzter Zeit sind an der Technischen Hochschule Graz, u. zw. an der Lehrkanzel des o. Prof. Dipl. Ing. DDr. Christian VEDER umfangreiche Großversuche zur Klärung der Gebirgsdruckfrage eingeleitet worden. Die Anregung dafür stammte von o. Prof. DDr. K. SATTLER, der auch an den Versuchen mit größtem Interesse teilnimmt. Die Versuche sind derzeit noch im Gange, so daß darüber abschließend nicht berichtet werden kann. Es handelt sich im wesentlichen darum, die Form der plastischen Zonen zu verifizieren und auch die Dimensionierung der Mauerungsquerschnitte und die im Zusammenhang damit aufgetauchten Fragen zu überprüfen.

22. Der sekundäre Spannungszustand bei primär latenter Plastizität des Gebirges

Bisher wurde nur der Fall betrachtet, daß sich das Gebirge primär im elastischen Zustand befand und daß es bei der Herstellung des Ausbruches zur Ausbildung von plastischen Zonen kam, die sich um den Ausbruch herum entwickelten. Der Fall, daß sich das durchörterte Gebirge primär in latent-plastischem Zustand befand, ist glücklicherweise im Tunnelbau nicht allzu häufig. Er ist bei Tongesteinen mit kleiner einachsiger Druckfestigkeit allerdings schon bei verhältnismäßig geringer Überlagerung möglich. Auch im pseudofesten Gebirge wird er erreicht und bereitet dann beträchtliche Schwierigkeiten. Im festen Fels liegt die Grenze der primär-latenten Plastizität in sehr großer Tiefe unter der Erdoberfläche. Wenn ein Tunnelbau in diesen Bereich gelangt, wird er mit sehr großen Schwierigkeiten zu kämpfen haben bzw. kaum mehr möglich sein. Sofern sich nämlich das Gebirge bis zu einer gewissen Höhe h_p über dem Hohlraum bei einer gesamten Überlagerungshöhe h in einem latent-plastischen Zustand befindet, löst die Herstellung eines Hohlraumes, wenn kein Einbau angeordnet wird, unvermeidlich Gebirgsbewegungen aus, die den Hohlraum von allen Seiten zu schließen trachten. Auch ein Einbau wird dies nicht immer verhindern können. Der Unterschied gegenüber den früheren Verhältnissen, wo es sich nur um begrenzte plastische Zonen nahe dem Ausbruch handelt, ist außerordentlich. In diesem Falle erstrecken sich die plastischen Zonen nur über einen Teil der Umgebung des Ausbruchsquerschnittes, und es bleiben Bereiche übrig, die zu einer erhöhten elastischen Beanspruchung befähigt sind. Diese Überlegung bestätigt die Anschauung der später zu besprechenden Schutzhülle. Bei primär-latenter Plastizität des Gebirges hat hingegen jede Störung des Gleichgewichtes durch den Ausbruch des Hohlraumes eine weit ausholende Durchbewegung des Gebirges zur Folge.

Im Bereich der plastischen Zonen ist die Festigkeit des Gebirges eben ausgenützt und der Sicherheitsgrad beträgt $\nu = 1$. Bei primär-plastischem Gebirge kann der Fall $\nu = 1$ unter gewissen Bedingungen gerade noch vorhanden sein. Dies ist z. B. der Fall, wenn der Felshohlraum in der Nähe der Obergrenze des latent-plastischen Zustandes ausgeführt wird. Wenn der Felshohlraum höher liegt, entstehen die plastischen Zonen, in denen der Sicherheitsgrad $\nu = 1$ herrscht. Dann sind immer noch Reserven im elastischen Bereich vorhanden. Wenn aber der Ausbruch unter die Grenze der latent-plastischen Zone rückt, ist ein Gleichgewichtszustand nach erfolgter Durchörterung nicht möglich. Es sind dann überschüssige Kräfte vorhanden, die eine Schließung des ausgebrochenen Hohlraumes herbeizuführen trachten; der Sicherheitsgrad sinkt unter den Wert $\nu = 1$.

23. Verspannungserscheinungen im Lockergebirge

Wenn im kohäsionslosen Lockergebirge ein Hohlraum zu schaffen ist, dann ist er ohne Einbau nicht bestandfähig. Wenn also in einem solchen Gebirge die Frage des nach der Durchörterung auftretenden sekundären Spannungszustandes behandelt werden soll, so kann das nur als theoretische Aufgabe betrachtet werden. Allerdings besteht die Möglichkeit, daß eine geringe Kohäsion, deren Vorhandensein rechnerisch nicht in Betracht gezogen wird, den Bestand eines solchen Hohlraumes unter Umständen für kurze Zeit gewährleistet. Solche geringe Kohäsionskräfte erleichtern die Ausführung eines Tunnel- oder Stollenbaues ganz außerordentlich. Dabei handelt es sich oft nur um jene scheinbare Kohäsion, die bei feinkörnigem Lockergebirge durch die Kapillarwirkung von Feuchtigkeitsspuren verursacht wird.

Bei Untersuchung des sekundären Spannungszustandes im kohäsionslosen Lockergebirge spielt die Nachgiebigkeit des zeitweiligen Ausbaues eine besondere Rolle. Weil dabei Spannungen auftreten, die seit langem bekannt sind und als Silowirkung bezeichnet werden.

Wenn im kohäsionslosen Lockergebirge ein Stollen vorgetrieben wird, so besteht der Ausbau aus der waagrechten Firstverzimmerung und der meist wenig von der Lotrechten abweichenden Ulmenverzimmerung. Sobald diese Unterstützungen zurückweichen, folgt das Gebirge dem nachgiebigen Ausbau. Die dadurch ausgelösten inneren Bewegungen wecken Reibungswiderstände, die den in Bewegung geratenden Teil des Gebirges entlasten, während sie für den in Ruhe bleibenden Gebirgsteil eine Erhöhung der Belastung herbeiführen. Das ist das Wesen der in der Natur so häufig auftretenden Erscheinung, die als Silowirkung bezeichnet wird. Als Beispiel dafür wird ein Sandbett betrachtet, das auf einer waagrechten, streifenförmigen Unterlage aufruht, deren Breite 2 b ist. Sobald man diesen Streifen, der der Firstverzimmerung eines Stollens entspricht, absenkt, so folgt der kohäsionslose Sand dieser Bewegung. Wenn die Absenkung des Streifens groß genug geworden ist, erstreckt sich das Nachsinken des Sandes bis an die Oberfläche der Sandmasse; es entsteht eine muldenförmige Vertiefung, deren mittlerer waagrechter Teil nahezu die gleiche Breite aufweist, wie der nachsinkende Streifen, während die seitlich davon liegenden Oberflächenteile geneigt sind. Das Absinken des beweglichen Teiles der Unterstützung beeinflußt daher einen Bereich des Sandes, dessen Breite an der Oberfläche größer ist, als die des Streifens selbst. Im mittleren Teil des beeinflußten Sandbereiches bewegen sich, wie im Versuchswege nachgewiesen wurde, die Sandkörner lotrecht nach abwärts. Dieser Bereich der lotrechten Bewegung wird als Bruchbereich bezeichnet, und seine seitliche Begrenzung bilden die Bruchflächen. Aus der beschriebenen Oberflächengestaltung des Sandbettes ist zu ersehen, daß außerhalb der Bruchflächen auch Gleitflächen vorhanden sein müssen. Ganz ähnliche Verhältnisse sind beim Erddruck auf eine stark erdwärts einfallende Stützwand beobachtet worden. Auch in diesem Fall bildet sich außer der Gleitfläche noch eine nahezu lotrechte Bruchfläche aus, wenn die Stützwand AB im waagrechten Sinne parallel verschoben wird und die waagrechte Verschiebung ein ausreichend großes Ausmaß erreicht hat.

Die den Bruchkörper begrenzenden Flächen sind nur bei geringer lotrechter Überlagerung annähernd lotrecht. Bei größerer Überlagerung nähern sie sich einander und finden sich schließlich im Querschnitt in der Form eines gotischen Spitzbogens.

Das Verhalten des kohäsionslosen Lockergebirges über einem nachgiebigen Streifen von der Breite 2 b wurde in letzter Zeit von Loos und Breth experimentell untersucht. Hierbei zeigte es sich, daß die Bodensenkung in der Mitte am größten ist, wie dies schon Kommerell behauptet hat. Dabei zeigten sich bei einem Absinken des Stollens zwei nahezu ebene Gleitflächen, die den in Bewegung geratenden Gebirgsteil von dem in Ruhe bleibenden trennten. Die Gleitebenen wiesen gegen die Waagrechte eine Neigung von $45° + \varrho/2$ auf. Wenn die Stollenabsenkung weiter zunahm, neigten sich die beiden Bruchflächen, die vom Gewölbewiderlager ausgehend, zunächst lotrecht verliefen und dann einander zustrebten. Ein Zusammenschluß der Bruchflächen zu einem spitzbogenförmigen Gewölbe wurde bis zu einer Überschüttungshöhe von 4 b nicht beobachtet. Dies trifft allem Anschein nach erst bei einer größeren Überlagerungshöhe zu.

23 a. Theoretische Behandlung der Verspannungserscheinungen über einem beweglichen, waagerechten Streifen

Die theoretische Behandlung der Spannungserscheinungen über einem nachgiebigen Streifen folgt dem Vorgange von TERZAGHI. Die gleichen Berechnungen wurden bereits 1895 von JANSSEN bei der Behandlung des Druckes auf die Wandungen und den Boden von Getreidesilos ausgeführt.

Zunächst wird angenommen, daß die Überlagerungshöhe gering ist, und daß die Bruchflächen von den Grenzen des Streifens lotrecht verlaufend bis zur Geländeoberfläche reichen. Die außerhalb der Bruchflächen liegenden Gleitkeile bleiben vorläufig außer Betracht. Der Scherwiderstand des Gebirges τ_s ist in Abhängigkeit von der waagrechten Normalspannung durch die Coulombsche Gleichung

$$\tau_s = c + \sigma_h \tan \varrho_g \tag{53}$$

bestimmt, worin c die Kohäsion und ϱ_g den Winkel des inneren Gleitwiderstandes des Gebirges bedeutet. Die Annahme einer Kohäsion ist zwar im Widerspruch mit der Voraussetzung eines kohäsionslosen Lockergebirges, sie wird aber deswegen angeführt, weil oft eine geringe Bindung der Körner des Gebirges besteht, die dann berücksichtigt werden kann.

Der nachgiebige Streifen habe, wie erwähnt, eine Breite 2 b und sei in der Längsrichtung sehr ausgedehnt; die Untersuchung wird in dieser Richtung für die Längeneinheit durchgeführt. Das Gebirge trage eine gleichmäßig verteilte Auflast q. Das Verhältnis zwischen waagrechter Pressung und lotrechter, mit $\lambda = \sigma_h : \sigma_v$ bezeichnet, wurde für den gesamten in Betracht gezogenen Bruchbereich konstant angenommen. Diese Annahme ist, wie sich später zeigen wird, für die Lösung der Aufgabe bzw. für deren Ergebnis von ausschlaggebender Bedeutung.

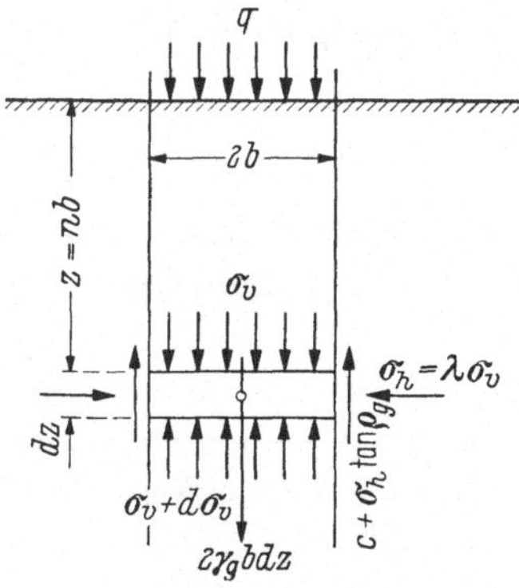

Abb. 19. Zur Behandlung der Verspannungserscheinungen über einem nachgiebigen Bodenstreifen, etwa dem First eines verzimmerten Stollens in kohäsionslosem Lockergebirge.

Gemäß der Abb. 19 wird eine im Bruchbereich des überlagernden Gebirges gelegene Scheibe von der Breite 2 b betrachtet, die in der Tiefe z unter der Geländeoberfläche liegt und deren Ausdehnung senkrecht zur Bildfläche gleich der Einheit gewählt wird.

An dieser Scheibe greifen folgende Kräfte an:

die Auflast $2bq$

das Gewicht $2\gamma_g b\,dz$

die Differenz der lotrechten Spannungen $2b\,d\sigma_v$

der Scher- und Reibungswiderstand $2(c + \sigma_h \tan \varrho_g)dz$.

Das Gleichgewicht im lotrechten Sinn ergibt die Bedingung:

$$2\gamma_g b\,dz = 2b\,d\sigma_v + 2c\,dz + 2\lambda\sigma_v \tan \varrho_g\,dz, \tag{54}$$

die sich in etwas vereinfachter Form wie folgt anschreiben läßt:

$$\frac{d\sigma_v}{dz} = \gamma_g - \frac{c}{b} - \lambda\,\sigma_v \frac{\tan \varrho_g}{b}. \tag{55}$$

Hierbei muß die Bedingung gelten

$$z = 0, \quad \sigma_v = q.$$

Die Lösung der obigen Gl. (55) ergibt die Abhängigkeit der lotrechten Spannung σ_v von der Tiefe z unter der Geländeoberfläche.

$$\sigma_v = \frac{b\gamma_g - c}{\lambda \tan \varrho_g}\left(1 - e^{\lambda \frac{z}{b}\tan \varrho_g}\right) + qe^{-\lambda \frac{z}{b}\tan \varrho_g}. \tag{56}$$

Die Differentialgleichung für die Verspannung läßt sich einfach ausdrücken wie folgt:

$$\frac{d\sigma_v}{dz} + P\sigma_v = Q, \tag{57}$$

wobei die folgenden Substitutionen

$$P = \frac{\lambda \tan \varrho_g}{b}, \quad Q = \frac{\gamma_g b - c}{b} \tag{58}$$

angewendet wurden. Für die Lösung der Differentialgleichung Gl. (57) werden folgende Annahmen getroffen:

$$\sigma_v = uv, \quad \sigma_v' = u'v + uv'. \tag{59}$$

Anstelle der Funktion σ_v wurden die beiden Funktionen u und v eingeführt. Das ergibt die Möglichkeit, eine Bedingung zu stellen; man nimmt an, daß der Klammerausdruck

$$u' + Pu = 0$$

gilt oder daß

$$\frac{du}{u} + P\,dz = 0 \tag{60}$$

ist. Die Integration dieser Gleichung liefert

$$\left.\begin{aligned} &ln\,u + \int P\,dz = ln\,A \\ &u = A\,e^{-\int P dz} = A\,e^{-Pz} \end{aligned}\right\}. \tag{61}$$

Bezeichnet man

$$A\, e^{-\int Pdz}\, v' = Q,\qquad(62)$$

so ergibt sich daraus

$$\left.\begin{aligned} dv &= \frac{1}{A}\,Q \cdot e^{Pz}\,dz;\\[2mm] v &= B + \frac{1}{A}\int Q e^{Pz}\,dz \end{aligned}\right\},\qquad(63)$$

die für die Bestimmung der Integrationskonstanten gilt und damit folgt für die endgültige Lösung

$$\sigma_v = A\, e^{-Pz}\left[B + \frac{1}{PA}\int Q e^{Pz}\,dPz\right] = e^{-Pz}C + \frac{Q}{P}.\qquad(64)$$

Die Verspannungsgleichung liefert folgende spezielle Formen:

$$\left.\begin{aligned} c > 0,\quad q = 0,\quad \sigma_v &= \frac{\gamma_g - c}{\lambda \tan \varrho_g}\left(1 - e^{-\lambda \frac{z}{b}\tan \varrho_g}\right)\\[3mm] c = 0,\quad q > 0,\quad \sigma_v &= \frac{b\gamma_g}{\lambda \tan \varrho_g}\left(1 - e^{-\lambda \frac{z}{b}\tan \varrho_g}\right) + q\, e^{-\lambda \frac{z}{b}\tan \varrho_g}\\[3mm] c = 0,\quad q = 0,\quad \sigma_v &= \frac{b\gamma_g}{\lambda \tan \varrho_g}\left(1 - e^{-\lambda \frac{z}{b}\tan \varrho_g}\right) \end{aligned}\right\}.\qquad(65)$$

Wenn man in der letzten dieser Gleichungen $z = nxb$ setzt, wobei n das Verhältnis der Überschüttungshöhe der betrachteten Lamelle dz zur halben Breite des nachgiebigen Streifens bedeutet, so erhält man für $c = 0$ und $q = 0$

$$\sigma_v = \frac{b \cdot \gamma_g}{\lambda \tan \varrho_g}\,(1 - e^{-\lambda n \tan \varrho_g}),\qquad(66)$$

für $z = \infty$ wird $n = \infty$ und die lotrechte Pressung nimmt den Wert

$$\sigma_{v\infty} = \frac{b\gamma_g}{\lambda \tan \varrho_g}\qquad(67)$$

an.

In der nebenstehenden Abbildung (Abb. 20) sind für die lotrecht aufgetragenen Überlagerungshöhen z in waagrechter Richtung die Werte von σ_v gemäß der beigeschriebenen Gleichung dargestellt. Der Gleitwinkel wurde mit $\varrho_g = 30°$ angenommen. Hinsichtlich der Seitendruckziffer λ gibt Terzaghi als Ergebnis von experimentellen Untersuchungen an, daß ihr Wert über der Mitte des absinkenden Streifens bei $\lambda = 1$ liegt. In der Höhe von $2\,b$ über dem absinkenden Streifen das größte Maß von $\lambda = 1{,}5$ erreicht und dann wieder abnimmt. In dem obigen Beispiel wurde $\lambda = 1$ gewählt. Für die halbe Breite des absinkenden Streifens wurde, um darzutun, wie sehr die Belastung des Streifens mit wachsender Breite zunimmt, die Werte $b = 1{,}0$ m und $2{,}0$ m berücksichtigt.

In einer Höhe von ungefähr $5\,b$ über der Mitte des Streifens scheint sein Absinken keinen wesentlichen Einfluß mehr auf den Spannungszustand im kohäsionslosen Lockergebirge zu haben. Man ist deshalb zur Annahme gezwungen, daß der innere Gleitwiderstand des kohäsionslosen Lockergebirges bei größerer Höhe des zwischen dem nachgiebigen Bodenstreifen und der Bodenoberfläche gelegenen Prismas nur in den unteren Teilen seiner lotrechten Begrenzung $A\,E_1$ und $B\,F_1$ wirkt. Dann aber hat der darüber liegende Teil des Prismas $E\,E_1F_1F$ als Auflast q gemäß den früheren Ableitungen zu gelten.

Wenn man die Tiefe, bis zu der der innere Gleitwiderstand des Gebirges beim Absinken des Bodenstreifens nicht in Anspruch genommen wird, mit $z = n_1 b$ bezeichnet, beträgt die Auflast

$$q = \gamma_g \cdot z = \gamma_g\, n_1 b. \tag{68}$$

Nach Einführung dieses Wertes für q in die Verspannungsgleichungen erhält man

$$\sigma_v = \frac{\gamma_g b}{\lambda \tan \varrho_g}\,(1 - e^{-\lambda n_2 \tan \varrho_g}) = \gamma_g\, b\, n\, e^{-\lambda n_2 \tan \varrho_g}, \tag{69}$$

bzw. etwas vereinfacht

$$\sigma_v = \frac{\gamma_g b}{\lambda \tan \varrho_g}\,[1 - e^{\lambda n_2 \tan \varrho_g}\,(1 - n_1 \lambda \tan \varrho_g)]. \tag{70}$$

Setzt man $z_2 = \infty$ und damit auch $n_2 = \infty$, so erhält man

$$\sigma_{v\infty} = \frac{\gamma_g b}{\lambda \tan \varrho_g}. \tag{71}$$

Dieser Sachverhalt wird durch ein Beispiel erläutert (Abb. 21), wobei im lotrechten Sinn $n = z:b$ und im waagrechten Sinne die Werte $\dfrac{\sigma_v}{\gamma_g b}$ aufgetragen wurden. Als Berechnungsgrundlage hat $\varrho_g = 30°$, und $\lambda = 1$ zu gelten. Ferner wurde jener Überlagerungsbereich, in dem der innere Gleitwiderstand nicht zur Geltung kommt, mit $n_1 = z_1:b = 4$ gewählt. Zwischen der Geländeoberfläche und einer Tiefe $z_1 = 4b$ nimmt daher der lotrechte Druck verhältnisgleich mit der Tiefe zu. In der Abbildung kommt dies durch die Gerade OA zum Ausdruck, die bis zu einer dem Wert $n_1 = 4$ entsprechenden Tiefe unter der Geländeoberfläche gilt. Unterhalb davon wird der Druck durch die Verspannungsgleichung bestimmt; er nähert sich mit wachsender Tiefe asymptotisch dem Grenzwert $\sigma_{v\infty}$. In der Abb. 21 ist auch der Verlauf der lotrechten Pressungen für den Fall eingezeichnet, daß die Verspannung in der ganzen Höhe der Überlagerung wirksam ist, also $n_1 = 0$ gilt. Für die wachsende Überlagerungshöhe nähert sich dann, wie früher erwiesen wurde, die lotrechte Spannung gleich dem Wert $\sigma_{v\infty}$. Die Abbildung zeigt, daß dies bei einer Überlagerung von $z = 8b$ gilt. Der Umstand, daß in den oberen Schichten der Überlagerung keine Verspannung eintritt, verliert seinen Einfluß bei einer Tiefe $z = 8b$.

TERZAGHI berichtet, daß ähnliche Versuche für verschiedene Werte von ϱ_g und n_1 zur Schlußfolgerung führten, daß der Druck im Lockergebirge über einem nachgiebigen Streifen in einer Höhe von mehr als $4 - 6b$ über dem Streifen von der Überlagerung nicht mehr beeinflußt wird. Der Übergang von dem Bereich des verhältnisgleich mit der Tiefe zunehmenden Überlagerungsdruckes zu jenem Punkt, wo der innere Gleitwiderstand zur Gänze ausgenützt wird, also vom elastischen Bereich in die plastische Zone, erfolgt in Wirklichkeit nicht schroff, sondern es findet ein allmählicher Übergang statt. Ein Hinweis dafür, bei der Behandlung des Auflockerungsdruckes die Theorie der plastischen Zonen in Betracht zu ziehen. Dies wird bei der Behandlung der Bemessungsaufgabe geschehen.

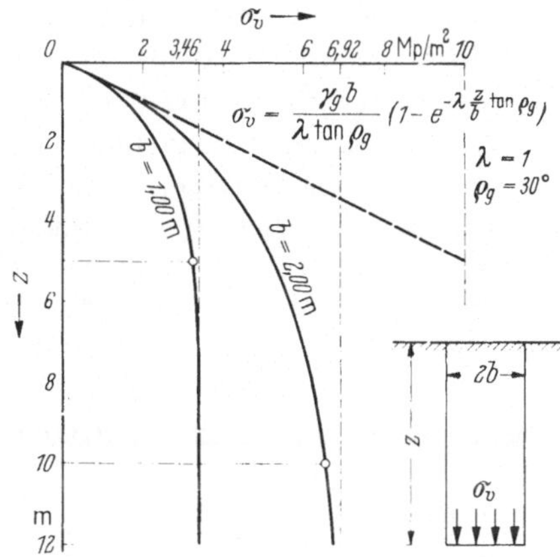

Abb. 20. Die lotrechte Belastung des nachgiebigen Firstes eines verzimmerten Stollens, der in kohäsionslosem Lockergebirge vorgetrieben wurde, in Abhängigkeit von einer geringen Überlagerungshöhe.

Dieser Umstand ist aber auch ein Hinweis dafür, daß die vorgeführten Berechnungen betreffend die Verspannung über einem Tunnel- oder Stollenfirst nur mit Vorbehalt bezüglich der Gültigkeit der angestellten Erwägungen durchgeführt werden sollen.

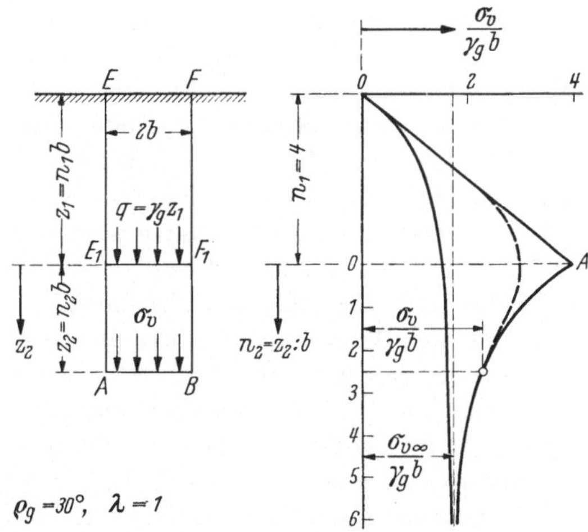

Abb. 21. Die lotrechte Belastung des nachgiebigen Firstes eines verzimmerten Stollens, der in kohäsionslosem Lockergebirge vorgetrieben wurde, bei großer Überlagerungshöhe.

a) Die Berechnungen gelten nur für einen nachgiebigen Stollenfirst. Diese Bedingung ist bei einer solchen Beanspruchung, wo das gespeicherte kohäsionslose Gut im Boden abgelassen wird, so daß also die Voraussetzung einer abgesenkten Bodenklappe in Wirklichkeit nicht zutrifft. Bei Stollen- oder Tunnelbauten darf sie nur unter gewissen Bedingungen als zutreffend angesehen werden. Sie gilt beispielweise nur beim Holzeinbau, wo mit unvermeidlichen Firstsenkungen gerechnet werden muß. Über diese Frage wird bei der Behandlung des Auflockerungsdruckes noch zu sprechen sein. Firstsenkungen und eine Nachgiebigkeit der verzimmerten Ulmen sind aber unter allen Umständen unerwünscht. Für den dauernden Ausbau muß aber die Voraussetzung der Nachgiebigkeit ausgeschaltet bleiben, und die Bemessungsverfahren müssen diesem Umstand Rechnung tragen.

b) Die Verspannung kann nur, wie es auch die Berechnung fordert, durch Reibungswiderstände ermöglicht werden. Über diese Widerstände besteht bei einem Silo Klarheit. Die Wandreibung entlastet die Füllung, und es tritt eine entsprechende Mehrbelastung der Silowandungen ein. Es ist ja das Wesen der Verspannung, daß ein nachgiebiger Teil dadurch entlastet wird, daß eine entsprechende Mehrbelastung der benachbarten Teile eintritt. In der gleichen Weise führt die Entlastung des Bruchbereiches durch die Spannungen $C + \sigma_h \tan \varrho_g$, die lotrecht nach aufwärts wirken, zu einer Mehrbelastung der benachbarten Gleitkeile, die lotrecht nach abwärts wirkt. Die letztere führt eine Erhöhung des Erddruckes herbei, die in der Berechnung Berücksichtigung findet; aber eine ebene Gleitfläche unter dem Neigungswinkel $45° + \varrho_g/2$ ist nicht möglich. Es ist nicht geklärt, ob eine ebene Gleitfläche entsprechend $\delta = 0$ im Versuchswege gefunden wurde.

c) Die Bruchflächen verlaufen nur unmittelbar über der nachgiebigen Bodenklappe lotrecht und nähern sich in größerer Höhe über der Klappe gegeneinander, so daß eine gotische Form entsteht. Dieser Umstand ist bisher theoretisch noch nicht berücksichtigt worden.

24. Das Schwellen von bindigem Lockergebirge im Tunnel oder Stollen

Die Untersuchung des sekundären Spannungszustandes in bindigem Lockergebirge gibt Veranlassung, die Frage des Schwellens des Tones zu verfolgen. Die theoretische Behandlung dieser Aufgabe — es handelt sich um ein zweidimensionales Konsolidierungsproblem — lieferte bisher kein für die praktische Verwendung geeignetes, d. h. diskutierbares Ergebnis.

Wenn in einem tonigen Gebirge, sei es in einem Ton- oder Lehmlager, in tonigem Sandstein oder im Haselgebirge ein Stollen ausgebrochen wird, so zeigt sich häufig, daß das Gebirge schwillt und von allen Seiten gegen den Hohlraum drängt. Man hat diese Erscheinung darauf zurückgeführt, daß der Ton hygroskopisch ist und Wasser aus der feuchten Stollenluft aufnimmt. Um diese Anschauung zu überprüfen, hat TERZAGHI Probekörper aus verschiedenen Tonsorten und mit verschiedenem Wassergehalt angefertigt und sie wochenlang in geschlossenen, mit Dampf gesättigter Luft erfüllten Gefäßen aufbewahrt. Das Ergebnis dieser Untersuchungen war, daß die Probekörper in der bildsamen und halbfesten Konsistenzform weder ihr Gewicht noch ihren Rauminhalt veränderten. In der festen Konsistenzform erwiesen sich die Probekörper trotz hygroskopischer Wasseraufnahme als raumbeständig. Eine hygroskopische Wasseraufnahme ist deshalb nach Ansicht TERZAGHIs als Ursache des Schwellens nicht in Betracht zu ziehen. Diese Feststellung dürfte aber als allgemein gültig nicht zutreffend sein, denn es gibt zweifellos Tonmineralien, die durch Anlagerung von Wassermolekülen im Raumgitter eine Schwelltendenz aufweisen.

Das Schwellen des Tones in der Umgebung eines Tunnelausbruches ist sicher auf die Zunahme des Wassergehaltes des den Hohlraum umgebenden Gebirges zurückzuführen, wobei aber das Wasser nicht aus der feuchten Stollenluft, sondern aus entfernteren Gebirgsteilen stammt. Die Strömung des Porenwassers erfolgt unter der Wirkung der geänderten sekundären Druckverhältnisse. Um sich dies klar zu machen, wird die Wirkung einer Lochung auf den Spannungszustand eines Tonzylinders vom Radius R betrachtet. In der Richtung der Achse sei die Ausdehnung des Zylinders verhindert; die Untersuchung soll auf eine Scheibe von der Dicke gleich der Einheit beschränkt bleiben. Auf die äußere Mantelfläche des Tonzylinders wirke der Radialdruck p, wobei p gleichzeitig die Größe des im Zeitpunkt $t = 0$ an der Mantelfläche der Bohrung wirksamen Kapillardruckes angibt. Falls der Druck lange genug gewirkt hat und falls überdies für den Abzug des überschüssigen Porenwassers gesorgt ist, ist der hydrostatische Überdruck, unter dem das Porenwasser des Tones als Reaktion des Kapillardruckes steht, in jedem Punkt des Zylinders gleich 0. Es besteht kein Druckgefälle. Nun bohrt man in den Zylinder ein zentrisch angeordnetes kreisrundes Loch. Dann wirkt an der Mantelfläche der Bohrung der Kapillardruck p_{k0}, der als Reaktion einen gleich großen hydrostatischen Unterdruck im Porenwasser hervorruft. Dieser zunächst auf die Nachbarschaft der Bohrung beschränkte Unterdruck bewirkt ein Zuströmen von Wasser gegen die Mantelfläche der Bohrung, und ein Gleichgewichtszustand kann erst dann eintreten, wenn der hydrostatische Unterdruck im gesamten Zylinderbereich einen mittleren, vom radialen Achsabstand unabhängigen Wert $p_{k\infty}$ angenommen hat. Der Wassergehalt des Tones erfährt daher in der Umgebung der Bohrung eine Vermehrung auf Kosten der entfernteren Tonmasse. Der Ton schwillt in der Umgebung der Bohrung, während er in entfernteren Schichten konsolidiert wird.

Diese Deutung des Schwellvorganges wurde von TERZAGHI übernommen. Der leitende Grundgedanke ist dabei die Ausbildung eines Kapillardruckes und im Zusammenhang damit eines hydrostatischen Unterdruckes nahe der Oberfläche des Tunnel- oder Stollenausbruches. Voraussetzung ist dabei, die Ausbildung und der Bestand von Menisken. Dazu ist zu bemerken, daß der geschilderte Vorgang nur unmittelbar nach dem Ausbruch in tonigem Gebirge möglich ist. Durch den sofort einsetzenden Wasserzudrang nach der Ausbruchsfläche wird aber die Kapillarität ausgeschaltet. Aus der Erfahrung weiß man, daß sich die Oberfläche des Gebirges bald mit einer Wasserhaut überzieht, weshalb die Menisken verschwinden und auch der Kapillardruck aufhört. Der Wasserzudrang und damit das Schwellen wäre damit auf die Zeit unmittelbar nach der Herstellung des Ausbruches begrenzt. Der Bestand der Wasserhaut ist zeitlich unbegrenzt, denn an eine Verdunstung des Wassers ist nicht zu denken. Zur Deutung des Schwellvorganges muß daher ein anderer Weg beschritten werden, und er bietet sich durch die statischen Verhältnisse zwanglos an. Nach der Herstellung des Ausbruches wird seine Oberfläche frei, und die Radialspannungen verschwinden. Sie wachsen gegen das Berginnere nur langsam an. Anders liegen die Verhältnisse für die Tangentialspannungen, die nahe der Oberfläche des Ausbruches gegen das Berginnere rasch zunehmen. Daraus folgt ohne Schwierigkeit eine radial gegen die Oberfläche des Ausbruches gerichtete Porenwasserströmung, die anfangs durch die Kapillarität unterstützt, aber später durch die Spannungsverhältnisse fortlaufend erhalten wird. Der Wasserzudrang ist unvermeidlich mit einer Volumszunahme des Gebirges verbunden. Die erwähnte Ausschaltung des Kapillardruckes bewirkt eine zusätzliche Ausdehnung.

Kapitel V

Der Gebirgsdruck im Tunnel- und Stollenbau

25. Der Begriff des Gebirgsdrucks und seine Arten

In den vorangegangenen Abschnitten wurde der vor der Durchörterung herrschende primäre Spannungszustand des Gebirges untersucht, und es wurde dem nach dem Ausbruch eintretenden sekundären Spannungszustand besondere Beachtung geschenkt. Die in beiden Fällen auftretenden Spannungen werden heute noch vielfach ohne Unterschied als Gebirgsdruck bezeichnet. Eine einheitliche Definition dieses Begriffes besteht nicht, und es ist daher notwendig, sie herbeizuführen.

Im Stollen- und Tunnelbau muß das Gebirge als mittragender Bestandteil des Bauwerkes betrachtet werden. Das statische System besteht sonach aus dem Ausbau, sei er zeitweilig oder endgültig, und dem Gebirge. Die statische Mitwirkung des Gebirges ist so bedeutungsvoll, daß ohne ihr Bestehen der Ausführungsmöglichkeit von Tunnel- und Stollenbauten eine nur ganz enge Grenze gesetzt wäre. So müßte der Ausbau immer derart bemessen werden, daß er in der Lage ist, jenen Spannungszustand wieder herzustellen, der vor der Durchörterung bestand. Der Ausbau müßte also die lotrechten Spannungen p_v und die waagrechten Spannungen p_h und unter Umständen tektonische Spannungen aufnehmen können. Eine einfache Rechnung zeigt, daß diese Bedingung schon bei geringer Tiefe unter der Erdoberfläche nicht mehr erfüllbar ist. Es gibt wohl Grenzfälle, wo er ihr entsprechen muß, nämlich dann, wenn sich das Gebirge primär im plastischen Zustand befand. Das kann einerseits der Fall sein, wenn bei geneigter Geländeoberfläche der Rankinesche plastische Zustand bestand. Es kann ferner eintreten, wenn der Tunnel- oder Stollenbau in die latent-plastische Zone der Erdkruste gelangt. Diese Fälle zählen zu den schwersten Aufgaben des Tunnel- und Stollenbaus. Im ersteren handelt es sich um Lehnentunnel im Lockergebirge, die man nach Tunlichkeit vermeiden soll. Im anderen Fall sind im Gebirge infolge seines primär-plastischen Zustandes nach der Durchörterung überschüssige Kräfte vorhanden, die auf eine Schließung des Hohlraumes hinarbeiten und die Ursache starker Druckerscheinungen bilden. Diese Überlegungen über die statische Mitwirkung des Gebirges geben den Anlaß, die Bezeichnungsweise Gebirgsdruck im Tunnelbau auf jene Erscheinungen zu beschränken, die infolge des menschlichen Eingriffes durch den Tunnel- oder Stollenbau entstehen, sie aber nicht für den primären Spannungszustand gelten zu lassen. *Als Gebirgsdruck im Tunnelbau sollen daher alle Auswirkungen des sekundären Spannungszustandes des Gebirges bezeichnet werden, die im nicht ausgebauten Tunnelhohlraum in den Randzonen des Gebirges auftreten oder in Wechselwirkung mit dem zeitweiligen bzw. dauernden Ausbau diesen beanspruchen.*

Der in diesem Sinne definierte Gebirgsdruck läßt sich in folgende Hauptgruppen unterteilen:

Auflockerungsdruck, echter Gebirgsdruck und Schwelldruck.

26. Der Auflockerungsdruck

Unter Auflockerungsdruck wird die Wirkung der auf dem Ausbau des Tunnels oder Stollens auflastenden lockeren oder durch den Arbeitsvorgang gelösten Gebirgsmassen verstanden. Nachdem der Auflockerungsdruck eine unmittelbare Wirkung der Schwerkraft von Gebirgsteilen darstellt, ist er eigentlich als Belastung anzusprechen (Auflockerungslast). Er tritt daher besonders stark im First und in geringerem Maße auch an den Ulmen auf. Im Bereich der Sohle ist er aber nicht möglich. Als Ursache des Auflockerungsdruckes kommen die natürlichen geologischen Bedingungen und der Arbeitsvorgang beim Ausbruch sowie bei der Herstellung des Ausbaues in Betracht.

a) Geologische Ursachen

Aus der Definition des Begriffes „Auflockerungsdruck" ist zu erkennen, daß er in allen Gebirgsarten möglich ist. Im Lockergebirge sind die Voraussetzungen dafür von vornherein gegeben. Aber auch in allen Felsarten, selbst im festen Fels, kann er durch die tektonischen Verhältnisse bedingt, immer auftreten, wenn eine ungünstige Lage und Teilung der Schicht- und Schieferungsflächen bzw. von Klüften die Lösung von Gesteinsteilen vorzeichnen. Nachbrüche, die unter den letzteren Voraussetzungen entstehen, lassen sich nicht immer voraussehen und ereignen sich daher überraschend und nicht selten folgenschwer.

Wenn die Schichten steil aufgerichtet sind, senkrecht zur Streichrichtung durchörtert werden, ist Auflockerungsdruck am wenigsten zu befürchten, denn dann sind die Voraussetzungen für die Bildung natürlicher Gewölbe über dem First und damit für die Verspannungen am günstigsten. Wenn hingegen bei steilem Einfallen der Schichten die Achse des Tunnels oder Stollens mit der Streichrichtung der Schichten einen spitzen Winkel einschließt oder mit ihr zusammenfällt, dann entsteht beim Ausbruch die Gefahr der Lockerung von Gesteinspartien über dem First und damit von Nachbrüchen. Eine gewölbeartige Verspannung ist in diesem Falle nur nach Maßgabe der zwischen den Schichten bestehenden Haftungs- und Reibungswiderstände möglich. Wenn die Schichtflächen gleitwillige Zwischenmittel oder glimmerreiche Beläge aufweisen, dann sind die Voraussetzungen für eine gewölbeartige Verspannung über dem First nur in geringem Maße gegeben. Nicht weniger günstig ist die söhlige Lage der Schichtstöße; es ist dann schwierig, den First gewölbeartig auszubilden, weil die seitlichen Zwickelbereiche häufig herausbrechen, so daß die waagrechten Schichtstöße die ganze Breite des Ausbruches überbrücken müssen und dabei auf Biegung beansprucht werden. Die Möglichkeit von Nachbrüchen und damit die zu erwartende Größe des Auflockerungsdruckes ist besonders in diesem Fall von der lichten Breite des Tunnels oder Stollens abhängig. Außerdem wird sie auch von der Mächtigkeit der söhligen Schichten beeinflußt. Dünnplattige Gesteine werden eher zu Nachbrüchen neigen als dickbankige. Die Klüftung spielt dabei eine große Rolle und kann in ungünstigen Fällen die Ursache von umfangreichen Nachbrüchen sein.

Es bleiben noch Tunnel oder Stollen zu erwähnen, die der Streichrichtung der Schichten annähernd folgen, wobei der Schichteinfall einen Winkel von etwa 45° aufweist. Dann sind Gesteinsablösungen besonders im Übergangsbereich zwischen

First und Ulmen möglich, und sie können bei Vorhandensein von ungünstig verlaufenden Kluftflächen zu folgenschweren Nachbrüchen führen.

Der vereinte Einfluß ungünstiger Lage von Schichtung und Klüftung hat schon wiederholt schwere Unfälle im Tunnelbau zur Folge gehabt.

Noch immer ist jenes denkwürdige Unglück nicht vergessen, das sich beim Bau des 46 m langen Itter-Tunnels in Tirol im Jahre 1871 ereignet hat und dem die ganze 12 Mann starke Belegschaft mit dem leitenden Ingenieur zum Opfer fiel. STINI schreibt darüber [138 d]:

Der permo-triadische rote Sandstein, welchen man dort durchörterte, gliedert sich in Bänke von 1—2 m Mächtigkeit. Dünne Schieferlagen trennen sie voneinander. Saigere Klüfte im Abstand von 2—3 m zerlegen den Sandstein im Verein mit der Schichtung in ziemlich große Grundkörper. Es war daher verfehlt, auf einmal 16 m Stollenlänge voll auszubrechen, ohne nachzumauern bzw. eine entsprechend kräftige Zimmerung einzubauen.

Dazu muß noch allgemein bemerkt werden, daß die Ursache von solchen Nachbrüchen nachträglich meist festgestellt werden kann; während der Baudurchführung ist aber die Gefahr nicht immer mit Sicherheit zu erkennen.

b) Der Arbeitsvorgang

Der Arbeitsvorgang ist für die Entwicklung des Auflockerungsdruckes ebenso maßgebend, wie die beschriebenen natürlichen geologischen Bedingungen. Im Fels verursachen vor allen Dingen die Sprengarbeiten eine Auflockerung des Gefüges. Die Tiefe der Auflockerungszone wird aber ebenso vom Arbeitsvorgang, von der Anordnung der Bohrlöcher, von der Art des verwendeten Sprengstoffes und von der Stärke der Ladung beeinflußt. Im gebrechen Fels, in bindigem und kohäsionslosem Lockergebirge wird das Maß des Auflockerungsdruckes durch die Art des zeitweiligen Einbaues bedingt. Der zeitweilige Holzeinbau, der in der Tunnel- und Stollenbautechnik bis vor kurzer Zeit vorwiegend zur Anwendung kam, weist in dieser Hinsicht bedeutende Nachteile auf. Die durch den Arbeitsvorgang bedingte Auflockerung beginnt bereits beim Stollenvortrieb. Die Vorsteckpfähle liegen auch bei sorgfältiger Arbeit niemals satt an dem ungestört gebliebenen Gebirge an, weil das Schnappen der Pfähle unvermeidliche Hohlräume schafft. Diese Hohlräume werden bald vom nachsitzenden Gebirge ausgefüllt und damit ist bereits eine Auflockerung verbunden. Hierzu kommt die Verformung des Holzes insbesondere bei Druck senkrecht zur Faser, und schließlich pressen sich auch die Steher in den Untergrund ein und erzeugen eine weitere Möglichkeit der Senkung des Holzausbaues. Bei der Sicherung des Vollausbruches insbesondere der heute zur Anwendung kommenden Unterfangung nach der Längsträgerbauweise sind die eintretenden Senkungen noch viel größer, weil zu den früher erwähnten Ursachen noch die Senkung bei jeder Auswechslung sowie die Durchbiegung und Zusammenpressung der Längsträger hinzutritt, so daß sich schließlich Firstsenkungen ergeben, die an die Größenordnung von 1,0 m herankommen bzw. dieses Maß bei ungünstigen Verhältnissen überschreiten können. Die Außenkante des Holzausbaues muß ein gewisses Maß überhöht und verbreitert werden, wofür nachfolgend angeführte Werte gelten mögen.

Ausnahmsweise sind in stark drückendem Gebirge Überhöhungen von 1,0 und 1,20 m nötig gewesen. Ungenügende Überhöhungen verlangen einen nachträglichen Umbau der Zimmerung, wobei das Auffirsten besonders lästig ist.

Die geschilderte Erscheinung läßt die Mängel der traditionellen Tunnelbauweise mit zeitweiligem Holzeinbau klar erkennen. Dazu kommt noch der Nachteil, daß oft Holzteile, insbesondere die Verpfählung, die bei der Herstellung des dauernden Ausbaues nicht entfernt werden können und im Laufe der Zeit verfaulen und damit eine weitere Ursache der Auflockerung bilden. Der zeitweilige Holzausbau hat trotz dieser Nachteile bis vor kurzer Zeit den Tunnelbau fast

Tabelle 3. *Empfehlenswerte Profilvergrößerungen*

Gebirgsart	Über-höhung	Verbreiterung in Kämpferhöhe
festes Gebirge	0,15 m	0,10 m
gebreches Gebirge	0,25 m	0,15 m
rolliges Gebirge	0,30 m	0,20 m
druckhaftes Gebirge	0,50 m	0,25 m
stark drückendes Gebirge	0,80 m	0,40 m

vollständig beherrscht. Erst in den letzten Jahrezehnten bahnte sich auf diesem Gebiet eine Umwandlung an, und es entstanden Bauweisen, die der Forderung gerecht wurden, die Auflockerung des Gebirges in möglichst engen Grenzen zu halten oder sie ganz zu vermeiden. Darüber wird später berichtet werden. Aber es darf nicht übersehen werden, daß der zeitweilige Holzausbau nicht bloß Nachteile hat und unter besonders schwierigen Verhältnissen, beispielsweise beim Richtstollenvortrieb, auch heute noch zur Anwendung kommen wird.

Manche Gesteine zeigen nach der Aufschließung, insbesondere nach dem erfolgten Stollendurchschlag, Auflockerungserscheinungen, die oberflächlichen Verwitterungen ähnlich sehen. Zu solchen Gesteinen gehören vor allen Dingen manche Phyllite, Schwarzschiefer, Seidenschiefer usf. Dies hat zu der verbreiteten Meinung geführt, daß die feuchte Stollenluft die Ursache dieser Auflockerung bildet. Wenn ein solcher Einfluß bestünde, dann müßte eine chemische Einwirkung des Luftsauerstoffes, des CO_2 oder des Wassers auf das Gebirge nachzuweisen sein. Das ist jedoch nur selten der Fall. Man hat Phyllite, die aus dem Stollen stammen, jahrelang unter Wasser oder in feuchter Luft aufbewahrt und keinerlei Veränderungen feststellen können, obwohl die gleichen Gesteine unter Tag stark zur Verwitterung neigen. Dieser Widerspruch bedarf der Klärung.

Das Gebirge befindet sich vor der Erschließung physikalisch und chemisch in einem bestimmten Gleichgewichtszustand, der durch die Druckverhältnisse, die Temperatur und die chemischen Bedingungen, die hauptsächlich vom Bergwasser herrühren, gegeben ist. Dieser Zustand wird durch den Tunnel- oder Stollenausbruch plötzlich verändert. Von allen erwähnten Faktoren ist die Veränderung des Spannungszustandes am einschneidendsten. Ein Großteil der Auflockerungserscheinungen, die beobachtet werden, ist nur auf diese Ursache zurückzuführen. Die mit dem Übergang vom primären in den sekundären Spannungszustand verbundenen elastischen Verformungen, die elastische Nachwirkung, ferner plastische Verformungen und das Kriechen des Gebirges äußern sich bei gewissen glimmerreichen Gesteinen, insbesondere bei Phylliten und manchen Mergelarten, in Form von Abblätterungen oder auch von größeren Ablösungen. Weniger wichtig, aber doch bedeutungsvoll, ist die Veränderung der Temperaturbedingungen, die besonders nach dem erfolgten Durchschlag wirksam werden. Die dann einsetzende kräftige natürliche Lüftung, die bei seicht liegenden Tunneln im Sommer eine Temperaturerhöhung und im Winter eine Temperaturabnahme bringen wird. Bei tiefliegenden Tunneln wird die Lüftung in den meisten Fällen eine Abkühlung bewirken. Die Temperaturdifferenzen, die in den obersten Schichten des durch den Ausbruch frei gelegten Gebirges auftreten, fördern die Auflockerungserscheinungen außerordentlich.

Als dritter Faktor ist der Wasserangriff anzusehen, wobei teilweise das Kondenswasser und teilweise das zusitzende Bergwasser in Betracht zu ziehen ist. Hygroskopische Wasseraufnahme aus der Luft spielt jedoch, wenn überhaupt, eine untergeordnete Rolle.

27. Der echte Gebirgsdruck

Während beim Auflockerungsdruck die Schwerkraft in der Weise wirkt, daß das Gewicht lockerer oder gelockerter Gebirgsmassen den Ausbau unmittelbar belastet, liegen die Verhältnisse beim echten Gebirgsdruck ganz anders. Wohl ist auch hier die Schwerkraft die letzte Ursache der Druckerscheinungen, aber nicht unmittelbar. Vielmehr muß der durch sie hervorgerufene sekundäre Spannungszustand zur Begründung der Erscheinungen des echten Gebirgsdruckes herangezogen werden. Entscheidend für sein Auftreten ist der Umstand, daß die Grenze zwischen dem elastischen Verhalten einerseits und dem plastischen bzw. dem Bruch andererseits durch die sekundären Spannungen erreicht wird. Dies kann in gewissen begrenzten Teilen des Gebirges der Fall sein, die in der Umgebung des Ausbruches gelegen sind, wobei das Gebirge in einen elasto-plastischen Zustand gerät oder das Gebirge kann sich von vornherein in einem latent-plastischen Zustand befunden haben. Weil aber beim Auftreten von echtem Gebirgsdruck die Überschreitung der Fließgrenze bzw. der Druckfestigkeit des Gebirges als wesentliche Voraussetzung gilt, sind plastische Erscheinungen und Bruchvorgänge für den echten Gebirgsdruck maßgeblich kennzeichnend. Seine Erscheinungsformen sind aber außerordentlich mannigfaltig und von der Beschaffenheit des Gebirges abhängig; eine entscheidende Rolle spielt dabei die im primären Spannungszustand vorhandene Seitendruckziffer λ_0.

Die wesentlichen Erscheinungsformen des echten Gebirgsdruckes sind:

a) Bergschläge
b) mäßige, von den Ulmen ausgehende plastische Verformungen und Gesteinsablösungen
c) starke, von den Ulmen ausgehende plastische Verformungen und Brucherscheinungen, die mit Stauchungen im First und an der Sohle verbunden sein können
d) plastische Verformungen und u. U. auch Ablösungen, die den ganzen Umfang des Ausbruches erfassen.

Für das Verständnis der Erscheinungen des echten Gebirgsdruckes ist es vor allen Dingen wichtig, sich von den aus der Erddrucklehre übernommenen Auffassungen frei zu machen. Diese Auffassungen wurden für die Beurteilung des Gebirgsdruckes in allen seinen Formen bis vor kurzem vorwiegend herangezogen, wodurch die Deutung des echten Gebirgsdruckes und damit seine richtige Beurteilung verhindert wurde. Der echte Gebirgsdruck ist seinem Wesen nach einem tektonischen Vorgang gleichzuhalten. Er wird durch den nach dem Tunnelausbruch auftretenden sekundären Spannungszustand verursacht und erfaßt abgrenzbare Gebirgsbereiche in der Umgebung des Tunnelhohlraumes, die einer Durchbewegung unterworfen werden. Beim echten Gebirgsdruck handelt es sich sonach um Bewegungen, die erst dann als Druck in Erscheinung treten, wenn man sie zu hemmen sucht. Mit dem Eintritt der Durchbewegung gelangen die plastifizierten Teile des Gebirges in einen labilen Gleichgewichtszustand. Wenn dabei die plastischen Vorgänge keine große Ausdehnung gewinnen, können weiter abgelegene, nicht bis an die Grenze ihrer Tragfähigkeit beanspruchte Gebirgsteile zur Mitwirkung herangezogen werden, ein Verhalten, das als *Schutzhüllenbildung* bezeichnet wird.

28. Bergschläge

Die Bergschläge gehören zu den eindruckvollsten und gefürchtetsten Erscheinungen des echten Gebirgsdruckes. Man versteht darunter das Abwerfen von Gebirgsteilen am Ausbruchsrand, das plötzlich unter lautem, einer Explosion ähnlichem Geräusch erfolgt. Die Ablösungen treten meist gehäuft an den Ulmen, seltener im First und fast nie an der Sohle auf. Sie bevorzugen sprödes und massiges Gestein. Die Ablösungen sind linsenförmig, haben häufig scharfe, schneidenartige Ränder; sie nehmen oft auf die Schieferung und Schichtung des Gesteins keine Rücksicht und werden daher von den Schwachstellen des Gebirges meist nicht beeinflußt. Die abgelösten Knallplatten lassen sich in die Ausbruchsstelle nicht mehr einfügen, sie sind stark deformiert.

Bergschläge sind bei jedem tiefliegendem Tunnel zu erwarten. Bekannt und oft erwähnt worden sind die beim Bau des Tauern-, Karawanken- und des Wocheiner-Tunnels beobachteten Bergschläge.

Beim Bau des Tauern-Tunnels machte IMHOF die Beobachtung, daß die Bergschläge nur in jenen Strecken auftraten, in denen das Gestein weder Schichtung noch Klüftung aufwies. Er stellte ferner fest, daß bei der Auslösung der Bergschläge Abkühlung des Gebirges eine gewisse Rolle spielte. Zur Sicherung des Arbeitsortes wurde daher das Gebirge nach dem Abschlag mit kaltem Wasser abgespritzt, worauf die Bergschläge in rascher Aufeinanderfolge eintraten.

Vom Bau des Simplon-Tunnels liegen eingehende Berichte und ein wertvolles Bildmaterial vor (Abb. 22).

TSCHERNIG berichtete auf der Gebirgsdrucktagung in Leoben 1950 eingehend über Bergschläge im Kärntner Blei- und Zinkerzbau [149]. Um einen besseren Einblick zu gewinnen, untersuchte er die Bergschläge statistisch hinsichtlich ihrer örtlichen und zeitlichen Häufigkeit. Insbesondere die örtlichen Häufungen führten zu der Schlußfolgerung, daß die Bergschläge in festem Kalkstein durch Spannungen ausgelöst werden, welche durch eine jetzt noch andauernde Bewegung von Gesteinsschollen längs gewisser Klüfte und Verwerfungen entstehen. Der größte Teil der Bergschläge kam an Nord- und Nordostklüften vor. Dies soll ein neuerlicher Beweis dafür sein, daß die Alpen noch einer nach Norden oder Nordosten gerichteten Bewegungstendenz folgen.

Über besonders schwere Fälle von Bergschlägen hat auch HAGEN auf der Gebirgsdrucktagung in Leoben 1950 berichtet. Es handelt sich um die Bergbaue des Kolar-Goldfeldes im indischen Staat Mysore. Dort bauen 4 Gruben auf einem lotrecht einfallenden Goldquarzzug von durchschnittlich 1,20 m Mächtigkeit. Hornblendeschiefer und Granit bilden das Nebengestein. Der Bergbau ist auf der tiefsten Grube bis 2835 m unter der Erdoberfläche vorgedrungen. Der Schwerpunkt der Gewinnung liegt auf 2700 m; es ist beabsichtigt, bis auf 3000 m vorzudringen.

Der Druck der Überlagerung, also die lotrechte primäre Druckspannung beträgt in einer Tiefe von 2700 m rund $p_v = 800\ \text{kpcm}^{-2}$ und man vermutet,

Abb. 22. Bergschlag im Simplon-Tunnel.

Abb. 23. Bergschlag im Möll-Überleitungsstollen
der Tauern-Kraftwerke Kaprun [70i].

daß außerdem noch tektonische Spannungen wirksam sind, weil Gebirgsschläge auf den Kolargruben von 300 m Teufe an aufgetreten sind, wo zur Erklärung der Überlagerungsdruck nicht ausreichen würde.

Gebirgsschläge richten bei diesem Goldbergbau die Hauptzerstörungen immer an den waagrechten Sohlenstrecken an. Holzeinbauten haben sich als ungeeignet erwiesen, weil sie unter der Wirkung der Bergschläge vollständig zusammenbrachen. Der Ausbau in Beton oder in Granitquadern hat sich gleichfalls nicht bewährt, gleichgültig, ob er dicht an das Gebirge angeschlossen oder mit einer ringförmigen Versatzhinterfüllung ausgeführt wurde. Hingegen hat sich der Ausbau mit Stahlringen zu behaupten vermocht. Schnelle und möglichst dichte Ausführung des Versatzes ist von besonderer Wichtigkeit.

Aus dieser Schilderung ist zu entnehmen, daß der Bergbau mit der Erreichung einer Teufe von 3000 m zumindest für den Streckenbau nahe an die technisch mögliche Grenze herangekommen sein dürfte.

Man findet vielfach die Meinung, daß es sich bei den Bergschlägen um Trennbrüche handelt, ohne daß darauf eingegangen wird, wie die Zugspannungen, die zur Erzeugung eines Trennbruches notwendig sind, zustande kommen. Zugspannungen sind in den Randpartien gedrückter Körper nur dann möglich, wenn sie Hohlräume oder Schwachstellen besitzen, die in ihrer Auswirkung Hohlräumen entsprechen. Solche Hohlräume weisen bei einer Druckbeanspruchung an ihrer Ober- und Unterseite Zugspannungsbereiche auf, aber nur dann, wenn die Seitendruckziffer einen geringen Wert besitzt. Für einen röhrenförmigen Hohlraum, der senkrecht zur Druckrichtung liegt und einen kreisförmigen Querschnitt besitzt, wurde nachgewiesen, daß Zugspannungen nur dann auftreten können, wenn $\lambda_0 \leqq 1/3$ ist.

Die Möglichkeit, daß Hohlräume und Schwachstellen im Gebirge den Anlaß von Bergschlägen geben könnten, ist also nicht von der Hand zu weisen. Die linsenförmige Gestalt der Ablösungen und die scharfen, durchscheinenden Ränder, ferner der Umstand, daß die Bergschläge im massigen Gebirge auftreten und in ihrer Begrenzung von der Struktur des Gebirges ganz unabhängig zu sein scheinen, führen aber zu dem Schluß, daß es sich um einen Gleitbruch eines spröden Gesteins handelt, der ohne merkliche plastische Verformung erfolgt.

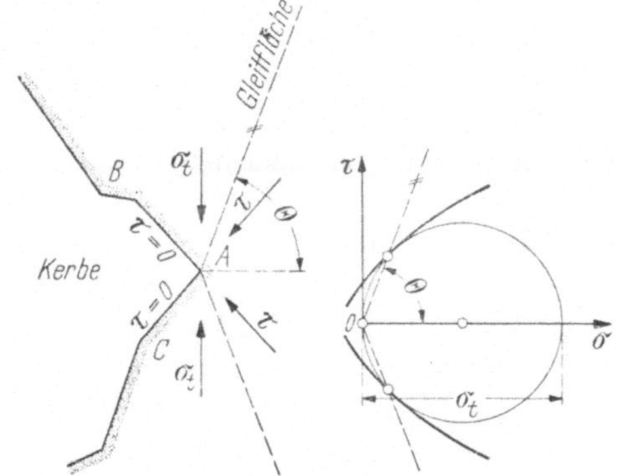

Abb. 24. Kerbstellen im Gebirge sind singuläre Punkte im Spannungsfeld und Ausgangsstellen für Gleitbrüche.

Die Bergschläge werden also durch die starke Konzentration von Druckspannungen und die Überschreitung der Gebirgsdruckfestigkeit am Rande eines Tunnel- oder Stollenausbruches hervorgerufen. Dabei ist noch ein besonderer Gesichtspunkt zu beachten, nämlich die Kerbwirkung. In den Gesteinsflächen AB und AC bestehen keine Schubspannungen, senkrecht dazu treten hingegen beträchtliche Schubspannungen auf, weil dort gehäufte Druckspannungen (Abb. 24), deren Größe vom Krümmungsradius im Kerbengrund abhängig ist, bestehen. Der im Punkt A herrschende Spannungszustand ist aus Gleichgewichtsgründen nicht bestandfähig. Der Punkt A ist ein singulärer Punkt im Spannungsfeld und von solchen Punkten gehen erfahrungsgemäß Gleitbrüche aus. Nachdem natürliche Kerbstellen in der Regel keine große Längserstreckung besitzen, brechen bei Bergschlägen meist nur begrenzte Schalen aus.

Eine den Bergschlägen ähnliche Erscheinung bildet die Ablösung von Platten parallel zur Felsoberfläche, wie sie besonders im Granit Nordnorwegens beobachtet wurde. An den Steilhängen der Fjorde lösen sich parallel zur unbedeckten Felsfläche Platten ab, deren Dicke gegen das Berginnere von 5 cm bis 1,0 m ansteigt. Bei Tunnelbauten wurde festgestellt, daß sich diese Erscheinung in 40—50 m Tiefe verliert. Die oberflächenparallelen Ablösungsflächen der Platten stehen meist in keinem Zusammenhang mit dem Gesteinsgefüge, mit der Schieferung oder Klüftung, sondern schneiden solche Gefügeflächen unter einem beliebigen Winkel, solange dieser mehr als 20° beträgt, d. h. wenn Gefügeflächen unter einem spitzen Winkel in die Felsoberfläche ausstreichen, werden sie von den Ablösungen mitbenützt.

Die gleichen Ablösungen findet man auch auf den wenig geneigten vom Eis glatt geschliffenen Felsoberflächen des norwegischen Hochgebirges. Durch oberflächenparallele Absonderung vorgebildete Platten von einer Dicke, die meist etwa 1 dcm beträgt, aber auch größer sein kann, wölben sich auf, manchmal knicken sie aber auch dachförmig aus. Man hat die Meinung geäußert, daß dieses Ausknicken mit dem Frost nichts zu tun hat, weil es in der warmen Jahreszeit beobachtet wurde und hat es als Druckerscheinungen unter der Einwirkung von tektonischen Restspannungen gedeutet. Die Temperaturwirkung kommt aber sowohl bei der Absonderung der Platten als auch bei ihrem Ausknicken in Betracht. Während die Ausbildung der oberflächenparallelen Absonderungsflächen sowohl durch positive als auch durch negative Temperaturgefälle in der Felskruste herbeigeführt werden kann, ist das Ausknicken der Platten in Übereinstimmung mit den Beobachtungstatsachen nur durch die Ausdehnung bei Erwärmung möglich.

Die festgestellte Tiefe der Absonderungserscheinungen von 40—50 m ist ziemlich groß. Die jahreszeitlichen Temperaturschwankungen reichen in mitteleuropäischen Breiten nur bis etwa 25 m unter der Bodenoberfläche. Die neutrale Grenzschicht mag aber in Polargebieten tiefer liegen, wobei die in das Gebirge eindringenden Schmelzwässer mit eine Rolle spielen.

Oberflächliche Schalenbildungen sind nicht bloß in Nordnorwegen, sondern vielfach auch in mitteleuropäischen Breiten beobachtet worden. Es ist nicht wahrscheinlich, daß an allen solchen Stellen starke tektonische Spannungen wirksam gewesen sind, wobei die Druckspannungen oberflächenparallel verlaufen und den groben Unebenheiten der Felsoberfläche folgen sollten.

Die geschilderten an der Oberfläche der Erdkruste beobachteten Erscheinungen wurden vielfach mit Bergschlägen verglichen und dies geschah mit Recht. In beiden Fällen handelt es sich um Spannungshäufungen, die von einem Höchstwert rasch nach dem Berginneren abnehmen. Die Ursache dieser Spannungen dürfte aber verschieden sein, wie die obigen Darlegungen bewiesen haben.

29. Mäßiger, von den Ulmen ausgehender Gebirgsdruck

Die Bergschläge treten in sprödem, massigem Gebirge auf. In mildem Gebirge sind die Gebirgsdruckerscheinungen unter ähnlichen Verhältnissen anders gelagert. Sie äußern sich als mäßiger von den Ulmen ausgehender Druck. Besonders charakteristisch treten sie im alpinen Haselgebirge auf, worüber SCHAUBERGER berichtet hat [123].

Das Haselgebirge ist eine tektonische Breccie, die in der Hauptsache aus Steinsalz, Ton und Anhydrit zusammengesetzt ist, wobei die Anteile der Komponenten innerhalb weiter Grenzen schwanken können. Die petrographische Zusammensetzung hat starken Einfluß auf die Erscheinungsformen des Gebirgsdruckes. Alle drei Komponenten, besonders aber das Steinsalz, bedingen plastische Eigenschaften des Gebirges. Ein hoher Steinsalzgehalt hat langsames, plastisches Fließen zur Folge, während in steinsalzarmen Gebirge Brucherscheinungen auftreten. Die plastischen Erscheinungen zeigen sich immer nur an den Ulmen, beim steinsalzreichen Haselgebirge wachsen die Ulmen langsam und bruchlos in den Hohlraum hinein. Holzeinbauten werden durch Seitendruck zerstört und müssen von Zeit zu Zeit außer Druck gesetzt werden. Im First und an der Sohle finden Stauchungserscheinungen statt, wobei der First sogar nach oben gepreßt werden kann. Das Endstadium dieser Entwicklung ist das vollständige Zuwachsen des Hohlraumes.

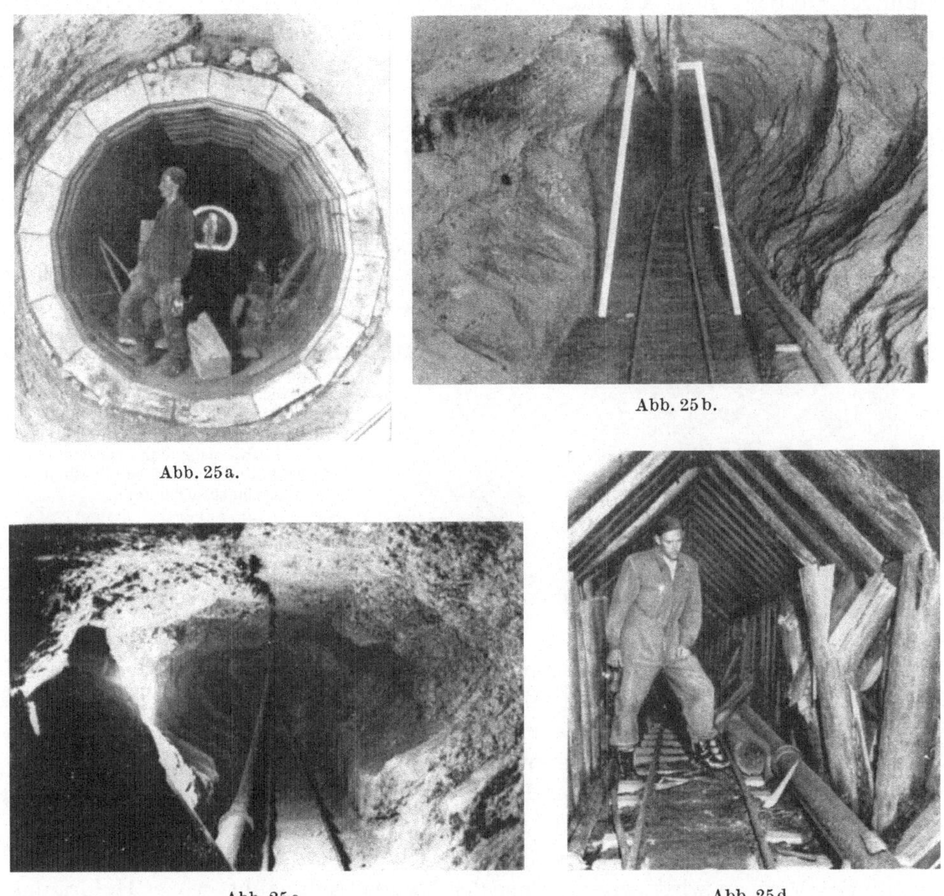

Abb. 25 a.

Abb. 25 b.

Abb. 25 c.

Abb. 25 d.

Abb. 25 a. Polygonalverzimmerung eines Stollens mit Holzklötzen.

Abb. 25 b und c. Durch Ablösungen an den Ulmen nimmt der ursprüngliche trapezförmige Ausbruchsquerschnitt, der durch weiße Holzlatten gekennzeichnet ist, eine elliptische Form an [123].

Abb. 25 d. Bruch der Steher in einem verzimmerten Stollen.

In älteren Salzbergwerken, die durch neuere Stollen erschlossen werden, findet man nicht selten von vorgeschichtlichen Bergbauen herrührend, Werkzeuge, Grubenhölzer, Fackeln u. dgl., die vom Gebirge vollkommen eingeschlossen sind. Das Gebirge führt dann den Namen Heidengebirge. Die eingeschlossenen Gegenstände stammen aus der Hallstattzeit (vorgeschichtliches Jahrtausend) [195].

Im salzärmeren Haselgebirge äußert sich der echte Gebirgsdruck nicht in der eben geschilderten bruchlosen Verformung. Die Spannungssteigerungen an den Ulmen führen zu Ablösungen von Gesteinsschalen, doch geschieht dies langsam und nicht mit dem bei Bergschlägen so eindrucksvollen akustischen Effekt. Die

Ablösungen erfolgen nach Gleitflächen und führen eine Berichtigung des Ausbruchsquerschnittes herbei, wobei der trapezförmige Ausbruchsquerschnitt im Laufe der Zeit eine kreisförmige oder elliptische Gestalt annimmt (Abb. 25a). Hierbei entsteht der Kreisquerschnitt als bestandfähige Endform im homogenen Gebirge, während im geschichteten Gebirge die Profilumbildung zu einem elliptischen Querschnitt führt (Abb. 25b). Wenn die Stollenachse annähernd im

Abb. 26.
Ulmverbruch im Druckstollen des Salzachkraftwerkes Schwarzach. Die Ränder des Verbruches wurden zunächst durch rasch angebrachte Felsanker gesichert und im Anschluß daran konnten die Aufräumungsarbeiten durchgeführt werden. Die nachträgliche Aufbringung einer Spritzbetonverkleidung des Bruchbereiches unterblieb, weil der Betonierzug bereits nahe der Bruchstelle war, weshalb der endgültige Ausbau rasch nachfolgen konnte.

Streichen der Schichten verläuft, entsteht eine Ellipse, deren große Achse annähernd in der Fallrichtung liegt. Verläuft die Stollenachse senkrecht zum Streichen, so folgt die Hauptachse des umgebildeten elliptischen Querschnittes gleichfalls annähernd zur Fallinie. Die günstigste Ausbruchsform ist daher bei homogenem und isotropen Gebirge der Kreis, bei geschichtetem Gebirge die Ellipse, deren große Achse senkrecht zur Richtung des größten Druckes liegt. Dieser größte Druck fällt ungefähr mit dem Fallen der Schichten zusammen.

Im Salzbergbau wird von altersher der Laugbetrieb geübt, wobei Hohlräume mit der erstaunlich großen Lichtweite bis zu 100 m stehen und auch durch längere Zeit bestehen bleiben.

Als weiteres Beispiel wird über den Druckstollen des Salzachkraftwerkes Schwarzach berichtet. Der Abschnitt Lend dieses im ganzen rund 16 km langen Druckstollens durchörtert Phyllit und weist eine größte Überlagerungshöhe von 700 m auf. Der Stollen folgt im allgemeinen der Streichrichtung der Schieferung; ihr Einfallen erfolgt im großen und ganzen seiger. Bei einer Überlagerungshöhe von 400 m begannen sich bereits im Richtstollen Ablösungserscheinungen zu zeigen. Sie blieben auf die Ulmen beschränkt und griffen kaum auf den First über. Die geschilderte Struktur des Phyllits hat Ablösungen an den Ulmen besonders gefördert. Auch bei diesen Ablösungen handelte es sich um Gleitbrüche, wobei die Schieferungsflächen vorgebildete Gleitbahnen darstellten (Abb. 26).

Ferner sei der 11,7 km lange Druckstollen angeführt, mit dem die Triebwasserleitung des Kraftwerkes Randens, Frankreich, den Grand Arc durchsticht.

Der Stollen ist in den Jahre 1949—1953 ausgeführt worden [77]. In einer 3 km langen Strecke, deren Überlagerung 1500 m überstieg und 1950 m erreichte, traten mäßige Gebirgsdruckerscheinungen an den Ulmen auf. Die Druckstrecke liegt im Kristallin, das hauptsächlich aus Gneisen und Schiefergneisen besteht. Dabei verläuft die Schieferung ausgesprochen günstig. Ihr Streichen schließt mit

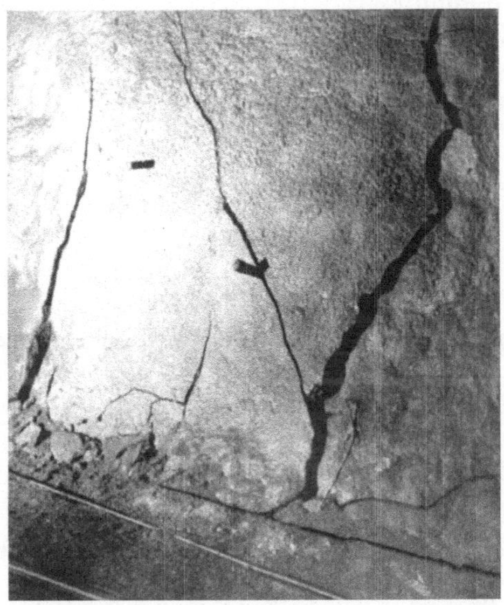

Abb. 27. Am Widerlagerfluß eines Druckstollens bereitet sich ein Nachbruch vor [70l].

der Stollenachse einen Winkel ein, der nirgends kleiner als 70° ist und das Einfallen erfolgt immer steiler als 70°. Die Gebirgsdruckerscheinungen liegen deshalb auch in mäßigen Grenzen und konnten mit Felsankern beherrscht werden. Die Anker wurden jeweils sofort nach dem erfolgten Abschlag gesetzt. Es waren deren etwa 12 Stück je Meter Stollen notwendig. Die Verankerung ermöglichte es, den Ausbruch mit vollem Profil ungestört durchzuführen, solange es sich um Gneis bzw. Schiefergneis handelte.

30. Starker, von den Ulmen ausgehender echter Gebirgsdruck

Bei starkem, von den Ulmen ausgehendem echtem Gebirgsdruck kann der Kampf zu seiner Bewältigung dramatische Formen annehmen. In neuerer Zeit sind — außer dem Bau des zweiten Semmering-Tunnels oder des Montblanc-Tunnels — keine Erfahrungen mehr bekannt geworden, die an die Schwierigkeiten beim Bau des Simplon- und des Tauern-Tunnels und insbesondere des Karawanken-Tunnels der Bahnlinie Villach—Triest heranreichen. Rabcewicz schildert die Druckerscheinungen im Karawanken-Tunnel wie folgt: „Die Druckstrecke liegt hauptsächlich im Kohlenschiefer, durchsetzt von Schichten von Schieferton und Tonschiefern mit Quarzkonglomeraten und Quarzsandstein. Während die Tonschieferstrecken sehr gebrech waren, zeigten sich die Quarzkonglomerate und die Quarzsandsteine glashart. Die Druckerscheinungen traten äußerst rasch und schwer auf. Auftrieb der Stollensohle, Brechen der Steher und

Kappen und allseitige Verengung des Stollenprofils behinderten die Arbeiten. Zerstörungen und Deformationen erfolgten oft so schnell, daß die Wiederherstellungsarbeiten mit den Zerstörungen nicht Schritt zu halten vermochten und es kam vor, daß der Bohrwagen, der vor der Bohrung den Stollen noch anstandslos passiert hatte, eine Stunde später wegen der Verengung des Stollens nicht mehr zurückgezogen werden konnte.

Daß es sich in solchen Fällen primär um Seitendruck handelte und der First- und Sohlendruck nur auf Stauchungserscheinungen zurückzuführen war, geht aus den Beobachtungen an diesem Stollen hervor.

31. Starker, von allen Seiten wirkender echter Gebirgsdruck

Als Beispiel für das Auftreten von starkem, von allen Seiten wirkendem echtem Gebirgsdruck wird der Bau des neuen Semmering-Tunnels, der beträchtliche Schwierigkeiten brachte, erwähnt [109 a und b]. Das vom Semmering-Tunnel durchörterte Gebirge ist tektonisch außerordentlich stark durchbewegt. Im Tunnel stehen weiche, bildsame Tonschiefer an, die mit gebrechen Quarzit und Dolomitbänken wechseln. Daher war fast durchwegs plastisches Fließen zu beobachten, das infolge der tonigen Beschaffenheit des Gebirges bereits bei der geringen Überlagerungshöhe von 40—100 m auftrat. Die plastischen Erscheinungen waren im Bereich der tonigen Mylonite (Weißerde) auf der Südseite des Tunnels besonders stark.

Für den Bau des Tunnels wurde die belgische Bauweise mit Sohlstollen gewählt. Der Abstand der Gespärre in der Längsrichtung des Stollens betrug 1,30 m. An Stellen, wo zusätzlich starker Auflockerungsdruck auftrat, wurde die Zimmerung verstärkt. Bei den Schiefergesteinen, insbesondere an der Nordseite des Tunnels, erfolgte das Hereindrängen des Gebirges in den Hohlraum verhältnismäßig langsam. Dort wurden die infolge des Gebirgsdruckes gebrochenen Steher der Zimmerung ausgewechselt, oder es wurden Zwischengespärre gestellt. In dieser Strecke überwog der Seitendruck, wofür das Brechen der Steher ein kennzeichnendes Merkmal war.

In den tonigen Myloniten der Südseite erfolgte die plastische Durchbewegung viel rascher. Beim allseitig wirkenden Gebirgsdruck des allem Anschein nach primär latent-plastischen Gebirges erwiesen sich die Holzgespärre als unzureichend; es wurde daher ein zeitweiliger Holzeinbau gewählt, der ausreichend widerstandsfähig war, und zwar eine im Querschnitt ringförmige Auskleidung mit Buchenkanthölzern. Die Hölzer waren radial zugeschnitten und 1,50 m lang. Bei einem lichten Durchmesser des Richtstollens von 2,60 m erhielt der zeitweilige Ausbau eine Dicke von 25 cm. Die rechnungsmäßige Tangentialdruckspannung betrug 60 kpcm^{-2}.

Eine ähnliche Bauweise wurde im Salzbergbau seit längerer Zeit angewendet, die sogenannte Polygonal-Zimmerung, die den Vorteil bildet, daß die Hölzer in der Faserrichtung und nicht senkrecht dazu auf Druck beansprucht werden (Abb. 25).

Manchmal wurde die Meinung vertreten, daß dieser Ausbau mit Holzklötzen deshalb dem Gebirgsdruck Widerstand zu leisten vermag, weil er nachgiebig ist und daher der plastischen Verformung des Gebirges zu folgen, d. h. von ihr zurückzuweichen vermag. Das scheint aber nicht zutreffend zu sein, weil ja der Ausbau mit trapezförmig gestellten Gespärren eine viel größere Nachgiebigkeit aufweist. Wahrscheinlich ist aber die außerordentliche Widerstandsfähigkeit der geschlossenen Ringschale, die durch tangentiale Druckspannungen beansprucht wird, die Ursache ihrer erprobten Eignung. Im Gegensatz dazu werden die Kappen und Steher des üblichen Holzeinbaues auf Biegung beansprucht, und es läßt sich leicht nachweisen, daß ihre Widerstandsfähigkeit hinter jener des geschlossenen Ringes weit zurückbleibt (Abb. 25 c).

Über den Semmering-Tunnel ist weiter zu berichten: Der Vortrieb des Sohlstollens von der Südseite folgte nach einer kurzen Strecke von tonigen Myloniten durch Rauhwacke und festere Dolomite. Nach 70 m weiterem Vortrieb in der Weißerde nahmen die Deformationen des Stolleneinbaues und die Verengung des Ausbruchsquerschnittes solche Ausmaße an, daß man den Richtstollen zunächst einstellen und an den Vollausbruch dieser Strecke schreiten mußte. Das Hereindrängen der Gebirgsmassen zwang dazu, den Sohlstollen an dieser Strecke 3—5mal zu rekonstruieren; die Sohle mußte ebenso oft nachgenommen werden, so daß sich ihre gesamte Hebung auf rd. 2,0 m stellte. Die Erhaltung des Lichtraumquerschnittes und damit der Sicherung des Verkehrs im Stollen war ein ununterbrochener Kampf mit den nachdrängenden Gebirgsmassen.

In den Zonen, in denen tonige Mylonite anstanden, wurde die belgische Bauweise angewendet, weil dabei die Zeitspanne zwischen dem Beginn des Vollausbruches und der Fertigstellung der endgültigen Ausmauerung am kleinsten ist. Die fortlaufende Betriebsweise konnte aber nicht vorgesehen werden, weil ein möglichst rasches Schließen der gesamten Tunnelausmauerung einschließlich des Sohlengewölbes erstes Gebot war. Nach der Fertigstellung der vollständigen Auskleidung einschließlich des Sohlengewölbes konnte in der Weißerdestrecke keine Verschiebung der Beobachtungspunkte festgestellt werden. Hingegen zeigten sich in den fertiggestellten, aber noch nicht unterfangenen Ringen der Kalotte mancherlei Schäden. Wohl wurden zur gegenseitigen Abstützung der Kämpfer 40—50 cm dicke Rundhölzer (Tiranten) eingezogen. Die Verkeilung derselben wurde aber bald zerquetscht und viele Hölzer knickten aus. Die gegenseitige Bewegung der Kämpfer verursachte neben Rissen im Mauerwerk auch schalenförmige Absplitterungen an der Innenleibung, besonders im Firstbereich.

In dem bereits erwähnten 11,7 km langen Durchstich Isère-Arc des Kraftwerkes Randens bereitete eine 500 m lange Zone mit mylonitischen Schiefern bei einer Überlagerungshöhe von weniger als 500 m beträchtliche Schwierigkeiten. Die Schiefer waren weich und zeigten graphitisch glänzende Schieferungsflächen. Der Gebirgsdruck trat zuerst im First und dann an den Ulmen auf. Man versuchte zuerst den Vortrieb im vollen Profil weiterzuführen, in dem man schwere Rahmen aus Breitflanschträgern einzog, die aber rasch starke Verformungen erlitten, so daß der dauernde Ausbau in Stahlbeton beschleunigt nachgezogen werden mußte. Diese Bauweise konnte einige Zeit durchgehalten werden. Später aber mußte man den folgenschweren Entschluß fassen, den Vortrieb mit vollem Profil einzustellen und das Gebirge mit Richtstollen aufzuschließen.

32. Deutung des echten Gebirgsdruckes mit Hilfe der Theorie der plastischen Zonen

Die Deutung des echten Gebirgsdruckes hat absonderliche Wege gemacht. Erst in letzter Zeit hat sich die Überzeugung durchgerungen, daß es sich um plastische Verformungen und Brucherscheinungen des Gebirges handelt. Einen ähnlichen Weg hat die Erklärung der Gebirgsbildung, insbesondere der grandiosen Erscheinung der Bildung der Faltengebirge genommen. Auch in dieser Frage sind plastische Vorgänge und Brucherscheinungen maßgeblich beteiligt.

Eingangs wurde zwischen elastischem und latent-plastischem Zustand der Erdrinde berichtet. Wenn sich das Gebirge primär im plastischen Zustand befand und nach der Durchörterung in einem solchen verbleibt, wird es als standfest bezeichnet und erfordert keinen Einbau. Die elastischen Verformungen spielen sich sofort nach dem Ausbruch ab und elastische Nachwirkungen, das Kriechen des Gebirges bzw. geringfügige plastische Verformungen, die Hand in Hand mit den elastischen einhergehen, sind zum Zeitpunkt der Herstellung der Ausmauerung, wenn eine solche überhaupt erforderlich ist, praktisch abgeklungen, weshalb die Ausmauerung nicht mehr vom Gebirge beansprucht wird und die Gebirgsdruckerscheinungen nicht zu beobachten sind. Der Begriff der Standfestigkeit gilt aber nur mit einer gewissen Einschränkung. Auch im standfesten Gebirge ist, wie bereits erwähnt wurde, die Möglichkeit von Auflockerungsdruck vorhanden, wie sie durch die tektonischen Vorgänge vorgezeichnet oder durch die Ausbruchsarbeiten veranlaßt sein kann. Eine weitere Einschränkung hat folgende Ursachen: Die Mohrsche Grenzlinie gilt für jenen Punkt im Spannungs-Dehnungsdiagramm, wo der elastische und der plastische Teil des Diagramms aneinander stoßen. Die beiden Äste gehen aber stetig ineinander über und die plastischen Verformungen beginnen bereits bei niedrigeren Spannungen, als sie dem Grenzpunkt C (Abb. 3) entsprechen. Dies mag der Grund dafür sein, weshalb auch im standfesten Gebirge oft leichte Ablösungen beobachtet und dafür unzutreffenderweise die feuchte Stollenluft verantwortlich gemacht wurde.

Wenn das Gebirge primär im elastischen Zustand war, dann können nach der Durchörterung infolge des sekundären Spannungszustandes in der Umgebung des Ausbruches im Gebirge plastische Zonen entstehen. Dieser Fall des echten Gebirgsdruckes bildet beim Ausbruch tiefliegender Tunnel in festem Fels die Regel. Wie bereits früher erwähnt wurde, ist die Form der plastischen Zonen von dem Wert der Seitendruckziffer λ_0 abhängig. Die Form und das Ausmaß der Zone ist aber sehr stark von der Überlagerungshöhe bedingt.

Die plastischen Zonen beginnen sich bei steigendem Überlagerungsdruck von der waagrechten Querschnittsachse des kreisrunden Querschnittes zu entwickeln, erfassen dann weitere Ulmenbereiche, wobei sie sich mit geringer Dicke sichelförmig an den Ausbruchsrand anlegen. Bei höherer Überlagerung erweitern sie sich dann schräg nach oben und unten gegen das Berginnere zu und immer größere Teile des Gebirges werden erfaßt. Diese plastischen Zonen werden von zwei Scharen von Gleitflächen durchzogen, und es kommt entweder zur bruchlosen Verformung des Gebirges oder zu Gleitbrucherscheinungen. Damit ist vor allen Dingen eine Begründung dafür gegeben, daß sich die Gebirgsdruckerscheinungen hauptsächlich an den Ulmen abspielen. Die Intensität der Erscheinungen hängt

von der Beschaffenheit des Gebirges und von der Ausdehnung der plastischen
Zonen ab. Am häufigsten sind an den Ulmen Ablösungen zu beobachten, wobei
Kerbwirkungen eine große Rolle spielen, weil von Kerben ausgehend die Entwicklung der Gleitflächen erfolgt. Solche Kerbstellen werden nicht bloß durch
einspringende Winkel der Felsoberfläche gebildet, wie sie bei den Ausbruchsarbeiten unvermeidlich entstehen. Sie können auch durch die Profilgestaltung

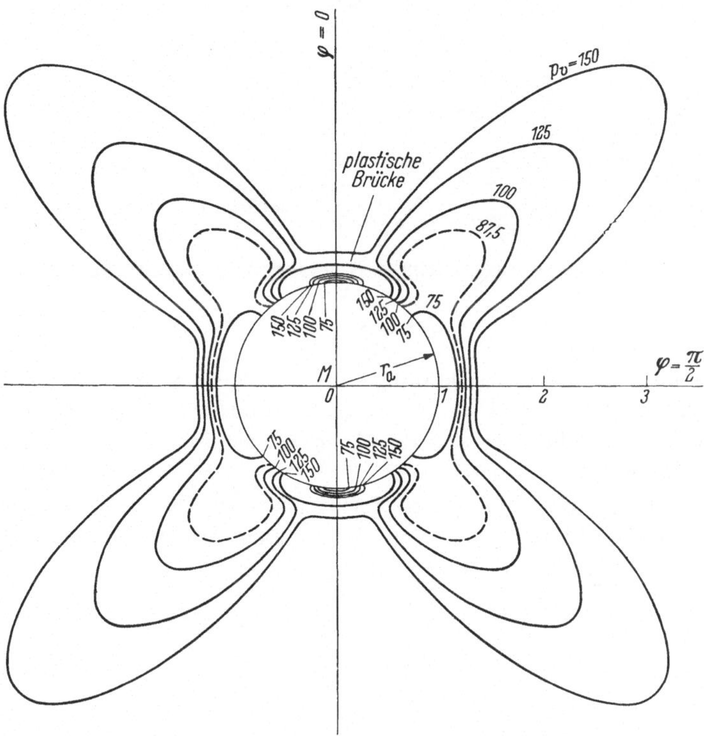

Abb. 28. Entwicklung der plastischen Zonen für eine Seitendruckziffer $\lambda_0 = 0{,}2$ bei wachsendem
Überlagerungsdruck $p_v = 75, 100, 125$ und 150 kpcm^{-2}.

geschaffen werden. Es sei z. B. auf folgende Beobachtung hingewiesen. Aus Erwägungen, die heute nicht mehr in vollem Umfang gelten, werden häufig Widerlager von Tunneln und Stollen derart ausgebildet, daß eine ebene etwas bergwärts
geneigte Aufstandsfläche geschaffen wird. Wenn echter Gebirgsdruck besteht,
ist besonders zu beachten daß die einspringenden Winkel eine großangelegte
durchlaufende Kerbstelle bilden, die Ausgangspunkt von Gesteinsablösungen
sein kann.

Soweit die Gebirgsdruckerscheinungen, die auf die Ulmen des Querschnittes
beschränkt bleiben. Nun sind aber auch noch die bei stärkerem Druck auftretenden Gebirgsdruckerscheinungen im First und an der Sohle zu erklären, die von
ANDREAE als Stauchungen erkannt wurden. Um die Stauchungserscheinungen zu
deuten, wird auf Abb. 28 verwiesen. Dort zeigt sich, daß die zungenförmigen
plastischen Zonen bei geringerem Überlagerungsdruck nur an den Ulmen zu-

sammenhängen. Bei Anwachsen des Überlagerungsdruckes bilden sich über dem First und unter der Sohle plastische Brücken aus. Entlang der zungenförmig weit in das Gebirge hineinreichenden plastischen Zonen setzen sich in Gleitflächen Gebirgsmassen gegen die Ulmen hin in Bewegung. Wenn diese Bewegung eingetreten ist, treffen in der Sohle und im First die abgleitenden Gebirgsmassen aufeinander und erzeugen die beobachtete Stauchung.

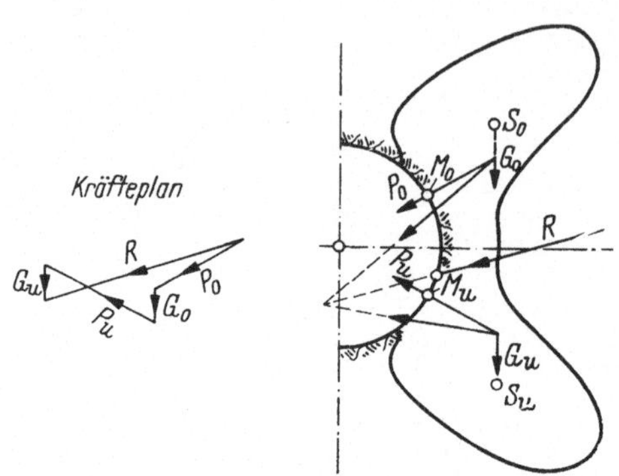

Abb. 29. Zur Erscheinung, daß der Ulmdruck in einem verzimmerten Stollen häufig den Bruch der Steher im unteren Drittel herbeiführt.

Es ist eine bekannte Erscheinung, daß in einem verzimmerten Stollen die Steher meist nicht in der Mitte, sondern im unteren Drittel brechen (Abb. 29). Diese Erscheinung läßt sich aus der Asymmetrie der Kraftwirkungen um die waagrechte Stollenachse erklären (Abb. 25c). Die plastische Durchbewegung ergibt Kräfte P_0 und P_u, die wohl symmetrisch zur waagrechten Stollenachse liegen, aber wenn man das Eigengewicht der abgleitenden Gebirgsmassen berücksichtigt, ergibt sich eine unter der Mitte angreifende Resultierende R.

Kapitel VI

Bemessung bei kohäsionslosem Lockergebirge

33. Verspannung und Silowirkung

Im kohäsionslosen Lockergebirge kommt hauptsächlich die Wirkung des Auflockerungsdruckes in Frage; im bindigen Lockergebirge bildet der echte Gebirgsdruck die Regel; er wird deshalb in einem dafür vorgesehenen Abschnitt behandelt.

Bei der Ermittlung der auf den Ausbau wirkenden Kräfte ist es notwendig, grundsätzlich zwischen nachgiebigem und unnachgiebigem Ausbau zu unterscheiden. Der erstere Fall ist bei der traditionellen Verzimmerung des Richtstollens und des Vollausbruches immer gegeben. Bei ihrer Herstellung sind Auflockerungen unvermeidlich und auch während ihres Bestandes erleiden sie beträchtliche Verformungen. Der endgültige Ausbau hingegen darf nur elastische Verformungen erfahren, die viel zu gering sind, als daß sie für die anzustellenden Untersuchungen in Betracht zu ziehen wären.

Infolge der Nachgiebigkeit des Holzausbaues streben die oberhalb des Firstes gelegenen Gebirgsteile lotrecht nach abwärts und die seitlich der Ulmen gelegenen Gebirgsteile in schräger Richtung gegen den Hohlraum. Wenn man zunächst nur den First betrachtet, so sind die Erscheinungen ähnlich dem Versuchsfall, wo der Sand auf einer nachgiebigen Unterlage aufruht, die durch eine bewegliche, streifenförmige Bodenklappe gebildet wird. Beim Absinken der Bodenklappe nimmt der anfänglich vorhandene Ruhedruck allmählich ab, bis er einen bestimmten, von der Beschaffenheit des Sandes und der Größe der Bodenklappe abhängigen Minimalwert erreicht, der von der Höhe der Überlagerung nahezu unabhängig ist. Diese Erscheinung ist dem Verhalten des Schüttgutes in einem Silo ähnlich, weshalb man von einer Silowirkung spricht. Sie besteht darin, daß sich das kohäsionslose Schüttgut in größeren Tiefen schmaler, hoher Behälter an den Seitenwänden aufhängt. Der Bodendruck nimmt daher nicht linear mit der Lagerungshöhe im Silo zu, sondern er nähert sich mit wachsender Höhe einem Grenzwert.

Die Verfahren, die zur Ermittlung des Druckes auf den nachgiebigen First eines Stollens aufgestellt wurden, sind auf zwei verschiedenen Grundlagen aufgebaut worden. Einerseits ist es die Verspannung des über den First liegenden Lockergebirges und andererseits wird, ausgehend von dem Gedanken eines spannungslosen Körpers, über dem First ein begrenzter Bruchbereich angenommen, der mit seinem gesamten Gewicht unmittelbar auf dem First lastet.

a) Die Verspannung ist im wesentlichen eine Verlagerung des primären Spannungszustandes derart, daß durch Reibungswiderstände im kohäsionslosen Gebirge der nachgiebige First entlastet wird, wobei gleichzeitig eine Mehrbelastung der seitlich des Ausbruchsquerschnittes gelegenen Gebirgsteile eintritt, ähnlich wie beim Silo die Spannungen auf die Wandungen übertragen werden, wodurch eine Verminderung des Bodendruckes eintritt. Dieser Entlastungsvorgang entwickelt sich mit zunehmender Firstsenkung bis ein Minimaldruck erreicht wird.

b) Der zweite Weg zur Bestimmung des Auflockerungsdruckes geht von der Annahme eines begrenzten Bruchkörpers aus, der mit seinem gesamten Gewicht auf dem Stollenfirst lastet. Als Begrenzung dieses Bruchkörpers wurden zur Bestimmung des Firstdruckes geometrisch begrenzte Belastungsfiguren angenommen: die Parabel, die Halbellipse oder die Keilform. Wenn man hierbei die Annahme eines spannungslosen Körpers gelten läßt, so besagt dies zunächst, daß an der Grenzfläche zwischen dem Bruchkörper und dem als ungestört angenommenen Gebirge keine Spannungen übertragen werden. Damit kommt aber auch zum Ausdruck, daß das außerhalb des Bruchbereiches liegende Gebirge als sog. „Dom" stabil ist. Dies ist bei kohäsionslosem Gebirge nur dann zu erwarten, wenn es wie ein Kraggewölbe zu bestehen vermag. Die Voraussetzungen dafür sind bei grobem Blockwerk, bei Bergschutt oder bei gebrechem Fels manchmal gegeben. Außerdem ist eine solche Erscheinung bei Vorhandensein einer geringen Kohäsion möglich, die nicht groß genug ist, um Nachbrüche auszuschließen, aber doch so groß, daß sich ein stabiler Dom entwickeln kann.

In solchen Fällen lastet der Auflockerungsbereich mit seinem Gewicht auf dem Stollenfirst, ohne daß er Spannungen aus dem umgebenden Gebirge übernimmt und auf den Ausbau weiterleitet. Die Möglichkeit der Anwendung des Bemessungsverfahrens unter Zugrundelegung eines Bruchkörpers bleibt auch dann noch bestehen, wenn auf den Bruchkörper vom umgebendem Gebirge wohl Spannungen übertragen werden, die sich aber auf jeder der beiden Seitenflächen zu einer waagrechten Resultierenden zusammensetzen lassen. Dann muß man zwar den Begriff des spannungslosen Körpers aufgeben, aber die an den Bruchflächen übertragenen Spannungen sind ohne Wirkung auf den Firstausbau und die Annahme einer Belastungsfigur bleibt daher zu Recht bestehen.

Die angestellten Überlegungen erweisen die eingangs gemachte Feststellung, daß die grundsätzlich für die Lastermittlung, die auf der Verspannung kohäsionslosen Gebirges oder auf der Ausbildung eines Bruchkörpers beruhen, nur für einen *nachgiebigen* Ausbau Gültigkeit haben. Sie dürfen für den unnachgiebigen, endgültigen Ausbau nicht kritiklos und allgemeingültig übernommen werden. Es ist vielmehr angezeigt, in jedem Einzelfall zu überprüfen, ob die rechnungsmäßigen Voraussetzungen mit den naturgegebenen Tatsachen nicht in Widerspruch geraten. Dies ist der Grund für die Notwendigkeit zwischen nachgiebigem und unnachgiebigem Ausbau grundsätzlich zu unterscheiden und für die Bemessung in beiden Fällen verschiedene Wege einzuschlagen. Von besonderer Wichtigkeit ist es überdies darauf hinzuweisen, daß die Überlegungen betr. des kohäsionslosen Lockergebirges keinesfalls bei Auftreten von echtem Gebirgsdruck im Fels Gültigkeit haben.

Das kohäsionslose Lockergebirge ist als Idealtypus für experimentelle und modellmäßige Nachbildung gut geeignet. Außerdem schafft die Anwendung der einen kohäsionslosen Boden voraussetzenden Erddrucklehre eine Möglichkeit, die Belastung eines Tunnel- oder Stollenausbaues zu errechnen. Man begegnet daher oft der Meinung, daß die Ermittlung des Gebirgsdruckes im Lockerboden auf theoretischem Wege verhältnismäßig leicht durchführbar ist und daß die Lösung dieser Aufgabe in Anlehnung an die Methoden der Bodenmechanik einwandfrei und widerspruchslos erfolgen könne. Das trifft aber nicht zu. Die Vielfältigkeit der Anschauungen und die Verschiedenheit der Bemessungsmethoden, die zu weit voneinander abweichenden Ergebnissen führen, sind eine Bestätigung dafür, daß auf diesem Gebiet noch viel Unklarheit besteht.

Nachdem die Formgebung und die Dimensionierung des Ausbaues bekannte Aufgaben der Baustatik bilden, werden sich die Bemessungsaufgaben hauptsächlich mit den Problemen der Lastermittlung befassen.

34. Bemessung des dauernden Ausbaues bei geringer Überlagerungshöhe

Bei geringer Überlagerungshöhe kann für die Bemessung eines nachgiebigen Ausbaues die Verspannung des Gebirges im Sinne der vorausgegangenen Ausführungen berücksichtigt werden. Für den dauernden Ausbau sind diese Voraussetzungen nicht zutreffend, und es empfiehlt sich, bei seiner Bemessung die Bedingung gelten zu lassen, daß der primär, also vor der Durchörterung bestehende

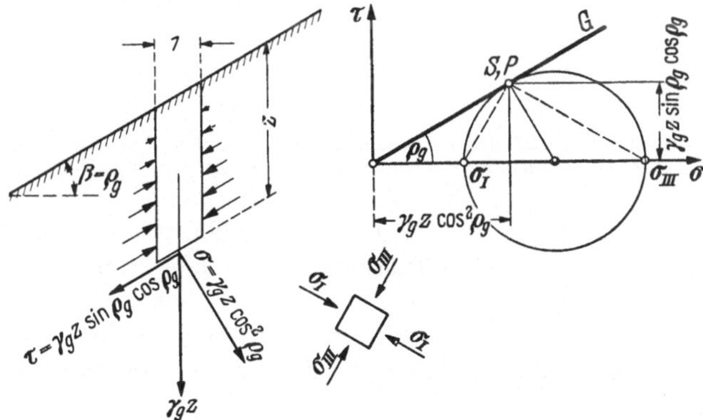

Abb. 30. Der in einer unter dem Winkel $\beta = \varrho_g$ geneigten Lehne herrschende Rankinesche Spannungszustand.

Spannungszustand erhalten bleibt. Dieser Spannungszustand ist durch lotrechten Druck $p_v = \gamma_g h$ und durch die waagrechte Pressung $p_h = \lambda_0 \gamma_g h$ gekennzeichnet (Abb. 30). Hierbei bleibt die Frage offen, welchen Wert man der Seitendruckziffer λ_0 geben soll. Er wird jedenfalls zwischen den Rankineschen Werten für den Erddruck λ_{Ra} und den Erdwiderstand λ_{Rp} liegen. Hierbei wird der Wert λ_{Rp} keineswegs erreicht werden, sondern der waagrecht wirkende Widerstand, den die Widerlager des Tunnelausbaues im Boden finden, wird durch die Zusammendrückbarkeit des Gebirges in erster Linie begrenzt. Dieser ist aber wieder von der Lagerungsdichte des Lockergebirges abhängig. Man erkennt also, welche Bedeutung der Bedingung zukommt, die Auflockerung auch an den Ulmen möglichst zu vermeiden und für einen satten Anschluß des Widerlagerbetons an das Gebirge zu sorgen.

Die graphische Lösung der Aufgabe ist besonders übersichtlich (Abb. 31). Die Normalspannungsachse wird hierbei lotrecht und die Schubspannungsachse waagrecht gelegt. Die Strecke OP stellt hierbei die lotrechte Hauptspannung p_v dar, sie wirkt in einer waagrechten Ebene, der eine Tangente im Punkt P an den Spannungskreis entspricht. Der Punkt P ist gleich dem Pol des Spannungszustandes S. Um den Spannungszustand in irgendeiner geneigten Ebene zu bestimmen, muß man durch P eine zur jeweiligen Ebene parallele Gerade zeichnen, die den Spannungskreis in Punkt S_1 schneidet. In einem Flächenelement $\varDelta s_1$ herrscht eine Spannung, deren Größe durch die Strecke OS_1 bestimmt ist. Die Neigung dieser resultierenden Spannung gegenüber dem Lot OP ist durch den Winkel α_1 gegeben. Die tatsächliche Richtung kann aus dem Mohrschen Diagramm ermittelt werden, indem man im Punkt S_1 eine Senkrechte zur Flächenrichtung errichtet und sie mit der Schubspannungsachse zum Schnitt bringt. Man

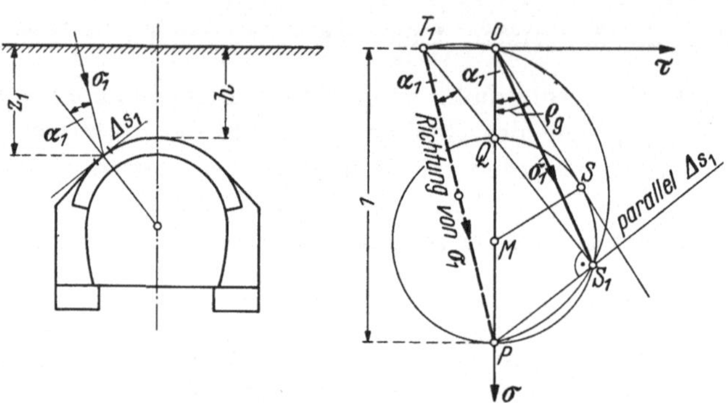

Abb. 31. Zeichnerische Ermittlung der Belastung des dauernden Ausbaues eines Tunnels in kohäsionslosem Lockergebirge bei geringer Überlagerungshöhe.

erhält den Punkt T_1, der mit dem Pol P verbunden, die Richtung der in dem Flächenelement $\varDelta s_1$ wirkenden resultierenden Spannung ergibt. Der Beweis hierfür ist sehr einfach. Beschreibt man um OP einen Halbkreis, so muß dieser durch die Punkte O und S_1 gehen. Den Winkel, den die resultierende Spannung mit dem Lot auf das Flächenelement einschließt PT_1S_1 ist als Peripheriewinkel gleich dem Winkel POS_1.

Die Spannung im Scheitelpunt des Gewölbes ist lotrecht gerichtet und ihre Größe ist durch die Strecke OP gegeben. Die Spannungen in den lotrechten Rückflächen der Widerlager sind waagrecht und durch die Strecke OQ gegeben. Es bleibt nur noch die Aufgabe, die verschiedenen Höhenlagen der einzelnen Flächenelemente $\varDelta s$ zu berücksichtigen. Dies geschieht in der Weise, daß man in der Abb. 31 die Strecke OP gleich der Einheit wählt. Die auf das Flächenelement von der Größe $\varDelta s_1$ wirkende Kraft ist daher

$$R_1 = \varDelta s_1 \cdot 1 \cdot Z_1 \overline{OS_1}\, \gamma_g. \tag{1}$$

Für die Durchführung der Berechnung wird man den gesamten äußeren Umfang des Mauerungsquerschnittes in Flächenelemente $\varDelta s = 1$ gleich der Einheit aufteilen. Für die Mitte jedes Elementes ist die Spannung gegeben durch die Größe

$$\sigma_n = Z_n \overline{OS_n}\, \gamma_g. \tag{2}$$

Die Berechnung erfolgt unter der Bedingung, daß die Mauerung den primären Spannungszustandes bei unnachgiebigem Ausbau aufzunehmen imstande ist, denn bei nachgiebigem Ausbau müßten die Spannungen an der Rückwand der Widerlager nicht waagrecht sein.

35. Belastung eines oberflächennahen Lehnentunnels

Aus der Erddrucklehre ist bekannt, daß der Rankinesche Zustand nur dann eintreten kann, wenn der kohäsionslose Boden im Halbraum sich in seiner ganzen Tiefe seitlich ausdehnen kann, wobei die Streckung ein gewisses Maß erreichen muß, das von der Lagerungsdichte abhängig ist. Diese generelle Voraussetzung kann auch beim Erddruck auf Stützmauern erreicht werden, wenn die Randbedingung gegeben durch die Neigung der Stützfläche und der Geländeoberfläche sowie durch die Größe der Wandreibung, die Möglichkeit dazu schaffen. Wenn die geeigneten Voraussetzungen dafür bestehen, dann ist die Gleitfläche eben und besitzt eine bestimmte Neigung. Bei waagrechter Bodenoberfläche und lotrechter Stützfläche ist die Voraussetzung für den Rankineschen Zustand die vollkommene Glattheit der Stützfläche und die Gleitfläche ist dann unter dem Winkel $45° + \varrho_g/2$ gegen die Waagrechte geneigt.

Bei einem Tunnel, der im kohäsionslosen Lockergebirge mit waagrecht begrenzter Oberfläche vorgetrieben wird, ist diese Bedingung nicht vorhanden, denn die seitliche Expansion erstreckt sich nur auf die nähere Umgebung des Ausbruchsquerschnittes. Darüber hinaus bleibt das Gebirge in Ruhe. Im übrigen ist auch wegen der gekrümmten Form der Auskleidung bzw. deren Rückfläche die Voraussetzung für den Rankineschen Zustand nicht erfüllt.

Einen Sonderfall bildet ein Hangtunnel im kohäsionslosen Lockergebirge, wenn die Neigung der Geländeoberfläche β gleich dem Winkel des inneren Gleitwiderstandes ϱ_g ist. Dann befindet sich das Gebirge primär im Rankineschen plastischen Zustand und der Tunnel oder Stollen muß so bemessen werden, daß er, zulässig beansprucht, diesen Spannungszustand zu erhalten vermag. Das ist der einzige Fall, in dem der Rankinesche Spannungszustand eine theoretisch einwandfreie Grundlage für die Berechnung des Auflockerungsdruckes bildet. Wenn die Hangneigung nicht stark von dem Winkel des inneren Gleitwiderstandes des Gebirges abweicht, kann diese Berechnungsart näherungsweise beibehalten werden.

Die praktische Bedeutung dieser Feststellungen ist aber nicht sehr groß, denn es ist nicht ratsam, Hangtunnel unter diesen Voraussetzungen auszuführen. Man würde sich infolge unvermeidlicher Auflockerung vor sehr schwierige Aufgaben gestellt sehen und die Gefahr, Hangrutschungen auszulösen, wäre beträchtlich.

Bei dem herrschenden Rankineschen Spannungszustand sind die Spannungen bekannt, die in einem parallel zur Geländeoberfläche liegendem Flächenelement wirken (Abb. 30). Die Normalspannung beträgt

$$\sigma = \gamma_g \cdot z \cdot \cos^2 \varrho_g \tag{3}$$

und die Schubspannung

$$\tau = \gamma_g\, z \sin \varrho_g \cos \varrho_g. \tag{4}$$

Der Spannungskreis nach MOHR läßt die graphische Lösung der Aufgabe in übersichtlicher Weise zu (Abb. 32). Die Normalspannungsachse wird aus Zweckmäßigkeitsgründen senkrecht zur Geländeoberfläche und die Schubspannungsachse parallel dazu gewählt. Zieht man vom Ursprung des Systems ausgehend die unter dem Winkel ϱ_g gegen die Spannungsachse geneigte Grenzlinie, so muß bei Bestehen des Rankineschen Zustandes der Spannungskreis diese berühren. Man wählt den Spannungskreis so, daß die Strecke OS gleich der Einheit wird, denn dadurch wird erreicht, daß der Abstand OM des Mittelpunktes M vom Ursprung des Spannungsnetzes O gleich $1:\cos\varrho_g$ wird. Der Spannungspunkt ist S. Zieht man durch S eine Parallele zu dem in Betracht kommenden, der Geländeneigung gleichlaufenden Flächenelement, so erhält man im Schnittpunkt mit dem Spannungskreis den Pol P des Spannungszustandes. Wenn man den Pol festlegt, kann

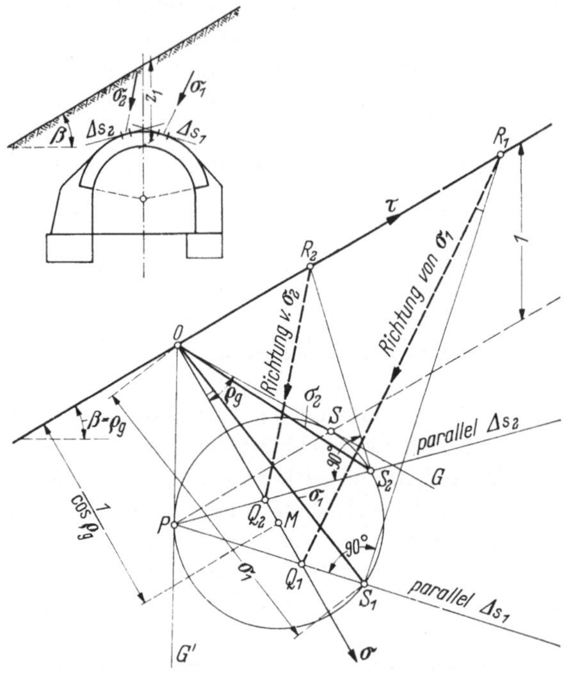

Abb. 32. Die Berechnung der Belastung eines Lehnentunnels unter der Voraussetzung, daß die Geländeneigung β gleich dem Winkel des inneren Gleitwiderstandes ϱ_g ist.

der Spannungszustand in jedem Flächenelement beliebiger Richtung festgestellt werden. Für das Flächenelement $\varDelta s$ erhält man die Spannungen, wenn man durch den Pol P eine Parallele zu dem Flächenelement legt. Ihr Schnittpunkt mit dem Spannungskreis liefert den Spannungspunkt S_1 und damit die Größe, der durch die Strecke OS_1 festgelegten Spannung. Auch die Richtung dieser resultierenden Spannung kann einfach ermittelt werden. Dazu bringt man die parallel zum Flächenelement verlaufende Gerade PS_1 mit der σ-Achse zum Schnitt und erhält den Punkt Q_1. Ferner errichtet man im Punkt S_1 eine Normale zum Flächenelement bzw. zur Strecke PS_1 und erhält den Punkt R_1 und die Verbindungslinie Q_1R_1 gibt die Richtung der Spannung an. Der Druck auf das Flächenelement ergibt sich schließlich aus der Beziehung

$$\varDelta E_R = \gamma_g \cdot z(\varDelta s_1 \cdot 1)\frac{OS_1}{OS} = \gamma_g \cdot z \cdot \varDelta S_1\,\overline{OS_1}. \tag{5}$$

36. Verspannung über einem nachgiebigen Ausbau bei geringer Überlagerungshöhe

Infolge der Ausbruchsarbeiten im kohäsionslosen Lockergebirge tritt bei einem verzimmerten Stollen eine Nachgiebigkeit ein, die sich mit jener eines nachgiebigen Bodenstreifens vergleichen läßt. Zur Nachgiebigkeit der Firstzimmerung tritt jene der Ulmen hinzu. Man kann also annehmen, daß sich von den Ständerfüßen ausgehend, Gleitflächen bilden, die unter dem Winkel $45° + \varrho_g/2$

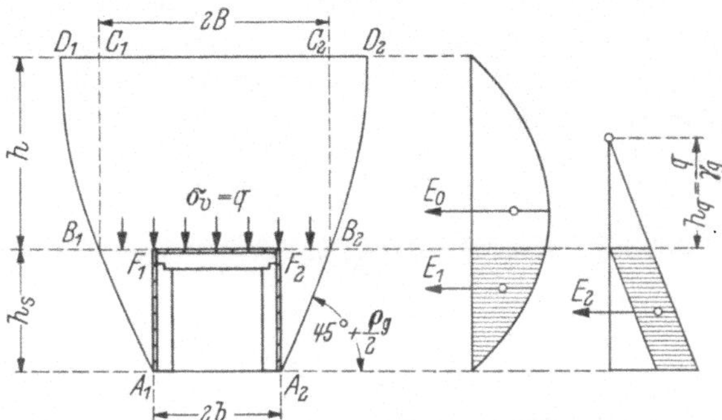

Abb. 33. Belastung eines verzimmerten Stollens im kohäsionslosen Lockergebirge bei geringer Überlagerungshöhe.

gegen die Waagrechte geneigt sind (Abb. 33). In den durch sie begrenzten Gebirgsbereichen $A_1 B_1 F_1$ und $A_2 B_2 F_2$ erfolgt eine schräg nach abwärts gerichtete Bewegung, so daß man die über den Stollenfirst hinausreichende Strecke $B_1 B_2$ von der Breite $2B$ als in lotrechtem Sinn nachgiebig ansehen muß. Über den weiteren Verlauf der schrägen Gleitflächen braucht nichts ausgesagt zu werden; wegen der geringen Überlagerung kann aber angenommen werden, daß sich von den beiden Punkten B_1 und B_2 ausgehend, lotrechte Gleitflächen $B_1 C_1$ und $B_2 C_2$ entwickeln. In der Höhe des Stollenfirstes hat der nachgiebige Streifen eine Breite von

$$2B = 2\left[b + h_s \tan\left(45° - \frac{\varrho_g}{2}\right)\right]. \tag{6}$$

Auf Grund früherer Darlegungen ergibt sich der lotrechte Minimaldruck in Firsthöhe zu:

$$\sigma_v = \frac{\gamma_g B}{\lambda \tan \varrho_g}\left(1 - e^{-\lambda \frac{h}{B} \tan \varrho_g}\right). \tag{7}$$

Hierin ist λ ein empirisch zu bestimmender Wert, der auf Grund der Versuche von TERZAGHI gleich der Einheit gesetzt werden kann. Der Druck σ_v wirkt nicht bloß auf den First, sondern auch auf die beiden neben den Ulmen gelegenen Gleitkeile, für die er eine Auflast darstellt. Mit σ_v ist die Firstbelastung ermittelt. Nunmehr besteht die Aufgabe, den für die Ständer notwendigen waagrechten Druck zu bestimmen. Infolge der Verspannung im lotrechten Sinn ist der waagrechte Gebirgsdruck nicht etwa von der Größe, die einer linearen Zunahme des auf die Wand wirkenden Druckes $F_1 A_1$ bzw. $F_2 A_2$ entsprechen würde, sondern kleiner.

Auf Grund neuerer Untersuchungen soll der Druck auf der Höhe zwischen Geländeoberfläche und Stollensohle nach Loos und BRETH angenommen werden können, wobei die gesamte Kraft, also die Summe aller Pressungen, gleich jener bleibt, die sich nach der Erddrucklehre aus der linearen Zunahme der Pressungen ergeben würde. Daraus folgt die gesamte Kraft E_0, die in der halben Höhe der Strecke $A_2 C_2$ angreift, in der Größe

$$E_0 = \lambda_a \gamma_g \frac{(h + h_s)^2}{2}, \tag{8}$$

wobei λ_a die Erddruckziffer bedeutet. Hiervon entfällt nur der durch die Stollenhöhe begrenzte Teil als Druck auf die Ulmen E_1. Wenn man das Verhältnis der der Stollenhöhe entsprechenden Teilfläche der Parabel zu ihrer Gesamtfläche mit $1:n$ bezeichnet, so ergibt sich

$$E_1 = \frac{1}{n} E_0. \tag{9}$$

Nunmehr ist noch die Wirkung der Auflast q zu berücksichtigen. Die äquivalente Höhe dieser Auflast ist

$$h_q = q : \gamma_g. \tag{10}$$

Aus der Coulombschen Erddrucklehre ergibt sich dann für den von der Auflast herrührenden Druckanteil

$$E_2 = \frac{1}{2} \lambda_a \gamma_g (h_g + h_s)^2 = \lambda_a \gamma_g h_g h_s. \tag{11}$$

Damit sind die Belastungen von Kappe und Steher des verzimmerten Stollens ermittelt. Ob die angenommene parabolische Verteilung des Erddruckes zutreffende Werte für die Belastung der Ulmenverzimmerung ergibt, muß dahingestellt bleiben.

37. Auflockerungsdruck im gebrechen Gebirge

Eine besondere Art der Behandlung des Auflockerungsdruckes, die heute vielfach angewendet wird, ist von KOMMERELL angegeben worden. Er geht von der Voraussetzung des spannungslosen Körpers aus, der sich über dem First des Stollens bildet, und stellt sich die Frage, welche Form dieser spannungslose Körper hat und wie hoch die Auflockerung reicht. Voraussetzung für die Bildung eines Auflockerungsbereiches ist die Nachgiebigkeit des Ausbaues, deren Ursachen bereits eingehend behandelt wurden. Die dadurch entstehenden Hohlräume werden durch nachbrechendes Gebirge aufgefüllt, neue Hohlräume entstehen und der Auflockerungsprozeß pflanzt sich nach oben fort, bis alle Hohlräume mit aufgelockertem Gebirge aufgefüllt sind. Die Auflockerung beginnt mit dem Stollenvortrieb, findet in verstärktem Maße bei den Vollausbruchsarbeiten eine Fortsetzung und klingt unter Umständen nach der Herstellung des dauernden Ausbaues noch nach. Dies ist besonders dann der Fall, wenn Holzteile hinter der Ausmauerung verblieben sind, die beim Fäulnisprozeß noch nachträglich die Ursache von Hohlräumen bilden, oder wenn bei der Herstellung nicht für einen guten Kontakt zwischen der Ausmauerung und dem Gebirge gesorgt wurde.

Beide Möglichkeiten müssen nach den heute geltenden Anschauungen als Mängel bezeichnet werden und die Berechnungsweise nach KOMMERELL ist demnach nichts anderes, als die Berücksichtigung von Ausführungsmängeln und deren Verwertung für die statische Beurteilung des Ausbaues.

Die gelockerten Gebirgsmassen drücken infolge ihres Eigengewichtes auf den Ausbau, die außerhalb der Auflockerungszone befindlichen ungestörten Gebirgsteile beteiligen sich, wie KOMMERELL annimmt, nicht an der Belastung des Tunnels, weil sie sich gewölbeartig frei zu tragen vermögen.

Diese Erwägungen wurden von KOMMERELL zur Bestimmung des Auflockerungsdruckes ausgewertet, wobei er davon ausgeht, daß die Senkungen über dem First in der Achse und in den Seitenfluchten des Tunnels oder Stollens bekannt sind. Er betrachtet ein Element des spannungslosen Körpers von der Breite dx, von der Höhe z und von der Tiefenerstreckung gleich der Einheit. Die Absenkung des Einbaues an der Stelle x sei w und die bleibende Auflockerung betrage $p\%$. Dann gilt, wenn das durch die Senkung w entstehende Hohlraumvolumen der bleibenden Auflockerung des Elementes $z\,dx$ gleichgesetzt wird,

$$1 \cdot w\,dx = \frac{p}{100}\,z\,dx. \qquad (12)$$

KOMMERELL nimmt an, daß die Senkung einen parabolischen Verlauf besitzt, wobei der größte Wert $w_{\max}$ in der Stollenachse liegt (Abb. 34). Aus dieser Annahme folgt zwangsläufig,

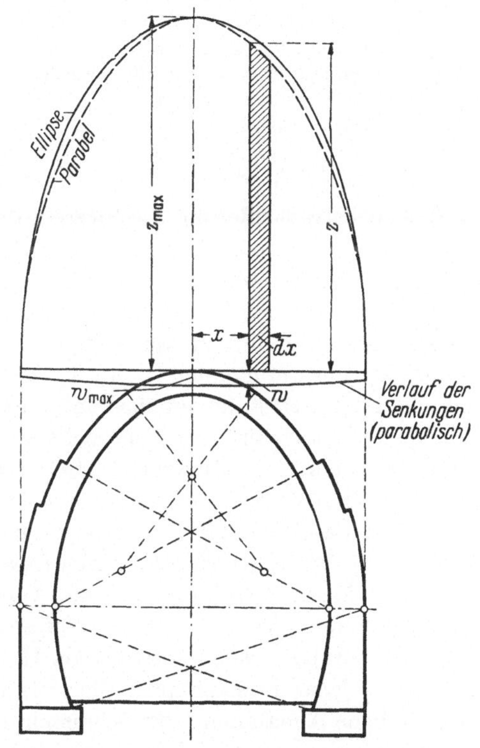

Abb. 34. Die Druckellipse nach KOMMERELL [80].

daß auch die Begrenzung der Auflockerungszone, d. h. der Belastungsfigur eine parabolische sein muß. Damit ist also nichts bewiesen, sondern nur die getroffene Annahme in geänderter Form wiederholt. Die größte Höhe der Belastungsfigur ergibt sich in der Stollenmitte; sie beträgt

$$z_{\max} = \frac{100\,w_{\max}}{p}.$$

KOMMERELL ersetzt nun die Parabel durch eine Halbellipse, wobei $z_{\max}$ gleich der halben großen Achse ist, während die kleine Halbachse der halben Breite des Ausbruchsquerschnittes entspricht. Der von dieser Halbellipse im Querschnitt begrenzte Gebirgskörper soll mit seinem Eigengewicht als Belastung des Stollenausbaues gelten.

Wenn auch der grundsätzliche Gedanke der Auflockerung des Gebirges zutreffend ist, so liegt die Unsicherheit der Berechnungsweise in der Festlegung der bleibenden Auflockerung $p\%$. KOMMERELL gibt dafür folgende aus der „Hütte", Bd. 3 stammende Werte an:

Tabelle 4. *Bleibende Auflockerung* (aus „Hütte", Bd. 3)

Bodenart	bleibende Auflockerung $p\%$
leichter Boden	1— 3
mittelschwerer Boden	3— 5
fester Boden (Mergel, Kies mit Ton)	6— 8
fester Boden (leichter Fels)	8—12
fester Fels	8—15

Als Beispiel führt KOMMERELL einen Fall an, wo die größte Firstsenkung w_{max} = 0,60 m beträgt. Bei mittelschwerem Boden mit einer bleibenden Auflockerung von 60% ergibt sich dann die Höhe der Druckellipse zu $h = 100 \times 0{,}60{:}4 = 15$ m.

Das Kommerellsche Rechnungsverfahren hat mancherlei Einwände hervorgerufen. RABCEWICZ bezeichnet es beispielsweise als keineswegs befriedigend. Er ist der zutreffenden Auffassung, daß die Festlegung der bleibenden Auflockerung kaum einwandfrei möglich ist. In der Bodenmechanik gebräuchliche Werte dafür können im besten Falle nur für kohäsionsloses Lockergebirge angewendet werden. Für gebreches Gebirge sind sie nicht zutreffend festzulegen. Sie sind ferner von sehr vielen Faktoren abhängig, so insbesondere von der Güte der Ausbruchsarbeit und der Zimmerung. Gerade bei kohäsionslosem Lockergebirge, wo man noch am ehesten aus dem Erdbau übernommene Werte für die Auflockerung angeben kann, wird ihre Einschätzung durch unvermeidliche Mängel der Ausbruchsarbeit so entscheidend beeinflußt, daß die Annahme eines theoretischen Wertes dafür kaum verläßlich ist. Selbst bei bester Arbeit ist die Bildung von Kaminen nicht ganz vermeidbar. Dabei entstehende Hohlräume betragen oft ein Vielfaches des Volumens jener Firstsenkung, die sich aus der bleibenden Auflockerung, wenn man übliche Annahmen trifft, ermitteln lassen.

Auch ANDREAE ist der Meinung, daß die Abschätzung der Höhe des auf dem Stollen lastenden Druckkörpers recht unsicher ist.

Andererseits besitzt das Kommerellsche Verfahren doch wieder Vorzüge, derentwegen es heute noch vielfach angewendet wird. Die aus der Bodenmechanik übernommenen Berechnungsweisen setzen die Kenntnis des Winkels ϱ_g für den inneren Gleitwiderstand voraus. Dies ist beim Kommerellschen Verfahren nicht nötig. Die bei diesem Verfahren sich ergebende Höhe des halbelliptischen Bruchkörpers ist sehr anschaulich und ihre Größe kann aus der Beschaffenheit des Gebirges annähernd ermittelt werden. So weiß man beispielsweise aus Erfahrung, daß im stark geklüfteten Dolomit von bestimmter Beschaffenheit örtlich Dome ausbrechen, deren Höhe etwa doppelt so groß ist, als die Stollenbreite. STINI gibt für diese Höhe den Wert von $h_{max} = 5$—6 m an, woraus ein Firstdruck von

$$h_{max}\,\gamma_g = 6 \cdot 2{,}6 = 15{,}6 \; tm^{-2}$$

folgt.

Es soll aber nicht unterlassen werden, nochmals auf die Beschränkung des Kommerellschen Verfahrens hinzuweisen, nämlich auf die Nachgiebigkeit des Ausbaues. Dazu kommt aber noch, daß die Anwendung dieses Verfahrens zu falscher Beurteilung führen kann, wenn die gegebenen geologischen Bedingungen nicht beachtet werden.

Das Fundament eines Pfeilers der Europa-Brücke der Brenner-Autobahn kam in einem Steilhang des zweigleisigen Patscher-Tunnels der Brennerbahn zu liegen. Der Hang ist aus Quarzphyllit aufgebaut und läßt schon oberflächlich eine starke Zerrüttung des Gebirges erkennen. Die Erkundung der geologischen Verhältnisse erfolgte mit einem Sondierstollen und von diesem abzweigend mit Querschlägen. Einer dieser Querschläge ließ in seinem Endstück durch das Auftreten weit ge-öffneter Spalten die Grenze des Auflockerungsbereiches deutlich erkennen. Die Auflockerungsbereiche, die auf Mängel der seinerzeitigen Tunnelbaumethoden zurückzuführen sind, haben keineswegs die von KOMMERELL angegebene Gestalt, sondern sie folgten bergwärts in schräger Richtung einer 2—3 m mächtigen Störungszone, die von gehäuften mylonitischen Lettenklüften gebildet wurde. Diese Zone streicht annähernd parallel zur Tunnelachse und fällt etwa unter 38° ein. Außer dieser 2—3 m mächtigen Auflockerungszone sind sicher noch sekundäre Auflockerungsbereiche hinter den Widerlagern vorhanden. Der überwiegend von der Bergseite her wirkende Auflockerungsdruck hat im Tunnelmauerwerk, bei dessen Formgebung die geologischen Verhältnisse nicht berücksichtigt wurden, starke Verdrückungen hervorgerufen.

Am Schluß muß nochmals darauf hingewiesen werden, daß die Kommerellsche Berechnungsweise eine weitgehende Setzung des Ausbaues annimmt, aber gerade diesem Umstand trachtet man im neuzeitlichen Tunnel- und Stollenbau möglichst zu vermeiden. Die Hilfsmittel, die jetzt zur Verfügung stehen, sind: der zeitweilige Ausbau in Spritzbeton, die Felsankerung, die Schildbauweise und der Ausbau mit Stahlringen, die statisch als mitwirkend in Rechnung gestellt werden, und der Ausbau mit Stahlpfählen, deren Beseitigung bei der Betonierung nicht erfolgt; alle diese Methoden gestatten eine Auflockerung des Gebirges weitgehend zu ver-meiden. Das muß bei der statischen Behandlung der Tunnel- oder Stollenaus-kleidung berücksichtigt werden. Bei echtem Gebirgsdruck wäre das Kommerellsche Verfahren nicht am Platze.

38. Gebirgsdruck auf den dauernden Ausbau bei großer Überlagerungshöhe

Als Zusammenfassung für die Beurteilung des Druckes auf die Auskleidung eines Tunnels oder Stollens soll abschließend noch ein Verfahren dargelegt werden, das nicht zur Anwendung kommen sollte. Es geht von der Voraussetzung aus, daß sich von den Fußpunkten der Widerlagerrückflächen Gleitflächen entwickeln, die unter dem Winkel $45° + \varrho_g/2$ gegen die Waagrechte geneigt sind. Diese Annahme ist nur näherungsweise gültig, weil ja bei unnachgiebigem Ausbau keine Gleit-bewegung eintreten kann bzw. soll. Sie ist aber damit zu rechtfertigen, daß beim Ausbruch infolge der Nachgiebigkeit des zeitweiligen Ausbaues eine Gleitbewegung eingeleitet wurde. Die Annahme des Winkels von $45° + \varrho_g/2$ stellt gleichfalls nur eine Näherung dar, weil die Gleitfläche am Fußpunkt der lotrechten Rückfläche des Widerlagers nur dann zurecht besteht, wenn zwischen dem Gebirge und der

Auskleidung kein Reibungswiderstand wirksam ist. Ein solcher ist aber immer vorhanden, sein Wirkungsbereich ist aber nicht sehr groß, so daß in einiger Entfernung von der Wand die gekrümmt beginnende Gleitfläche in eine ebene unter dem Winkel $45° + \varrho_g/2$ geneigte ebene Gleitfläche übergeht.

Durch die beiden Gleitflächen AB und A_1B_1 werden zu beiden Seiten der Tunnelauskleidung Gebirgsteile begrenzt, die Auflasten Q zu tragen haben, zu deren Berechnung verschiedene Wege offenstehen, die aber nur einen Behelf darstellen, weil sie der gegebenen Bedingung, nämlich der Unnachgiebigkeit des dauernden Ausbaues nicht gerecht werden (Abb. 35).

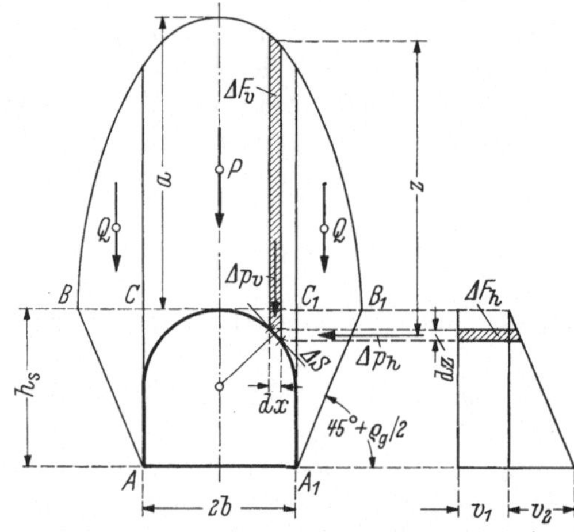

Abb. 35.
Belastung des dauernden Ausbaues eines Tunnels in kohäsionslosem Lockergebirge und gebrechem Gebirge bei großer Überlagerungshöhe nach KOMMERELL.

Am einfachsten ist die Methode, die sich einer aus dem Bruchkörper hergeleiteten Belastungsfigur bedient. Wie früher gezeigt wurde, schlägt KOMMERELL eine Halbellipse vor, die festgelegt ist, wenn man die halbe große Achse, also die Höhe der Belastungsfigur, über dem First kennt. Von diesem elliptisch begrenzten Bruchkörper belastet nur der mittlere Streifen P unmittelbar das Gewölbe, während die beiden seitlichen Streifen Q auf den beiden oben erwähnten Gleitkeilen aufruhen.

Vorerst wird der Erddruck auf die Flächen AC und A_1C_1 bestimmt. Er setzt sich aus zwei Teilen zusammen: aus dem Erddruck der Keile ABC und $A_1B_1C_1$ und aus der Auflast. Der erstere Teil ist

$$E_a = \frac{\gamma_g h_s^2}{2} \tan^2\left(45° - \frac{\varrho_g}{2}\right) = \lambda_a \frac{\gamma_g h_s^2}{2},$$

der zweite rührt von der Auflast Q her, der sich aus den seitlichen Flächenteilen der Belastungsfigur ergibt. Wenn man die vereinfachte Annahme trifft, daß die gesamte Belastung Q zu einem gleichmäßig verteilten Erddruck führt, so folgt für diesen

$$E_Q = Q \tan^2\left(45° - \frac{\varrho_g}{2}\right). \tag{13}$$

Damit kann man die Belastungsfigur der auf den Flächen AC und A_1C_1 wirkenden, waagrechten Kräfte zeichnen; sie bestehen aus einem Rechteck mit den Seitenlängen h_s und

$$v_1 = \frac{E_a}{\gamma_g h_s} \quad \text{und der Erddruckfigur} \quad v_2 = \frac{2\,E_a}{\gamma_g h_s}. \tag{14}$$

Aus beiden Belastungsfiguren kann man dann die Belastung für jedes Flächenelement Δs ermitteln. Sie setzt sich aus einer lotrechten und einer waagrechten Komponente zusammen, die sich wie folgt ergeben:

$$\Delta p_v = \Delta F_v \cdot \gamma_g \qquad \Delta p_h = \Delta F_h \cdot \gamma_g. \tag{15}$$

Damit ist die Belastung der Tunnelauskleidung bestimmt. Das eingeschlagene Berechnungsverfahren ist sehr einfach und übersichtlich. Voraussetzung für seine Anwendbarkeit ist aber, daß sich ein Bruchkörper bildet und daß sich das umgebende Gebirge freitragend zu halten vermag. Wenn dies nicht der Fall ist, dann sind außer dem Gewicht des Bruchkörpers noch Kräfte zu berücksichtigen, die an seiner Grenze übertragen werden. Aber abgesehen davon bleibt die Höhe der Belastungsfigur immer problematisch.

Ein zweiter Weg zur Bestimmung der Belastung q ergibt sich aus der Berücksichtigung der Verspannungserscheinungen. Bei der vorausgesetzten großen Tiefenlage des Tunnels unter der Geländeoberfläche erstreckt sich der Verspannungsvorgang nur bis zu einer begrenzten Überlagerungshöhe über dem First, die mit h_1 bezeichnet wird. Die darüber liegende Gebirgsschicht von der Mächtigkeit h_2 erfährt durch die Ausbruchsarbeiten keine Störung des Gefüges, und sie übt daher den der Überlagerungshöhe entsprechende Druck $\gamma_g h_2$ auf jede waagrechte Fläche aus. Unter Berücksichtigung dieses Umstandes ergibt sich der in der Höhe des Tunnelfirstes wirkende Druck zu:

$$q = \frac{\gamma_g B}{\lambda \tan \varrho_g}\left(1 - e^{-\lambda \frac{h_1}{B} \tan \varrho_g}\right) + \gamma_g h_2\, e^{-\lambda \frac{h_1}{B} \tan \varrho_g}. \tag{16}$$

Wenn die Verspannungszone eine Höhe h_1, die etwa 20% der gesamten Überlagerungshöhe $h_1 + h_2$ beträgt, wird der zweite Ausdruck in der obigen Gl. (16) vernachlässigbar klein; der erste Ausdruck ist für alle Werte von h_1 kleiner als sein ausgeklammerter Teil

$$\frac{\gamma_g B}{\lambda \tan \varrho_g}. \tag{17}$$

Aus diesem Grunde bleibt der Wert von q immer unter dem Grenzwert

$$q_{max} = \frac{\gamma_g B}{\lambda \tan \varrho_g}. \tag{18}$$

Wenn im Boden Kohäsion vorhanden ist, dann gilt

$$q_{max} = \frac{\gamma_g B - c}{\lambda \tan \varrho_g}.$$

Die weitere Berechnung kann in der gleichen Weise durchgeführt werden wie früher. Die Belastung q ist aber gleichmäßig verteilt und dem größten Wert q_{max} entspricht eine Belastungshöhe von

$$h_{max} = \frac{q_{max}}{\gamma_g} = \frac{B}{\lambda \tan \varrho_g}. \tag{19}$$

Für $\lambda = 1$ ergeben sich bei verschiedenen Annahmen des Winkels des inneren Gleitwiderstandes ϱ_g folgende Werte für die Überlagerungshöhe h_{max}.

Tabelle 5

ϱ_g	h_{max}
30°	1,73 b + 1,00 h$_s$
35°	1,43 b + 0,74 h$_s$
40°	1,19 b + 0,56 h$_s$
45°	1,00 b + 0,41 h$_s$

Die vorgetragenen Theorien für die Druckwirkung auf den Tunnelausbau rechnen ausnahmslos mit der Nachgiebigkeit des Ausbaues und treffen somit eine Voraussetzung, die für den dauernden Ausbau nicht gelten darf. Im folgenden wird deshalb der Versuch unternommen, eine Lösung zu suchen, die den gegebenen Voraussetzungen entspricht.

Der primäre lotrechte Überlagerungsdruck ist durch die Beziehung $p_v = \gamma_g h$ und der Seitendruck $p_h = \lambda_0 \gamma_g h$ gegeben, wobei die Ruhedruckziffer λ bei homogenem und isotropem Gebirge konstant ist. Die Ruhedruckziffer ist größer als der Rankinesche Wert. Für vollständig kohäsionsloses Gebirge gilt das Coulombsche Gesetz

$$\tau = \sigma \tan \varrho_g. \tag{20}$$

Nun wird angenommen, daß der Ausbruch mit kreisförmigem Querschnitt vom Halbmesser r_a vorgenommen wird. Die Stabilisierung des Gebirges soll durch einen drehsymmetrischen Innendruck auf die Mantelfläche p_a erfolgen. Die elastischen Spannungen werden unter der Voraussetzung großer Überlagerungshöhe, also ohne Berücksichtigung der Massenkräfte, berechnet (Abb. 36).

$$\left. \begin{aligned} \sigma_r &= \frac{p_v}{2} \left[(1 - \alpha^2)(1 + \lambda_0) + \alpha^2 \mu + (1 - 4\alpha^2 + 3\alpha^4)(1 - \lambda_0) \cos 2\varphi \right] \\ \sigma_t &= \frac{p_v}{2} \left[(1 + \alpha^2)(1 + \lambda_0) - \alpha^2 \mu - (1 + 3\alpha^4)(1 - \lambda_0) \cos^2 \varphi \right] \\ \tau &= -\frac{p_v}{2} (1 + 2\alpha^2 - 3\alpha^4)(1 - \lambda_0) \sin 2\varphi \end{aligned} \right\} . \tag{21}$$

Hierbei wurde der Widerstand der Auskleidung, der voraussetzungsgemäß drehsymmetrisch wirkt, durch die Größe

$$\mu = \frac{2 p_a}{p_v} \tag{22}$$

berücksichtigt. In der obigen Gleichung bedeutet α das Verhältnis $r_a : r$, wobei r der Radiusvektor jenes Punktes ist, für den die Spannungen gelten sollen.

Die aus dem Mohrschen Diagramm ablesbare Plastizitätsbedingung lautet, sofern man $\varkappa = 0$ setzt:

$$\sin^2 \varrho_g = \frac{(\sigma_t - \sigma_r)^2 + 4\tau^2}{(\sigma_t + \sigma_r + 2\tau_s \cot \varrho_g)^2}.$$

Wenn man die Spannungen in die Plastizitätsbedingung einsetzt, erhält man die Beziehung

$$\cos^2 2\varphi + 2 \cos 2\varphi \left[\frac{1 + \lambda_0 - \mu}{4(1 - \lambda_0)} \frac{1 - 2\alpha^2 + 3\alpha^4}{\omega} - \frac{(1 + \lambda_0) \sin \varrho_g}{2(1 - \lambda_0)^2 \omega} \right] -$$

$$- \frac{(1 + \lambda_0 - \mu)^2}{4(1 - \lambda_0)^2} \frac{\alpha^2}{\omega} - \frac{(1 + 2\alpha^2 - 3\alpha^4)^2}{4\alpha^2 \omega} \frac{(1 + \lambda_0) \sin^2 \varrho_g}{4(1 - \lambda_0)^2 \alpha^2 \omega} = 0, \qquad (23)$$

wobei zur Vereinfachung die Hilfsgröße

$$w = \alpha^2 \sin^2 \varrho_g + 2 - 3\alpha^2 \qquad (24)$$

eingeführt wurde.

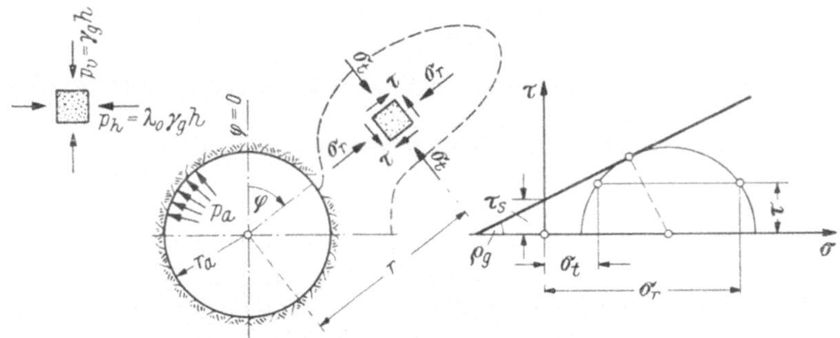

Abb. 36. Zur Ermittlung der plastischen Zonen bei kleiner Seitendruckziffer unter der Voraussetzung eines geradlinigen Verlaufes der Mohrschen Grenzkurve.

Diese Gleichung kann zur näherungsweisen Ermittlung der plastischen Zonen in Abhängigkeit von der Seitendruckziffer λ_0 verwendet werden, in ähnlicher Weise, wo dies früher für den Fels geschah. An dieser Stelle soll sie zur Bemessung des Ausbaues in kohäsionslosem Lockergebirge verwendet werden, ein Verfahren, das durchaus neu ist. Wenn man versucht, durch einen drehsymmetrischen Innendruck p_a bzw. durch einen entsprechenden Wert von $\mu = 2 p_a : p_v$ die plastischen Zonen in der Umgebung des Ausbruchsquerschnittes zu beseitigen, so tritt dies zuerst im First und später an den Ulmen ein. Nachdem der Druck p_a drehsymmetrisch angenommen wurde, weil sonst eine theoretische Behandlung in einfacher Form kaum möglich ist, gelingt es nicht, den Ausbruchsrand in seiner ganzen Ausdehnung in einen elastischen Zustand überzuführen, weil ja im primären Spannungszustand die Drehsymmetrie fehlt. Die Ausschaltung des plastischen Verhaltens an den Ulmen erfordert einen Widerstand, der im Firstbereich einen passiv-plastischen Zustand zur Folge hat. Es wird daher die Bedingung untersucht, unter der das plastische Verhalten an den Ulmen ausgeschaltet wird. Hierfür gilt $\varphi = 90°$, $\cos 2\varphi = -1$. Nachdem der Spannungszustand am Ausbruchsrand untersucht wird, ist ferner $r = r_a$ bzw. $\alpha = r_a : r = 1$. Unter diesen Voraussetzungen nimmt die Gleichung folgende Form an:

$$1 - 2 \left[\frac{1 + \lambda_0 - \mu}{4(1 - \lambda_0)} \frac{2}{\omega} - \frac{1 + \lambda_0}{2(1 - \lambda_0)} \frac{\sin^2 \varrho_g}{\omega} \right] -$$

$$- \frac{(1 + \lambda_0 - \mu)^2}{4(1 - \lambda_0)^2} \frac{1}{\omega} + \frac{(1 + \lambda_0)^2 \sin^2 \varrho_g}{(1 - \lambda)^2 + \omega} = 0. \qquad (25)$$

Nach einigen Umformungen erhält man die folgende quadratische Gleichung:

$$(1 + \lambda_0 - \mu)^2 + 4(1 - \lambda_0)(1 + \lambda_0 - \mu) - 4(1 - \lambda_0)^2 \,\omega -$$
$$- 4(1 - \lambda_0)(1 + \lambda_0) \sin^2 \varrho_g - (1 + \lambda_0)^2 \sin^2 \varrho_g = 0 \,. \tag{25a}$$

Unter Berücksichtigung des Umstandes, daß

$$\omega = \alpha \cdot \sin^2 \varrho_g + 2 - 3\alpha^2 = \sin^2 \varrho_g - 1 \tag{26}$$

wird, nimmt sie die Form

$$(1 + \lambda_0 - \mu)^2 + 4(1 - \lambda_0)(1 + \lambda_0 - \mu) - (\lambda_0 - 3)^2 \sin^2 \varrho_g +$$
$$+ 4(1 - \lambda_0)^2 = 0 \tag{27}$$

an. Ihre Lösung ergibt schließlich die einfache Bedingung dafür, daß an den Ulmen die plastischen Bereiche verschwinden.

$$\mu = (3 - \lambda_0)(1 + \sin \varrho_g) \,. \tag{28}$$

Für verschiedene Werte von λ_0 und ϱ_g folgen die in der nachstehenden Tabelle angeführten Werte von $\mu/2$; dabei wurde der dem negativen Vorzeichen von $\sin \varrho_g$ entsprechende kleinere Wert von $\mu/2$ in Betracht gezogen. Er gilt für das Verschwinden der aktiven plastischen Zonen an den Ulmen. Das positive Vorzeichen liefert den größeren Wert, der das Auftauchen von passiven plastischen Zonen an den Ulmen anzeigt; er ist aber für die vorliegenden Untersuchungen ohne Belang.

Tabelle 6. $\mu/2$ für $\varrho_g = 30° \cdots 45°$

λ_0	30°	35°	40°	45°
0,30	0,675	0,575	0,482	0,395
0,35	0,663	0,565	0,473	0,386
0,40	0,650	0,554	0,464	0,381
0,45	0,638	0,544	0,455	0,373
0,50	0,625	0,533	0,447	0,366

Nachdem $\mu = \dfrac{2p_a}{p_v}$ gewählt wurde, folgt für das Verhältnis $p_a : p_v = \mu/2$; setzt man schließlich $p_v = \gamma_g h$, wobei h die Überlagerungshöhe in der waagrechten Achse des Ausbruches ist, so ergibt sich

$$p_a = \frac{\mu}{2} \cdot \gamma_g h \,. \tag{29}$$

Das heißt also, daß beispielsweise für $\varrho_g = 35°$ und Werte von λ_0, die zwischen 0,30 und 0,50 liegen, zur Erfüllung der Bedingung, daß die plastischen Zonen an den Ulmen verschwinden, ein drehsymmetrischer Widerstand notwendig ist, der zwischen $0,575 \, \gamma_g h$ und $0,533 \, \gamma_g h$ liegt. Hierbei fällt besonders auf, daß der erforderliche Widerstand mit wachsenden λ_0-Werten keine besonders starke Veränderung erfährt.

Während beim Fels das Auftreten von plastischen Zonen bei Entlastung, also bei Wegfall der Stützung, nicht unmittelbar eintreten muß, ist dies bei kohäsionslosem Lockergebirge unbedingt und unmittelbar der Fall. Das Auftreten von plastischen Zonen muß daher bei kohäsionslosem Lockergebirge in diesem Sinne beurteilt werden. Die in der obigen Tabelle enthaltenen $\mu/2$ Werte stellen aber keine wirkliche Belastung dar, sondern es handelt sich um ein Stabilitätsproblem. Bei einem solchen kann man sich mit einem niedrigeren Sicherheitsgrad begnügen, als in der Statik der Baukonstruktionen mit einer tatsächlich erfaßbaren Belastung.

Man kann überdies jene radiale Pressung ermitteln, die ein rasches Schrumpfen ausgedehnter plastischer Zonen herbeiführt. In diesem Fall wird sich auch der Sicherheitsgrad höher ergeben, als oben angeführt (Abb. 37).

39. Grundsätzliches über die Belastung eines Tunnels oder Stollens im kohäsionslosen Lockergebirge

Die bisher vorliegenden Berechnungsweisen für die Belastung eines Tunnels oder Stollens in kohäsionslosem Lockergebirge gehen fast ausschließlich von der Voraussetzung aus, daß der Ausbau nachgiebig ist und Bewegungen im Gebirge auslöst, die zu Verspannungserscheinungen führen oder die Abtrennung eines Bruchkörpers bewirken. Dies ist beim traditionellen Holzausbau zu erwarten, stellt aber nach neueren Gesichtspunkten eine unerwünschte Störung des Gebirges dar. Aus diesem Grunde ist man daher bestrebt, die Auflockerung des Gebirges auch durch den zeitweiligen Ausbau nach Tunlichkeit zu vermeiden, und diese Forderung ist mit den neueren Bauweisen auch in weitgehendem Ausmaß erreichbar. Auf alle Fälle muß aber die Auflockerung mit der Anordnung des endgültigen Ausbaues im großen und ganzen abgeschlossen sein. Hohlräume zwischen Mauerung und Gebirge sollen verschlossen werden und auch das Verbleiben von Holzteilen ist unerwünscht, weil sie die Ursache von späteren Auflockerungen bilden können. Wenn aber Getriebezimmerung nicht vermeidbar ist, dann soll man Stahlpfähle und Stahlrüstung verwenden, die an Ort und Stelle bleiben und alle doch noch entstehenden Hohlräume durch Zementmörtelinjektionen verschließen. Es ist also heute als baulicher Grundsatz zu werten, die Auflockerung während der Ausbruchsarbeiten nach Tunlichkeit und nach erfolgtem Abschluß der Mauerungsarbeiten unbedingt zu vermeiden. Damit fällt aber die Voraussetzung für die älteren Berechnungsweisen, und es bleiben nur folgende Möglichkeiten offen:

a) Bei geringer Überlagerungshöhe wird man die für den Ausbau wirkenden Belastungen derart wählen, daß sie den ursprünglichen primären Spannungszustand im Gebirge wiederherszutellen vermögen. Man wird also, wenn tektonische Spannungen nicht in Betracht kommen, die lotrechte Spannung p_v und die waagrechte $\lambda_0 p_v$ wählen. Sollte hinsichtlich der Ruhedruckziffer λ_0 Ungewißheit bestehen, so wird man dafür den Rankineschen Wert λ_{Ra} wählen, der kleiner ist als die Ruhedruckziffer λ_0. Die Querschnittsform wird bei geringer Überlagerungshöhe der Belastung angepaßt, ein Maulprofil oder ein Eiprofil sein.

b) Bei größerer Überlagerungshöhe gibt die Theorie der plastischen Zonen eine Möglichkeit, die Belastung zu ermitteln. Nachdem hierbei die Massenkräfte keine entscheidende Rolle spielen, wird man den Querschnitt der Kreisform nähern und jene radiale Pressung als Belastung annehmen, die im Stande ist, die plastischen Zonen an den Ulmen zum Verschwinden zu bringen. Diese Belastung ist keine tatsächliche, sondern nur eine rechnungsmäßige. Aus diesem Grunde kann man den Sicherheitsgrad ν entsprechend niedriger ansetzen, als es bei sonstigen Bauten

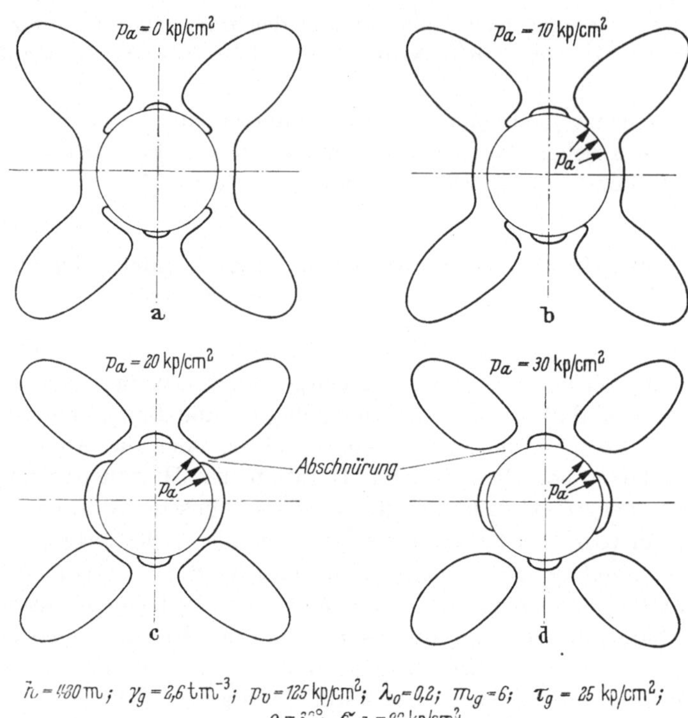

$$h = 480 \,\mathrm{m}; \quad \gamma_g = 2{,}6\,\mathrm{tm}^{-3}; \quad p_v = 125\,\mathrm{kp/cm}^2; \quad \lambda_0 = 0{,}2; \quad m_g = 6; \quad \tau_g = 25\,\mathrm{kp/cm}^2;$$
$$\rho = 30°; \quad \sigma_{gd} = 36\,\mathrm{kp/cm}^2$$

Abb. 37. Plastische Bereiche in der Umgebung eines kreisrunden Tunnelausbruchquerschnittes in Abhängigkeit von einem drehsymmetrisch wirkenden Widerstand p_a.

üblich ist. Ein Wert von $\nu = 1{,}5$ sollte dabei als unterste Grenze gelten. Nun sind aber plastische Zonen von geringer Ausdehnung in der Nähe des Ausbruchsquerschnittes bedeutungslos, weshalb auch aus diesem Grunde ein geringerer Sicherheitsgrad möglich ist. Man kann überdies jene Radialpressung ermitteln, die ein rasches Schrumpfen ausgedehnter plastischer Zonen herbeiführt (Abb. 37). In diesem Falle wird sich auch der Sicherheitsgrad höher ergeben als früher angeführt.

Kapitel VII

Bemessung bei echtem Gebirgsdruck

40. Allgemeine Gesichtspunkte

Bei der Besprechung der Gebirgsdruckerscheinungen wurde abgesehen vom Schwelldruck im großen und ganzen zwischen dem Auflockerungsdruck und dem echten Gebirgsdruck unterschieden. Wenn man die Methoden überblickt, die zur Berechnung von Tunnel- und Stollenauskleidungen früher entwickelt wurden, so kann man feststellen, daß diese fast ausschließlich auf den Erscheinungen des Auflockerungsdruckes beruhen und von der Erddrucklehre ausgehen. Die dabei gewonnenen Ergebnisse wurden dann bedenkenlos auf den Fall des echten Gebirgsdruckes angewendet, obwohl es sich bei diesem um eine grundsätzlich verschiedene Erscheinung handelt. Die Aufgabe der Verzimmerung oder Ausmauerung eines Tunnels oder Stollens besteht bei Auftreten von echtem Gebirgsdruck nicht in der Aufnahme einer Belastung, sondern darin, daß das Gebirge zur tragenden Mitwirkung herangezogen bzw. daß diese tragende Mitwirkung sichergestellt wird. Dem Ausbau fällt dabei die Aufgabe zu, die plastische Durchbewegung des Gebirges zu hemmen oder die Möglichkeit einer solchen Durchbewegung von vorneherein zu verhindern. Nachdem das Gebirge dabei in der Umgebung des Ausbruchshohlraumes in einer mehr oder weniger umfangreichen Zone bis an die Grenze seiner Tragfähigkeit beansprucht ist, liegt eine Stabilitätsproblem vor.

Die erwähnte plastische Durchbewegung des Gebirges kann in einer Verformung mit Aufrechterhaltung der Kohäsion bestehen, wie die Beispiele im Haselgebirge gezeigt haben (Abschnitt 29). Sie ist aber in den meisten Fällen mit Gleitbrucherscheinungen verbunden (Bruchfließen).

Die Gebirgsdruckerscheinungen zeigen sich fast immer schon beim Richtstollenvortrieb an, wo sich die unter Druck gelangenden Strecken sehr bald abgrenzen lassen. Dabei ist zu erwähnen, daß man Tunnel oder Stollen mit großen Querschnittsabmessungen, in denen echter Gebirgsdruck zu erwarten ist, wohl immer zuerst mit Richtstollen erschließen wird. Die neuere Entwicklung geht zwar dahin, die Ausbruchsarbeiten möglichst mit vollem Querschnitt durchzuführen, weil damit Arbeitsgänge erspart werden können und weil ferner die großräumige Arbeitsweise wirtschaftliche Vorteile erzielen läßt und eine vollkommenere Ausnützung der Leistungsfähigkeit der Geräte gestattet. Aber dieser Entwicklung sind Grenzen gesetzt. Wenn schwierige Verhältnisse von vorneherein zu erwarten sind oder sich anzeigen, bleibt doch nichts übrig, als zur traditionellen Bauweise mit Richtstollen zurückzukehren. Allerdings soll der Richtstollen einen entsprechend großen Querschnitt bekommen. Die Äußerung ANDREAES, daß die Arbeiten in zu kleinen Querschnitten bei Auftreten von Druckerscheinungen ungeheuer erschwert werden und unter Umständen zum Erliegen kommen können, ist von außerordentlichem Wert [3f].

7*

Daß der Richtstollenvortrieb bei Auftreten von echtem Gebirgsdruck keinesfalls an Bedeutung verloren hat, darüber berichtet KOBILINSKY [77]. Er kommt zu dem Ergebnis, daß der Vortrieb des 11,7 km langen Druckstollens des Kraftwerkes Randens im vollen Querschnitt (43 m²) unter dem Grand Arc nicht rascher erfolgte, als jener mit Richtstollen, weil der durchschnittliche tägliche Fortschritt nicht größer war, als z. B. beim Bau des Simplon-Tunnels. Der Vorteil lag in der Ersparung von Arbeitskraft. Der Vortrieb mit vollem Querschnitt soll der zutreffenden Auffassung des genannten Autors nach nur angewendet werden, wenn die geologischen Verhältnisse günstig sind.

ANDREAE berichtet [3f], daß im Jahre 1948 der Stollen des Kraftwerkes Lavey, dessen Ausbruchsquerschnitt 65 m² betrug und der mit mehr oder weniger Erfolg im vollen Querschnitt aufgefahren wurde, auf eine 150 m mächtige Triaspartie stieß; sie zwang dazu, den Ausbruch mit vollem Querschnitt aufzugeben und den weiteren Vortrieb mit einem Firststollen durchzuführen.

Der Richtstollenvortrieb bringt also die Möglichkeit der Abgrenzung der druckhaften Strecken. Damit ist man in die Lage versetzt, hinsichtlich der Bauweise die notwendigen Vorkehrungen zu treffen und für die Bemessung, die vor dem Vollausbruch erfolgen muß, die notwendige Klarheit zu schaffen. Um zu einer Voraussetzung für die Formgebung und Auskleidung zu gelangen, ist im Sinne der Deutung des echten Gebirgsdruckes zunächst festzustellen, ob sich das Gebirge primär im elastischen oder plastischen Zustand befand.

Im ersteren Fall, also bei primär elastischem Zustand, ist noch folgende Unterscheidung zu treffen:

a) Wenn die Seitendruckziffer $\lambda_0 = p_h : p_v$ das Verhältnis der waagrechten zur lotrechten Pressung im ungestörten Gebirge einen großen Wert besitzt, so besteht die Möglichkeit einer Schutzhüllenbildung in dem in Abschnitt 27 dargelegten Sinn. Dem Tunnelausbau fällt dann die Aufgabe zu, den plastischen Tragkörper der Schutzhülle zu stabilisieren bzw. die freien Gleitflächen am Ausbruchsrand durch die Auskleidung zu sperren.

b) Sofern jedoch die Seitendruckziffer λ_0 kleinere Werte hat, ist die Schutzhüllenbildung nur dann möglich, wenn sich die plastischen Zonen auf die unmittelbare Nähe des Ausbruchsquerschnittes beschränken. Wenn sich aber die plastischen Zonen kreuzförmig weit in das Gebirge hinein erstrecken, dann kommt es zu starken Gebirgsdruckerscheinungen verbunden mit Stauchungen im First- und Sohlenbereich, und die Schutzhüllenbildung ist nicht möglich.

Im zweiten Falle, wo sich das ungestörte Gebirge bis zu einer gewissen Höhe über dem Hohlraum primär im latent-plastischen Zustand befindet, löst die Herstellung eines Hohlraumes, solange er noch keinen Ausbau erhalten hat, unvermeidlich Gebirgsbewegungen aus, die ihn von allen Seiten zu schließen trachten.

Wenn nach Aufschluß des Richtstollens durch die Art der Druckerscheinungen festgestellt worden ist, in welche der dargelegten Gruppen die Gebirgsdruckerscheinungen fallen, dann können die entsprechenden Maßnahmen für Formgebung und die Bemessung des Ausbaues frühzeitig getroffen werden. Jede während der Arbeit notwendig werdende Änderung des Bauvorganges bringt Verzögerungen und erfordert beträchtliche Kosten, die den Zeitverlust und den Mehraufwand des Richtstollenvortriebes meist übersteigen.

41. Formgebung des Ausbaues

Die Darlegungen des Kap. V haben einen Einblick in das Wesen des echten
Gebirgsdruckes gebracht, und es ist Aufgabe der Formgebung und Bemessung
einer Tunnel- oder Stollenauskleidung, seiner Wirkung zu begegnen. Vor der Behandlung der Bemessungsaufgaben ist es aber notwendig, über die aus statischen
Erwägungen richtige und zweckmäßige Form des Auskleidungsquerschnittes zu
sprechen. Die älteren Querschnittsformen betonten die Unterteilung in die beiden
Widerlager, das Firstgewölbe und das Sohlgewölbe, sofern letzteres als notwendig
erachtet wurde. Dabei war die Querschnittsgestaltung und Bemessung auch bei
Auftreten von echtem Gebirgsdruck den aus der Erddrucklehre hergeleiteten Anschauungen über den Auflockerungsdruck angepaßt und durch die Annahme eines

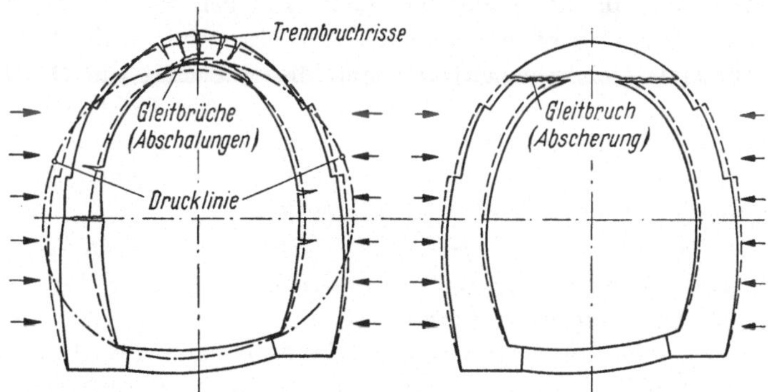

Abb. 38. Bruch der Ausmauerung eines Tunnels infolge starken von den Ulmen
ausgehenden echten Gebirgsdruckes;

a) wenn das Gebirge die Möglichkeit hat nach oben auszuweichen (Trennbruchrisse und Absplitterungen);
b) bei unnachgiebigem First (Scherrisse) [108a].

überwiegenden Firstdruckes bestimmt. Der echte Gebirgsdruck wirkt aber, sofern
er in mäßigen Grenzen bleibt, an den Ulmen; bei starken Druckerscheinungen wird
durch das Ausquetschen der über dem First und unter der Sohle liegenden Gesteinspartien ein allseitiger Druck hervorgebracht. Allseitiger Druck ist auch zu erwarten,
wenn das Gebirge primär eine hohe Seitendruckziffer aufwies und dann ringsum
zur Einengung des Hohlraumes drängte. Der echte Gebirgsdruck wirkt also an den
Ulmen oder aber von allen Seiten des Ausbruchsquerschnittes.

Nun stelle man sich einen Auskleidungsquerschnitt vor, wie er früher üblich
war (Abb. 38), und beurteile sein Verhalten unter der Wirkung eines seitlichen
Druckes. Man erkennt sofort, daß die starken Widerlager nutzlos sind und daß
First- und Sohlengewölbe schwache Teile der Auskleidung bilden. In den beiden
Gewölben rückt die Drucklinie nahe an den Innenrand der Auskleidung heran.
Schäden durch Überschreiten der Druckfestigkeit des Betons oder des Mauer-
werks, die sich in Form von Abschalungen zeigen, sind die häufige Folge [108a].
Diese Erscheinung wird noch begünstigt, wenn zwischen dem Gewölbe und dem
Gebirge ein Hohlraum verblieben ist oder wenn Holzteile des zeitweiligen Aus-
baues, wie etwa die Verpfählung, nicht entfernt wurden. Daraus ergibt sich die

Folgerung, daß es notwendig ist, durch entsprechende Bauweisen den Holzeinbau überhaupt zu vermeiden und für einen satten Anschluß des Gewölbes an das Gebirge durch Kontaktinjektionen zu sorgen.

Nachdem der echte Gebirgsdruck hauptsächlich an den Ulmen wirksam ist, würde eigentlich ein elliptischer Querschnitt mit waagrechter großer Achse den statischen Verhältnissen entsprechen, wobei überdies die größte Mauerungsdicke im First und an der Sohle vorgesehen werden sollte [104a, 104b, 108a]. Tatsächlich zeigt sich beispielsweise im Haselgebirge, daß der Ausbruchsquerschnitt durch wiederholte Nachbrüche an den Ulmen eine elliptische Form anzunehmen sucht, wobei die große Achse senkrecht zur Richtung der größeren Hauptnormalspannung liegt. Ein elliptischer Querschnitt ist aber aus mancherlei Gründen meist nicht erwünscht; es ist ihm der Kreisquerschnitt vorzuziehen, für den die bei gutem Kontakt zwischen Ausmauerung und Gebirge zu erwartende Mitwirkung des Gebirgswiderstandes spricht. Wenn das satte Anliegen des Auskleidungsbetons an das Gebirge gewährleistet ist, dann tritt im First und an der Sohle Gebirgswiderstand (passiver Gebirgsdruck) auf, und dieser zwingt die Drucklinie vom Innenrand der Ausmauerung gegen die Mitte derselben hin. Der Gebirgswiderstand hat zur Folge, daß die Belastungs- und Spannungsverteilung einem drehsymmetrischen Zustand zustreben, d. h., daß die Drucklinie von der kreisförmigen Achse des Auskleidungsquerschnittes nicht stark abweicht.

Man kommt also zu dem Ergebnis, daß bei Auftreten von echtem Gebirgsdruck für die Ausmauerung der Kreisringquerschnitt mit ringsum gleicher Dicke die richtige und deshalb auch wirtschaftlichste Form darstellt.

Wenn man bei dem Kreisringquerschnitt das Sohlengewölbe erst nach der Herstellung der übrigen Verkleidungsteile ausführt, dann sind Aufstandsflächen für die Widerlager nach Abb. 38 empfehlenswert. Der dann am Widerlagerfuß auftretende einspringende Winkel ist zwar wegen der Kerbwirkung nicht günstig. Dies gilt aber nur, solange der Ausbruch freisteht; sobald der Widerlagerbeton eingebracht und erhärtet ist, wirkt der Betonzwickel wie eine Knagge und der vorübergehend bestandene Nachteil ist ausgeschaltet. Wenn man aber die Sohle, wie dies meist der Fall ist, vorweg herstellt, um sie als Unterlage für das Gleis des Schalungstransportwagens oder des Betonierzuges zu verwenden, dann können auch die Mehrausbrüche und der Mehrbeton für die Widerlagerfüße entfallen, und die Auskleidung gewinnt die als am günstigsten erkannte Form des Kreisringquerschnittes.

Der Fall liegt hier ganz ähnlich wie bei den Abtreppungen von Fundamentflächen, die bei Gründungsarbeiten im Fels beispielsweise bei Staumauern häufig ausgeführt werden. Solche veralteten Vorstellungen entsprungene Maßnahmen stellen meist nicht nur keine Verbesserung der Kraftübertragung zwischen Baukörper und Gebirge dar, sondern führen zu bedeutenden örtlichen Spannungshäufungen sowohl im gekerbten Bauwerk als auch im Fels.

Aus Gründen der praktischen Baudurchführung wird manchmal auch bei echtem Gebirgsdruck ein hufeisenförmiges Profil gewählt, wodurch eine etwas größere Breite der Sohlenfläche geschaffen wird. Die Größe und Intensität des Gebirgsdruckes wird entscheidend dafür sein, ob dies zweckmäßig ist, denn jede Verschärfung der Krümmung bringt eine Erhöhung der Randspannungen. Bei starkem Gebirgsdruck, insbesondere dann, wenn mit einem verminderten Sicherheitsgrad das Auslangen gefunden werden muß (s. Abschnitt 76), wird man nach Tunlichkeit den Kreisringquerschnitt wählen.

Bisher sind in der Frage der Formgebung nur statische Gesichtspunkte berücksichtigt worden, die aber allein nicht maßgebend sind. Die Zweckbestimmung des Bauwerkes verlangt oft eine andere Querschnittsgestaltung. So ist beispielsweise bei einem eingleisigen Eisenbahntunnel mit Rücksicht auf die Unterbringung der Fahrleitung bei elektrischem Betrieb ein hochstehendes Ovalprofil erwünscht.

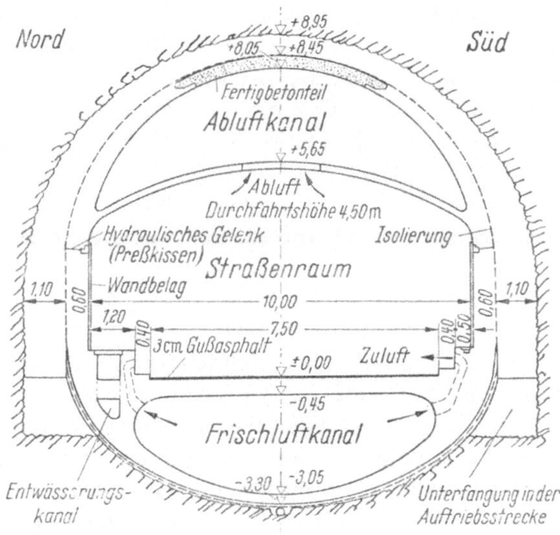

Abb. 39. Regelquerschnitt des Wagenburg-Tunnels in Stuttgart [51].

Bei Straßentunneln ist die Anordnung der Lüftung bei der Querschnittsgestaltung bedeutungsvoll. Im allgemeinen drängt aber die Zweckbestimmung bei Straßentunneln zur Wahl eines Querschnittes, dessen Breite größer ist als die Höhe. Die Einhaltung ähnlicher Forderungen ist aus wirtschaftlichen Gründen wichtig und die Gestaltung eines Tunnel- oder Stollenquerschnittes wird daher immer eine Kompromißlösung darstellen, bei der aber die Bedeutung des Gebirgsdruckes nicht unterschätzt werden darf, oder manchmal an erster Stelle zu berücksichtigen ist.

Den nachfolgenden statischen Untersuchungen wird im Sinne der obigen Darlegungen grundsätzlich der Kreisringquerschnitt mit ringsum gleicher Dicke zugrunde gelegt. Damit soll aber auch zum Ausdruck gebracht werden, daß bei Auftreten von echtem Gebirgsdruck die Ausführung des Sohlengewölbes zu empfehlen ist. Von dieser Regel sollte nur bei schwachen Gebirgsdruckerscheinungen abgegangen werden, wenn überdies dafür gesorgt wird, daß die Widerlager in ihrer Aufstandsfläche einen hinreichenden Widerstand gegen waagrechte Verschiebung zu leisten vermögen.

Die dargelegten Gesichtspunkte gelten auch für Querschnitte von großen Ausmaßen, wie das Beispiel des Wagenburg-Tunnels in Stuttgart zeigt (Abb. 39) [51].

Bei der Besprechung der Gebirgsdruckerscheinungen wurden wiederholt die Erfahrungen, die beim Bau des Simplon-Tunnels gewonnen wurden, herangezogen.

Dies geschah wegen der Einzigartigkeit dieses Bauwerkes, welches nicht bloß durch seine Länge, sondern auch durch die besonderen Schwierigkeiten, die bei der Herstellung zu überwinden waren, bedingt ist; aber noch ein weiterer Grund war dafür maßgebend. In neuester Zeit gibt die Verkehrsentwicklung die Veranlassung, sich mit einer dem europäischen Gedanken entsprechenden Überwindung des den deutschen Raum vom Mittelmeergebiet trennenden Alpenkammes zu befassen. Es sind dies die Projekte für Flachbahnen, die notwendigerweise Tunnelbauten von außerordentlicher, bisher noch nicht in Betracht gezogener Länge erfordern. Von den Projekten, die sich die Lösung der modernen Verkehrsprobleme zur Aufgabe gemacht haben, sollen zwei herausgegriffen werden, u. zw. die Flachbahn durch das Gotthardmassiv und jene im Bereich der Brennersenke.

Vorerst der Entwurf für einen *Gotthard-Basistunnel*, der sich zwischen den Orten Amsteg auf der schweizerischen Seite, 550 m ü. M. und Bodio auf der italienischen Seite, 290 m ü. M. erstreckt und eine Gesamtlänge von 48 km erhalten würde. Der Querschnitt ist für eine zweigleisige Bahnstrecke, darüber für eine Straße und im dritten Stockwerk für die Längslüftung vorgesehen. Im obersten Stockwerk sollen überdies elektrische Hochspannungsleitungen geführt werden. Aus dieser räumlichen Anordnung ergibt sich zwangsläufig ein hochgestelltes, ovales Profil, das im Ausbruch die beträchtliche Höhe von rd. 20 m aufweisen wird, wobei die Breite des vorgesehenen Größtausbruches 15,30 m betragen wird. Die größte Überlagerungshöhe wird 2200 m erreichen, also jener des Simplon-Tunnels gleichkommen. Die Darlegungen über den echten Gebirgsdruck (Kap. V) lassen erkennen, daß der Entwurf dieses Querschnittes von den Anschauungen über den Auflockerungsdruck beeinflußt wurde, nicht jedoch der Eigenart des echten Gebirgsdruckes Rechnung trägt. Nachdem aber bei diesem Projekt mit echtem Gebirgsdruck auf große Erstreckung gerechnet werden muß, wird die geplante Querschnittsform kaum ausführbar sein. Der Seitendruck wird voraussichtlich schon während des Baues zu einer Verschiebung der Widerlager führen und dies um so mehr, als die Zwischendecken aus Fertigbetonteilen erst zu einem späteren Zeitpunkt eingezogen werden sollen. Aber auch nachdem dies geschehen ist, werden sich in den schwachgekrümmten Widerlagern erhebliche Biegebeanspruchungen geltend machen und die entsprechenden Schäden zur Folge haben. Um dies zu erweisen, wird neben dem geplanten Querschnitt des Gotthard-Basistunnels ein Druckquerschnitt des Simplon-Tunnels dargestellt; beim Vergleich der beiden Querschnitte erkennt man, mit welchen Schwierigkeiten bei der Ausführung dieses Projektes zu rechnen sein würde (Abb. 40).

Die Ausgestaltung des Brenner-Weges erfolgt, soweit man dies bis jetzt erkennen kann, in einer ganz anderen Art. Zunächst wird die Straßenverbindung vollständig getrennt von der Bahnverbindung im wesentlichen obertägig als Autobahn geführt. Mit den Arbeiten an dieser Autobahn ist bereits im Jahre 1959 begonnen worden. Unabhängig davon wird die Bahnverbindung zwischen Garmisch-Partenkirchen und Telfs in Tirol sowie zwischen Innsbruck und dem Passeiertal an die Basis der Kämme der Nord- und Zentralalpen verlegt. Bei diesen Planungen ergibt sich unter dem Alpenhauptkamm eine Tunnellänge von 40—50 km. Die größte Überlagerungshöhe würde 2800 m betragen. Wohl werden sich auch bei dieser Linienführung Erscheinungen des echten Gebirgsdruckes einstellen; aber ein zweigleisiger Eisenbahntunnel erfordert nicht den großen Quer-

schnitt eines Straßentunnels und läßt sich der Kreisform sehr gut anpassen, d. h.,
die Formgebung kann leicht dem Gebirgsdruck entsprechend erfolgen.

Als Abschluß dieser Darlegungen wird noch der im Jahre 1958 fertiggestellte
Wagenburg-Tunnel in Stuttgart erwähnt [51]. Es ist dies ein Doppeltunnel, dessen
Stränge einen Abstand von 20—30 m besitzen, die aber nur die geringe Länge von
875 m aufweisen. Bei dem anstehenden Gipskeuper machten sich beim Bau man-

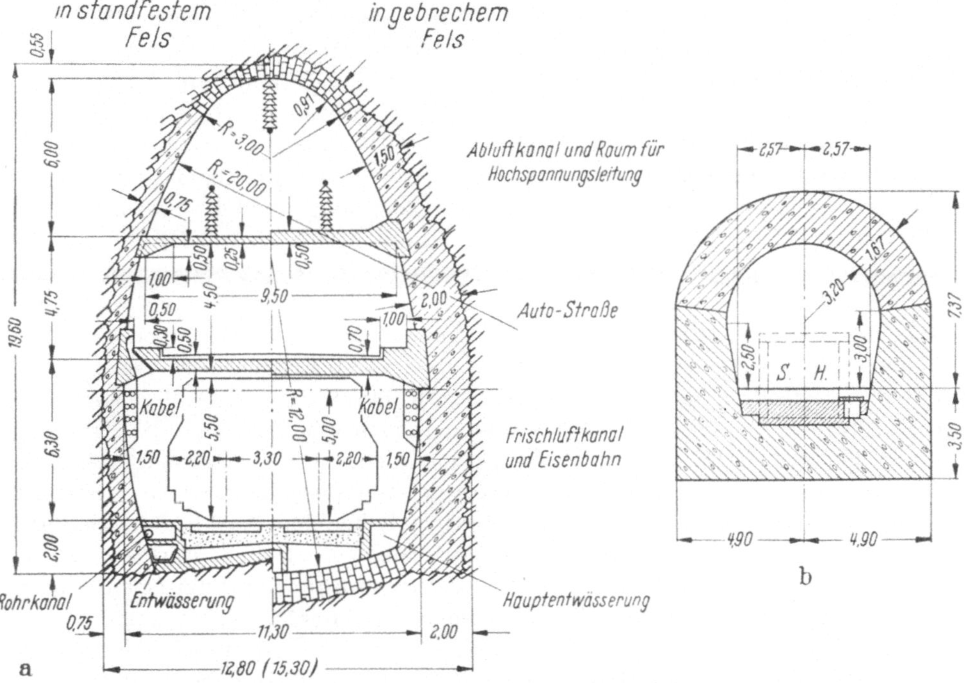

Abb. 40. Vergleich des Regelquerschnittes für den geplanten Gotthard-Basistunnel [44]
mit einem Druckquerschnitt des Simplon-Tunnels [3 e].

cherlei Schwierigkeiten geltend. Vor allen Dingen traten in der mittleren Strecke
beträchtliche Sohlenhebungen auf, die dazu nötigten, ein entsprechend geformtes
Sohlengewölbe auszuführen. Die räumliche Disposition wurde dieser Forderung
gerecht, und die Straße sowie die Lüftungseinrichtungen konnten in einem nahezu
kreisförmigen Querschnitt untergebracht werden, wobei der Straßenraum von
10 m Breite in der Mitte des Querschnittes, der Frischluftkanal unterhalb der
Fahrbahn und der Abluftkanal im Firstbereich angeordnet wurden (Abb. 39).

42. Bemessung der Tunnel- oder Stollenauskleidung bei primär elastischem Zustand und großem Wert der Seitendruckziffer

a) Theoretische Grundlagen

Wenn die Seitendruckziffer λ_0 des ungestörten Gebirges große Werte erreicht,
kann bei der Bemessung des Hohlraumausbaues der Idealfall $\lambda_0 = 1$ angewendet
werden. Über die Zulässigkeit dieser Annahmen entscheidet das Bild der Begrenzung der plastischen Zonen. Obwohl diese Begrenzung — selbst bei genauer

Kenntnis der Eigenschaften des Gebirges, im besonderen der einachsigen Gebirgsdruckfestigkeit und des Winkels des inneren Gleitwiderstandes — nur näherungsweise ermittelt werden kann, so erlaubt der dabei gewonnene Einblick doch ein
Urteil darüber, ob die Heranziehung des Idealfalles $\lambda_0 = 1$ statthaft ist. Sofern
dies zutrifft, kann die Mächtigkeit der plastischen Zone und der im Gebirge herrschende Spannungszustand für $\lambda_0 = 1$ bei Vernachlässigung der Massenkräfte
ermittelt werden. Dies gilt also unter der Voraussetzung einer einigermaßen großen
Überlagerungshöhe des Hohlraumes, eine Voraussetzung, die ja beim Auftreten
von echtem Gebirgsdruck fast immer gegeben sein wird.

Der sekundäre Spannungszustand im Gebirge ist für den Fall, daß am Ausbruchsrand eine vollständige Entlastung eintritt, bereits im Kap. IV behandelt
worden. Nunmehr wird angenommen, daß ein Widerstand der Auskleidung hinzutritt. Er wird, um die Drehsymmetrie nicht zu stören, in Form eines ringsum gleichmäßigen Druckes p_a angenommen. Dagegen mag eingewendet werden, daß die
Wirkung des Gebirgsdruckes sich vielfach nur an den Ulmen äußert, während der
Firstdruck gering oder überhaupt nicht vorhanden ist, so daß also nur ein Widerstand im Bereich der Ulmen notwendig wäre. Die Beispiele des Abschnitts 20 haben
aber gezeigt, daß Ausquetschungen im First und an der Sohle doch auftreten
können. Das ist aber nicht entscheidend; die neueren Erkenntnisse verlangen ja,
daß die Auskleidung des Tunnels ringsum in Kontakt mit dem Gebirge steht und
die in der letzten Zeit entwickelten Baumethoden erlauben auch die Erfüllung
dieser Forderung. Dann wird aber durch jede elastische Verformung des Auskleidungsringes infolge des Ulmendruckes der Gebirgswiderstand im First- und
Sohlenbereich geweckt und die Spannungen zwischen dem Auskleidungsring und
dem Gebirge werden von dem drehsymmetrischen Verlauf nicht stark abweichen.
Die in radialer Richtung am Kontakt zwischen Auskleidung und Gebirge herrschenden Spannungen werden mit p_a bezeichnet (Abb. 41).

Es ist angezeigt, an dieser Stelle einige weitere Hinweise für die Formgebung
der Auskleidung bei Auftreten von echtem Gebirgsdruck zu geben. Die Sohle ist
in diesem Falle ein Bestandteil der Auskleidung, dessen Bedeutung nicht hoch
genug eingeschätzt werden kann. Sehr häufig begnügt man sich, aus praktischen
Erwägungen und um an Kosten zu sparen, mit einer flachgewölbten Sohle, deren
Dicke geringer ist, als die des Gewölbes. Die Drehsymmetrie der Belastung, die
angenähert bestehen wird, verlangt jedoch einen Kreisringquerschnitt mit durchaus gleicher Dicke. Bei der folgenden Berechnung wird grundsätzlich eine kreis-
querschnittige Auskleidung mit ringsum gleicher Dicke angenommen.

Die im Abschnitt 19 durchgeführte Berechnung ist für die vorliegende Aufgabe
bis zur Lösung der Differentialgleichung der Airyschen Spannungsfunktion unver-
ändert verwendbar. Diese Lösung lautet

$$F = C_1 \frac{r^{\zeta+1}}{\zeta + 1} - \frac{\sigma_{gd}}{\zeta - 1} \frac{r^2}{2} + C_2. \tag{1}$$

Die Randbedingung für $r = r_a$, nämlich

$$\sigma_{rp} = p_a, \tag{2}$$

ergibt, in die Gl. (1) und (28) im Abschnitt 19 eingeführt, die Integrationskonstante C_1 wie folgt

$$C_1 = \frac{1}{r_a^{\zeta-1}}\left(p_a + \frac{\sigma_{gd}}{\zeta-1}\right). \tag{3}$$

Die Integrationskonstante C_2 kommt in den plastischen Spannungen nicht vor, die sich daher wie folgt ausdrücken lassen:

$$\left.\begin{aligned}
\sigma_{rp} &= \left(\frac{r}{r_a}\right)^{\zeta-1}\left(p_a + \frac{\sigma_{gd}}{\zeta-1}\right) - \frac{\sigma_{gd}}{\zeta-1} \\
\sigma_{tp} &= \left(\frac{r}{r_a}\right)^{\zeta-1}\zeta\left(p_a + \frac{\sigma_{gd}}{\zeta-1}\right) - \frac{\sigma_{gd}}{\zeta-1} \\
\tau_p &= 0
\end{aligned}\right\}. \tag{4}$$

Die Spannungen im elastischen Bereich, der gegen den plastischen Tragkörper im Querschnitt durch einen Kreis mit dem Halbmesser r_0 begrenzt ist, betragen, wenn an der Trennungsfläche die zunächst allgemein angenommene drehsymmetrische radiale Druckspannung σ_{r0} angreift

$$\left.\begin{aligned}
\sigma_{re} &= p\left(1 - \frac{r_0^2}{r^2}\right) + \sigma_{r0}\frac{r_0^2}{r^2} \\
\sigma_{te} &= p\left(1 + \frac{r_0^2}{r^2}\right) - \sigma_{r0}\frac{r_0^2}{r^2} \\
\tau_e &= 0
\end{aligned}\right\}. \tag{5}$$

Aus der Bedingung, daß für die Grenze der plastischen Zone $r = r_0$

$$\sigma_{rp} = \sigma_{r0} \quad \text{und} \quad \sigma_{tp} = \sigma_{te} \tag{6}$$

gelten muß, ergibt sich schließlich für die Begrenzung der plastischen Zone der Wert

$$r_0 = r_a\left[\frac{2}{\zeta+1}\frac{\sigma_{gd} + p(\zeta-1)}{\sigma_{gd} + p_a(\zeta-1)}\right]^{\frac{1}{\zeta-1}}. \tag{7}$$

Bei wachsendem Widerstand p_a nimmt die Notwendigkeit zur Aufnahme der Radialspannungen σ_{r0}, den inneren Gleitwiderstand in der plastischen Zone in Anspruch zu nehmen, ab, die plastische Zone schrumpft daher und verschwindet, wenn die Bedingung

$$r_0 = r_a \tag{8}$$

gilt. Durch Einsetzen dieser Bedingungsgleichung in die Gl. (7) erhält man die Beziehung für die Herstellung des elastischen Spannungszustandes im Gebirge. Sie lautet:

$$p_a = \frac{2p - \sigma_{gd}}{\zeta+1}. \tag{9}$$

Die gewonnenen Beziehungen mögen an einem Beispiel erörtert werden, wobei die Annahmen jenen für das Beispiel c) im Abschnitt 35 gleichen. Die einachsige Druckfestigkeit des Gebirges betrage $\sigma_{gd} = 20\ \text{kp/cm}^2$. Es entspricht dies jenem

Wert, den beispielsweise der im nördlichen Alpenvorland in großer Mächtigkeit auftretende Flinz aufweist. Der Winkel des inneren Gleitwiderstandes sei im Mittel $\varrho_g = 30°$. Der allseitig gleich angenommene Überlagerungsdruck besitze den Wert von $p_v = p_h = p = 120 \text{ kpcm}^{-2}$; ihm entspricht bei dem experimentell festgestellten Raumgewicht von $\gamma_g = 2{,}0 \text{ tm}^{-3}$ eine Überlagerungshöhe von 600 m. Für $p_a = 0{,}10$ und 20 kpcm^{-2} wurden mit Hilfe von Gl. (7) die Grenzen der jeweiligen plastischen Zonen und aus Gl. (4) und (5) die Spannungen im plastischen und elastischen Bereich ermittelt. Man erkennt aus ihrer Darstellung in Abb. 37, daß die Dicke der plastischen Zonen mit wachsendem Widerstand p_a abgeschnürt wird. Ferner ist daraus zu ersehen, daß die größte auftretende Tangentialspannung an der Grenze zwischen elastischem und plastischem Bereich unabhängig vom Widerstand der Auskleidung p_a ist und daß die Radialspannungen an dieser Stelle gleichfalls einen konstanten Wert besitzen.

b) Berechnungsverfahren

Bei unausgekleidetem Tunnel oder Stollen wird die an der Grenze der plastischen Zone auftretende Radialspannung zur Gänze vom inneren Gleitwiderstand der plastischen Zone aufgenommen, die als Tragkörper wirkt. Der Sicherheitsgrad, als Verhältnis der Widerstände zu den angreifenden Kräften definiert, beträgt $\nu = 1$. Dies gilt unter der Voraussetzung idealplastischer Verhältnisse, d. h. der Unveränderlichkeit des Gleitwiderstandes bei fortschreitender bleibender Verformung. Bei Vorhandensein eines zusätzlichen Widerstandes, hervorgerufen durch die Auskleidung, wird der innere Gleitwiderstand des Gebirges nur in geringerem Maße in Anspruch genommen, und die Dicke der plastischen Zone nimmt ab; dafür tritt ja der Widerstand der Auskleidung in Wirksamkeit. Der Sicherheitsgrad bleibt aber gleich der Einheit, solange bis die plastische Zone durch einen Druck p_a, der größer ist, als der in Gl. (9) angegebene Wert, zum Verschwinden gebracht wird. Ein zunehmender Widerstand der Ausmauerung hat demnach keine Erhöhung des Sicherheitsgrades zur Folge, weshalb dieser Weg keine Möglichkeit zur Herleitung eines Bemessungsverfahrens bietet.

Die erwähnenswerte Bedingung, die Ausmauerung so stark zu wählen, daß die Ausbildung einer plastischen Zone verhindert wird, ist offenbar zu streng, denn das Verbleiben einer ringförmigen plastischen Zone, deren Gleitflächen durch die Tunnelauskleidung mit ausreichender Sicherheit gesperrt werden, kann nicht als bedenklich bezeichnet werden.

Hingegen führt folgender Weg zum Ziel.

Für die Bemessung des Tunnelmauerwerkes ist die Sicherung der tragenden Mitwirkung des Gebirges von ausschlaggebender Bedeutung. Die einachsige Druckfestigkeit des Gebirges, die in den bisher gewonnenen Ausdrücken vorkommt, kann auf dem in Kap. I geschilderten Weg ermittelt werden. Es stehen aber auch die Beobachtungen, die beim Vortrieb des Richtstollens gewonnen werden, zur Verfügung. Wenn in einem Richtstollen erstmals bei einer bestimmten Überlagerungshöhe Gebirgsdruckerscheinungen festgestellt werden, so läßt sich, sofern keine tektonischen Spannungen vorhanden sind, auf die Druckfestigkeit des Gebirges schließen.

Weil die Gebirgsdruckfestigkeit Ausgangspunkt und Grundlage für die Bemessung bildet, können die Abmessungen der Auskleidung von der Überlagerung unabhängig bleiben, eine Tatsache, die durch viele Erfahrungen im Tunnelbau bestätigt wurde.

Für den unausgekleideten Tunnel gilt $p_a = 0$; die am Ausbruchsrand herrschenden Spannungen betragen daher $\sigma_{rp} = 0$ und $\sigma_{lp} = \sigma_{gd}$. Die Gebirgsdruckfestigkeit σ_{gd} soll mit einer Sicherheit ν erhalten bleiben. Aus der zweiten Gl. (4) ergibt sich daher

$$\nu \cdot \sigma_{gd} = \left(\frac{r}{r_a}\right)^{\zeta-1} \zeta \left(p_a + \frac{\sigma_{gd}}{\zeta - 1}\right) - \frac{\sigma_{gd}}{\zeta - 1}. \tag{10}$$

Der hierzu nötige Widerstand p_a soll gleich

$$p_a = \frac{\sigma_{gd}}{\zeta - 1} \left[\left(\frac{r}{r_a}\right)^{\zeta-1} - 1\right] \tag{11}$$

sein. Aus den beiden Gln. (10) und (11) folgt die Beziehung

$$p_a = \frac{\nu - 1}{\zeta} \sigma_{gd}; \tag{12}$$

sie läßt sich wie aus der Abb. 41 ersichtlich ist, aus der Mohrschen Theorie unmittelbar herleiten. Mit den Bezeichnungen der Abb. 41 ergibt sich

$$\sin \varrho_g = \frac{\sigma_{gd}(\nu - 1) - p_a}{\sigma_{gd}(\nu - 1) + p_a}; \tag{13}$$

und durch einfache Umformung erhält man daraus die Gl. (12). Der Widerstand gemäß Gl. (12) vermag also die Erhaltung der Gebirgsdruckfestigkeit mit einem Sicherheitsgrad ν zu gewährleisten. Ein kreisförmiger Mauerungsring, der unter dem Außendruck p_a steht, muß, wenn die Tangentialspannungen am Innenrand gleich der Prismenfestigkeit des Auskleidungsbetons σ_{bP} werden sollen, eine Dicke d erhalten, die aus den im Abschnitt 30 hergeleiteten Beziehungen für das dickwandige Rohr ermittelt werden kann. Der Innenhalbmesser des Rohres sei r_i und der Außenhalbmesser daher $r_a = r_i + d$. Der Ausdruck für die Tangentialspannung am Innenrand lautet

$$\sigma_t = p_a \frac{a^2 + \alpha^2}{a^2 - 1}, \tag{14}$$

wobei

$$a = r_a : r_i = (r_i + d) : r_i$$

$$\alpha = r_a : r$$

gilt. Für den Innenrand wird $r = r_i$ und $\alpha = a$ und die Tangentialspannung ergibt sich zu

$$\sigma_{ti} = p_a \frac{2a^2}{a^2 - 1} = \sigma_{bP}, \tag{15}$$

wobei vorausgesetzt wird, daß diese Tangentialspannung eben gleich der Prismenfestigkeit des Betons ist. Aus dieser Beziehung folgt für die Mauerungsdicke d der Ausdruck

$$d = r_i \left[\frac{1}{\sqrt{1 - \dfrac{2p_a}{\sigma_{bP}}}} - 1\right]. \tag{16}$$

Wenn man schließlich p_a aus Gl. (12) in Gl. (16) einführt, erhält man die für die Bemessung der kreisringförmigen Auskleidung geltende maßgebende Beziehung

$$d = r_i \left[\frac{1}{\sqrt{1 - \dfrac{2(v-1)}{\zeta} \dfrac{\sigma_{gd}}{\sigma_{bP}}}} - 1 \right] \tag{17}$$

Die dargelegten Gedankengänge gelten für eine gerade Grenzlinie im Mohrschen Diagramm. Sie lassen sich aber auch grundsätzlich für eine gekrümmte Grenzlinie erweitern, wie später an einem Beispiel gezeigt werden soll.

c) Diskussion der gewonnenen Beziehungen

Um einen allgemeinen Einblick zu gewinnen, wird die Gl. (17) in einem Schaubild ausgewertet (Abb. 41). Als Abszissen werden die einachsigen Gebirgsdruckfestigkeiten σ_{gd} aufgetragen. Als Ordinaten werden die Verhältniszahlen $d:r_i$ aufgetragen. Dazu ist zu bemerken, daß Verhältniszahlen $d:r_i$ kleiner als etwa 0,1 und größer als 0,6 keine praktische Bedeutung besitzen; im ersteren Fall wegen Unterschreitung der Mindestdicke der Auskleidung und im zweiten deshalb, weil

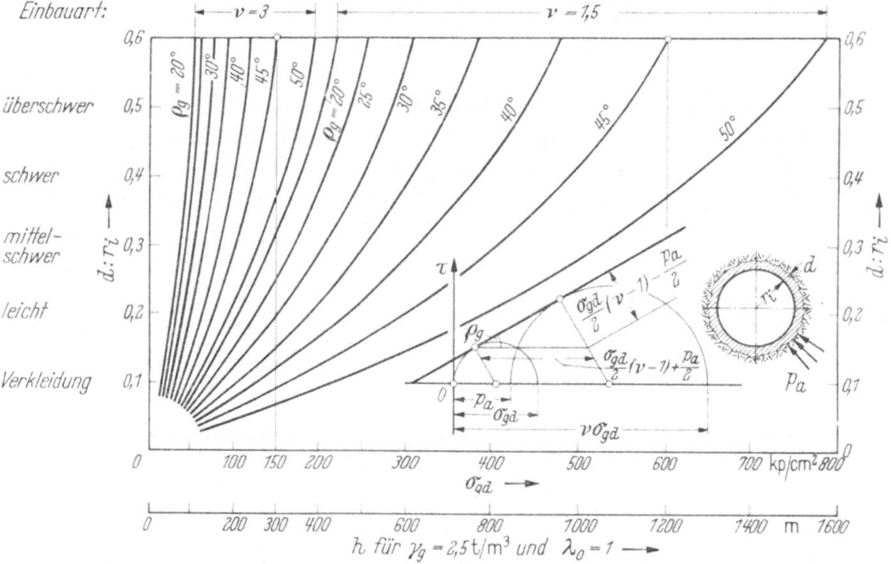

Abb. 41. Bemessung einer kreisringförmigen Tunnelauskleidung bei Auftreten von echtem Gebirgsdruck unter der Voraussetzung von primär allseitig gleichem Druck.

das Verhältnis 0,6 wohl eine obere Grenze der im Beton auszuführenden Auskleidung darstellen dürfte. Die Abhängigkeit des Verhältnisses $d:r_i$ von der Gebirgsdruckfestigkeit wird durch zwei Kurvenscharen dargestellt, wovon die eine einem Sicherheitsgrad $v = 3$, die andere einem solchen von $v = 1,5$ entspricht. Diese Beschränkung erfolgte aus Gründen der Übersichtlichkeit. Die Winkel des inneren Gleitwiderstandes ϱ_g stellen dabei die Parameter der einzelnen Kurven dar. Sie wurden unter der Annahme einer Prismenfestigkeit des Betons von $\sigma_{bP} = 170\ \mathrm{kpcm^{-2}}$ ermittelt.

Die Beurteilung des Schaubildes zeigt, daß beispielsweise bei einem Winkel des inneren Gleitwiderstandes von $\varrho_g = 45°$ eine dreifache Sicherheit in der Erhaltung der Gebirgsdruckfestigkeit mit erträglichen Auskleidungsdicken nur dann erzielbar ist, wenn die Gebirgsdruckfestigkeit höchstens $\sigma_{gd} = 150\ \mathrm{kpcm^{-2}}$ beträgt, entsprechend einer für das erste Auftreten von Gebirgsdruckerscheinungen maßgebenden Überlagerungshöhe von rd. 300 m und einer Seitendruckziffer $\lambda_0 = 1$. Nimmt man hingegen den Sicherheitsgrad $\nu = 1,5$ an, so ist das gleiche Ziel bei einer Gebirgsdruckfestigkeit von rd. $\sigma_{gd} = 600\ \mathrm{kpcm^{-2}}$ entsprechend einer Überlagerungshöhe für das erste Auftreten von echtem Gebirgsdruck von rd. $h = 1200\ \mathrm{m}$ erreichbar, gleichfalls unter der Voraussetzung, daß $\lambda_0 = 1$ gilt.

Aus diesen Ergebnissen ist zu entnehmen, daß es mit einer Betonauskleidung der üblichen Art in druckhaften Strecken vielfach unmöglich sein wird, jenen Sicherheitsgrad zu erzielen, den man in der Statik der Baukonstruktionen unter der Einwirkung eindeutig erfaßbarer Belastungen zu erreichen gewohnt ist. Die große Zahl von Schäden im Tunnelbau und die häufig notwendigen Rekonstruktionsarbeiten sind eine Bestätigung dafür.

Nachdem ein Stabilitätsproblem vorliegt, könnte man die Festlegung treffen, daß mit einem Sicherheitsgrad $\nu = 1,5$ das Auslangen gefunden werden muß. Eine solche Norm hätte aber nur beschränkten Wert. Einerseits läßt sich die Bemessung von Tunnelauskleidungen bei Auftreten von starken Gebirgsdruckerscheinungen oft nicht einmal mit 1,5facher Sicherheit lösen, weil ja der Sicherheitsgrad von den Festigkeitseigenschaften des Gebirges begrenzt wird. Andererseits wird man, wenn immer es möglich ist, im Hinblick auf die Unsicherheit der Rechnungsgrundlagen trachten, einen höheren Sicherheitsgrad als $\nu = 1,5$ zu erreichen.

d) Beispiele

Die gewonnenen Ergebnisse sollen durch einige Beispiele erläutert werden.

a) Bei einem Tunnelausbruch zeigen sich — so sei während des Richtstollenvortriebes festgestellt worden — Gebirgsdruckerscheinungen bei einer Überlagerungshöhe von $h = 600\ \mathrm{m}$; Anzeichen tektonischer Spannungen sollen nicht vorhanden sein. Der Überlagerungsdruck ist bei einem Raumgewicht des Gebirges $\gamma_g = 2,5\ \mathrm{tm^{-3}}$ $p_v = 150\ \mathrm{kpcm^{-2}}$. Das Gebirge soll eine Poissonsche Zahl von $m_g = 3,5$ besitzen, woraus sich die Seitendruckziffer zu $\lambda_0 = 1:(m_g - 1) = 0,4$ ergibt. Die einachsige Gebirgsdruckfestigkeit folgt unter Anwendung der Gl. (21) im Abschnitt 18 für die elastische Tangentialspannung σ_t zu $\sigma_{gd} = 390\ \mathrm{kpcm^{-2}}$. Der Winkel des inneren Gleitwiderstandes sei zu $\varrho_g = 45°$ gesetzt. Daraus folgt $\zeta = (1 + \sin \varrho_g):(1 - \sin \varrho_g) = 5,84$. Ein Blick auf die Abb. 36 zeigt, daß die Bemessung der Hohlraumauskleidung mit einem Sicherheitsgrad von $\nu = 3$ nicht möglich ist. Für eine Prismenfestigkeit des Betons von $\sigma_{bP} = 170\ \mathrm{kpcm^{-2}}$ ergibt sich aus Gl. (17) ein Verhältnis der Auskleidungsdicke zum lichten Halbmesser $d:r_i = 0,28$ oder bei einem lichten Halbmesser von $r_i = 150\ \mathrm{cm}$ eine rechnungsmäßige Auskleidungsdicke von $d = 42\ \mathrm{cm}$, die bei gleicher Gebirgsbeschaffenheit auch bei größeren Überlagerungshöhen als 600 m beibehalten werden kann.

b) In einem gesunden Gebirge, bei dem die einachsige Gesteinsdruckfestigkeit (Zylinderfestigkeit) gleich der Gebirgsdruckfestigkeit $\sigma_{gd} = 252\ \mathrm{kpcm^{-2}}$ gesetzt werden kann, treten Bergschläge auf, die nur auf den Druck des auflastenden

Gebirges und nicht auf tektonische Ursachen zurückzuführen sind. Das Gestein sei spröde und besitze einen Winkel des inneren Gleitwiderstandes $\varrho_g = 50°$, woraus sich

$$\zeta = (1 + \sin \varrho_g):(1 - \sin \varrho_g) = 7{,}58$$

ergibt. Dann folgt für $v = 1{,}5$ das Verhältnis $d:r_i = 0{,}30$, und bei einem lichten Stollenhalbmesser von 150 cm ergibt sich die erforderliche Auskleidungsdicke zu $d = 45$ cm.

c) Das Gebirge besteht aus Schlier, dessen einachsige Druckfestigkeit (Zylinderfestigkeit) $\sigma_{gd} = 20$ kpcm^{-2} beträgt. Das Raumgewicht sei $\gamma_g = 2{,}05$ tm^{-3}, der Winkel des inneren Gleitwiderstandes $\varrho_g = 30°$ und die Seitendruckziffer daher $\lambda_0 = 0{,}4$. Tatsächlich wurde bei einem Großscherversuch der Winkel des inneren Gleitwiderstandes etwas kleiner zu $\varrho_g = 26°$ und die Kohäsion zu $c = 0{,}3$ kpcm^{-2} ermittelt.

Schlier ist ein grauer, blätterig zerfallender Tonmergel mit feinsandigen, glimmerigen Zwischenlagen und untergeordnet vorkommenden kalkigen und Sandsteinbänken. Er ist eine Ablagerung eines seichten Wattenmeeres, im Miozän entstanden. Er wurde bei Tiefbohrungen in der Gegend von Wels/Oberösterreich in 1037 m Mächtigkeit und in der Gegend von Braunau in Schichten von 1092 und 1533 m Mächtigkeit erbohrt. Derart mächtige Ablagerungen können nur bei gleichzeitiger Absenkung des Gebirges während der Ablagerung entstanden sein.

Infolge der Gleichförmigkeit der mächtigen Flinzschichten und ihrer ungestörten Lagerung waren die obigen Festigkeitseigenschaften aus Gesteinsproben auf experimentellem Wege bestimmbar. Die an Bohrkernen ermittelte Zylinderfestigkeit oder die am Handstück bestimmte Prismenfestigkeit sind

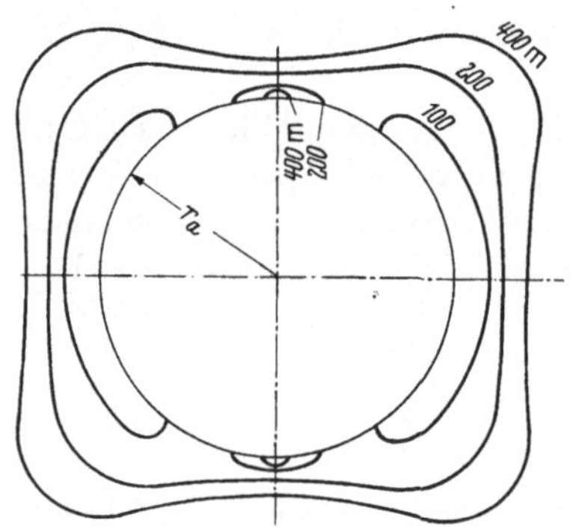

Abb. 42. Ermittlung der plastischen Zonen im Flinz.

mit der Gebirgsdruckfestigkeit identisch. Bei einer Überlagerungshöhe von $h = 38$ m wird an den Ulmen eines kreisförmigen Ausbruchsquerschnittes die Gebirgsdruckfestigkeit überschritten und bei größeren Überlagerungshöhen ist mit Druckerscheinungen zu rechnen, die sich bei der Beschaffenheit des Gebirges voraussichtlich in Form von Abschalungen an den Ulmen äußern werden. Die Begrenzung der plastischen Zonen wurde auf Grund der später angeführten Gl. (26) ermittelt; sie zeigt bei Überlagerungshöhen von 100, 200 und 400 m die in der Abb. 42 dargestellten Formen, die sich eng dem Ausbruchsquerschnitt anschmiegen, woraus geschlossen werden kann, daß die weitere Berechnung unter der Annahme $\lambda_0 = 1$ durchgeführt werden darf. Für den Flinz soll eine durch dreiachsige Druckversuche bestimmte oder durch Großscherversuche bestimmte und nach einer Parabel ausgeglichene Mohrsche Grenzlinie vorliegen (Abb. 43). Bezüglich der Form dieser Grenzlinie wird auf bekannte Versuche mit Sandstein hingewiesen [127 b].

Wenn man diese parabolische Grenzlinie gemäß Abb. 35 an Stelle der Geraden gemäß Abb. 13 anwendet, dann verlieren die Gln. (12) und (17) ihre Gültigkeit.

Der Wert von p_a muß in diesem Falle aus der Abb. 35 ermittelt werden. Wenn die Gebirgsdruckfestigkeit $\sigma_{gd} = 20$ kpcm^{-2} mit dem Sicherheitsgrad $\nu = 3$ gewährleistet werden soll, so ist dazu eine Seitenpressung $p_a = 20$ kpcm^{-2} nötig, wie sich durch Zeichnung des Kreises K_3 ergibt; bei Einhaltung eines Sicherheitsgrades von $\nu = 4$ liefert der Kreis K_4 für die Seitenpressung den Wert $p_a = 33{,}5$ kpcm^{-2}. Nunmehr kann mit Hilfe von Gl. (17) die Bemessung der Mauerung durchgeführt werden. Man erhält für $\nu = 3$, $d:r_i = 0{,}144$ und $d = 17$ cm bzw. für $\nu = 4$, $d:r_i = 0{,}285$ und $d = 43$ cm.

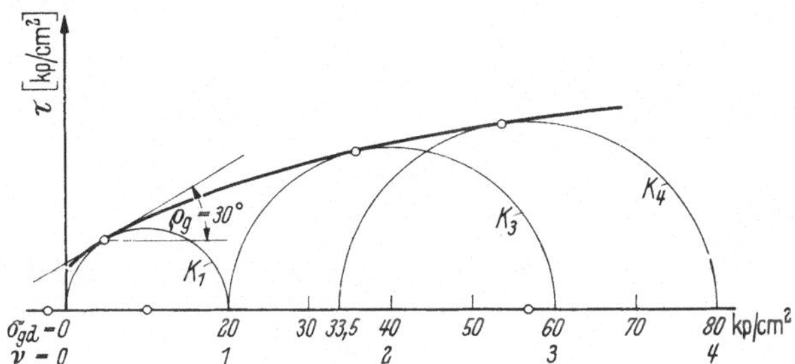

Abb. 43. Die Mohrsche Grenzkurve für Flinz.

d) Das Gebirge besteht aus Schlier, dessen einachsige Druckfestigkeit (Zylinderfestigkeit) wie früher $\sigma_{gd} = 20$ kpcm^{-2} beträgt. Das Raumgewicht sei $\gamma_g = 2{,}05$ tm^{-3}, der Winkel des inneren Gleitwiderstandes $\varrho_g = 30°$ und die Seitendruckziffer daher $\lambda_0 = 0{,}4$. Tatsächlich wurde bei einem Großscherversuch der Winkel des inneren Gleitwiderstandes etwas kleiner zu $\varrho_g = 26°$ und die Kohäsion zu $c = 0{,}3$ kpcm^{-2} ermittelt.

Infolge der Gleichförmigkeit der mächtigen Flinzschichten und ihrer ungestörten Lagerung waren die obigen Festigkeitseigenschaften aus Gesteinsproben auf experimentellem Wege bestimmbar. Die an Bohrkernen ermittelte Zylinderfestigkeit oder die am Handstück bestimmte Prismenfestigkeit sind mit der Gebirgsdruckfestigkeit identisch. Bei einer Überlagerungshöhe von $h = 38$ m wird gemäß Gl. (23) an den Ulmen eines kreisförmigen Ausbruchsquerschnittes die Gebirgsdruckfestigkeit überschritten und bei größeren Überlagerungshöhen ist mit Druckerscheinungen zu rechnen, die sich bei der Beschaffenheit des Gebirges voraussichtlich in Form von Abschalungen an den Ulmen äußern werden. Die Begrenzung der plastischen Zonen wurde auf Grund der später angeführten Gl. (26) ermittelt; sie zeigt bei Überlagerungshöhen von 100, 200 und 400 m die in der Abb. 42 dargestellten Formen, die sich eng dem Ausbruchsquerschnitt anschmiegen, woraus geschlossen werden kann, daß die weitere Berechnung unter der Annahme $\lambda_0 = 1$ durchgeführt werden darf. Für den Flinz soll eine durch dreiachsige Druckversuche oder durch Großscherversuche bestimmte und nach einer Parabel ausgeglichene Mohrsche Grenzlinie vorliegen (Abb. 35). Bezüglich der Form dieser Grenzlinie wird auf bekannte Versuche mit Sandstein hingewiesen [127b].

Wenn man diese parabolische Grenzlinie gemäß Abb. 35 an Stelle der Geraden anwendet, dann verliert die Gl. (17) ihre Gültigkeit. Der Wert von p_a muß in diesem Falle aus der Abb. 35 ermittelt werden. Wenn die Gebirgsdruckfestigkeit $\sigma_{gd} = 20$ kpcm^{-2} mit dem Sicherheitsgrad $\nu = 3$ gewährleistet werden soll, so ist dazu eine Seitenpressung $p_a = 20$ kpcm^{-2} nötig, wie sich durch Zeichnung des Kreises K_3 ergibt; bei Einhaltung eines Sicherheitsgrades von $\nu = 4$ liefert der Kreis K_4 für die Seitenpressung den Wert $p_a = 33,5$ kpcm^{-2}. Nunmehr kann mit Hilfe von Gl. (17) die Bemessung der Mauerung durchgeführt werden. Man erhält für $\nu = 3$, $d:r_i = 0,144$ und $d = 17$ cm bzw. für $\nu = 4$, $d:r_i = 0,285$ und $d = 43$ cm.

43. Über die Grenze der Ausführbarkeit von tiefliegenden Tunneln

Die Ergebnisse, die aus den Untersuchungen des elasto-plastischen Zustandes des Gebirges gewonnen wurden, weisen darauf hin, daß der Tunnelbau nicht unbegrenzte Tiefen unter der Erdoberfläche erreichen kann. Schon HEIM hat auf diesen Umstand hingewiesen; seine Anschauungen wurden aber damals lebhaft bestritten.

Vorausgeschickt sei, daß es im *primär latent-plastischen Bereich* der aus festem Fels bestehenden Erdkruste zweifellos unmöglich ist, einen Hohlraumbau auszuführen. Wenn nämlich im primärelastischen Felsbereich nach dem Ausbruch plastische Zonen entstehen, so sind sie auf die nähere und weitere Umgebung des Hohlraumes beschränkt und das anschließende elastisch bleibende Gebirge stellt eine Tragfähigkeitsreserve dar. Wenn sich hingegen das Gebirge primär im plastischen Zustand befindet, dann ist keine solche Reserve vorhanden und die Möglichkeit des Hohlraumbaues bleibt auf geringe Überlagerungshöhen beschränkt. Einen anschaulichen Hinweis in diesem Sinne bietet plastisches Tongebirge, das schon bei nicht allzu großen Tiefenlagen zu ganz außerordentlichen Schwierigkeiten führen kann.

Um nun einen Einblick in die Ausführbarkeit von Tunnelbauten bei wachsender Überlagerung zu gewinnen, wird von der Gl. (17) ausgegangen. Aus ihr läßt sich die Gebirgsdruckfestigkeit berechnen; der Ausdruck dafür lautet:

$$\sigma_{gd} = \frac{\zeta \sigma_{bP}}{2(\gamma - 1)} \left[1 - \frac{1}{\left(\dfrac{a}{r_i} + 1 \right)^2} \right]. \tag{18}$$

Die tangentiale Druckspannung in der Umgebung eines kreisquerschnittigen Ausbruches ist gemäß Gl. (21) in Abschnitt 8

$$\sigma_t = \frac{p_v}{2} \left[(1 + \alpha^2)(1 + \lambda_0) - (1 + 3\alpha^4)(1 - \lambda_0) \cos 2\varphi \right]; \tag{19}$$

für $\varphi = 90°$, also $\cos 2\varphi = -1$ und $\alpha = r_a:r = 1$ folgt hieraus

$$\sigma_t = p_v(3 - \lambda_0) = \gamma_g h (3 - \lambda_0). \tag{20}$$

Wenn man diesen Wert von σ_t in Gl. (18) statt σ_{gd} einsetzt, erhält man für die größte Überlagerungshöhe einen Ausdruck

$$h_{\max} = \frac{1}{\gamma_g(3 - \lambda_0)} \frac{\zeta \sigma_{bP}}{2(\nu - 1)} \left[1 - \frac{1}{\left(\dfrac{a}{r_i} + 1 \right)^2} \right]. \tag{21}$$

In dieser Beziehung sind nun hinsichtlich einiger Größen Annahmen zu treffen, die aber mit einem ziemlich hohen Grad von Wahrscheinlichkeit möglich sind. Der Winkel des inneren Gleitwiderstandes wird zu $\varrho_g = 54°$ geschätzt und daraus ergibt sich

$$\zeta = (1 + \sin \varrho_g):(1 - \sin \varrho_g) = 5{,}85 .$$

Die Prismenfestigkeit des Betons kann mit $\sigma_{bP} = 200$ kpcm^{-2} gewählt werden, und das Raumgewicht des Gebirges sei $\gamma_g = 2{,}75$ tm^{-3}. Das Verhältnis $d:r_i$ wird wohl mit dem Wert 0,5 eine Grenze besitzen. λ_0 ist durch die Drehsymmetrie bedingt gleich der Einheit gewählt worden. In Wirklichkeit wird in den großen in Betracht kommenden Tiefen dieser Wert nahezu erreicht werden. Unter den getroffenen Voraussetzungen ergibt sich die größte Tiefe zu $h_{max} = 3000$ m. Man wird also bei dem gering gewählten Sicherheitsgrad von $v = 1{,}2$ etwa diese Tiefe erreichen können. Nun ist aber der Wert $h_{max} = 3000$ m ein Rechnungsergebnis, das unter gewissen Annahmen zustande kam. Wenn man aber diese angenommenen Werte variiert, wird man von dem gewonnenen Ergebnis nicht weit weg kommen. Man wird also mit dem gering gewählten Sicherheitsgrad von $v = 1{,}2$ mit einer Betonauskleidung über 3000 m Tiefe nicht hinauskommen. Auch durch Bewehrung des Betons wird man daran nicht viel ändern können. Höchstens bei Anwendung von Stahltübbings wird es gelingen, größere Tiefen zu erreichen. Durch dieses Ergebnis wird die Anschauung, die HEIM seinerzeit aus tektonischen Tatbeständen erschlossen hat, bestätigt.

Den gewählten niedrigen Sicherheitsgrad von $v = 1{,}2$ zu unterschreiten, wird aber nicht ratsam sein. Es ist zwar der Berechnung von h_{max} die Tangentialdruckspannung am Innenrand der Betonauskleidung zugrunde gelegt worden; die Tangentialdruckspannung am Außenrand ist kleiner und beträgt z. B. bei $d:r_i = 0{,}5$ nach Gl. (16) im Abschnitt 17 $\sigma_{ta}:\sigma_{ti} = 0{,}72$, so daß also in der Betonauskleidung eine plastische Reserve vorhanden ist. Anderseits aber ist die Annahme der drehsymmetrischen Belastung der Auskleidung nur näherungsweise gegeben. Abweichungen davon sind möglich und wahrscheinlich; die dadurch hervorgerufene Verlagerung der Drucklinien kann zu Spannungssteigerungen führen, die durch den Sicherheitsgrad gedeckt werden müssen. Im übrigen ist zu bedenken, daß man mit der Wahl des Sicherheitsgrades die Verantwortung für Menschenleben übernehmen muß.

Es liegt in der Natur der angestellten Berechnung, daß für abnehmenden Sicherheitsgrad v der Wert h_{max} beträchtlich ansteigt. Der gewählte Wert von $v = 1{,}2$ stellt nur eine willkürliche Annahme dar; wenn auch eine technische Notwendigkeit dafür spricht, diesen Wert keinesfalls zu unterschreiten, so ist damit keine unbedingte Grenze gegeben. Eine solche liegt aber dann vor, wenn ein tiefliegender Tunnel in den latent-plastischen Bereich gelangt. Zur Bestimmung dieser Grenze müßte man durch dreiachsige Druckversuche des Gesteins die Mohrsche Grenzlinie ermitteln und nach Bestimmung der Poissonschen Zahl den Grenzkreis konstruieren. Die Versuchsbedingungen sind deshalb verhältnismäßig einfach, als Gesteinsprobekörper einen einwandfreien Aufschluß geben. Mit Erreichung des latent-plastischen Bereiches der Erdkruste sind ja alle Klüfte und sonstigen Hohlräume des kristallinen Grundgebirges geschlossen, und die Festigkeitseigenschaften des Gebirges weichen von jenen der Gesteine kaum ab.

Bei der angestellten Erwägung über die für den Tunnel- und Stollenbau erreichbare Tiefe waren zunächst nur statische Gesichtspunkte in Betracht gezogen worden. Die Zunahme der Temperatur im Erdinnern spielt aber dabei eine ebenso bedeutungsvolle Rolle. Als mittlerer Wert für die geothermische Tiefenstufe gilt bekanntlich 33 m. Die Abweichungen davon können aber beträchtlich sein. Als Grenzwerte mögen 11 m (Schwäbische Alb) und 125 m (Kanada, Südafrika) gelten [17]. Die niedrigen Werte kommen für junge Geosynklinalen und vulkanische Gebiete, die hohen für Schollen in Betracht, die seit langer Zeit orogenetisch und magmatisch zum Stillstand gekommen sind. Die Form der Geländeoberfläche spielt hinsichtlich der im Gebirge zu erwartenden Temperatur gleichfalls eine bedeutende Rolle [138d]. Trotz dieser vielen Möglichkeiten wird sich, wie man durch einfache Nachrechnung feststellen kann, auch infolge der Temperaturzunahme nach dem Erdinneren eine Grenze ergeben, die nicht weit von dem errechneten Maß von 3000 m abweicht. Bei sehr großer geothermischer Tiefenstufe, wie etwa in Südafrika, kann aber beispielsweise in den Diamantminen noch in einer Tiefe von 3000 m gearbeitet werden [8].

44. Bemessung bei primär elastischem Zustand des Gebirges und kleiner Seitendruckziffer

a) Theoretische Grundlagen

Bei der Ausbildung kreuzförmiger, plastischer Bereiche in der Umgebung des Tunnelausbruches muß die Bemessung der Auskleidung auf eine andere Weise erfolgen als bei drehsymmetrischer Form der plastischen Zone. Ausgangspunkt für

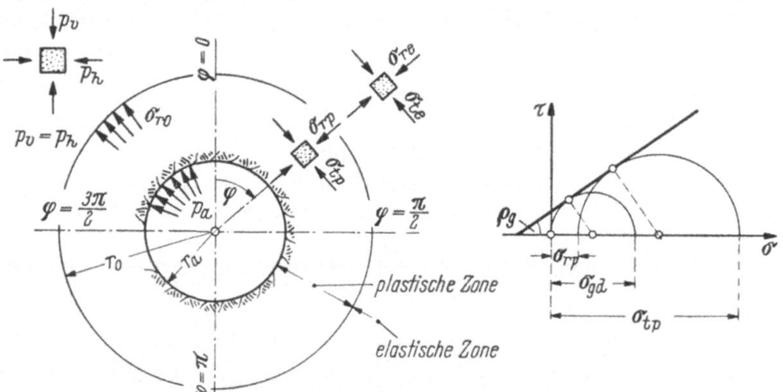

Abb. 44. Zur Ermittlung der plastischen Zone bei primär allseitig gleichem Druck $p_h = p_v$ unter der Annahme eines geradlinigen Verlaufes der Mohrschen Grenzkurve.

die näherungsweise Berechnung der Begrenzung der plastischen Zonen bilden die elastischen Spannungen im Gebirge. Die Werte dafür werden aus Gl. (23) des Abschnitts 31 durch Hinzufügung der Wirkung eines drehsymmetrischen Widerstandes der Auskleidung von der Größe p_a gewonnen. Mit Einführung der Hilfsgrößen

$$\left.\begin{aligned} \lambda_0 &= p_h : p_v \\ \mu &= 2\,p_a : p_v \\ \alpha &= r_a : r \end{aligned}\right\}. \tag{22}$$

erhält man für die Spannungen folgende Beziehungen

$$\left.\begin{aligned}
\sigma_r &= \frac{p_v}{2}\left[(1 - \alpha^2)(1 + \lambda_0) + \alpha^2\mu + (1 - 4\alpha^2 + 3\alpha^4)(1 - \lambda_0)\cos 2\varphi\right] \\[2mm]
\sigma_t &= \frac{p_v}{2}\left[(1 + \alpha^2)(1 + \lambda_0) - \alpha^2\mu - (1 + 3\alpha^4)(1 - \lambda_0)\cos 2\varphi\right] \\[2mm]
\tau &= -\frac{p_v}{2}(1 + 2\alpha^2 - 3\alpha^4)(1 - \lambda_0)\sin 2\varphi .
\end{aligned}\right\} \quad (23)$$

Die aus der gerade angenommenen Mohrschen Grenzlinie folgende Plastizitätsbedingung lautet

$$\sin^2\varrho_g = \frac{(\sigma_t - \sigma_r)^2 + 4\tau^2}{(\sigma_t + \sigma_r + 2\tau\cot^2\varrho_g)^2}. \tag{24}$$

Durch Einsetzen der Spannungen gemäß Gl. (23) in die Plastizitätsbedingung Gl. (24) und mit Einführung der Hilfsgröße

$$\omega = \alpha^2\sin^2\varrho_g + 2 - 3\alpha^2 \tag{25}$$

erhält man schließlich die Gl. (26) für die Begrenzung der plastischen Zonen wie folgt

$$\cos^2 2\varphi + 2\cos 2\varphi\left[\frac{1 + \lambda_0 - \mu}{4(1 - \lambda_0)}\frac{1 - 2\alpha^2 + 3\alpha^4}{\omega} - \frac{(1 + \lambda_0 + 2/p_v\tau_s\cot\varrho_g)\sin^2\varrho_g}{2(1 - \lambda_0)\omega}\right] -$$

$$- \frac{(1 + \lambda_0 - \mu)^2}{4(1 - \lambda_0)^2}\frac{\alpha^2}{\omega} - \frac{(1 + 2\alpha^2 - 3\alpha^4)^2}{4\alpha^2\omega} +$$

$$+ \frac{(1 + \lambda_0 + 2/p_v\,\tau_s\cot\varrho_g)^2\sin^2\varrho_g}{(1 - \lambda_0)^2\,4\alpha^2\omega} = 0. \tag{26}$$

b) Berechnungsweise

Das unausgekleidete Gebirge befindet sich im plastischen Bereich im Grenzzustand des Gleichgewichtes. Geringe festigkeitsmindernde Einflüsse, wie etwa die Wirkung des Bergwassers, lösen an den Ulmen eine in der Regel unstetige, langsame Bewegung des Gebirges gegen den Ausbruchshohlraum aus, wobei Brucherscheinungen auftreten. Der Sicherheitsgrad des durchörterten aber unverkleideten Gebirges liegt bei $\nu = 1$. Als Kennzeichen für die Stabilisierung des in Bewegung geratenen und durch Brucherscheinung der Zerstörung anheimfallenden Gebirges kann die Abschnürung der weit ausgreifenden plastischen Zonen unter der Wirkung des Widerstandes der Auskleidung angesehen werden (Abb. 37). Die Bemessung hat dann unter Einführung eines Sicherheitsgrades mit jenem drehsymmetrischen Druck zwischen Auskleidung und Gebirge p_a zu erfolgen, der, aus Gl. (26) ermittelt, zur beginnenden Isolierung der für den Gebirgsdruck entscheidenden plastischen Zonen führt; dadurch werden alle im abgeschnürten Bereich verlaufenden Gleitflächen gesperrt und die verbleibenden, dem Querschnitt anliegenden plastischen Zonen, sind infolge ihrer geringen Ausdehnung bedeutungslos. In diesem Falle muß die Mauerungsdicke mit der Überlagerung zunehmen, weil mit letzterer auch die Ausdehnung der plastischen Zonen wächst. Dieser

Unterschied gegenüber dem drehsymmetrischen Zustand gemäß Abschnitt 42 ist entscheidend.

Die Berechnungen erfolgen unter der vereinfachenden Annahme, daß keine Massenkräfte wirken. Dies ist in Wirklichkeit nicht der Fall. Die tatsächlich auftretenden Massenkräfte haben zur Folge, daß die plastischen Zonen nicht symmetrisch zur waagrechten Mittelachse des Ausbruchsquerschnittes verlaufen. Eine Berücksichtigung dieses Umstandes ist aber bei der Bemessung nicht nötig, weil der bei Auftreten von echtem Gebirgsdruck stets zu fordernde ringsum gleich gute Kontakt zwischen dem geschlossenen Mauerungsring und dem Gebirge zu einem Kräfteausgleich führt. Beim Richtstollenvortrieb hingegen bilden sowohl die Steher als auch die Kappen statisch bestimmt gelagerte Bauteile, bei denen ein solcher Ausgleich nicht stattfindet, weshalb sich der Druck der Ulmen in der Regel in der Weise äußert, daß der Bruch der Steher im unteren Drittel auftritt.

Die Intensität der aktiven Gebirgsbewegung wird am Ausbruchsrand also nicht ringsum gleich sein, sondern an den Ulmen überwiegen und dort auch stärkere Druckerscheinungen auf den zeitweiligen Ausbau bewirken. Unter den geschilderten Verhältnissen wird sich beim dauernden Ausbau ein Sohlengewölbe keinesfalls vermeiden lassen. Die Bemerkungen, die im vorhergehenden Abschnitt hinsichtlich der Profilform und der Gestaltung des Querschnittes gemacht wurden, gelten im verstärkten Ausmaß auch für den in Erörterung stehenden Fall des Überwiegens von Ulmendruck. Wenn die Formgebung der Auskleidung einwandfrei ist und die Ausführung ordnungsgemäß erfolgte, werden infolge der Weckung des Gebirgswiderstandes im First und an der Sohle die Pressungen zwischen dem Gebirge und der Auskleidung annähernd drehsymmetrisch verlaufen und die Drucklinie im Auskleidungsquerschnitt wird von der Kreisform wenig abweichen.

c) Beispiel

Die Überlagerungshöhe betrage $h = 480$ m. Daraus ergibt sich bei einem Raumgewicht des Gebirges von $\gamma_g = 2{,}6$ tm^{-3} ein Druck der lotrechten Überlagerung von $p_v = 125$ kpcm^{-2}. Die Poissonsche Zahl des Gebirges sei $m_g = 6$, woraus die Seitendruckziffer zu $\lambda_0 = 0{,}2$ folgt; sie ist also wesentlich kleiner als die Einheit. Der Winkel des inneren Gleitwiderstandes sei im Mittel $\varrho_g = 30°$ und die einachsige Druckfestigkeit des Gebirges $\sigma_{gd} = 86$ kpcm^{-2}. Die plastischen Zonen wurden mit Hilfe von Gl. (26) für einen Widerstand des Ausbaues von $p_a = 0, 10, 20$ und 30 kpcm^{-2} berechnet und aufgetragen (Abb. 37). Die Abschnürung der weitausgreifenden plastischen Zonen ist für $p_a = 20$ kpcm^{-2} verläßlich eingetreten. Nimmt man die Prismenfestigkeit des Auskleidungsbetons zu $\sigma_{bP} = 170$ kpcm^{-2} an, so ergibt sich unter Verwendung von Gl. (17) für den Sicherheitsgrad $\nu = 2$ ein Verhältnis der Auskleidungsdicke zum lichten Halbmesser des Stollenquerschnittes $d : r_i = 0{,}37$ und die Mauerungsdicke folgt für $r_i = 200$ cm zu 74 cm.

Für die als untere Grenze anzunehmende Sicherheit von $\nu = 1{,}5$ folgt das Verhältnis der Mauerungsdicke zum lichten Halbmesser des Stollenquerschnittes zu $d : r_i = 0{,}23$ und d hätte 46 cm zu betragen.

45. Bemessung der Hohlraumauskleidung bei primär plastischem Zustand des Gebirges

a) Theoretische Grundlagen

Der in der Nähe der Erdoberfläche herrschende elastische Zustand des durchörterten Gebirges geht mit wachsender Überlagerungshöhe in einen latent-plastischen Zustand über, wobei die Grenze von den Eigenschaften des Gebirges abhängig ist. Bei tonigem Gebirge liegt diese Grenze in nicht allzugroßer Tiefe unter der Geländeoberfläche. In dem darunter liegenden Grundgebirge herrscht dann wieder ein elastischer Zustand, der bis in große Tiefen bestehen bleibt. Über die Lage der Grenze geben die Darlegungen im Abschnitt 12 Aufschluß. Mit Annäherung an die Grenze des plastischen Bereiches wird ein Rankinescher Zustand eintreten, der dadurch gekennzeichnet ist, daß die Seitendruckziffer einen bestimmten, von der einachsigen Druckfestigkeit des Gebirges und seinem inneren Gleitwiderstand abhängigen und aus diesen Größen errechenbaren Wert λ_0 besitzt.

Wenn das Gebirge vor der Durchörterung in einem latent-plastischen Zustand war, wobei nur Gesteine von geringer Festigkeit in Betracht kommen, so sind nach der Durchörterung überschüssige Kräfte vorhanden, die auf eine Schließung des Hohlraumes hinarbeiten, wobei diese Tendenz am ganzen Umfang des Ausbruchsquerschnittes besteht. Mit den Beziehungen der Abb. 36 (s. S. 95) lassen sich die Spannungen im Gebirge, die vor der Durchörterung auftraten, wie folgt ausdrücken

$$\sigma_{r0} = \gamma_g h\,(\cos^2\varphi + \lambda_0 \sin^2\varphi)$$
$$\sigma_{t0} = \gamma_g h\,(\sin^2\varphi + \lambda_0 \cos^2\varphi) \tag{27}$$
$$\tau_0 = -\,\gamma_g h\,(1 - \lambda_0)\,\cos\varphi\,\sin\varphi,$$

wobei die im Punkt mit dem Polarkoordinaten (r, φ) bestehende Überlagerung

$$h = \varkappa - r\cos\varphi \tag{28}$$

beträgt. Die Berücksichtigung der Überlagerungshöhe bzw. der durch sie hervorgerufenen Zunahme der Spannungen im Ausbruchsbereich, also die Berücksichtigung der Massenkräfte, ist nur dann möglich, wenn es sich um verhältnismäßig seicht liegende Tunnel handelt, wo, wie früher erwähnt wurde, der latent-plastische Zustand nur in einem Gebirge mit geringer Druckfestigkeit, beispielsweise in einem Tonlager, denkbar ist.

b) Folgerungen für die Bemessung der Auskleidung

Die Tatsache, daß das primär plastische Gebirge in der Umgebung des ausgebrochenen Hohlraumes auch durch einen starken Ausbau nicht in den elastischen Zustand übergeführt werden kann, ist in neuerer Form eine Bestätigung der Heimschen Auffassung. Damit kommt zum Ausdruck, daß das nach der Durchörterung in Durchbewegung geratene Gebirge eine Schutzhüllenbildung nicht gestattet. Auch durch den Ausbau läßt sich da nur erreichen, daß der Widerstand der Auskleidung den plastischen Zustand des Gebirges latent erhält. Diese Bedingung hat für die Bemessung der Auskleidung zu gelten. Der erzielbare Sicherheitsgrad wird aber dann die Einheit nur wenig überschreiten.

Wenn r_a den äußeren Halbmesser der im Querschnitt kreisförmig angenommenen Auskleidung bezeichnet, sind an deren Außenseite folgende Belastungen anzunehmen (Abb. 37).

$$\sigma_{r0} = \gamma_g (\varkappa - r_a \cos \varphi)(\cos \varphi + \lambda_0 \sin^2 \varphi)$$
$$\tau_0 = -\gamma_g (\varkappa - r_a \cos \varphi)(1 - \lambda_0) \cos \varphi \sin \varphi . \tag{29}$$

Die Radialspannung σ_{r0} und die Schubspannung τ_0 geben zusammengesetzt die Größe und Richtung der resultierenden Spannung an jedem Punkt der bergseitigen Begrenzung der Auskleidung. Die statische Untersuchung wird graphisch zu empfehlen sein (s. Abschnitt 68), sofern man sich nicht durch die Annahme $\lambda_0 = 1$ die Rechnung vereinfacht und für die Belastung der Auskleidung die Spannungen

$$\sigma_{r0} = \gamma_g (\varkappa - r_a \cos \varphi)$$
$$\tau_0 = 0 \tag{30}$$

annimmt. Aus den Gln. (29) und (30) geht die unmittelbare Abhängigkeit der Auskleidungsdicke von der Überlagerungshöhe H hervor.

Schultze berichtet von Messungen, die an einem durch eine Tonschicht führenden Tunnel in den Vereinigten Staaten ausgeführt wurden [127 c]. Dabei konnten Einzelheiten über die Verminderung des Gebirgsdruckes auf den *nachgiebigen*, biegsamen Ausbau festgestellt werden; es ergab sich, daß die lotrechte Belastung des Firstes gleich der waagrechten an den Ulmen war und etwa 20% des Überlagerungsdruckes betrug. Dazu wird allerdings bemerkt, daß die Beobachtungen nicht lange genug dauerten und daß mit einer Vergrößerung der Belastung im Laufe der Zeit zu rechnen wäre. Bei einem *unnachgiebigen* Ausbau ergab sich eine lotrechte Firstbelastung gleich dem vollen Druck der Überlagerung, während die waagrechte Belastung der Ulmen etwa die Hälfte davon betrug, entsprechend einer Ruhedruckziffer von $\lambda_0 = 0,5$.

Diese Feststellungen lassen sich in einfacher Weise damit erklären, daß es sich bei einer plastischen Verformung des Gebirges, wie sie im Ton erfolgt, um eine Durchbewegung handelt, wobei der auf den Ausbau ausgeübte Druck von dem Widerstand abhängig ist, der die Bewegung zu hemmen sucht. Je größer der Widerstand des nachgiebigen Ausbaues ist, um so größer ergibt sich der Meßwert für den Gebirgsdruck. An einem sehr nachgiebigen und leicht verformbaren Ausbau wird man einen Gebirgsdruck feststellen, der einen ganz geringen Wert besitzt. Diese Erwägung gilt grundsätzlich für alle Gebirgsdruckmessungen ähnlicher Art. Die Messungen an einem unnachgiebigen Ausbau hingegen werden den für die Bemessung der Tunnelausmauerung maßgebenden Gebirgsdruck liefern, der den primären Druckverhältnissen entspricht, während die an einem nachgiebigen Ausbau erhaltenen Meßergebnisse zu einer unrichtigen Beurteilung führen, die als Ursache mancher Schäden an Tunnel- und Stollenbauten gelten mag.

c) Praktische Auswirkung

Die Gln. (29) und (30) ermöglichen es, die Spannungen in jedem Punkt des latent-plastischen Gebirges anzugeben. Diese Spannungen müssen als Belastung des dauernden Ausbaues angenommen werden, womit der latent-plastische Zustand mit einer wenn auch geringen Sicherheit erhalten bleibt. Eine weitergehende Forderung kann nicht erhoben werden. In vielen Fällen wird es daher unmöglich sein, die Erhaltung des latent-plastischen Zustandes mit den üblichen Sicherheitsgraden zu erreichen, wie das folgende Beispiel zeigt. Wenn man Gl. (15) verwendet, die eine Beziehung zwischen der Belastung eines kreisringförmigen Ausbaues und der Beanspruchung desselben darstellt, so hat man den Wert σ_{bP} durch $\sigma_{bd} = \gamma\,\sigma_{bP}$ zu ersetzen. Die zulässige Betondruckbeanspruchung soll mit $\sigma_{bd} = 55\ \mathrm{kpcm^{-2}}$ angenommen werden. Die Gl. (15) ergibt dann den entsprechenden Wert des Druckes zwischen Auskleidung und Gebirge von $p_a = 16{,}7\ \mathrm{kpcm^{-2}}$ bzw. die sehr geringe Überlagerungshöhe von etwa 64 m. Die äußerste praktisch nicht mehr in Betracht kommende Grenze der Ausführbarkeit liegt bei einer unbewehrten Betonauskleidung vor, wenn ihre Beanspruchung am Innenrand gleich der Prismenfestigkeit des Betons von beispielsweise $\sigma_{bP} = 170\ \mathrm{kpcm^{-2}}$ wird. Dann ergibt sich ein größter Druck, den die Auskleidung aufzunehmen vermag von $p_a = 51{,}8\ \mathrm{kpcm^{-2}}$ entsprechend einer Überlagerungshöhe von rd. 200 m.

Wenn es sich nicht um geschlossene, waagrecht begrenzte Tonschichten handelt, sondern um eine im Fels eingeschlossene tonige Schichte, wie sie sehr oft den Anlaß zu bedeutenden Schwierigkeiten bildet, so liegt die Aufgabe vor, die wirksame Überlagerungshöhe zu bestimmen. Ein einwandfreies Ergebnis ist dann durch Gebirgsdruckmessungen zu erzielen. Aber auch die geologische Untersuchung wird wertvolle Hinweise zu erbringen vermögen.

46. Über den Schwelldruck

Im Anschluß an die Darlegungen über die bei primär-plastischem Zustand des Gebirges zu wählende Belastung des Ausbaues ist es angezeigt, einige maßgebende Gesichtspunkte für die Baumaßnahmen zu erörtern, die bei Auftreten von schwellendem Gebirge zu beachten sind. Der Schwelldruck im tonigen Gebirge führt zu einer außerordentlich starken Beanspruchung des Ausbaues. Um den Aufgaben, die dem Tunnel- und Stollenbau in einem solchen Gebirge erwachsen, gerecht zu werden, können grundsätzlich zwei verschiedene Wege eingeschlagen werden. Entweder man läßt den wegen der Mängel, die dem nachgiebigen Ausbau anhaften, unvermeidlich entstehenden Schwelldruck abklingen oder man verhindert ihn.

a) Der erstere Weg ist bei zeitweiligem Holzausbau gegeben. Ein solcher Ausbau kann dem Schwelldruck nicht standhalten, er wird verdrückt und der Ausbruchquerschnitt erfährt eine fortlaufende Verengung, die ein häufiges Nachnehmen der Zimmerung notwendig macht. Dies dauert so lange, bis der endgültige Ausbau hergestellt werden kann, dem dann die Aufgabe zufällt, die in Gang befindliche Schwellung abzufangen. Aber auch nach der Ausmauerung blieb bei den älteren Bauweisen dem Gebirge noch die Möglichkeit einer weiteren Expansion, insbesondere in die Hohlräume der früher gebräuchlichen Steinauspackung des Überprofils. Es steht die Frage zur Erörterung, ob die beim zeitweiligen Holzausbau unvermeidlich eintretende Einleitung des Schwellvorganges zweckmäßig oder eine unerwünschte Erscheinung war.

RABCEWICZ hat den Gedanken, dem Gebirge Expansionsmöglichkeit zu geben, zu Maßnahmen hinsichtlich des zeitweiligen Ausbaues verwertet und außerdem zu einer Bauweise ausgenützt, in dem er den Vorschlag machte, zwischen Ausmauerung und Gebirge Hohlräume zu belassen. Dabei ist es notwendig, Vorsorge zu treffen, daß die Ausmauerung ausreichend stabilisiert wird. Dies geschieht durch Mauerungsrippen, die in Kontakt mit dem Gebirge ausgeführt wurden, und zwischen denen der beabsichtigte Hohlraum verblieb.

Eine Übergangsform zum zweiten Weg bildet der zeitweilige Ausbau, bestehend aus einem Kreisring, der aus Holzblöcken gebildet wird. Er ist viel widerstandsfähiger als der Türstockausbau und vermag daher die Ausbildung des Schwelldruckes zu verhindern. Diese Bauweise kommt aber nur bei kleinen Richtstollen oder als Streckenausbau im Bergwerksbetrieb in Frage.

b) Der zweite Weg besteht darin, die Bildung des Schwellvorganges von vorneherein zu verhindern. Dies wird dadurch ermöglicht, daß man den Ausbruchsarbeiten den Ausbau unmittelbar folgen läßt, wobei letzterer entweder einen Bestandteil des dauernden Ausbaues oder diesen selbst bildet. Am besten eignet sich hierfür der Spritzbetonausbau, wobei meist die Anordnung von Stahlstreckenbogen nicht zu umgehen ist. Ein Beispiel, wie dies geschehen kann, ist im Abschnitt 117 gegeben worden. Die Spritzbetonbauweise ist noch sehr jung, weshalb wenig Erfahrungen vorliegen. Wenn man aber bedenkt, mit welchen Schwierigkeiten man bisher zu kämpfen hatte, wenn der Ton in der Umgebung eines Tunnel- oder Stollenausbruches in die weichplastische Zustandsform überging, wird man erkennen, wie wertvoll es sein wird, wenn eine solche Umwandlung von vorneherein verhindert werden kann. Es wird daher richtig und zweckmäßig sein, dem zweiten Weg den Vorzug zu geben. Die Herstellung des Ausbaues hat in Strecken mit schwellendem Gebirge früher fast immer einen Wettlauf mit der Druckentwicklung gebildet, der oft dramatische Formen annahm, und jeder Tunnelbauer weiß, wie wichtig es ist, eine schwere Strecke rasch überwunden zu haben. Die neueren Bauweisen bieten die Möglichkeit dazu.

c) Die zeitliche Durchführung der Mauerung bei echtem Gebirgsdruck und Schwelldruck verdient besondere Beachtung. Durch die Gegenüberstellung der beiden Wege, auf denen dem Schwelldruck zu begegnen ist, ist eine wichtige Frage des Tunnel- und Stollenbaues angeschnitten worden. RABCEWICZ, der dem Gebirge Expansionsmöglichkeit geben will, beschränkt diesen Grundsatz nämlich nicht bloß auf das schwellende Gebirge, sondern will ihn allgemein bei Auftreten von echtem Gebirgsdruck gelten lassen, wobei er den Schwellraum allerdings nur im Bereich der Ulmen vorsieht [108a]. Er stößt mit dieser Ansicht auf mancherlei Widerstände, ANDREAE insbesondere äußert sich zu dieser Frage wie folgt [3f]:

„Es ist selbstverständliche Voraussetzung, daß die Verkleidung an ihrem ganzen Umfang satt anliegt. Für echten Gebirgsdruck ist dieser Grundsatz wohl heute allgemein anerkannt. Im Simplon-Tunnel z. B., der aus zwei parallelen Röhren besteht, und dessen Überlagerung jene aller bisher hergestellten Tunnel bedeutend übertrifft, wurde auf rd. 40 km (genau 39,627 km) satt angemauert, wobei auf etwa 19 km echter Gebirgsdruck und auf einigen Strecken auch solcher anderer Art auftrat. Beim Bau erwuchsen daraus keine Schwierigkeiten und trotz den verhältnismäßig leichten Verkleidungsquerschnitten blieb seit der Vollendung der beiden parallelen Tunnel vor rd. 30 Jahren die ganze Mauerung bis jetzt unversehrt. Dasselbe kann vom Lötschberg-Tunnel gesagt werden.

Unter keinen Umständen darf bei Seitendruck ein Hohlraum hinter dem Gewölbe belassen oder das Überprofil dort nur trocken versetzt werden. Bei km 8 ab Nordportal des Simplon-Tunnels, im Valgrande-Gneis, fanden zur Zeit des Ausbaues von Tunnel II auf einer Strecke von etwa 100 m Abbrennungen im Scheitel des Gewölbes von Tunnel I statt.

Bei der Rekonstruktion dieser Gewölbe zeigte es sich, daß dahinter ein Hohlraum war. Unter dem Einfluß des Seitendruckes war der Scheitel hochgegangen und gebrochen. In großer Tiefe, besonders im Gebirge, das seitlich schiebt, wie die Bilder des Lebendungneises und der Kalkphyllite zeigten, darf mit Sohlgewölbe nicht zusehr gespart werden.

Ich möchte gleich hier sagen, daß in der Schweiz die Tunnelverkleidung, mit Ausnahme der Stellen, wo Wasser abgefangen und abgeleitet werden muß, *grundsätzlich satt angemauert wird*. In unseren großen Alpen- und Juradurchstichen liegen manche Strecken im milden, lockeren und auch treibenden Gebirge. Der 8,6 km lange Rickentunnel durchfährt in seiner ganzen Länge Molasse und z. T. weiche Mergel. Im Jahre 1949 wurde im Stollen des Kraftwerkes Lavey an der Rhone mit einem Querschnitt des Ausbruches von 65 m² feuchte, plastische, gipshaltige und treibende Trias durchfahren. Hier wie überall wurde mit Erfolg satt angemauert bzw. betoniert.

Im Gegensatz dazu mußten die SBB in den Zwanzigerjahren in einer ganzen Anzahl älterer Tunnel Rekonstruktionen durchführen, weil seinerzeit, wie es bis vor 70 oder 75 Jahren (aber auch später) noch üblich war, das Überprofil hinter der planmäßigen Verkleidung hohl gelassen oder nur trocken versetzt worden war. Wenn nunmehr in der neueren Literatur gelegentlich wieder vorgeschlagen wird, in mildem, treibendem Gebirge einen Hohlraum zu belassen (vorgeschlagen wird 15 cm), so fehlt im schweizerischen Tunnelbau sowohl der Beweis für die Zweckmäßigkeit als auch der Nachweis für die Notwendigkeit dieses Vorschlages."

Die Ansicht ANDREAES wird auch durch die Erfahrungen beim Bau des zweiten Semmeringtunnels bestätigt. Hierüber wird wie folgt berichtet [109a und b]:

„Wenn nun in der Literatur bei Auftreten von echtem Gebirgsdruck gewisse Maßnahmen empfohlen werden, wie Zuwarten mit der endgültigen Ausmauerung oder Belassung eines Hohlraumes zwischen Mauerwerk und Gebirge, in den das Gebirge hineinwachsen kann, so mag dies für manche Gebirgsarten zutreffend sein; beim Semmering-Tunnel wäre es zweifellos ein Fehlgriff gewesen."

Die durchgeführten theoretischen Untersuchungen über den echten Gebirgsdruck und über den Schwelldruck bestätigen die Anschauungen ANDREAES hinsichtlich des echten Gebirgsdruckes vorbehaltlos. Bei Auftreten von Schwelldruck betrachten sie die Schaffung eines Expansionsraumes für das Gebirge nur als unvermeidbares Übel, das früher gerechtfertigt war, weil bei den älteren Bauweisen zwischen zeitweiligem und endgültigem Ausbau einige Zeit verging, so daß die Schwellung des Gebirges nicht von Anfang an verhindert werden konnte. Heute hingegen, wo man die Möglichkeit besitzt, schwellendes Gebirge sofort nach der Freilegung des Ausbruchs in kurzer Zeit ohne wesentliche Störung und hohlraumlos, d. h. mit sattem Kontakt, auszubauen, wird man wohl diesen Weg wählen. Für die Formgebung und Stärke des Ausbaues gilt das in den Abschnitten 42 und 44 Gesagte.

Bei der Beurteilung dieser Frage ist auch folgende Überlegung wichtig. Die Erörterungen über den sekundären Spannungszustand und insbesondere über die Deutung des echten Gebirgsdruckes als tektonischem Vorgang lassen hinsichtlich der Auswirkung der im Gebirge auftretenden inneren Gleitbewegungen zwei Möglichkeiten zu.

Einerseits kann die innere Gleitbewegung als Gleitbruch ohne Zuwanderung von Gestein aus den benachbarten Gebirgsbereichen erfolgen. Dann lösen sich vom Ausbruchsrand Gebirgsschalen ab, und die Bruchvorgänge führen zu einer Vergrößerung des Ausbruchsquerschnittes bzw. zu einer Berichtigung seiner Form. Dies tritt bei mäßigem Gebirgsdruck an den Ulmen und bei den Bergschlägen auf.

Anderseits aber kann ein Materialzuschub zum Ausbruchshohlraum hin erfolgen. Dies ist bei starkem, von allen Seiten wirkendem echten Gebirgsdruck, also insbesondere bei primär latenter Plastizität der Fall, aber nur möglich, wenn gleichzeitig eine Gefügeauflockerung im plastischen Bereich, besonders in der Nähe der Grenze zwischen ihm und dem elastischen Bereich eintritt. Solche Auflockerungen sind daher mit der Schaffung von Hohlräumen im Gebirge verbunden; sie sollen aber möglichst vermieden bleiben. Daraus läßt sich der Schluß ziehen, daß es richtig ist, plastische Verformungen, die von einem Materialzuschub zum Tunnel- oder Stollenhohlraum begleitet sind, sofern sie nicht schon in der Entwicklung verhindert werden können, so rasch als möglich zum Stillstand zu bringen. Der traditionelle Ausbau mit Holz vermag dies nicht; die neuen Bauweisen hingegen, insbesondere die Felsankerung und die Spritzbetonverkleidung, sind aber für solche Aufgaben besonders geeignet. Der Gedanke, dem Gebirge eine Expansionsmöglichkeit zu geben, erweist sich auch aus dieser Erwägung als unzweckmäßig.

Es bleibt noch die Frage des Schwellens tonigen Gebirges vom gleichen Gesichtspunkt aus zu beurteilen. Die früheren Überlegungen haben erwiesen, daß das Schwellen des Gebirges in der Umgebung des Ausbruchshohlraumes mit einer gleichzeitigen Konsolidierung in der weiteren Umgebung verbunden ist, aus der das Porenwasser gegen den Tunnel oder Stollen hinströmt. Dieser Konsolidierungsvorgang ist mit einer Raumverminderung verbunden, die gleichfalls zur Hohlraumbildung führen kann. Daraus folgt, daß die Schaffung eines Expansionsraumes zwischen Ausbau und Gebirge nicht günstig beurteilt werden darf.

ROTHPLETZ († 1949) hat die jüngste Entwicklung des Stollen- und Tunnelbaues nicht erlebt, aber er hat mit seiner Anschauung recht behalten, der er wie folgt Ausdruck verliehen hat [116]:

,,Die wichtigste Forderung, die man im druckhaften Gebirge an die Ausbaumethode stellen muß, ist, daß sie nach Aufschluß des Gebirges in kürzester Frist zum fertig gemauerten Tunnel führt." Dieser Äußerung ist nur noch hinzuzufügen, daß die Ausmauerung des Tunnels in möglichst hohlraumfreiem Kontakt mit dem Gebirge stehen soll.

47. Erfahrungswerte für den zu erwartenden Firstdruck

Nach der Darlegung der neuen Anschauungen über das Wesen des Gebirgsdruckes (Abschnitt 57—60) und der sich daraus ergebenden Methoden zur Bemessung des Ausbaues von Felshohlräumen (Kap. VI) werden einige Zusammenstellungen gebracht, in denen Erfahrungswerte über den zu erwartenden Gebirgsdruck in Abhängigkeit von der Gebirgsbeschaffenheit angeführt sind. Die bisherigen Ausführungen werden die Beurteilung der in diesen Zusammenstellungen erscheinenden Ziffern erleichtern; insbesondere wird man die Begrenztheit mancher Angaben erkennen, und bei Ihrer Anwendung die nötige Vorsicht walten lassen.

a) Die erste Zusammenstellung stammt von BIERBAUMER [11] und ist aus einer reichen Erfahrung entstanden.

Bemerkenswert an dieser Zusammenstellung ist, daß BIERBAUMER den Firstdruck während des weiteren Bestandes des Tunnels oder Stollens wesentlich größer angibt als während des Ausbruches. Im übrigen gibt sie nur Werte für den Firstdruck an und wird also den Erscheinungen des echten Gebirgsdruckes nicht gerecht.

An diese Übersicht knüpft BIERBAUMER Ratschläge, die in ihrer Bedeutung durch neuere Untersuchungen nicht nur bestätigt, sondern erst ins richtige Licht gerückt werden. Er verlangt, daß bei den Ausbruchsarbeiten jede Auflockerung des Gebirges tunlichst vermieden werden soll; man muß vorsichtig sprengen, die Verpfählung sorgfältig hinterpacken und den vorübergehenden Ausbau rasch

Tabelle 8. *Der zu erwartende Firstdruck* (nach BIERBAUMER [11])

| Gebirgsbeschaffenheit | Firstdruck tm⁻² | | Zeitweiliger Holzausbau | | Anmerkung |
	während des Ausbruches	während des weiteren Bestandes	Ausführungsart	Beanspruchung	
Fels, mehr oder weniger gebrech	0	8—12	schütter und leicht	0—unbedeutend	Auflockerungsdruck gering
bindiger Schotter, sehr gebrecher Fels, mildes Gebirge bei geringer Überlagerung	10	35	schütter aber stark	gering	Auflockerungsdruck größer, der sich während des Ausbruches noch nicht bemerkbar macht
rolliger Schotter Fels überaus gebrech (Firstbrüche)	20—25	35	dicht und stark	mittelmäßig	Größerer Auflockerungsdruck, welcher schon während des Ausbruches auftritt; voraussichtlich schwierige Beruhigung
mildes Gebirge, druckhaft (auch schwimmend) Überlagerung größer	35	50	sehr dicht und kräftig	beträchtlich	—
mildes Gebirge sehr druckhaft, Überlagerung beträchtlich	50	120	möglichst dicht und tunlichst kräftig (Hartholzschwellen)	bis zum Bruch	—

durch den endgültigen ersetzen. Dabei ist das Mauerwerk satt an das Gebirge anzuschließen. Hohlräume sind auszumauern, die Zimmerungshölzer unbedingt und der Verzug nach Tunlichkeit zu entfernen. Es sei schon an dieser Stelle darauf hingewiesen, daß die neuen Bauwesen (Kap. XI) die Möglichkeit geben, diese Bedingungen, die heute eher noch strenger gelten als seinerzeit, weitgehend zu erfüllen.

b) STINI [138d] gibt für die Höhe des Bruchkörpers — er bezeichnet sie als Druckgebirgshöhe — die in der nachfolgenden Zusammenstellung enthaltenen Werte an (Tab. 9). Diese Zusammenstellung weist eine weitergehende Unterteilung nach geologischen Gesichtspunkten auf. Ihr Wert liegt insbesondere darin, daß die Gebirgsbeschaffenheit in jeder Gruppe gut gekennzeichnet ist.

Tabelle 9. *Der zu erwartende Gebirgsdruck* (nach STINI [138d])

Druck-erschei-nungen	Gebirgsart	Anzuneh-mende Höhe des Bruch-körpers m	Anmerkung
schweres Druck-gebirge	Schiefertone, mürbe Mergel, Quetschgesteine, schwere Zer-rüttungsstreifen	40—60	Holzzimmerung bricht, auch wenn man sie tunlichst dicht und kräftig ausführt
mittleres Druck-gebirge	mürbe, dünnblätterige Seiden-schiefer, Blätterschiefer (Phyl-lite) weiche Mergel, graphi-tische Schiefer (Schwarzschie-fer), nasser Ton	24—40	an der sehr dicht und sehr kräftig hergestellten Zim-merung beobachtet man be-deutende Inanspruchnahme
leichtes Druck-gebirge	Schwarzschiefer, wenig durch-bewegte Blätterschiefer, glim-merreiche Seidenquarzschiefer, Hartgestein mit engständigen tonreichen Zwischenmitteln, Gesteine von mittleren Zer-rüttungsstreifen. Viele Mergelschiefer, bergfeuch-ter Ton, feuchte Grundmoräne	15—25	die dicht und stark herge-stellte Holzrüstung steht unter kräftigen Spannungen
sehr gebre-cher Fels	dünnschichtige besonders mer-gelige Sandsteine, glimmerreiche Phyllite, manche Hartmergel, Kalkblätterschiefer, Ufermoränen	10—15	schon beim Ausbruch treten starke Auflockerungser-scheinungen auf; örtlich er-eignen sich Firstbrüche
gebrecher Fels	Tonmergel, manche dünnschichtigen, mür-ben Sandsteine, Quetschdolomite (in Ruschelstreifen)	4—10	beim Ausbruch noch ziem-lich standfest, später aber kräftige Nachbrüche
mäßig ge-brecher Fels	stark zerhackte Dolomite in Störungsstreifen	2—4	nach anfänglicher Stand-festigkeit im Laufe von Monaten Nachbrüche
leicht ge-brecher Fels	kräftig durchbewegte und zer-hackte Quarzphyllite, Chloritschiefer, glimmerreiche, blättrige Kalk-glimmerschiefer	1—2	beansprucht die Zimmerung wenig, löst sich während des Ausbruches nur wenig ab und wird erst nach Mona-ten lebendiger
befriedigend standfester Fels	glimmerreiche Glimmerschie-fer, stark verschieferte Gneise	0,5—1	Nachbrüche nur durch mehr oder minder unvermeidliche Auflockerung beim Aus-bruch verursacht und erst im Laufe der Zeit von eini-gem Belang
standfester und sehr fester Fels	—	0—0,5	Auflockerung nur durch die Ausbruchsarbeiten verur-sacht

Diese sehr wertvolle Übersicht beschränkt sich gleichfalls auf die Angabe der Firstbelastung, nimmt also auf die Wirkungen des echten Gebirgsdruckes nicht unmittelbar Rücksicht. STINI weist darauf hin, daß die Güte der Ausbruchsarbeit berücksichtigt werden muß. Er macht überdies Angaben über den Einfluß der Breite des Ausbruchsquerschnittes. Der obigen Übersicht liegt eine Breite von

Tabelle 10. *Der zu erwartende Gebirgsdruck* (nach TERZAGHI [144c])

Gruppe	Eigenschaften des Gebirges	Gebirgsdruck in m des Gesteins	Anmerkung
1	fest, gesund	—	leichte Verkleidung nur nötig, wenn gelegentlich Abschalungen oder Bergschläge vorkommen
2	fest, geschichtet oder geschiefert	$0-0,5\,b$	leichter Einbau, der Bergdruck kann sich regellos von Stelle zu Stelle ändern
3	massig, mäßig zerklüftet	$0-0,25\,b$	„ „
4	mäßig zerblockt und lassig	$0,25\,b-0,35\,(b+h)$	Seitendruck fehlt
5	kräftig zerblockt und lassig	$(0,35-1,1)\,(b+h)$	geringer oder fehlender Ulmendruck
6	vollständig zerhackt aber unzersetzt (chemisch unverändert)	$1,1\,(b+h)$	beträchtlicher Seitendruck. Die erweichende Wirkung von Sickerwässern auf die Tunnelsohle erfordert entweder Einbauten auch in der Sohle oder kreisförmigen, vorübergehenden und dauernden Ausbau
7	drückend, Tunnel seicht liegend	$(1,1-2,1)\,(b+h)$	kräftiger Seitendruck, Sohlstreben erforderlich, kreisförmiger Einbau empfohlen
8	drückend, Tunnel tiefliegend	$(2,1-4,5)\,(b+h)$	„ „
9	Schwelldruck	ohne Rücksicht auf den Wert von $(b+h)$ bis 80 m erforderlich	kreisförmiger Einbau erforderlich; in besonders ungünstigen Fällen nachgiebiger Einbau
10	dicht gelagerter Sand	$(0,62-1,38)\,(b+h)$	—
11	locker gelagerter Sand	$(1,08-1,38)\,(b+h)$	—

4—5 m zugrunde. Für Lichtweiten von 2 m wären die angeführten Werte für die Höhe des Bruchkörpers um rund 30% zu verringern und für jeden Meter über 4 m hinaus um ungefähr 10% zu vergrößern. Man erhielte z. B. auf diese Weise für eine Lichtraumbreite von 6 m statt 40—60 m Höhe des Bruchkörpers etwa 44—66 m und für 9 m Lichtweite 56—90 m bei Vorliegen von schwerem Druckgebirge.

Bemerkenswert in der Stinischen-Zusammenstellung sind die beiden letzten Angaben für standfesten Fels, wo der Auflockerungsdruck nur durch die Sprengarbeit beim Ausbruch hervorgerufen wird. Nach STINI hat der Auflockerungsbereich bei einer Lichtweite des Stollens von 4—5 m ein größtes Ausmaß von 1,0 m. Dieses Maß müßte aber bei kleineren Stollen, die im Vollquerschnitt vorgetrieben werden, nicht eine Verminderung, sondern eine Vergrößerung erfahren, weil die Lösung des Gebirges im kleinen Querschnitt einen größeren Sprengstoffaufwand erfordert. Bei großen Lichtraumquerschnitten, die mit Richtstollen aufgefahren und durch den Vollausbruch auf die endgültige Größe gebracht werden, wäre das Auflockerungsmaß durch Sprengarbeiten jedoch zu verringern.

c) Schließlich wird noch eine bereits früher erwähnte Zusammenstellung über den zu erwartenden Gebirgsdruck angeführt, die von TERZAGHI stammt [144c]. In dieser wird ein Unterschied zwischen Auflockerungsdruck und echtem Gebirgsdruck gemacht, wenngleich die Angaben für beide Fälle gelten. In den Werten, die TERZAGHI angibt, finden die lichte Weite b und die Höhe des Stollenausbruches h Berücksichtigung. Die Übersicht gilt für Tiefen von mehr als $1,5 \cdot (b + h)$. Außerdem können in Stollen oberhalb des Grundwasserspiegels die Werte der Gruppe 4—6 um 50% vermindert werden.

Kapitel VIII

Druckstollen

48. Allgemeines über die Triebwasserleitung von Hochdruckwasser-kraftwerken

Die Triebwasserleitungen von Hochdruckwasserkraftwerken zerfallen in der Regel in zwei Abschnitte, in den wenig geneigten Teil, der die Aufgabe hat, das Betriebswasser von der Fassungsstelle möglichst nahe an die im Gelände gewählte Steilstufe heranzubringen, und in den steil nach abwärts führenden Leitungsabschnitt, in dem der größte Teil der Fallhöhe des Werkes überwunden wird; an

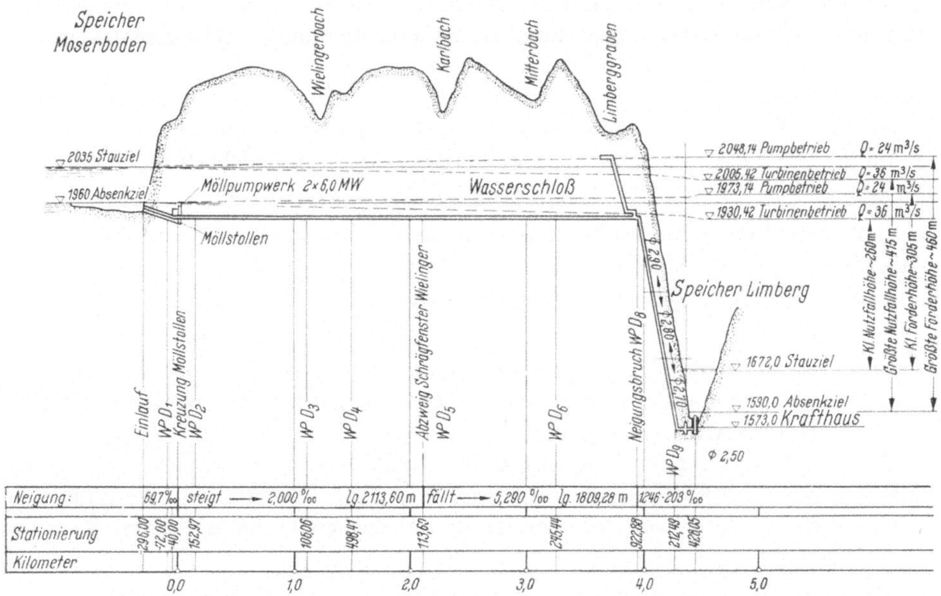

Abb. 45. Längsschnitt der Triebwasserleitung der Oberstufe Kaprun der Tauern-Kraftwerke [6].

diesen schließt sich gewöhnlich ein unterer flacher Abschnitt an (Abb. 45); der erstere, wenig geneigte Abschnitt der Triebwasserleitung wird je nach der Art der Wasserfassung entweder als Freispiegelstollen oder als Druckstollen ausgebildet. Im ersteren Fall ist der Stollen drucklos, im letzteren steigt der größte Druck von der Wasserfassung gegen das Wasserschloß hin nur langsam an. Der Steilteil der Triebwasserleitung kommt hingegen unter rasch anwachsenden und beträchtliche Ausmaße erreichenden Druck und erhält deshalb eine Blechpanzerung. Eine Druckrohrleitung, die entweder aus einem oder aus mehreren Strängen bestehen kann, hat diesen Druck zur Gänze in Form von Ringzugspannungen aufzunehmen. Beim

Druckschacht hingegen soll ein wesentlicher Teil des betrieblichen Wasserdruckes auf das Gebirge übertragen werden und nur ein geringer Teil davon die Blechpanzerung beanspruchen.

Die Aufgabe des Druckstollen- und Druckschachtbaues besteht darin, ein geschlossenes, untertägiges Gerinne, das unter hydrodynamischen Innendruck gerät, wasserdicht auszubilden. Beim Druckstollen fällt die Dichtungsaufgabe entweder der Betonauskleidung, dem Gebirge oder beiden zu; beim gepanzerten Druckschacht hat die Blechauskleidung allein für die Wasserdichtheit zu sorgen.

Nachdem die Auskleidung eines Druckstollens oder eines Druckschachtes einen Teil des betrieblichen Wasserdruckes auf das Gebirge überträgt, kommt der Kenntnis der mechanischen Eigenschaften des Gebirges größte Bedeutung zu. Daraus kann man aber auch ersehen, welche Unsicherheit dann besteht, wenn diese Eigenschaften wenig bekannt sind und die dafür maßgebenden Werte nur geschätzt werden.

Aus dem Umstand, daß das Gebirge zur statischen Mitwirkung herangezogen wird, folgt, sowohl für den Druckstollen als auch für den Druckschacht geltend, daß zwischen den Auskleidungschichten untereinander und dem Gebirge ein einwandfreier Kontakt bestehen muß und daß vom Gebirge Eigenschaften zu verlangen sind, die seine elastische Mitwirkung dauernd gewährleisten.

Der Unterschied zwischen Druckstollen und Druckschacht besteht nach diesen Darlegungen in folgenden charakteristischen Merkmalen.

a) Während die Druckstollen nur geringes Gefälle aufweisen, sind die Druckschächte steil geneigt und manchmal auch lotrecht angeordnet.

b) Druckstollen sind einem verhältnismäßig geringen Innendruck ausgesetzt, der in Regel 15 atü nicht wesentlich überschreitet. Druckschächte hingegen erfahren einen beträchtlichen Innendruck, wobei das größte bisher erreichte Ausmaß 120 atü beträgt. Dieser Innendruck wurde beim Lünersee-Werk der Vorarlberger Ill-Werke AG erreicht [20a].

Die angeführten, kennzeichnenden Merkmale bedingen wesentliche Unterschiede in der Ausführungsart und in der statischen Beurteilung, weshalb eine getrennte Behandlung von Druckstollen und Druckschächten angezeigt ist.

49. Querschnittsform und Auskleidungsart von Druckstollen

Druckstollen sollen in der Regel einen kreisförmigen Querschnitt erhalten, um Spannungssteigerungen an Stellen stärkerer Krümmung zu vermeiden [57]; auch mit Rücksicht auf die hydraulische Leistungsfähigkeit ist der Kreisquerschnitt als Idealform zu betrachten. Bei geringeren Drücken wird aber häufig ein Hufeisenquerschnitt gewählt, bei dem die breitere Sohle die Herstellung erleichtert (Abb. 46).

Im Druckstollenbau kommen folgende Auskleidungsarten in Betracht.

a) Bei großer Tiefenlage, d. h. bei großem Normalabstand von der Felsoberfläche und bei praktischer Wasserdichtheit des Gebirges kann der Fels u. U. unverkleidet belassen werden. Diese Ausführungsart kommt allerdings selten zur Anwendung; gegen sie sprechen energiewirtschaftliche Erwägungen, die durch die Rauhigkeit der Felswandungen bedingt sind.

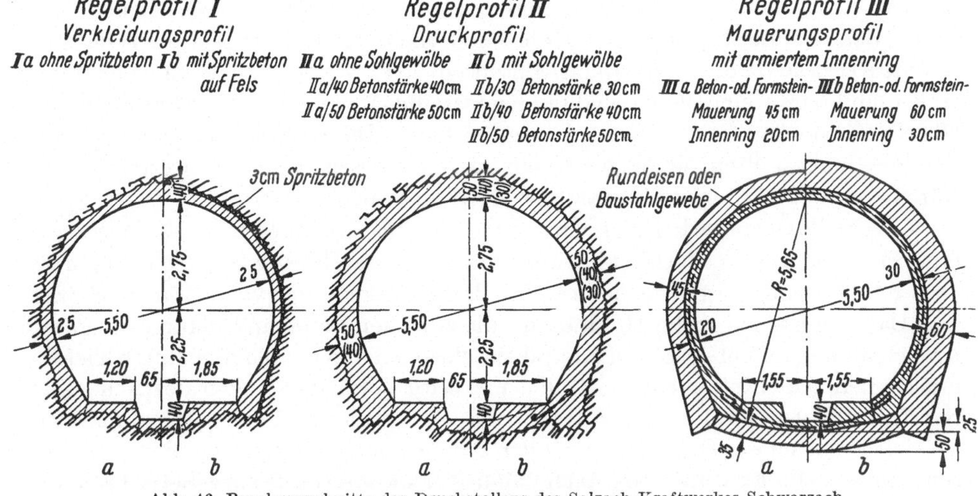

Abb. 46. Regelquerschnitte des Druckstollens des Salzach-Kraftwerkes Schwarzach
der Tauern-Kraftwerke AG [126].

b) Bei günstiger Gebirgsbeschaffenheit ist manchmal nur eine Spritzbetonverkleidung der Felsoberfläche ausgeführt worden, wodurch die Rauhigkeit vermindert und gleichzeitig ein Verschluß der Gesteinsklüfte erzielt wurde. Eine solche
Auskleidung ist beispielsweise in dem den Tauernkamm durchfahrenden Möll-

Abb. 47. Bergschlag in einem Druckstollen, der mit einer verhältnismäßig
dünnen Spritzbetonauskleidung gesichert ist.

Überleitungsstollen der Oberstufe Glockner-Kaprun streckenweise ausgeführt
worden [6]. Das Gebirge ist dort Kalkglimmerschiefer der oberen Schieferhülle der
Tauern; in den Zonen von vortrefflicher Gebirgsbeschaffenheit konnte man sich
mit einer Spritzbetonauskleidung begnügen. Wegen des Auftretens von Bergschlägen erfuhr diese Bauweise allerdings eine Beschränkung (Abb. 47). Die Spritz-

betonauskleidung ist dort verhältnismäßig dünn; ihre mittlere Dicke beträgt etwa 3 cm. Bei der Leistungsfähigkeit der modernen Betonspritzgeräte (siehe Abschnitt 84) besteht die Möglichkeit, Betonschichten von beliebiger Stärke aufzutragen und damit eine ohne Schalung hergestellte Auskleidung zu schaffen, deren Oberfläche profilgerecht abgezogen werden kann. Die Glattheit eines mit Stahlschalung hergestellten Betons wird man aber auf diesem Wege nicht erreichen, es wäre denn, daß man einen Zementglattstrich anordnet.

c) Wenn das Gebirge bei allen vorkommenden Belastungsverhältnissen elastisch mitwirkt und wenn es ferner kluftarm und wenig durchlässig ist, reicht in einem Druckstollen eine sorgfältig hergestellte Betonauskleidung von mäßiger Stärke aus. Dabei müssen aber die Hohlräume, die zwischen Beton und Gebirge im Firstbereich immer auftreten, durch Kontaktinjektionen und das Gebirge durch Tiefeninjektionen gedichtet werden. Als Beispiel wird der Druckstollen des Achensee-Kraftwerkes der Tiroler Wasserkraftwerke AG gewählt, der im Jahre 1927 in Betrieb gegangen ist. Dieser Druckstollen hat eine mehr als 40jährige Bewährungszeit hinter sich. Er wurde erst nach 25jähriger ununterbrochener Betriebsdauer, ohne zwischendurch auch nur ein einziges Mal entleert worden zu sein, erstmalig begangen. Dabei zeigte sich, daß er keinerlei Mängel aufwies, die Betonauskleidung befand sich in einem ausgezeichneten risse- und schadensfreien Zustand [144]. Erhaltungs- oder Ausbesserungsarbeiten waren nicht erforderlich.

Die obige Bemerkung, daß eine Auskleidung von mäßiger Dicke genügt, gilt nur für standfesten Fels. Sollte gebrecher Fels oder gar kohäsionsloses oder bindiges Lockergebirge vorliegen, dann gelten die im Abschnitt 37 dargelegten Gesichtspunkte.

Für die Auskleidungsart ist überdies auch der Bergwasserdruck entscheidend, wofür als Beispiel der Druckstollen des Kraftwerkes Schwarzach angeführt wird [701]. Dort ereignete sich im Westabschnitt des Bauloses Lend am 20. 9. 1954, als der Richtstollenvortrieb 1059 m vom Fensterstollenwinkelpunkt erreicht hatte, im Klammkalk des Salzach-Tales ein mächtiger Wassereinbruch. An diesem Tage war Thermalwasser erbohrt worden, das unter so starkem Druck stand, daß nicht alle Bohrlöcher geladen werden konnten. Noch am selben Tage wurde dann eine breite, wasserführende Kluft aufgerissen, aus der sich eine Wassermenge von 600—700 l sec in den Stollen ergoß (Abb. 48). Die Temperatur des Wassers betrug 23—24° Celsius. Die trotz großer Schwierigkeiten bald nach dem Einbruch wieder aufgenommenen Vortriebsarbeiten zeigten, daß der Wasserzudrang dem Vortrieb folgte. Neue Wassereinbrüche, die ohne wesentliche Vermehrung der gesamten Wassermenge auftraten, waren ein Beweis dafür, daß die Thermalquellen über große Räume im Zusammenhang stehen und daß ein ausgedehntes Karsthöhlensystem erschlossen worden war, das sich von 1059—2100 m, also auf eine Länge von mehr als einem Kilometer, erstreckte. Diese hauptsächlich in Klammkalk liegende Thermalzone ist zwar durch eine kurze Phyllitstrecke unterbrochen, die aber den Zusammenhang in der Bergwasserführung nicht zu unterbinden vermochte und offenbar vom Wasser umgangen wird. Die Quellen waren durchwegs warm; die größte Temperatur trat bei 2093 m auf und betrug 30,6°. In der Thermalwasserzone befanden sich zahlreiche, durch Auslaugen entstandene Höhlen, die teilweise mit Kluftlehm gefüllt und deren Wände oft mit wohlausgebildeten Calcitkristallen reich besetzt waren. Die gesamte Wasserführung in der Thermalwasserzone nahm im Laufe der Zeit allmählich ab und hielt sich schließlich konstant bei etwa 130 l/sec.

In dieser Thermalwasserzone bestand die Aufgabe, die Auskleidung möglichst dicht zu gestalten, um das Wasser zurückzudrängen. Sie mußte daher in der Lage

Abb. 48. Thermalwassereinbruch von 600—700 l/s im Druckstollen des Salzach-Kraftwerkes Schwarzach der Tauern-Kraftwerke AG [70 l].

sein, dem zu erwartenden großen Außenwasserdruck standzuhalten. Aus diesem Grunde wurde ein Kreisringquerschnitt mit der ringsum gleichen Dicke von 50 und 65 cm gewählt (Abb. 49). Eine besondere Dichtung der Ringfugen sowie der Arbeitsfugen zwischen der vorausbetonierten Sohle und den Widerlagern unterblieb. Durch sorgfältig ausgeführte Tiefeninjektionen gelang es, auch diese Fugen weitgehend wasserdicht zu bekommen.

Die Überleitung des Thermalwassers über die jeweilige Baustrecke bereitete bei den Ausbruchsarbeiten und insbesondere bei der Sohlenherstellung beträchtliche Schwierigkeiten. Ende Mai 1957 waren die Auskleidungsarbeiten in der Thermalwasserzone beendet. Mitte September 1957 wurden die Schieber geschlossen, durch die das Thermalwasser während der Baudurchführung in den Sohlgraben abgeleitet worden war. Damit begann der Aufstau des Wassers im Gebirge und der Druckanstieg, dessen zeitlicher Verlauf in der Abb. 50 ersichtlich ist. Im Zeitpunkt der Betriebsaufnahme des Werkes ist nach einer 12 Monate langen Beobachtungsdauer der Außenwasserdruck bis 10,5 atü gestiegen und hat später das größte Ausmaß von 14 atü erreicht, wobei allerdings durch Öffnen der für diesen Zweck eingebauten Schieber eine gewisse Druckentlastung herbeigeführt wurde.

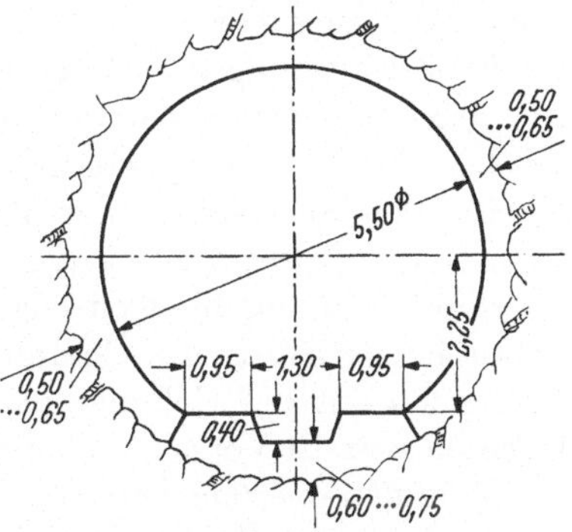

Abb. 49. Druckstollenquerschnitt im Bereich der Thermalzone des Triebwasserstollens des Salzach-Kraftwerkes Schwarzach der Tauern-Kraftwerke AG [70 l].

Das geschilderte Beispiel zeigt, bis zu welcher Höhe der Außenwasserdruck im Gebirge ansteigen kann.

d) Wenn das Gebirge gebrech ist oder zu Nachbrüchen neigt, dann ist ein zeitweiliger Ausbau notwendig. Früher pflegte man einen solchen in der traditionellen Weise durch Verzimmerung herzustellen. Dann war man genötigt, einen äußeren Tragring einzubauen, der die Aufgabe hatte, die Auflockerungslast aufzunehmen. Bei Auftreten von echtem Gebirgsdruck war der gleiche Vorgang gegeben. Unter dem Schutz des Tragringes wurde dann der eigentliche Auskleidungsring eingezogen, der in der Regel aus Stahlbeton oder aus einer bewährten Torkretschicht

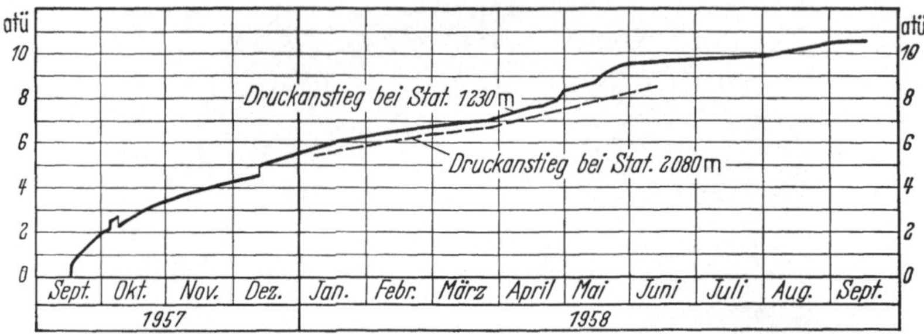

Abb. 50. Anstieg des Bergwasserdruckes in der Thermalwasserzone des Triebwasserstollens des Salzach-Kraftwerkes Schwarzach der Tauern-Kraftwerke AG. Die Druckanstiege bei 1 230 m und 2 080 m verlaufen parallel, obwohl zwischen den Meßstellen eine Phyllitzone liegt [701].

bestand. Den Kontakt- und Tiefeninjektionen kamen bei der gegebenen Beschaffenheit des Gebirges besondere Bedeutung zu. Bei dieser älteren Art der Auskleidung war es oft unvermeidlich, daß Holzteile zwischen Beton und Gebirge belassen werden mußten. Die modernen Bauweisen gestatten es, diesen Übelstand zu vermeiden. Besonders vorteilhaft ist die Felstorkretierung in einer den Gebirgsverhältnissen angepaßten Stärke, verbunden mit Felsnagelung bzw. verstärkt durch eine Bewehrung oder durch Stahlstreckenbogen. Die solcherart hergestellte zeitweilige Auskleidung des Hohlraumes stellt eine Sicherung des Gebirges dar und ist gleichzeitig als Bestandteil des dauernden Ausbaues wirksam. Als Beispiele werden die Ausbruchsquerschnitte ausgewählt, die sich beim Bau des Salzach-Kraftwerkes Schwarzach der Tauern-Kraftwerke AG bewährten. Bezüglich der Einzelheiten dieser Ausführung wird auf Kap. X verwiesen.

e) Bei sehr ungünstigen Gebirgsverhältnissen, insbesondere dann, wenn das elastische Verhalten des Gebirges nicht gewährleistet ist oder wenn infolge der Nachgiebigkeit des Gebirges plastische Verformungen großen Ausmaßes zu befürchten sind, ist Vorsicht geboten. Derart ungünstige Verhältnisse sind besonders häufig in den oberflächennahen Strecken von Druckstollen oder in der Nähe von kurzen Fensterstollen zu erwarten. Dort sind besondere Maßnahmen notwendig, weil die oberflächennahen Gebirgsbereiche infolge von Verwitterungserscheinungen in elastischer Hinsicht selten entsprechen, weil ferner Wasserdichtheit des Gebirges nicht erwartet werden darf und Wasseraustritte folgenschwere Auswirkungen haben können. Es ist erstaunlich, daß Schäden an Druckstollen, die auf diese Ursachen zurückzuführen sind, immer wieder vorkommen, obwohl sie bei entsprechender Kenntnis der Festigkeitseigenschaften des Gebirges vermieden werden könnten. An den Auswirkungen derartiger Schäden gemessen, wächst die Bedeutung der in den Kap. I, II und III gebrachten, anfänglich vielleicht etwas zu umfangreich erscheinenden Ausführungen über die mechanischen Eigenschaften des Gebirges sowie über den primären und sekundären Spannungszustand.

An dieser Stelle möge aber auch auf die häufigen Unstetigkeiten im Kontakt zwischen einer Druckstollenauskleidung und dem Gebirge hingewiesen werden (Abweichungen von der Drehsymmetrie), die immer Störungen in der Kraftübertragung verursachen und zu Spannungshäufungen führen. Solche Unstetigkeiten werden nicht nur durch die Gestaltung des Stollenquerschnittes geschaffen, sondern haben ihre Ursachen vielfach im Gebirge. Unvermittelte Änderungen des elastischen Verhaltens, das Auftreten von weichen oder zerrütteten Zonen im festen Fels und ähnliche Erscheinungen können den Anlaß für solche Unstetigkeiten bilden. Es ist Aufgabe des Entwurfes, ihnen zu begegnen. Schwächezonen können durch Betonpfropfen oder durch besonders ausgebildete Mauerungsringe überbrückt werden. Auch Zementeinpressungen und Felsankerungen können eine Verbesserung herbeiführen.

50. Theorie des Druckstollens mit einfacher Betonauskleidung

Der sekundäre Spannungszustand, der nach erfolgter Durchörterung des Gebirges auftritt, ist im Kap. III behandelt worden. Wenn die Auskleidung nur aus einem Betonring besteht, dann bildet diese gemeinsam mit dem Gebirge das Tragsystem (Abb. 51). Der auf die innere Mantelfläche der Auskleidung wirkende betriebs-

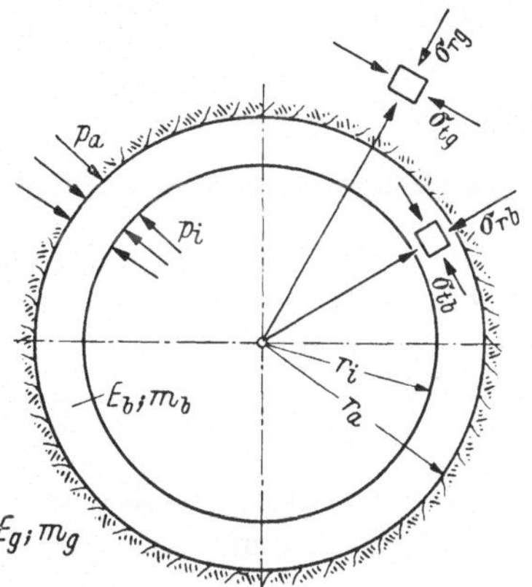

Abb. 51. Bezeichnungsweisen für die Berechnung eines Druckstollenquerschnittes mit einfacher Betonauskleidung.

mäßige Wasserdruck p_i hat eine Kontaktpressung zwischen Beton und Gebirge p_a zur Folge, die das Gebirge belastet, aber für die Betonauskleidung eine Entlastung bildet. Infolge dieser Wirkung treten im Gebirge Spannungen auf, die sich mit Hilfe der Theorie des dickwandigen Rohres (Abschnitt 17) wie folgt ermitteln lassen

$$\begin{aligned}
\sigma_{rg} &= \alpha^2 p_a \\
\sigma_{tg} &= -\alpha^2 p_a \\
\tau_g &= 0.
\end{aligned} \tag{1}$$

Dabei wurde die Hilfsgröße

$$\alpha = r_a : r \tag{2}$$

eingeführt.

Die Spannungen in der Betonauskleidung, die unter der Einwirkung des Innendruckes p_i und des Außendruckes p_a entstehen, haben gemäß Gl. (8) im Abschnitt 17 die Größe

$$\begin{aligned}
\sigma_{rb} &= \frac{a^2 - \alpha^2}{a^2 - 1} p_a + \frac{1 - \alpha^2}{a^2 - 1} p_i \\[2mm]
\sigma_{tb} &= \frac{a^2 + \alpha^2}{a^2 - 1} p_a - \frac{1 + \alpha^2}{a^2 - 1} p_i
\end{aligned} \tag{3}$$

$$\tau_t = 0,$$

wobei
$$a = r_a : r_i \tag{4}$$

gilt. Nunmehr besteht die Aufgabe, den Druck auf die äußere Mantelfläche der Betonauskleidung, der als statisch nicht bestimmbare Größe betrachtet wird, zu ermitteln. Hierzu ist die Kenntnis der elastischen Verformungen der Betonauskleidung und des Gebirges notwendig. Die Verschiebung irgendeines Punktes der Betonauskleidung mit dem Halbmesser r beträgt gemäß Gl. (6) im Abschnitt 17

$$u_b = B_1 r + \frac{C_1}{r} . \tag{5}$$

Die in diesem Ausdruck vorkommenden Konstanten haben gemäß Gl. (10) im Abschnitt 17 die Form:

$$B_1 = \frac{m_b - 1}{m_b E_b} \frac{a^2 p_a - p_i}{a^2 - 1}$$

$$C_1 = \frac{m_b + 1}{m_b E_b} \frac{p_a - p_i}{a^2 - 1} r_a^2 , \tag{6}$$

wobei m_b die Poissonsche Zahl des Auskleidungsbetons und E_b seinen Elastizitätsmodul bedeuten. Damit läßt sich die Verschiebung u_b ausdrücken wie folgt

$$u_b = \frac{m_b - 1}{m_b E_b} \frac{a^2 p_a - p_i}{a^2 - 1} r + \frac{m_b + 1}{m_b E_b} \frac{r_a^2}{r} \frac{p_a - p_i}{a^2 - 1} . \tag{7}$$

Die Verschiebung des äußeren Randes der Betonauskleidung u_{ba}, wofür $r = r_a$ gilt, ergibt sich zu

$$u_{ba} = \left[\frac{m_b - 1}{m_b E_b} \frac{a^2 p_a - p_i}{a^2 - 1} + \frac{m_b + 1}{m_b E_b} \frac{p_a - p_i}{a^2 - 1} \right] r_a . \tag{8}$$

Hierbei ist zu beachten, daß einer Verkürzung des Halbmessers r_a ein positives, einer Verlängerung hingegen ein negatives Vorzeichen zukommt, weil bei den bisherigen Ableitungen Druckspannungen als positiv, Zugspannungen hingegen als negativ angenommen wurden.

Nunmehr benötigt man noch die Verschiebung des Ausbruchsrandes des Gebirges unter der Wirkung der Kontaktspannung p_a. Sie läßt sich aus Gl. (7) herleiten, wenn man dort $r = r_a$ und $a = r_a : r_i = \infty$ setzt. Bezeichnet man E_g den Elastizitätsmodul des Gebirges und m_g seine Poissonsche Zahl, dann folgt die Verschiebung zu

$$u_{gi} = - \frac{m_g + 1}{m_g E_g} r_a p_a . \tag{9}$$

Es gibt eine Reihe von Umständen, die auf eine Herabminderung der Entlastung der Betonauskleidung durch das Gebirge hinwirken. Sie sind bei einem Druckstollen wegen der geringen Beanspruchung des Gebirges nicht so sehr ins Gewicht fallend wie bei einem Druckschacht und werden daher bei Behandlung des letzteren in allen Einzelheiten näher untersucht (siehe auch Abschnitt 64 und 65). Bei der statischen Beurteilung einer Druckstollenauskleidung sind hauptsächlich die plastische Verformbarkeit und das Kriechen des Gebirges von Bedeutung, während allen anderen Einflüssen nur eine untergeordnete Rolle zukommt.

Anhaltspunkte für die plastische Verformbarkeit des Gebirges liefert der in Abschnitt 8 der 1. Aufl. beschriebene Druckplattenversuch. Die plastische Verschiebung des Ausbruchsrandes des Gebirges wächst mit zunehmendem Druck p_a und ihr Verlauf ist in guter Annäherung linear, wie viele von Druckplattenversuchen vorliegende Diagramme beweisen. Die plastische Verformung des Gebirges wird sich bei einem Druckstollen in ihrem größten Ausmaß nach der ersten Vollbelastung einstellen und während des weiteren Betriebes des Druckstollens einen Zuwachs durch das Kriechen des Gebirges erfahren. Für die Berechnung des Druckstollens ist die gesamte bleibende Verformung des Gebirges bei Höchstbelastung maßgebend. Sie wird sich bei den im weiteren Verlauf des Betriebes eintretenden Entlastungen bei Entleerung des Stollens als Hohlraumspalt zwischen Betonauskleidung und Gebirge einstellen. Die Weite dieses Spaltes kann zur elastischen Verschiebung des Ausbruchsrandes u_{gi} ins Verhältnis gesetzt werden, wobei die Verhältniszahl mit β bezeichnet werden möge. Sie kann für den rechnungsmäßig zu erwartenden größten Druck aus dem Diagramm des Druckplattenversuches entnommen und muß durch Hinzufügung eines Kriechanteiles erweitert werden.

Für die Verschiebung des Ausbruchsrandes folgt somit

$$u'_{gi} = -\left(\frac{m_g + 1}{m_g E_g}\, r_a p_a + \varDelta_{gi}\right) = -(1 + \beta)\,\frac{m_g + 1}{m_g E_g}\, r_a p_a. \tag{10}$$

Die beiden Verschiebungen u_{ba} und u'_{gi} müssen einander gleich sein. Aus der Bedingung

$$u_{ba} = u'_{gi} \tag{11}$$

folgt dann der Ausdruck für die Kontaktpressung p_a. Er lautet:

$$p_a = \frac{2 p_i}{\dfrac{m_b + 1}{m_b} + \dfrac{m_b - 1}{m_b}\, a^2 + (1 + \beta)\,\dfrac{E_b}{E_g}\,\dfrac{m_g + 1}{m_g}\,(a^2 - 1)}. \tag{12}$$

Damit sind die im Auskleidungsring und im Gebirge herrschenden Spannungen gegeben. Bezüglich des Gebirges ist zu bemerken, daß sich die Spannungen infolge des Innendruckes jenen des sekundären Spannungszustandes überlagern.

Die für die statische Beurteilung der Druckstollenauskleidung entscheidende Tangentialspannung am Innenrand des Auskleidungsringes, wofür $\alpha = r_a : r_i = a$ gilt, ergibt sich aus Gl. (3) zu

$$\sigma_{tbi} = \frac{2 a^2}{a^2 - 1}\, p_a - \frac{a^2 + 1}{a^2 - 1}\, p_i. \tag{13}$$

Diese Gleichung bildet ein Kriterium dafür, ob die gewöhnliche Betonauskleidung als ausreichend anzusehen ist. Dies soll an einem Beispiel erläutert werden.

Der betriebsmäßige Innendruck soll $p_i = 11{,}5$ kpcm^{-2} betragen. Der lichte Halbmesser der Druckstollenauskleidung sei $r_i = 165$ cm, die Auskleidungsdicke $d = 35$ cm und der Außenhalbmesser daher $r_a = 200$ cm. Die in den Berechnungen immer wiederkehrende Größe a ergibt sich daraus zu $a = r_a : r_i = 1{,}212$. Für den Elastizitätsmodul des Gebirges werden Annahmen getroffen, die zwischen den Grenzen $100\,000$ kpcm^{-2} und $400\,000$ kpcm^{-2} liegen. Die Poissonsche Zahl des Gebirges hingegen sei unveränderlich $m_g = 5$, woraus sich die Seitendruckziffer im ungestörten Gebirge zu $\lambda_0 = 0{,}25$ ergibt. Der Elastizitätsmodul des Auskleidungsbetons sei $E_b = 320\,000$ kpcm^{-2} und die Poissonsche Zahl $m_b = 8$. Bei der vorgesehenen Wahl verschiedener Werte für den Elastizitätsmodul des Gebirges ergeben sich die Kontaktpressung p_a und die Tangentialspannung am Innenrand des Auskleidungsringes gemäß nachfolgender Tabelle

Tabelle 11. *Kontaktpressung p_a und tangentiale Zugspannung am Innenrand der Betonauskleidung eines Druckstollens in Abhängigkeit vom Elastizitätsmodul des Gebirges*

E_g (kpcm^{-2})	p_a(kpcm^{-2}) gem. Gl. (12)			σ_{tbi}(kpcm^{-2}) gem. Gl. (13)		
	$\beta = 0$	$\beta = 1$	$\beta = 2$	$\beta = 0$	$\beta = 1$	$\beta = 2$
100\,000	5,61	3,98	3,08	−25,4	−35,7	−41,3
150\,000	6,53	4,93	3,98	−19,7	−20,7	−35,7
200\,000	7,06	5,61	4,65	−16,3	−25,4	−31,5
250\,000	7,44	6,15	5,18	−14,0	−22,0	−28,1
300\,000	7,73	6,50	5,61	−12,1	−19,9	−25,4
350\,000	7,96	6,82	5,95	−10,7	−17,8	−23,3
400\,000	8,12	7,06	6,25	− 9,7	−16,3	−21,4

Die nachgewiesenen Zugspannungen lassen erkennen, daß bei niedrigen Werten des Elastizitätsmoduls des Gebirges Längsrisse in der Betonauskleidung des Druckstollens auftreten werden. Unstetigkeiten in der Gebirgsbeschaffenheit, das Schwinden des Betons, Temperaturwirkungen, die plastische Verformung des Gebirges und sein Kriechen verstärken diese Tendenz. Bei Druckstollen mit einfacher Betonauskleidung ist daher die Möglichkeit des Auftretens von Wasserverlusten zu befürchten. und die Wasserdichtheit des Gebirges spielt eine ausschlaggebende Rolle. Wenn sie nicht gewährleistet ist, muß sie durch besondere Maßnahmen, vor allen Dingen durch Zementinjektionen herbeigeführt bzw. erhöht werden.

Dazu ist zu bemerken, daß mit einer einfachen Betonauskleidung eines Druckstollens vollkommene Wasserdichtheit nicht erreicht werden kann. Das Bestreben, diesem Ziel näherzukommen, hat dazu geführt, daß man den Aufwand nicht scheut, die Betonauskleidung ohne Längsfugen ringweise in einem Arbeitsgang herzustellen und die unvermeidlichen Ringfugen durch besondere Maßnahmen möglichst dicht zu gestalten. Es ist aber immer mit Wasseraustritten in das Gebirge zu rechnen, die eine zusätzliche Entlastung der Auskleidung zur Folge haben, weshalb die Rißbildung, obwohl sie rechnungsmäßig eintreten müßte, häufig unterbleibt. Solche Wasseraustritte sind so lange bedeutungslos, als ihr Ausmaß in engen Grenzen bleibt und als der Sickerweg bis zur Geländeoberfläche bei ausreichender Tiefenlage des Druckstollens lang genug ist. Diese Erwägung ist ein weiterer Hinweis darauf, bei oberflächennahen Druckstollen besondere Vorsicht walten zu lassen.

Man mag gegen die Verwendbarkeit von Berechnungen der in diesem Abschnitt 50 angeführten Art deshalb Bedenken hegen, weil das Gebirge mit seinen mannigfachen Störungen zu viele nicht erfaßbare Unregelmäßigkeiten aufweist. Solchen Einwänden muß aber entgegengehalten werden, daß die Kenntnis der elastischen Eigenschaften des Gebirges die unbedingte Voraussetzung für die

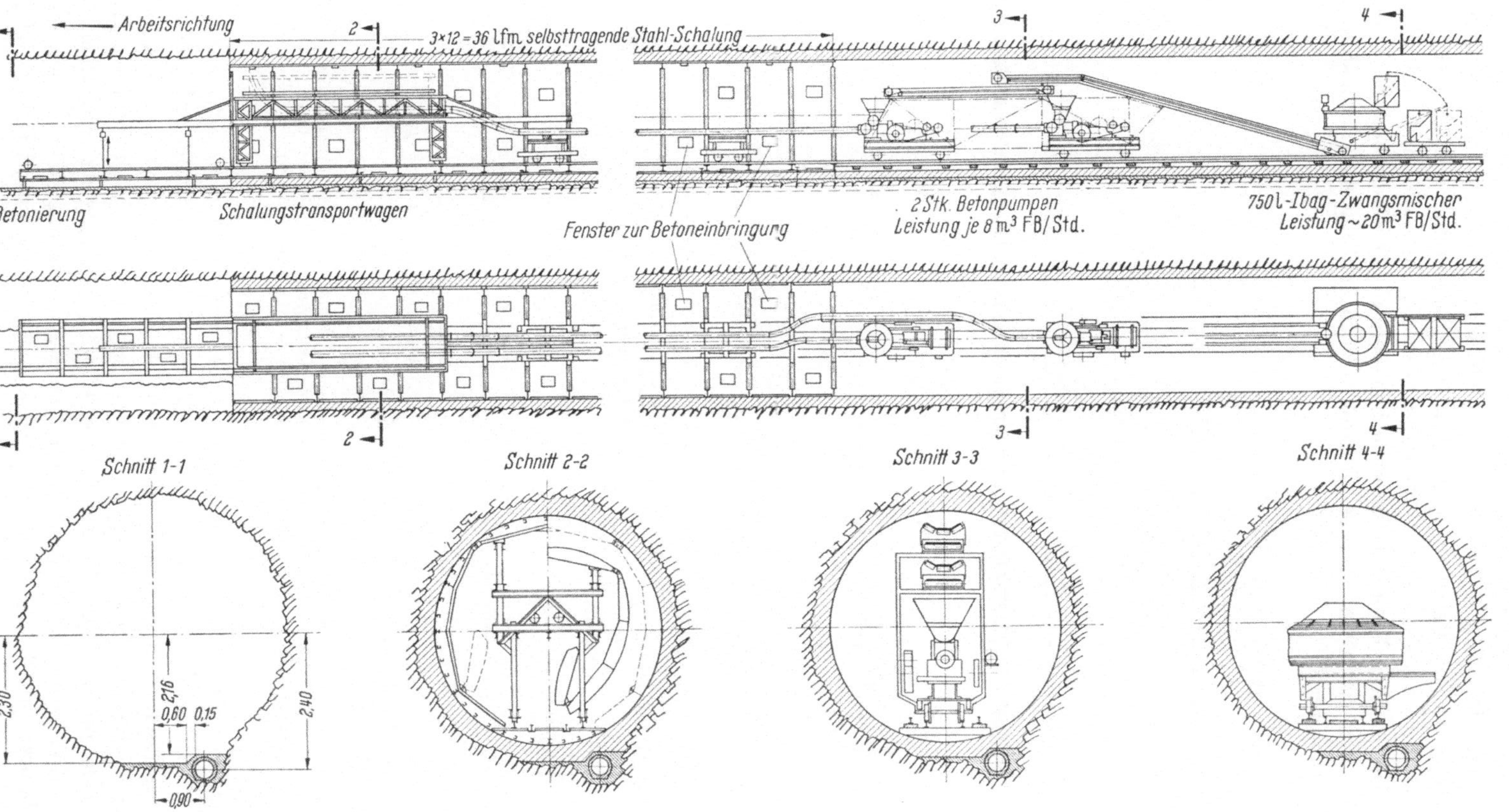

Abb. 52. Einrichtungsplan für die längsfugenlose Betonierung eines Druckstollens (aus dem Archiv der Bauunternehmung Innerebner & Mayer, wobei die Entwürfe der Stahlschalung von der Compagnie Française Blaw-Knox, Paris, stammen).

Ausführung einer Druckstollenauskleidung zu bilden hat; wenn sie nicht erfüllt ist,
dann verliert zwar die Rechnung ihre Grundlage, aber dann soll man bei ungünstigem Gebirge auch besondere Maßnahmen treffen und sich nicht mit einer
einfachen Auskleidung begnügen. Manche Schäden an Druckstollen, die in der
letzten Zeit eingetreten sind, müssen auf die Nichtbeachtung dieses Umstandes
zurückgeführt werden.

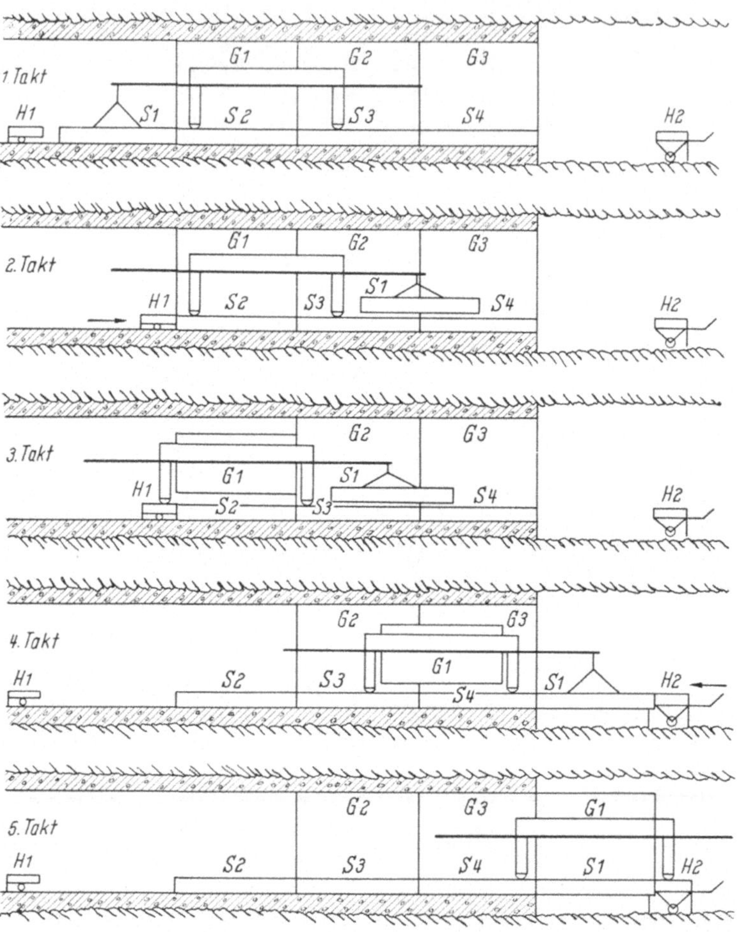

Abb. 53. Schematischer Betriebsplan für die längsfugenlose Betonierung eines Druckstollens
(aus dem Archiv der Bauunternehmung Innerebner & Mayer, wobei die Entwürfe
der Stahlschalung von Compagnie Française Blaw-Knox, Paris stammen).

Wie man der oben erwähnten Bedingung einer längsfugenlosen Betonauskleidung eines Druckstollens gerecht werden kann, soll an einem Beispiel erörtert
werden. Dies geschieht unter der Zuhilfenahme der Abb. 52, wo eine diesem Zweck
entsprechende Betoniereinrichtung unter Verwendung einer Stahlschalung dargestellt wurde, und der Abb. 53, aus der der Betonierungsvorgang ersichtlich ist.

Für die Ausrüstung von 3 Betonierungsringen, deren Länge das übliche Maß
von 12 m besitzt, sind drei Schalungen für Widerlager und Gewölbe (G_1, G_2 und G_2),

4 Sohlenelemente ($S_1 - S_4$) und 2 Hilfsstöße (H_1 und H_2) erforderlich. Das Abnehmen und Wiederversetzen der Schalungsteile besorgt ein gleisfahrbarer Schalungstransportwagen. Zunächst wird von einem Ausleger des Schalungstransportwagens das Sohlenelement S_1 abgehoben, schräg aufgerichtet und mittels eines Hilfskranes durch den Transportwagen hindurch in der Richtung des Fortschreitens der Betonierung bis zum Auslegerende befördert. Dann übernimmt der Transportwagen den Schalungsteil G_1, nachdem er ihn vorher vom Beton abgelöst hat, klappt ihn zusammen und fährt mit der vollständigen Schalung durch die beiden eingeschalten Ringe, zunächst so weit, bis er die Sohlenschalung in die richtige Lage bringen kann. Dann erfolgt der Anschluß des Hilfsstoßes und wenn dies geschehen ist, kann der Transportwagen so weit vorfahren, daß ihm das Versetzen der Widerlager- und Gewölbeschalung möglich ist. Alle Schalungsteile, insbesondere das vorauseilende Sohlenelement werden durch konische Schrauben auf das Gebirge abgestützt und damit in ihrer Lage fixiert.

51. Druckstollenquerschnitt mit bewehrter Innenschale

Zur Erhöhung der Sicherheit gegen Rißbildung hat man bei Druckstollenquerschnitten außer der Betonauskleidung manchmal eine bewehrte Innenschale, die meist in Spritzbeton ausgeführt wurde, angeordnet. Um einen Einblick in die Wirksamkeit dieser Maßnahme zu gewinnen, ist es zweckmäßig, die bisher durchgeführten statischen Untersuchungen zu erweitern; dabei wird im allgemeinen einem Vorgang gefolgt, der von OBERTI stammt [100b].

Das elastische Verhalten der einzelnen Auskleidungsschichten sei durch die Elastizitätsmoduli und die Poissonschen Zahlen gekennzeichnet; für das Gebirge gilt E_g, m_g, für den Beton E_b und m_b und für die Stahlbetonschale ein ideeller Elastizitätsmodul E_i, der sich aus jenem des Betons E_b und des Stahls E_i unter Berücksichtigung einer in Prozenten anzugebenden Bewehrungsziffer μ wie folgt ausdrücken läßt

$$E_i = E_b \left(1 + \frac{\mu}{100} \frac{E_e - E_b}{E_b} \right). \tag{14}$$

Zur Vereinfachung der Rechnung werden folgende Bezeichnungen eingeführt (Abb. 54a):

$$\zeta_1 = \frac{r_{1a}^2 + r_{1i}^2}{r_{1a}^2 - r_{1i}^2}, \qquad \zeta_2 = \frac{r_{2a}^2 + r_{1a}^2}{r_{2a}^2 - r_{1a}^2}$$

$$n_e = \frac{E_e}{E_b}, \qquad n_g = \frac{E_g}{E_b} \tag{15}$$

$$n_i = \frac{E_b}{E_i} = \frac{1}{1 + \dfrac{\mu}{100} \dfrac{E_e - E_b}{E_b}} = \frac{1}{1 + \dfrac{\mu}{100}(n_e - 1)}.$$

Aus den Verformungen lassen sich in der grundsätzlich gleichen Weise, wie früher dargelegt wurde (Abschnitt 84), für die statisch nicht bestimmbaren Kontaktpressungen p_{1a} und p_{2a} die folgenden Gleichungen aufstellen

$$p_{2a}(\zeta_2 + 1) - p_{1a}\left(\zeta_2 + n_i\zeta_1 + \frac{1}{m_b} - n_i\frac{1}{m_i}\right) + p_{1i}n_i(\zeta_1 - 1) = 0,$$

$$p_{2a}\left(n_g\zeta_2 + 1 + \frac{1}{m_g} - n_g\frac{1}{m_b}\right) - p_{1i}n_g(\zeta_2 - 1) = 0. \tag{16}$$

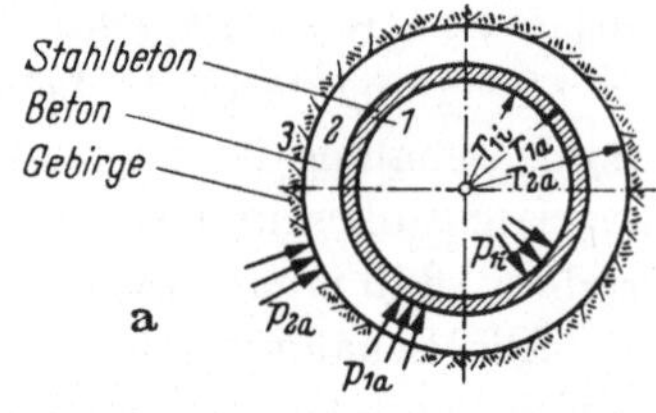

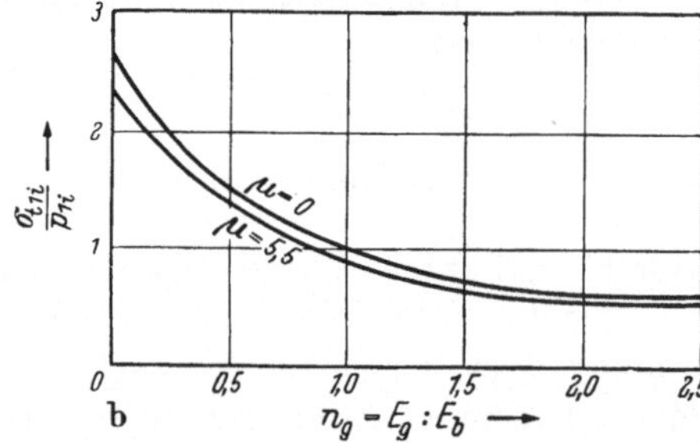

Abb. 54. Einfluß einer stahlbewehrten Innenschale einer Druckstollenauskleidung auf die Mitwirkung des Gebirges [100 b].

Wenn man die Querdehnungen für alle Auskleidungsschichten wegen ihres geringen Einflusses vernachlässigt, also $m_b = m_g = m_i = \infty$ setzt, so lassen sich die beiden Gl. (16) wie folgt vereinfachen:

$$p_{2a}(\zeta_2 + 1) - p_{1a}(\zeta_2 + n_i\zeta_1) + p_{1i}n_i(\zeta_1 - 1) = 0,$$
$$p_{2a}(n_g\zeta_2 + 1) - p_{1i}n_g(\zeta_2 - 1) = 0. \tag{17}$$

Daraus ergeben sich die statisch nicht bestimmbaren Kontaktpressungen zu

$$p_{1a} = p_{1i}k,$$
$$p_{2a} = p_{1i}k\frac{\zeta_2 - 1}{\zeta_2 + 1/n_g}, \tag{18}$$

wobei der Hilfswert k eingeführt wurde, der folgende Bedeutung hat

$$k = \frac{n_i(\zeta_1 - 1)}{n_i\zeta_1 + \zeta_2 - \dfrac{\zeta_2^2 - 1}{\zeta_2 + 1/n_g}}. \tag{19}$$

Aus den Beziehungen für das dickwandige Rohr (Abschnitt 17) erhält man schließlich die Werte der größten Zugspannungen am Innenrand der jeweiligen Auskleidungsschicht zu

$$\sigma_{t1i} = p_{1i}n_1[\zeta_1 - k(1 + \zeta_1)]$$
$$\sigma_{t2i} = p_{1i}k\left(\zeta_2 + \frac{\zeta_2^2 - 1}{\zeta_2 + 1/n_g}\right) \tag{20}$$
$$\sigma_{t3i} = p_{1i}k\frac{\zeta_2 - 1}{\zeta_2 + 1/n_g}.$$

Als Beispiel wird der Druckstollen des Kraftwerkes Soverzene am Piave gewählt, der einen lichten Halbmesser von $r_{1i} = 1{,}30$ m besitzt und einem größten betrieblichen Druck von $p_1 = 30$ kpcm^{-2} ausgesetzt ist, wobei sich, entsprechend den Dicken der Auskleidungsschichten $\zeta_1 = 7{,}04$ und $\zeta_2 = 4{,}30$ ergibt. Um einen klaren Einblick zu gewinnen, hat OBERTI das Verhältnis der Tangentialzugspannungen am Innenrand der Stahlbetonschale σ_{t1i} in Abhängigkeit von $n_g = E_g : E_b$ aufgetragen. Dabei waren noch die Bewehrungsanteile zu berücksichtigen, wofür die Grenzwerte $\mu = 0$ und $\mu = 5{,}5\%$ gewählt wurden.

Aus dem Diagramm Abb. 54 b kann man zunächst feststellen, daß die Wirksamkeit der Bewehrung gering ist. Der Einfluß der Gebirgseigenschaften, die durch den Elastizitätsmodul E_g zum Ausdruck kommen, ist jedoch bedeutend. Selbst dann, wenn der Elastizitätsmodul des Gebirges jenen des Betons erreicht bzw. wenn es durch Injektionen gelingt, derart günstige Gebirgsverhältnisse zu erzielen, nimmt die Tangentialzugspannung am Innenrand der Stahlbetonschale Werte an, die dem Innendruck p_{1i} etwa gleichkommen bzw. bei kräftiger Bewehrung nur wenig unterschreiten. Nachdem man für die Betonzugfestigkeit 15—20 kpcm^{-2} annehmen kann, muß in der Stahlbetonschale bei einem Innendruck von $p_{1i} = = 15—20$ kpcm^{-2} Rißbildung auftreten. Der Wert der bewehrten Innenschale ist also nicht sehr groß; die Bewehrung bewirkt aber nur, wie dies allgemein im Stahlbetonbau gilt, eine Zertreuung der Rißbildung und verhindert dadurch das Auftreten einzelner weit geöffneter Risse.

52. Spannbeton im Druckstollenbau

Die Ergebnisse der theoretischen Behandlung des Druckstollenproblems weisen eindringlich darauf hin, daß es zweckmäßig ist, die Spannbetonbauweise anzuwenden. Dies kann auf zweierlei Art erfolgen, je nachdem, ob die Vorspannkräfte vom Bewehrungsstahl ausgeübt oder durch Abstützung auf das Gebirge ermöglicht werden.

a) Der Weg, die Vorspannung mit Hilfe der Bewehrung zu erzielen, ist in Österreich erstmals in Kaprun während des 2. Weltkrieges beschritten worden, weil man dem in Druckstollen der Hauptstufe streckenweise auftretenden Schwarzphyllit berechtigterweise keine Mitwirkung bei der Aufnahme des Innendruckes, d. h. kein elastisches Verhalten, zumuten konnte. Man wählte zur Auskleidung des Stollens bewehrte Fertigbetonteile, wobei jeder Auskleidungsring von 23 cm Dicke in der Achsenrichtung des Stollens gemessen, aus 6 vorgefertigten Ringsegmenten gebildet wurde. Jeder solche Ring wurde auf einer eigens gebauten Maschine mit hochwertigem Stahldraht von 6 mm Dicke umwickelt, wobei der Stahldraht durch eine Reibungsvorrichtung unter ständig gleicher Vorspannung gehalten wurde. In ähnlicher Weise werden heute Betonrohre nach dem Erhärten bewickelt [47 b]. Die fertigen Ringe wurden eingefahren und auf Betonschwellen versetzt. Der Zwischenraum zwischen den Ringen und dem Gebirge wurde in Zonenlängen von 2 m durch Einpressen von Zementmörtel verschlossen. Diese Bauweise hat keine Wiederholung gefunden.

Auch die Verwendung von Spannbetonrohren in Druckstollen hat trotz der großen Vorteile, welche sie bieten, wenig Eingang zu finden vermocht; nur in Italien hat man sie häufiger angewendet und zu großer Vollkommenheit entwickelt. Das Wesen dieser Bauweise besteht darin, daß man die vorgespannten Rohrschüsse in den Stollen einfährt, dort den Anschluß an den bereits verlegten Rohrstrang herstellt und dann den zwischen Rohr und Gebirge verbleibenden Hohlraum mit Beton ausfüllt. Man erspart dabei die Stollenschalung, kann bei der Rohrherstellung eine sehr glatte Innenfläche erzielen, und hat außerdem die Gewähr, daß keine Risse im Rohr entstehen können.

Die Erzeuung der Vorspannung geschieht meist in der Weise, daß Stahldraht unter konstanter Spannung spiralig um das Rohr gewickelt wird. Die Bemessung der Spannkraft der Bewehrung erfolgt derart, daß vollkommene Vorspannung erzielt wird.

Bei einem anderen Verfahren wird der Frischbeton des Rohres noch vor dem Abbinden unter Druck und gleichzeitig die eingeschlossene Stahlspirale unter Zug gesetzt.

Eine interessante Ausführung der Unternehmung Sacaim-Mantelli in Venedig war die Herstellung des Druckstollens der Wasserkraftanlage am Mucone der Società Meridionale di Elettricità. Die Stollenstrecke ist rd. 5100 m lang, der lichte Kreisquerschnitt hat einen Durchmesser von 2,85—2,70 m und ist einem veränderlichen Innendruck von 7,5—12 kpcm^{-2} ausgesetzt. Der Stollen hatte beim Ausbruch stark zersetzten Granit aufgefahren, so daß man die Mitwirkung des Gebirges nicht in Betracht ziehen durfte. Die Gebirgsbeschaffenheit erforderte eine vorgängige Ausmauerung, die so angeordnet wurde, daß der Hohlraum zwischen Rohr und Mauerung nur 5—7 cm betrug. Die Rohre selbst wurden nach dem Sacaim-Verfahren in eisernen Schalungen hergestellt und erhielten eine leichte Stahlbewehrung, die nur den Zweck hatte, die Rohre während der Herstellung und beim Transport vor Schäden zu bewahren. Der in die Schalung eingebrachte Beton wurde durch Oberflächenrüttelung verdichtet und gleichzeitig einer Vacuum-Behandlung unterworfen, um die Erhärtung zu beschleunigen und die Festigkeitseigenschaften zu verbessern. Diese Vacuum-Behandlung wird folgendermaßen ausgeführt: Auf der Innenschalung der Rohre wird ein Drahtnetz angebracht und mit einem Leinengewebe überzogen, welches dem Beton anliegt. In der Schalung selbst sind Löcher und Sammelkanäle angebracht, welch letztere durch Rohre mit einer Luftpumpe verbunden sind. Mit ihrer Hilfe kann an der Betonoberfläche ein Unterdruck erzeugt werden. Die Folge davon ist, daß durch das Leinengewebe dem Frischbeton Luft und Wasser entzogen werden, während der Zement zurückgehalten wird. Die Dauer der Behandlung beträgt 15—30 Minuten je nach der Dicke des Rohres und der Art und Kornzusammensetzung des Betons. Der Wassergehalt des Betons kann durch die Vacuumbehandlung so weit vermindert werden, daß er einem Wasserzementwert von $W:Z = 0,37$ entspricht. Die Ausschalung kann kurze Zeit nach der Behandlung erfolgen. Der Frischbeton liegt dem Gewebe an; seine Oberfläche ist daher, wenn man die Vacuumbehandlung an der Innenfläche durchführt, verhältnismäßig rauh. Wenn eine besondere Glattheit erforderlich ist, muß sie durch einen Glattstrich herbeigeführt werden. Dies stellt einen Nachteil des Verfahrens dar.

In einzelnen Fällen hat man für kurze Druckstollenabschnitte, etwa für die Unterkammmern von Wasserschlössern bei Hochdruckwasserkraftwerken, die Vorspannung mit Einzelspanngliedern zur Anwendung gebracht, in ähnlicher Weise, wie sie bei der Herstellung von vorgespannten kreisrunden Behältern zur

Ausführung gekommen ist [84]. Die Einzelspannglieder umfassen dabei jeweils einen Sektor des Auskleidungsringes und die Enden übergreifen sich an Nischen oder Lisenen, in denen die Anker angeordnet werden (Abb. 55). Dieses Verfahren ist aber sehr umständlich und kostspielig, denn man braucht viele Anker und der

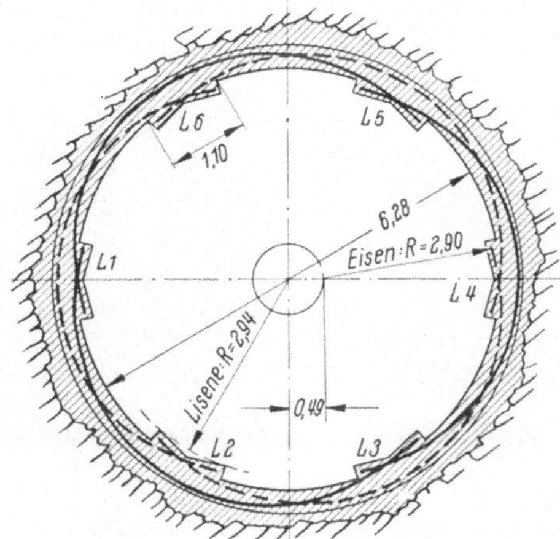

Abb. 55. Spannbetonbewehrung eines Druckstollens [72f].

Zeitaufwand für das Spannen ist groß. Überdies ist zu bemerken, daß man keine drehsymmetrische Vorspannung erzielt, weil diese durch Reibungswiderstände zwischen den Ankern herabgemindert wird, wobei das Ausmaß dieser Herabminderung schwer erfaßbar ist [84].

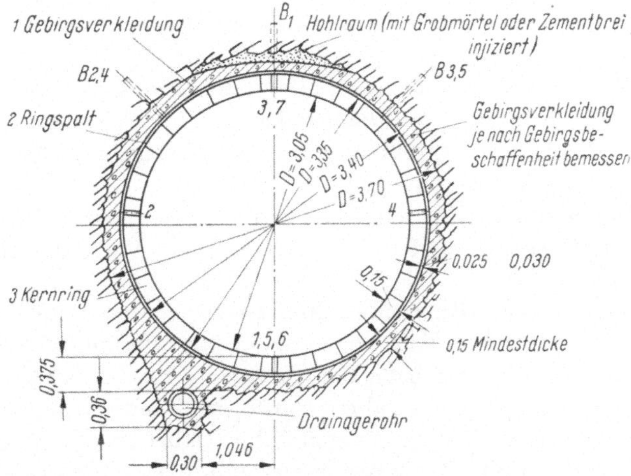

Abb. 56. Regelquerschnitt einer Druckstollenauskleidung nach dem Kernringverfahren;
$B_1 - B_5$ Bohrlöcher; 1—5 Einpreßöffunungen, 6 Kontrollöffnung, 7 Entlüftungsöffnung [72f].

b) Die Vorspannung einer Druckstollenauskleidung mit Abstützung auf das Gebirge entspricht dem Druckstollenprinzip. Als Beispiel dafür ist in erster Linie das Verfahren der Kernringauskleidung zu nennen, bei welchem die Vorspannkräfte sozusagen in hydrostatischer Form ausgeübt werden, wie dies bei der Kernringbauweise nach dem Kieserschen Verfahren der Fall ist (Abb. 56). Dieses ist

unter den Bauweisen, die das Gebirge zur Abstützung der Vorspannung heran-
ziehen, am weitesten entwickelt worden und mehrfach zur Anwendung gekommen.
Nach diesem Verfahren wird der Druckstollen zuerst mit einem Betonring ausgekleidet. Anschließend daran erfolgt die Mauerung des Kernringes mit Betonformsteinen, die kleine Rundhöcker besitzen, wodurch ein 3 cm weiter Ringspalt
geschaffen wird. In Abb. 57 sind die Formsteine und die Mauerung des Kernringes

Abb. 57. Kernringmauerung nach dem Vorspannverfahren System Kieser [72f].

Abb. 58. Durchführung der Einpressungen nach
dem Vorspannverfahren System Kieser [72f].

zu sehen. Nach beendeter Mauerung erfolgt zonenweise die Auffüllung des Spalt-
raumes mit Zementmörtel und unmittelbar anschließend daran die Vorspannung
unter Anwendung von Einpreßpumpen. Abb. 58 zeigt den Druckstollen während
der Durchführung der Einpressung.

Die Vorspannung erfolgt daher drehsymmetrisch; sie wirkt in radialer Richtung auf den Kernring, und die Übertragung der Vorspannkräfte geschieht in
statisch klarer Weise.

Bei einer anderen, bisher nur selten angewendeten Bauweise wird die Vorspannung durch einige radiale angeordnete, am Umfang des Stollens verteilte
Bandpressen ausgeübt, die nach der Erhärtung des Auskleidungsbetons aufge-
pumpt werden. Das gleiche Verfahren wurde auch für die Vorspannung von runden
Behälterwänden in Erwägung gezogen [72f]. Dabei ist allerdings zu berücksichtigen, daß der durch die Bandpressen ausgeübte Druck keinesfalls zu einer drehsymmetrischen Vorspannung führt und daß in den Bereichen zwischen den Spann-
stellen mit erheblicher Ausmittigkeit der Vorspannkräfte gerechnet werden muß,
wobei über das Ausmaß der Biegewirkung kaum etwas ausgesagt werden kann.

Wegen der durch die Beanspruchungsart des Bauwerkes begründeten Zweckmäßigkeit der Anwendung von Spannbeton im Druckstollenbau seien noch zwei
Ausführungsarten erwähnt, die auf eine wirtschaftlich günstigere Lösung des Vor-
spannproblems mit Abstützung auf das Gebirge hinzielen.

Zunächst der Vorschlag der Prepakt S. A. Zürich für die Ausführung des Druckstollens der Oberstufe Kaprun. Der Druckstollen hat einen kreisrunden Querschnitt von 3,30 m lichtem Durchmesser; der größte betriebsmäßige Innendruck beträgt 11,5 kpcm^{-2}. Der Stollen liegt zur Gänze im Kalkglimmerschiefer. Die von der Prepakt S. A. Zürich gedachte Auskleidung besteht aus einem inneren Betonring von 30 cm Dicke und einer im Mittel 5 cm dicken Schicht aus Prepakt-Mörtel, die zwischen Gebirge und Betonring eingepreßt wird, und die Vorspannung mit Abstützung auf das Gebirge bewirkt. Um den für den Einpreßgürtel notwendigen Hohlraum zu schaffen, sieht die Prepakt-Bauweise auf der Bergseite des

Abb. 59. Vollausbruch eines Druckstollens in standfestem Kalk. Man beachte die sägezahnartigen Mehrausbrüche, die sich wegen der notwendigen Schräglage der Kranzschüsse ergeben.

Auskleidungsringes ein feinmaschiges Gewebe aus Streckmetall vor, das auf einem aus Rundeisen bestehenden weitmaschigen Drahtnetz gespannt wird. Das Streckmetallnetz stellt dabei eine bergseitige verlorene Schalung dar, die aber nur im First- und Ulmenbereich gedacht ist, während die Sohle vorgängig unmittelbar auf dem Gebirge aufliegend betoniert wird. Die Verpressung und damit die Vorspannung der Stollenauskleidung ist in Ringen von 8 m Länge vorgesehen, wobei eine tangentiale Vorspannung des Auskleidungsbetons von etwa 60 kpcm^{-2} erzielt werden soll. Große Mehrausbrüche sollen mit Prepakt-Beton unter Verwendung von Kies von 10—50 mm Korngröße ausgefüllt werden.

Dieser Vorschlag für die Vorspannung einer Druckstollenauskleidung ist, soweit bekannt wurde, bisher noch nicht zur Ausführung gebracht worden. Eine Schwierigkeit bei seiner Anwendung ist zweifellos in den Unregelmäßigkeiten des Ausbruchquerschnittes zu suchen, weil die Überprofilräume besonders im oberen Teil des Stollenquerschnittes nur sehr schwer mit Prepakt-Kies gefüllt werden können. Je mehr der Ausbruchsquerschnitt dem theoretischen Kreisprofil entspricht, um so leichter wird es sein, eine Methode, wie sie von der Prepakt S. A. Zürich vorgeschlagen wurde, anzuwenden. Das ideale Endziel in der Entwicklung des Druckstollenbaues ist zweifellos die Ausführung des Ausbruches mit Vortriebsmaschinen, die es gestatten, ohne Verwendung von Sprengstoff, also bei schonungsvollster Behandlung des Gebirges, einen Kreisquerschnitt ohne wesentlichen Mehrausbruch profilgerecht herauszuarbeiten (Abb. 59 und 60). Wenn die Bemühungen in dieser Richtung zu einem Erfolg führen, könnten der Herstellung von Druckstollenauskleidungen mit Spannbeton neue Wege eröffnet werden [55]. Dabei können entweder vorgespannte Rohre eingebaut werden, oder die Vorspannung kann unter Verwendung von Fertigbetonteilen für den Kernring bei Abstützung auf das Gebirge angeordnet werden.

Die Bedeutung des Mehrausbruches bei der Beurteilung neuer Methoden zur Anwendung des Spannbetons im Druckstollenbau wird an zwei Beispielen ersichtlich gemacht. Zuerst das Bild eines Druckstollens nach erfolgtem Ausbruch, der

Abb. 60. Gefrästes Stollenprofil, hergestellt mit der Wohlmeyerschen Stollenbohrmaschine.

mit großer Sorgfalt durchgeführt wurde (Abb. 59). Er liegt in Quarzphyllit und wurde in zwei Arbeitsgängen ausgebrochen, d. h., es wurde zuerst ein Richtstollen vorgetrieben und erst nachher erfolgte der Vollausbruch. Das Bild zeigt deutlich die sägezahnartige Oberfläche des Gebirges, wie sie sich unvermeidlich durch die Schrägstellung der reichlich angeordneten Kranzschüsse zwangsläufig ergab. Das andere Bild (Abb. 60) zeigt das Aussehen der Gebirgsoberfläche bei einem mit der in Erprobung stehenden Wohlmayerschen Stollenbohrmaschine gefrästen Stollen von 3,0 m Lichtweite, der in devonischen Kalken liegt.

Von einem anderen Gedanken geleitet, versucht die Tiroler Wasserkraftwerke AG, Innsbruck, die Vorspannung von Druckstollenauskleidungen auf wirtschaftliche Weise zu ermöglichen. Sie beabsichtigt, an den Ausbruchsflächen des Gebirges anliegend vor der Betonauskleidung in der Längsrichtung des Druckstollens Plastikschläuche anzuordnen. Mit Hilfe einer Häny-Pumpe sollen die Schläuche unter hohen Druck gesetzt, die Betonauskleidung vom Gebirge gelöst und der entstehende Hohlraum zwischen Beton und Gebirge unter Druck mit

Zement gefüllt werden; für dessen Austreten aus den Schläuchen geeignete Vorrichtungen vorgesehen werden [55]. Zu dieser Ausführungsart muß grundsätzlich bemerkt werden, daß ihr alle Nachteile anhaften, die in den nachfolgenden Ausführungen bei den Mängeln der Abstützung der Vorspannung auf das Gebirge angeführt werden.

Die Vorspannung mit Abstützung auf das Gebirge hat immer wieder die Fragestellung veranlaßt, ob der dauernde Bestand der Vorspannung als gesichert gelten kann. In den Äußerungen darüber wird aber das Verhalten der Vorspannkräfte nur in allgemeinen Hinweisen angedeutet, die teils günstig lauten, teils zur Vorsicht mahnen.

RÜSCH macht darauf aufmerksam, daß bei der Ausübung der Vorspannkräfte vom Fels unter Wirkung des Kriechens ein viel größerer Teil der Spannkräfte verloren geht als bei der Vorspannung durch Zugglieder [118a].

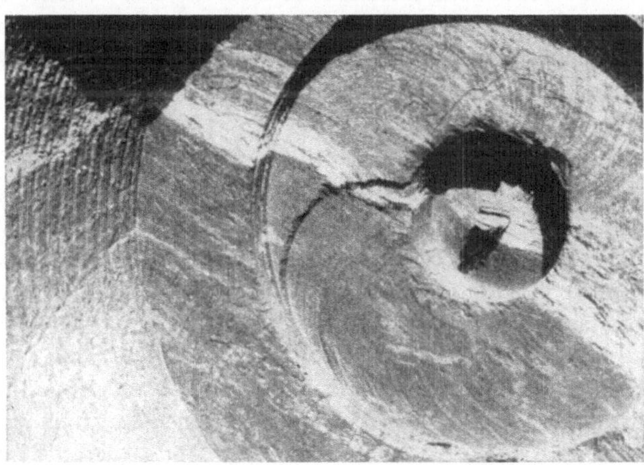

Abb. 61. Die Brust eines mit der Wohlmeyer-Stollenbohrmaschine aufgefahrenen Stollens im devonischen Kalk.

KIESER weist auf die Zweifel hin, die hinsichtlich des Bestandes der Vorspannung geltend gemacht werden, und bezeichnet sie als irrig. Seiner Auffassung nach erzeugt der aktive Spannungsdruck eine elastische Reaktion der Gebirgshülle, die letzten Endes auf ihrem Eigengewicht beruht und von diesem aufrechterhalten wird. Nachdem aber das Eigengewicht vom Zeitablauf unabhängig ist, kann nach Ansicht KIESERS aus dieser Ursache keine nennenswerte Entspannung entstehen [72e].

LEONHARDT führt an, daß eine starke Federwirkung zwischen Felswiderlagern fraglich ist, weil sie durch die bleibende Verkürzung des Gebirges fast oder zur Gänze ausgeschaltet wird [84].

HETZEL äußert Bedenken in der Hinsicht, ob in Gebirgsarten geringer Elastizität, für die hauptsächlich besondere Verfahren erforderlich sind, die Vorspannung erhalten bleibt [54b].

Es ist also angezeigt, diese Frage zu prüfen und jenen Einflüssen, die auf eine Herabminderung der Vorspannung hinwirken, Aufmerksamkeit zu widmen; dies soll in den nachfolgenden Ausführungen geschehen.

53. Statische Untersuchungen über die Vorspannung mit Abstützung auf das Gebirge

Bei der Kernringbauweise haben als Hauptbestandteile der Auskleidung mit entscheidender statischer Wirksamkeit der Kernring selbst und das Gebirge zu gelten, während der durch Zementmörteleinpressung gefüllte Hohlraumspalt und die Verkleidung des Gebirges nur zur Ermöglichung der Bauausführung nötig sind. Der Hohlraumspalt ist wegen seiner geringen Dicke nur von untergeordneter statischer Bedeutung; die Verkleidung des Gebirges hat die Unebenheiten der Ausbruchsfläche auszugleichen und den kreisquerschnittigen Hohlraum zu schaffen, wird aber in manchen Fällen zur Aufnahme des Gebirgsdruckes heranzuziehen und dann entsprechend auszugestalten sein.

Als Belastung wird die Vorspannung durch den radial wirkenden Einpreßdruck p_0 und der Betriebswasserdruck auf die Innenleibung des Stollens p_w in Betracht gezogen. Der Verkleidungsring erhält sowohl durch die Vorspannung als auch durch den Betriebswasserdruck beträchtliche tangentiale Zugspannungen. Er wird deshalb in den meisten Fällen durch radiale Risse geteilt sein, so daß es richtig ist, die Berechnung unter dieser Voraussetzung durchzuführen.

Ein nicht zu unterschätzender Vorteil der Vorspannung nach der Kernringbauweise besteht darin, daß die plastische Verformung des Gebirges zum großen Teil vorweggenommen und damit unschädlich gemacht wird. Das Aufreißen der Gebirgsverkleidung und die Ausfüllung der entstandenen Risse des Betons und der Klüfte des Gebirges bedeutet einen zusätzlichen Vorteil der Kernringbauweise. Er besteht darin, daß durch das Eindringen des Einpreßgutes in die Gesteinsklüfte außer der radialen auch eine tangentiale Vorspannung des Gebirges eintritt, ein Umstand, der insbesondere im First und Sohlenbereich bedeutsam ist, weil er zur Ausschaltung der der dort möglicherweise vorhandenen Zugspannungen beiträgt. Eine neuere Methode der Abdichtung von Druckstollen will sogar das Aufreißen der Stollenröhre und das Öffnen der Gebirgsklüfte durch den Betriebsdruck dazu ausnützen, um die Dichtung und gleichzeitig eine gewisse Vorspannung herbeizuführen [49].

Die im Gebirge infolge der Vorspannung und des Betriebsdruckes auftretenden tangentialen Zugspannungen überlagern sich dem nach der Durchörterung herrschenden sekundären Spannungszustand, so daß die auftretenden Zugspannungen im Gebirge auf Bereiche über dem First und unter der Sohle beschränkt bleiben, die aber, wie oben erwähnt, durch eindringendes Einpreßgut zum Großteil ausgeschaltet werden. Es ist daher zulässig, aber auch notwendig, die tragende Mitwirkung des Gebirges heranzuziehen. Eine seichte Lage des Druckstollens, bei der die Mitwirkung der Gebirgsauflast gering ist, erfordert daher immer besondere Vorsicht.

Die früher wiedergegebene Auffassung [72e], daß die Gravitation des Gebirges den dauernden Bestand der Vorspannung unter allen Umständen sichern würde, bedarf einer Erläuterung. Die durch die Vorspannung auf das Gebirge übertragenen Zugspannungen treten, wie erwähnt, zu dem nach der Durchörterung aber vor der Anordnung des Verkleidungsringes herrschenden Spannungszustandes hinzu, wobei an den Ulmen immer tangentiale Druckspannungen auftreten, während Form und Größe den über dem First und unter der Sohle allenfalls zur Ausbildung gelangenden Zugspannungsbereiche von der Seitendruckziffer λ_0 abhängig sind. Das Gebirge wirkt daher nicht als Gewichtsakkumulator; die Vorspannkräfte können vielmehr verschwinden, wobei im Gebirge jener Spannungszustand wieder hergestellt wird, der vor der Vorspannung herrschte, also der sekundäre Spannungszustand. Das Gewicht des Gebirges sichert aus diesem Grunde den Bestand der Vorspannung keineswegs.

Grundlage für die Ermittlung des Spannungszustandes im Kernring, im Auskleidungsring und im Gebirge, infolge der Vorspannung und dem Betriebsdruck,

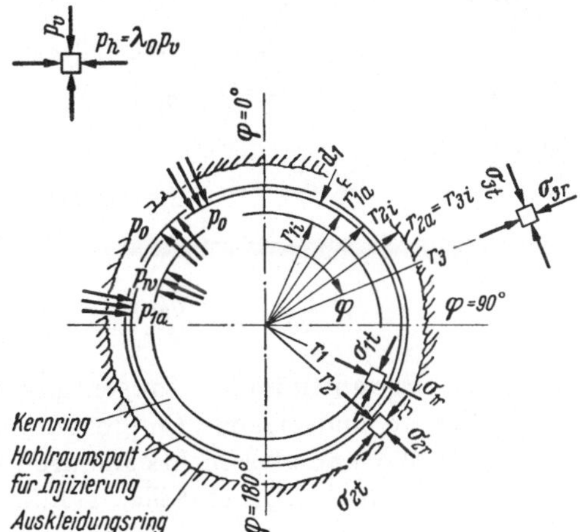

Abb. 62. Druckstollenquerschnitt bei Vorspannung nach dem Kernringverfahren; Bezeichnungen für die geometrischen und statischen Größen.

bilden die bekannten, im Abschnitt 17 angeführten elastizitätstheoretischen Beziehungen für das dickwandige Rohr. Der Einfachheit halber wird ein ebener Spannungszustand vorausgesetzt, der den tatsächlichen Verhältnissen, wie bereits früher ausgeführt wurde, mit guter Näherung entspricht.

Hinsichtlich der verwendeten Bezeichnungen wird auf Abb. 62 verwiesen. Die Auskleidungsschichten werden vom Stolleninneren ausgehend, fortlaufend beziffert; dementsprechend findet sich der Index 1 bei allen für den Kernring geltenden Größen, für die Gebirgsverkleidung gilt der Index 2 und das Gebirge selbst ist durch den Index 3 gekennzeichnet. Der schmale Einpreßspalt wird zweckmäßig dem Kernring zugerechnet.

Zur Vereinfachung der Beziehungen werden folgende Hilfsgrößen eingeführt:

$$a_1 = r_{1a}:r_{1i}, \qquad a_2 = r_{2a}:r_{2i}$$

$$\alpha_1 = r_{1a}:r_1, \qquad \alpha_2 = r_{2a}:r_2 \qquad (21)$$

$$\omega_1 = r_{1i}:r_1, \qquad \omega_2 = r_{2i}:r_2, \qquad \omega_3 = r_{3i}:r_3.$$

Das Gesamtsystem besteht aus drei dickwandigen Rohren, deren Wechselwirkung statisch unbestimmt ist:

Bei Berücksichtigung der früher getroffenen Annahmen, daß unter der Wirkung des Vorspanndruckes p_0 der Auskleidungsring radial gerissen, also seiner Mitwir-

kung beraubt ist, ergeben sich die Spannungen in den einzelnen Auskleidungsschichten wie folgt:

im Kernring

$$\sigma_{1r} = p_0 \frac{a_1^2 - \alpha_1^2}{a_1^2 - 1}$$

$$\sigma_{1t} = p_0 \frac{a_1^2 + \alpha_1^2}{a_1^2 - 1},$$

(22)

im Auskleidungsring

$$\sigma_{2r} = \omega_2 p_0$$

$$\sigma_{2t} = 0,$$

(23)

im Gebirge

$$\sigma_{3r} = \omega_3^2 \frac{1}{a_2} p_0$$

$$\sigma_{3t} = -\omega_3^2 \frac{1}{a_2} p_0.$$

(24)

Zu den im Gebirge auftretenden Tangentialspannungen ist zu bemerken, daß durch
das in die Klüfte eindringende Einpreßgut eine tangentiale Vorspannung erfolgt,
über deren Größe man aber nichts aussagen kann.

Wenn nunmehr der Druckstollen gefüllt wird, tritt der betriebliche Wasserdruck $p_{1i} = p_w$ hinzu und das aus dickwandigen Rohren bestehende Gesamtsystem wird einfach statisch unbestimmt. Als unbestimmte Größe wird die radiale
Pressung zwischen dem Kernring und dem Auskleidungsring $p_{ba} = p_{2i}$ gewählt,
die aus den Verformungen ermittelt werden muß. Diese Verformungen werden
nachstehend angeführt.

Die Verschiebung des bergseitigen Randes des Kernringes beträgt

$$u_{1a} = \frac{m_b - 1}{m_b E_b} \frac{1}{a_1^2 - 1} (p_{1a} a_1^2 - p_{1i}) r_{1a} +$$

$$+ \frac{m_b + 1}{m_b E_b} \frac{1}{a_1^2 - 1} (p_{1a} - p_{1i}) r_{1a},$$

(25)

und die elastische Zusammendrückung des Gebirgsverkleidungsringes ergibt sich
zu

$$\Delta_2 = \frac{1}{E_b} p_{1a} r_{2i} \ln a_2.$$

(26)

Dabei ist zu beachten, daß $p_{2i} = p_{1a}$ ist.

Durch Gleichsetzen der Verschiebungen erhält man

$$\frac{m_b - 1}{m_b E_b} \frac{1}{a_1^2 - 1} (p_{1a} a_1^2 - p_{1i}) r_{1a} + \frac{m_b + 1}{m_b E_b} \frac{1}{a_1^2 - 1} (p_{1a} - p_{1i}) r_{1a} +$$

$$+ \frac{1}{E_b} p_{1a} r_{2i} \ln a_2 = -\frac{m_g + 1}{m_g E_g} r_{3i} \frac{1}{a_2} p_{1a}.$$

(27)

Aus dieser Gleichung folgt die statisch nicht bestimmbare Größe

$$p_{1a} = p_{2i} = \frac{2\,p_w}{\dfrac{m_b - 1}{m_b}\,a_1^2 + \dfrac{m_b + 1}{m_b} + \dfrac{r_{2i}}{r_{1a}}(a_1^2 - 1)\ln a_2 + \dfrac{m_g + 1}{m_g}\,\dfrac{E_b}{E_g}\,\dfrac{r_{3i}}{r_{1a}}\,\dfrac{a_1^2 - 1}{a_2}} \, . \tag{28}$$

Wenn $p_{1a} = p_{2i}$ bekannt ist, lassen sich die Spannungen in den einzelnen Schichten berechnen. Sie betragen

im Kernring

$$\sigma_{1r} = p_{1a}\frac{a_1^2 - \alpha_1^2}{a_1^2 - 1} + p_w\frac{\alpha_1^2 - 1}{a_1^2 - 1}$$

$$\sigma_{1t} = p_{1a}\frac{a_1^2 + \alpha_1^2}{a_1^2 - 1} - p_w\frac{\alpha_1^2 + 1}{a_1^2 - 1} \, , \tag{29}$$

im Auskleidungsring

$$\sigma_{2r} = \omega_2 p_{1a}$$

$$\sigma_{2t} = 0 \tag{30}$$

und im Gebirge

$$\sigma_{3r} = \omega_3^2\,\frac{1}{a_2}\,p_{1a}$$

$$\sigma_{3t} = -\,\omega_3^2\,\frac{1}{a_2}\,p_{1a} \, , \tag{31}$$

wobei σ_{3t} die tangentiale Vorspannung wegen des Eindringens des Injektionsgutes in die Gesteinsklüfte hinzuzufügen ist. Hierzu kommen schließlich die im Gebirge herrschenden Spannungen des sekundären Spannungszustandes gemäß Abschnitt 38, Gl. (21) wie folgt:

$$\bar{\sigma}_{3r} = \frac{p_v}{2}\,[(1 - \alpha^2)(1 + \lambda_0) + (1 - 4\alpha^2 + 3\alpha^4)(1 - \lambda_0)\cos 2\varphi]$$

$$\bar{\sigma}_{3t} = \frac{p_v}{2}\,[(1 + \alpha^2)(1 + \lambda_0) - (1 + 3\alpha^4)(1 - \lambda_0)\cos 2\varphi] \tag{32}$$

$$\bar{\tau}_3 = -\frac{p_v}{2}\,(1 + 2\alpha^2 - 3\alpha^4)(1 - \lambda_0)\sin 2\varphi \, .$$

Die gewonnenen Ergebnisse sollen an einem Beispiel durch konkrete Werte erläutert werden. Dem Beipsiel werden die Verhältnisse zugrunde gelegt, wie sie beim Hauptstollen des Speicherkraftwerkes Roßhaupten am Lech herrschen. Bei diesem Stollen wurden vor kurzer Zeit Dauermessungen ausgeführt, wie sie bisher in ähnlichem Umfang noch nicht vorliegen und über die später berichtet werden wird (Abschnitt 57). Die elastischen Eigenschaften ergaben sich auf Grund von Messungen wie folgt: Der Elastizitätsmodul des Betons beträgt $E_b = 375\,000$ kpcm^{-2} und seine Poissonsche Zahl $m_b = 6$, der Elastizitätsmodul des Gebirges ist $E_g = 45\,000$ kpcm^{-2} und seine Possionsche Zahl $m_g = 4$. Die Querschnittsabmessungen betragen $r_{1i} = 4{,}175$ m, $r_{1a} = 4{,}575$ m, $r_{2i} = 4{,}605$ m und $r_{2a} = 5{,}105$ m.

Der Vorspanndruck wird mit $p_0 = 6\ \mathrm{kpcm^{-2}}$ und der Betriebsdruck mit $p_w = 5\ \mathrm{kpcm^{-2}}$ in Rechnung gestellt.

Die Überlagerungshöhe des Stollens beträgt $h = 30\ \mathrm{m}$ und das Raumgewicht des Gebirges $\gamma_g = 2{,}6\ \mathrm{tm^{-3}}$. Die Seitendruckziffer ist $\lambda = 0{,}333$.

Die Rechnungsergebnisse sind aus der Abb. 63 zu entnehmen.

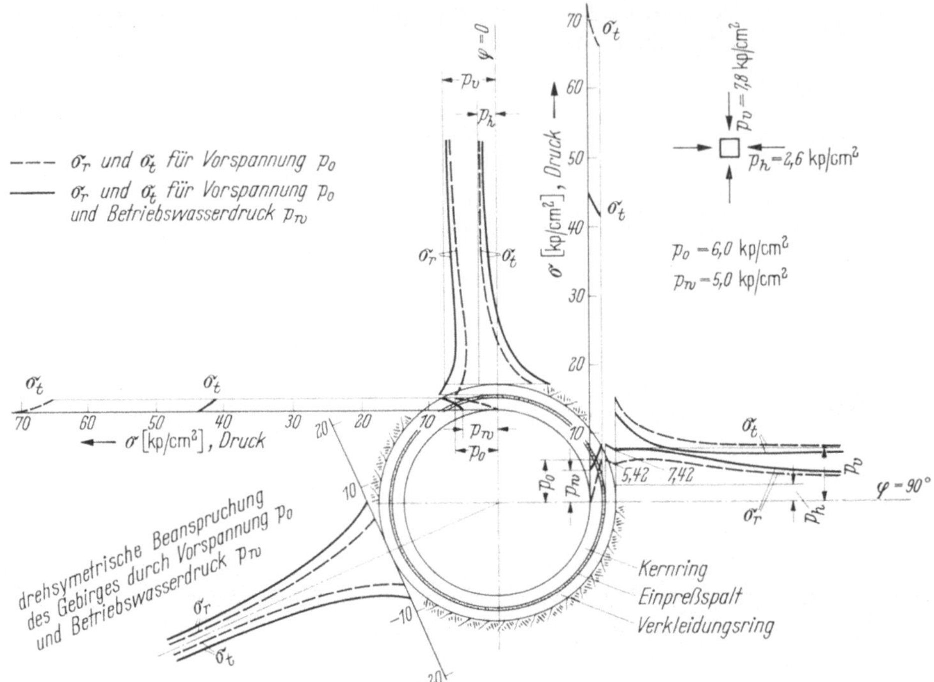

Abb. 63. Spannungsbild in der Auskleidung und Umgebung eines kreisquerschnittigen Druckstollens, der nach dem Kernringverfahren vorgespannt wurde.

Die Vorspannung mit $p_0 = 6\ \mathrm{kpcm^{-2}}$ führt am Ausbruchsrand zu einer Radialspannung von 5,42 kpcm⁻². Sie wird durch den Betriebsdruck von $p_w = 5\ \mathrm{kpcm^{-2}}$ auf 7,42 kpcm⁻² gesteigert. Diese Spannung ist für das anstehende Gebirge, worauf auch der niedrige Wert des Elastizitätsmoduls hinweist, nicht unbeträchtlich, um so mehr als die nahezu lotrecht einfallenden Schichten oligozäner Molasse, bestehend aus Mergel, Steinmergel und Sandstein (Abb. 63), nur ganz geringe Zugfestigkeit aufweisen.

54. Einflüsse, die auf eine Verminderung der Vorspannung hinwirken

Die angeführten, vom Vorspanndruck hervorgerufenen Spannungen bleiben nicht bestehen, sondern werden durch das Kriechen und Schwinden des Betons, das Kriechen des Gebirges und durch Temperaturwirkung (Abkühlung) abgebaut.

a) Das Kriechen des Betons

Die Kriechverformung des Betons ist zum größten Teil bleibend und wird auf die plastischen Eigenschaften der noch feuchten Gele des erhärtenden Zementes zurückgeführt. Nur ein kleiner Teil der Kriechverformung ist reversibel; diese sogenannte Kriecherholung ist aber so gering, daß ihrer günstigen Wirkung keine Bedeutung zukommt.

Das Kriechmaß ε_k wird auf die elastische Verformung ε_e bezogen wie folgt

$$\varepsilon_k = \varphi(t)\varepsilon_e. \tag{33}$$

In dieser Gleichung bezeichnet φ die Kriechzahl. Diese Bezeichnung ist aber nicht ganz korrekt, weil ja φ eine Funktion der Zeit ist, wie dies in Gl. (33) auch zum Ausdruck kommt. Der Endzustand des Bauwerkes nach Beendigung des Kriech-

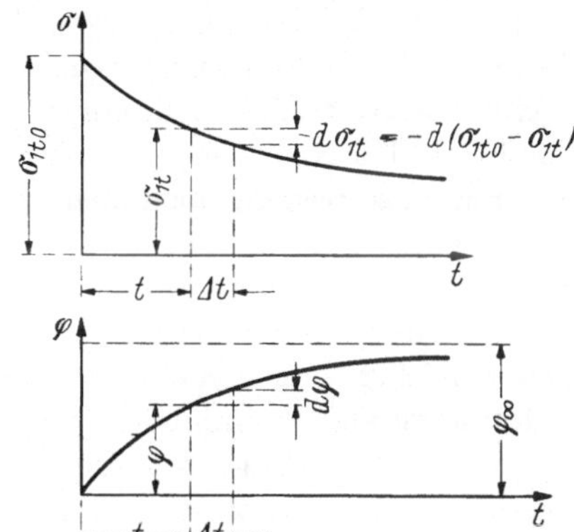

Abb. 64. Die Kriechzahl des Betons φ in Abhängigkeit von der Zeit t und der dadurch verursachte Spannungsabfall.

vorganges wird aber von seinem zeitlichen Ablauf nicht beeinflußt, sondern für ihn ist nur das Endkriechmaß $\varepsilon_{k\infty}$ und die Endkriechzahl φ_∞ maßgebend (Abb. 64). Die Verhältnisgleichheit zwischen Kriechmaß und elastischer Verformung gilt für Spannungen, die unter etwa 1/3 der Würfelfestigkeit des Betons nach 28 Tagen bleiben. Nachdem bei der Vorspannung des Kernringes eine sehr große tangentiale Druckspannung entsteht, deutet dieser Hinweis an, daß die Vorspannung eine gewisse Grenze hat.

b) Das Schwinden des Betons

Das Schwinden des Betons ist seiner Ursache nach vom Kriechen verschieden, weil es auf die Austrocknung der erhärtenden Gelmasse des Zementes zurückzuführen ist. Trotzdem ist es möglich, den zeitlichen Ablauf des Schwindens in der gleichen Form anzunehmen, wie den des Kriechens.

c) Das Kriechen des Gebirges

Auch beim Gebirge treten unter der Einwirkung dauernder Belastungen selbst dann, wenn sie unter der Elastizitätsgrenze verbleiben, bleibende Formänderungen ein. Das Gebirge sucht sich dem Zwang der unter der Elastizitätsgrenze liegenden Belastung durch eine langsame plastische Verformung zu entziehen und zur elastischen Formänderung tritt im Laufe der Zeit eine plastische hinzu, die immer durch eine innere Gleitbewegung hervorgerufen wird. Die Möglichkeiten dazu sind zu

einem wesentlichen Teil durch die in den Gittern der Gesteinsmineralien vorgezeichneten Gleitflächen gegeben. Vielleicht kommen auch Stoffverlagerungen nach
dem Rieckeschen-Prinzip in Frage. Bei diesem handelt es sich um Stoffwande-
rungen in der Form, daß das Bergwasser an hochbeanspruchten Stellen des Gebirges eine starke Lösungstendenz aufweist, wobei Spannungsspitzen abgebaut
werden.

Das Kriechen des Gebirges ist mit Sicherheit nachgewiesen, aber noch kaum
erforscht. Roš hat an Bohrkernen von Kalkglimmerschiefer Kriechversuche ausgeführt, wobei sich gezeigt hat, daß das Verhalten jenem des Betons ganz ähnlich
ist. Auch bei den im Druckstollen des Lech-Kraftwerkes Roßhaupten durchgeführten Dauermessungen geht aus der Abnahme des gemessenen Felswiderstandes
eindeutig hervor, daß im Gebirge Kriecherscheinungen auftreten [40]. Schließlich
wird dies auch durch die Dauerversuche mit dem Druckplattengerät im anstehenden Phyllit bestätigt (siehe Abschnitt 73). Wenn also auch angenommen werden
kann, daß sich das Kriechen des Gebirges im zeitlichen Ablauf ähnlich gestaltet
wie beim Beton, so besteht doch über die Endkriechzahl wenig Klarheit. Ihr Wert
wird von den Gebirgseigenschaften abhängig sein, in weiten Grenzen schwanken
und daher für den Einzelfall kaum mit einer auch nur annähernden Bestimmtheit
angegeben werden können. Dieser Schwierigkeit kann dadurch begegnet werden,
daß man zunächst verschiedene Annahmen trifft und deren Auswirkung untersucht. Man kann also in ähnlicher Weise vorgehen wie bei elastostatischen Untersuchungen, die das Gebirge betreffen, wo man früher Annahmen über die Größe
des Elastizitätsmoduls machen mußte, die dann eine eingrenzende Beurteilung
des gegebenen Sonderfalles ermöglichten. Ein solches Verfahren stellt naturgemäß
nur eine Notlösung der jeweils gestellten Aufgabe dar, denn für derart schwer-
wiegende Probleme, wie sie bei der Planung eines Druckstollens oder Druckschachtes vorliegen, sollte keine Untersuchung unterlassen werden, die es gestattet, einen
Einblick in die mechanischen Eigenschaften des Gebirges zu gewinnen. Keinesfalls
darf, wie dies früher oft geschah, die elastostatische Untersuchung beim Gebirge
deshalb haltmachen, weil man seine Eigenschaften nicht kennt und die Einrichtungen zu ihrer Ermittlung nicht zur Verfügung stehen.

Die Berücksichtigung des Kriechens und Schwindens zwingt dazu, den Zeit-
begriff in die statische Untersuchung einzuführen. Damit gewinnt der zeitliche
Ablauf des Geschehens, nämlich die Aufeinanderfolge von Herstellung des Druckstollens und Belastung durch die Vorspannung und den Betriebsdruck Einfluß
auf die Güte des Bauwerkes, vor allen Dingen auf die Rißsicherheit und die Wasserdichtheit. Andererseits können, sofern es die Baudurchführung gestattet, durch
entsprechende zeitliche Disposition Vorteile gewonnen und ungünstige Einflüsse
verringert oder ausgeschaltet werden. In Verfolgung dieses Gedankens werden
zwei Belastungsfälle untersucht, die als Grenzfälle bezeichnet werden können. Der
erste betrifft eine derartige zeitliche Disposition, daß die Vorspannung bald nach
der Stollenherstellung erfolgt, während die Betriebsaufnahme erst viel später
möglich ist. Der zweite befaßt sich mit jener Baudurchführung, bei der die Vorspannung lange Zeit nach der Herstellung des Kernringes durchgeführt wird,
während die Betriebsaufnahme der Vorspannung bald nachfolgt.

55. Abnahme der Vorspannung bei deren rasch erfolgter Aufbringung

Zunächst wird angenommen, daß die Vorspannung nach dem Kernringverfahren bald nach der Herstellung des Druckstollens durchgeführt wird; dann läßt man bis zur Inbetriebnahme des Kraftwerkes einen langen Zeitraum verstreichen. Mit der Inbetriebnahme ist die Wirkung des Wasserdruckes zu berücksichtigen. Gleichzeitig ist aber auch mit einer Abkühlung des Stollens, besonders bei dessen Füllung im Winter, zu rechnen. Die Kriecherscheinungen des Betons und des Gebirges, die unter der Wirkung der Vorspannung entstehen, sowie das Schwinden des Betons sind in der Zeit, die zwischen Vorspannung und Betriebsaufnahme liegt, praktisch abgeklungen und dem damit eingetretenen Endspannungszustand sind die Wirkungen des Betriebsdruckes und der Abkühlung zu überlagern.

Wie die früheren Untersuchungen (Abb. 63) gezeigt haben, sind für das Kriechen des Betons die tangentialen Druckspannungen des Kernringes und für das Kriechen des Gebirges die radialen Druckspannungen in erster Linie maßgebend; der sekundäre Spannungszustand des Gebirges infolge der Überlagerung ist ohne Bedeutung; diese Feststellung ist gerechtfertigt, wenn man bedenkt, daß die Kriechvorgänge im Gebirge unter der Einwirkung des sekundären Spannungszustandes bereits abgeklungen sind, sobald die Vorspannung und der Betriebsdruck hinzutreten, welch letztere Belastungen allein für das Kriechen von Bedeutung sind.

Um die Berechnungen möglichst übersichtlich zu gestalten, bedarf es einiger vereinfachender Annahmen. Zunächst wird vorausgesetzt, daß der Kernring als dünnwandiges Rohr aufgefaßt und nach der Membrantheorie behandelt werden kann. Auf die statische Berücksichtigung des in seiner Begrenzung gegen das Gebirge hin schwer erfaßbaren Auskleidungsringes, der meist nur eine geringe Dicke aufweisen wird, soll überhaupt verzichtet, d. h., er soll als Teil des Gebirges aufgefaßt werden. Der mit Zementmörtel verpreßte Ringspalt kann als Bestandteil des Kernringes angesehen werden.

Zur Beantwortung der Frage, wie sich die Vorspannung im Laufe der Zeit verhält, wird die Bilanz der radialen Verschiebungen aufgestellt, die in einem beliebigen Zeitpunkt t während des Zeitintervalles dt auftreten (Abb. 63). Die tangentiale Druckspannung, die im Kernring unmittelbar nach der Vorspannung besteht, wird mit σ_{1t0} bezeichnet; im Zeitpunkt t nimmt sie den Wert σ_{1t} an. Das Kriechmaß beträgt

$$\varepsilon_k = \varepsilon_e\, d\varphi = \frac{\sigma_{1t}}{E_b}\, d\varphi. \tag{34}$$

Die Verschiebung des Kernringes in radialer Richtung ist im Zeitintervall dt verhältnisgleich der zur Zeit t eingetretenen elastischen Dehnung und beträgt daher

$$u_{1k} = \frac{\sigma_{1t}}{E_b}\, r_1\, d\varphi. \tag{35}$$

Das Schwindmaß des Betons ε_s wird auf den Kriechverlauf bzw. auf die Endkriechzahl φ_∞ bezogen, wonach sich eine nach innen gerichtete radiale Verschiebung von der Größe

$$u_{1s} = \frac{\varepsilon_s}{\varphi_\infty}\, r_1\, d\varphi \tag{36}$$

ergibt. Bei der Verschiebung des Kernringes nach innen, d. h. bei seiner Verkürzung, erfolgt eine elastische Erholung des Betons im Zeitintervall dt von der Größe

$$u_{1e} = \frac{1}{E_b}\, r_1\, d(\sigma_{1t0} - \sigma_{1t}). \tag{37}$$

Für das Kriechen des Gebirges wird im Sinne der früheren Darlegungen angenommen, daß die Verschiebung des Ausbruchsrandes bzw. des Randes der Gebirgsverkleidung verhältnisgleich jener des Betons abläuft, wobei $\varkappa$ angibt, in welchem Verhältnis die Kriechzahl des Gebirges ψ zu jener des Betons φ steht. Die Kriechverschiebung des Gebirgsrandes folgt dann zu

$$u_{gk} = \frac{m_g + 1}{m_g E_g}\, d_1 (\sigma_{1t0} - \sigma_{1t})\, \varkappa\, d\varphi. \tag{38}$$

Schließlich ist noch das elastische Nachrücken des Gebirges zu berücksichtigen, das der Entspannung $d(\sigma_{1t0} - \sigma_{1t})$ entspricht; der Ausdruck dafür lautet

$$u_{ge} = \frac{m_g + 1}{m_g E_g}\, d_1\, d(\sigma_{1t0} - \sigma_{1t}). \tag{39}$$

In den obigen Ansätzen sind alle elastischen Verformungen von $d(\sigma_{1t0} - \sigma_{1t})$ abhängig, die Kriech- und Schwindverformungen hingegen von $\sigma_{1t0} - \sigma_{1t}$, der Abnahme der Kernringspannungen. Aus der Bedingung, daß die Verschiebung des Gebirgsrandes im Zeitintervall dt gleich der Verkürzung des Halbmessers des Kernringes sein muß, ergibt sich folgende Gleichung

$$\frac{m_g + 1}{m_y E_g}\, d_1\, d(\sigma_{1t0} - \sigma_{1t}) - \frac{m_g + 1}{m_g E_g}\, d_1 (\sigma_{1t0} - \sigma_{1t})\, \varkappa d\varphi$$

$$= \frac{\sigma_{1t}}{E_b}\, d\varphi + \frac{\varepsilon_s}{\varphi_\infty}\, d\varphi - \frac{1}{E_b}\, d(\sigma_{1t0} - \sigma_{1t}). \tag{40}$$

Nach Einführung der Hilfsgröße

$$Q = \frac{m_g + 1}{m_g}\, \frac{E_b}{E_g}\, \frac{d_1}{r_1}, \tag{41}$$

die von den Abmessungen des Kernringes und von den elastischen Eigenschaften des Betons und des Gebirges abhängig ist, und nach entsprechender Umformung erhält man die den Vorgang beschreibende Differentialgleichung

$$-\frac{d\sigma_{1t}}{\sigma_{1t} + \dfrac{\varepsilon_s}{\varphi_\infty}\, E_b + Q(\sigma_{1t0} - \sigma_{1t})\, \varkappa} = \frac{d\varphi}{Q + 1}; \tag{42}$$

ihre Lösung lautet

$$-\frac{1}{1 - \varkappa Q}\, \ln\left[\sigma_{1t}(1 - \varkappa Q) + \frac{\varepsilon_s}{\varphi_\infty}\, E_b + \varkappa Q\, \sigma_{1t0}\right] = \frac{\varphi}{1 + Q} + C. \tag{43}$$

Die Integrationskonstante C ergibt sich aus der Bedingung

$$t = 0, \quad \varphi = 0, \quad \sigma_{1t} = \sigma_{1t0} \tag{44}$$

zu

$$C = -\frac{1}{1 - \varkappa Q} \ln\left[\sigma_{1t0} - \frac{\varepsilon_s}{\varphi_\infty} E_b\right]. \tag{45}$$

Wenn man diesen Wert in die Gl. (43) einsetzt, erhält man für die tangentiale Kernringspannung nach Beendigung des Kriechvorganges und des Schwindens den Ausdruck

$$(\sigma_{1t})_\mathrm{I} = \frac{1}{1 - \varkappa Q}\left[\left(\sigma_{1t0} + \frac{\varepsilon_s}{\varphi_\infty} E_b\right) e^{-\varphi_\infty \frac{1 - \varkappa Q}{1 + Q}} - \frac{\varepsilon_s}{\varphi_\infty} E_b - \sigma_{1t0}\varkappa Q\right], \tag{46}$$

wobei im Exponenten von e statt φ die Endkriechzahl φ_∞ eingeführt wurde.

Wenn man das Schwinden des Betons vernachlässigt, also $\varepsilon_s = 0$ setzt und gleichzeitig annimmt, daß das Gebirge vollkommen starr ist, wofür $E_g = \infty$ gilt, so folgt $Q = 0$ und aus Gl. (46) ergibt sich die tangentiale Kernringspannung nach Beendigung des Kriechens des Betons zu

$$(\sigma_{1t})_\mathrm{I} = \sigma_{1t0}\, e^{-\varphi\infty}. \tag{47}$$

Für das vollständige Verschwinden der Vorspannung gilt

$$(\sigma_{1t})_\mathrm{I} = 0. \tag{48}$$

Nachdem $e^{-\varphi\infty}$ wesentlich positiv ist, folgt, daß durch das Kriechen des Betons allein die Vorspannung nicht zur Gänze abgebaut werden kann.

Wenn man andererseits das Gebirge als elastisch nachgiebig annimmt, aber voraussetzt, daß im Gebirge keine Kriecherscheinungen auftreten, wofür $\varkappa = 0$ gilt, dann folgt, wenn gleichzeitig $\varepsilon_s = 0$ angenommen wird, die tangentiale Kernringspannung zu

$$(\sigma_{1t})_\mathrm{I} = \sigma_{1ta}\, e^{-\frac{\varphi\infty}{1 + Q}}. \tag{49}$$

Nachdem die Hilfsgröße Q vom Verhältnis der Elastizitätsmoduli $n_{bg} = E_b : E_g$ abhängig ist, kann man den Verlauf dieser Abhängigkeit untersuchen. Der Differentialquotient von $(\sigma_{1t})_\mathrm{I}$ nach $n_{bg} = E_b : E_g$ ist gleichfalls wesentlich positiv, woraus sich ergibt, daß $(\sigma_{1t})_\mathrm{I}$ mit abnehmendem E_g bzw. zunehmendem $n_{bg} = E_b : E_g$ wächst. Der Bestand der Vorspannung ist in einem solchen Falle bei geringerem Wert des Elastizitätsmoduls des Gebirges in höherem Maße gewährleistet. Dieses Ergebnis ist in Übereinstimung mit den allgemein gültigen Anschauungen der Vorspannungstheorie [84]. Eine nichtfedernde Vorspannung, bei der als Federweg nur die anfängliche elastische Verkürzung des Betons in Betracht kommt, ist fast aufgezehrt, wenn das Kriechen des Betons eintritt, so daß von der Vorspannung nur wenig erhalten bleibt. Eine stark federnde Vorspannung liegt hingegen dann vor, wenn der Federweg des Spanngliedes, in diesem Falle des Gebirges, um ein Vielfaches größer ist, als die nachträgliche Verkürzung des Betons, so daß die Spannkraftverluste geringer bleiben bzw. mit Zunahme des Federweges abnehmen.

Nach dieser Einschaltung wird das Hauptproblem weiterbehandelt. Voraussetzungsgemäß soll erst lange Zeit nach der Durchführung der Vorspannung, also praktisch nach Ablauf des Kriechens und Schwindens, der Betriebswasserdruck wirksam werden. Gleichzeitig soll eine Abkühlung des Kernringes um Δt^0 eintreten.

Infolge dieser Einflüsse ergibt sich die Verschiebung des Außenrandes des Kernringes zu (Abb. 65)

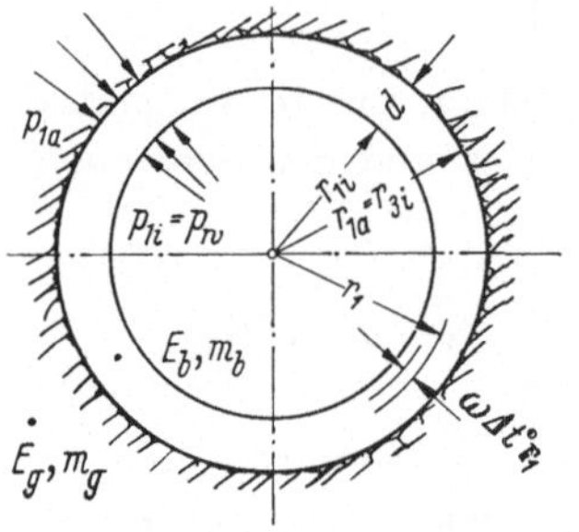

$$u_{1a} = -\left[\frac{p_w - p_{1a}}{E_b}\frac{r_1^2}{d_1} - \omega\,\Delta t^0 r_1\right] \tag{50}$$

und die Verschiebung des Innenrandes des Gebirges zu

$$u_{3i} = -\frac{m_g + 1}{m_g E_g}r_{3i}\,p_{1a}. \tag{51}$$

Abb. 65.
Zur Berechnung des Belastungsfalles, daß die Vorspannung bald nach der Herstellung, die Stolleninbetriebnahme hingegen lange nachher erfolgt.

Die Gleichsetzung dieser Verschiebungen liefert die Bedingungsgleichung für die statisch nicht bestimmbare Größe p_{1a}

$$\frac{p_w - p_{1a}}{E_b}\frac{r_1^2}{d_1} - \omega\,\Delta t^0 r_1 = \frac{m_g + 1}{m_g E_g}r_{3i}\,p_{1a}. \tag{52}$$

Zur Vereinfachung wird r_{3i} gleich r_1 gesetzt; damit ergibt sich

$$(p_w - p_{1a})\frac{r_1}{d_1} - \omega\,\Delta t^0 E_b = \frac{m_g + 1}{m_g}\frac{E_b}{E_g}p_{1a}. \tag{53}$$

Aus dieser Gleichung folgt

$$p_{1a} = \frac{1}{1 + Q}\left(p_w - \omega\,\Delta t^0\frac{d_1}{r_1}E_b\right). \tag{54}$$

Mit Hilfe der Größe p_{1a} läßt sich die Gleichung für die Beanspruchung des Kernringes $(\sigma_{1t})_{\mathrm{II}}$ aufstellen. Sie lautet

$$(\sigma_{1t})_{\mathrm{II}}\,d_1 = -\,(p_w - p_{1a})r_1. \tag{55}$$

Die zusätzliche tangentiale Kernringspannung, die durch den Betriebswasserdruck und die Abkühlung hervorgerufen wird, folgt schließlich zu

$$(\sigma_{1t})_{\mathrm{II}} = -\frac{1}{1 + Q}\left[p_w Q\frac{r_1}{d_1} + \omega\,\Delta t^0 E_b\right]. \tag{56}$$

Die Auswirkung der angestellten theoretischen Betrachtungen soll an einem Beispiel gezeigt werden. Die Grundlagen dafür sollen dieselben sein, wie sie im Abschnitt 53 verwendet wurden. Die Endkriechzahl für den Kernringbeton wird im Sinne der Deutschen Norm DIN 4227: „Spannbeton-Richtlinien für die Bemessung und Ausführung" unter der Voraussetzung berechnet, daß der Beton die Endfestigkeit $W_b = W_{b\infty}$ erreicht hat. Sie ergibt sich zu $\varphi_\infty = 0,875$. Für die Endkriechzahl des Gebirges werden im Sinne der früheren Ausführungen die Werte $\varkappa = \psi_\infty : \varphi_\infty = 0,1$ und 2 gewählt. Das Schwindmaß wird gemäß DIN 4227 zu $\varepsilon_s = 3 \times 10^{-5}$ festgesetzt.

Man könnte der Ansicht sein, daß der unter der Einwirkung feuchter Luft und des Bergwassers stehende Stollenbeton nur in geringem Maße oder überhaupt keine Schwinderscheinungen zeigt. Demgegenüber muß betont werden, daß das Schwinden auch im Stollen ganz ausgeprägt auftreten kann und nicht vernachlässigt werden darf. Diese Tatsache muß deshalb beachtet werden, weil bei übermäßig langen Betonierungsabschnitten, wie sie die neuzeitlichen Bauweisen ermöglichen, mit dem Auftreten von Schwindrissen gerechnet werden muß,

die dann gewöhnlich in der Mitte des jeweiligen Ringes oder in deren Nähe ringsum verlaufen. Bei Abkühlung wird diese Wirkung noch verstärkt. Aus diesen Gründen hat es sich als zweckmäßig erwiesen, über eine Ringlänge von etwa 12 m ohne besondere Maßnahmen nicht wesentlich hinauszugehen.

Wenn man den Vorspanndruck des Injiziergutes mit $p_0 = 6$ kpcm^{-2} wählt, so ergibt sich eine tangentiale Druckspannung im Kernring zu $\sigma_{1t0} = 65{,}6$ kpcm^{-2}. Mit Rücksicht auf den bald nach der Wegnahme des Einpreßdruckes auftretenden Spannungsabfall wird für die folgende Rechnung der verminderte Wert von $\sigma_{1t0} = 60$ kpcm^{-2} gewählt, wozu zu bemerken ist, daß der Spannungsabfall in Wirklichkeit noch größere Ausmaße annehmen kann.

Das Ergebnis der Untersuchungen ist in der Abb. 66 dargestellt, wo als Abszissen die Verhältniswerte $E_b : E_g$ und als Ordinaten die Tangentialspannungen im Kernring aufgetragen wurden. Die strichlierten Linien im Druckspannungsbereich geben die Abhängigkeit der Tangentialspannungen des Kernringes vom Elastizitätsmodul des

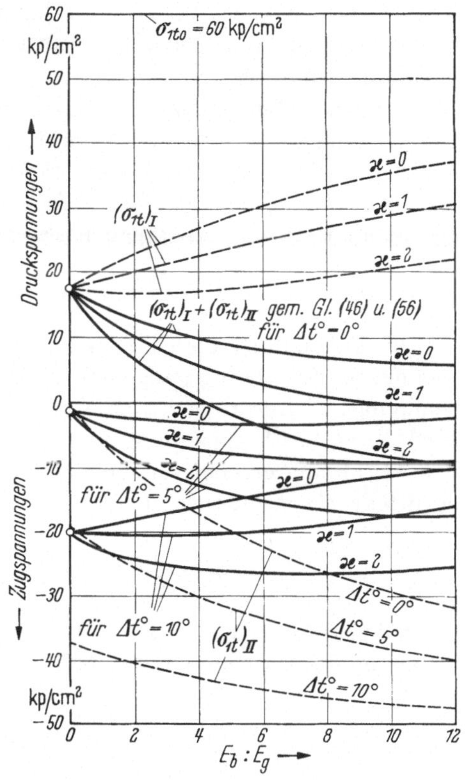

Abb. 66. Tangentiale Druckspannungen im Kernring bei Belastungsfall: Vorspannung bald nach der Stollenherstellung und späte Stolleninbetriebnahme.

Gebirges wieder, wie sie sich unter der Wirkung der Vorspannung am Ende des Kriech- und Schwindvorganges ergibt. Der ursprüngliche Wert von $\sigma_{1t0} = 60$ kpcm^{-2} vermindert sich auf Werte, die zwischen 20 und 40 kpcm^{-2} liegen.

Die strichlierten Linien im Zugspannungsbereich gelten für die Belastung durch den Betriebswasserdruck p_w bei gleichzeitiger Abkühlung $\Delta t° = 0°$, $5°$ und $10°$. Die vollausgezogenen Linien gelten für die Tangentialdruckspannungen im Kernring nach erfolgter Inbetriebnahme des Stollens, wie sie sich aus der Summe $(\sigma_{1t})_I + (\sigma_{1t})_{II}$ ergeben.

Die Beurteilung der Abb. 66 zeigt, daß selbst ohne Abkühlung des Kernringes bei stärkerem Kriechen des Gebirges die Vorspannung ausgeschaltet wird, noch mehr tritt dies bei Abkühlung des Kernringes in Erscheinung, denn schon bei einer solchen von $\Delta t^\circ = 5^\circ$ liegen die tangentialen Kernringspannungen vollständig im Zugspannungsbereich. Bei weiterer Abkühlung des Kernringes werden die Verhältnisse noch ungünstiger. Wenn auch die auftretenden Zugspannungen die Zugfestigkeit des Betons zum Teil nicht überschreiten, so ist damit im allgemeinen nichts gewonnen, weil eine fugenlose Herstellung des Kernringes kostspielig ist und der Aufwand dafür, wenn man schon den Kernring vorspannt, nicht gerechtfertigt sein dürfte. Nur bei lotrechten Schächten, etwa bei Steigschächten von Wasserschlössern, ist die Ausführung des Kernringes ohne Längsfuge einfach möglich. Im Druckstollenbau, wo dies nicht der Fall ist, sollte jedoch die Vorspannung soweit erhalten bleiben, daß die Bedingung voller Vorspannung erfüllt wird.

Das Beispiel zeigt also, daß die lange vor der Betriebsaufnahme erfolgende Vorspannung, sofern keine Abkühlung des Kernringbetons eintritt, nur bei einem guten Gebirge mit hohem Wert des Elastizitätsmoduls zweckmäßig ist. Wenn Abkühlung eintritt, kann die Vorspannung nur insofern Vorteile bringen, als die im Kernring auftretenden Tangentialzugspannungen vermindert werden.

56. Abnahme der Vorspannung bei deren später erfolgter Aufbringung

Die Behandlung dieses Belastungsfalles unterscheidet sich von den Untersuchungen des vorangegangenen Abschnittes durch die Größe der Tangentialspannung im Kernring σ_{1t0}, die am Beginn des Kriechvorganges herrscht. Sie wird durch die Vorspannung und den Betriebsdruck sowie durch die Wirkung der Abkühlung erzeugt, und ihre Größe läßt sich in Anlehnung an die Gl. (56) ermitteln; sie ergibt sich zu

$$\sigma_{1t0} = p_0 \frac{r_1}{d_1} - \frac{1}{1+Q}\left[p_w Q \frac{r_1}{d_1} + \omega \Delta t^\circ E_b\right]. \tag{57}$$

Nach Ablauf des Kriechens von Beton und Gebirge bleibt eine Tangentialdruckspannung im Kernring von der Größe

$$(\sigma_{1t})_{\mathrm{II}} = \frac{1}{1-\varkappa Q}\,\sigma_{1t0}\left[e^{-\varphi_\infty \frac{1-\varkappa Q}{1+Q}} - \varkappa Q\right]. \tag{58}$$

Das Schwinden des Kernringes kann im Zeitpunkr der Vorspannung als abgeschlossen angenommen werden, weshalb seine Berücksichtigung entfällt.

Wie früher soll auch dieser Belastungsfall durch ein Beispiel erläutert werden. Die Voraussetzungen dafür werden jenen der früheren Beispiele entsprechend gewählt. Die für den Beginn des Kriechvorganges geltende Kernringspannung σ_{1t0} ist aber wesentlich kleiner, als der frühere Wert von 60 kpcm^{-2}, wobei sich die Verminderung infolge des Betriebsdruckes und der Abkühlung ergibt.

Das Ergebnis der Berechnung des Beispiels ist in der Abb. 67 dargestellt. Der Unterschied gegenüber dem im vorangegangenen Abschnitt berechneten Beispiels (Abb. 66) ist ins Auge springend. Man erkennt, daß die Vorspannung auch unter ungünstigen Verhältnissen hinsichtlich der Gebirgsbeschaffenheit und der Temperatur zu einem wesentlichen Teil erhalten bleibt. Die Endspannungen im Kernring liegen zur Gänze im Druckbereich; die Vorspannung bleibt in ausreichendem Maße bestehen. Insbesondere zeigt sich aber auch, daß die durch den

Elastizitätsmodul E_g gekennzeichnete Beschaffenheit des Gebirges bei einem Bauvorgang, wie er dem dargelegten Belastungsfall entspricht, von geringem Einfluß auf die Erhaltung der Vorspannung ist, daß sich also die Kernringbauweise unter diesen Voraussetzungen auch bei nicht besonders günstiger Gebirgsbeschaffenheit bewähren wird. In einem solchen Fall wird sie sich auch als zweckmäßig und wirtschaftlich gerechtfertigt erweisen.

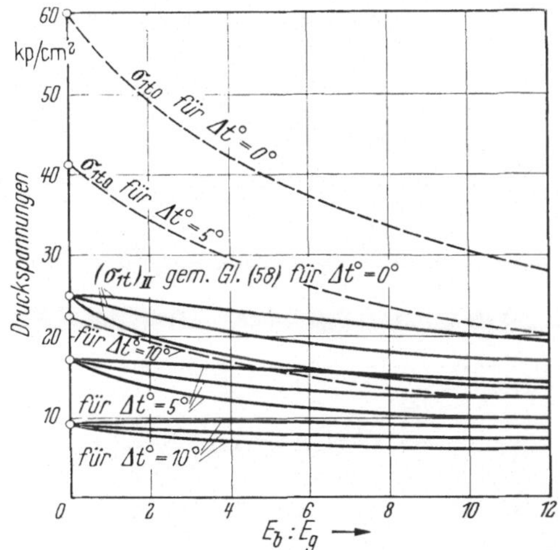

Abb. 67. Tangentiale Druckspannungen im Kernring bei Belastungsfall: späte Vorspannung des Kernringes und bald darauf erfolgende Inbetriebnahme des Druckstollens.

Die durchgeführten Untersuchungen geben ein Bild darüber, welche Bedeutung einer zweckentsprechenden zeitlichen Durchführung der einzelnen Arbeitsgänge bei der Herstellung einer Druckstollenauskleidung nach der Kernringbauweise zukommt. Durch eine unter dem Zwang der gegebenen Verhältnisse, also etwa bei geringer Stollenlänge und rascher Aufeinanderfolge der Arbeitsgänge und der Inbetriebnahme unzweckmäßige zeitliche Durchführung kann aus einer geeigneten Bauweise ein Aufwand werden, dessen Nutzen gering oder gar fragwürdig ist.

57. Messungen an einem vorgespannten Druckstollen

Als Beispiel für das Verhalten eines nach der Kernringbauweise vorgespannten Druckstollens wird der Hauptstollen des Lech-Kraftwerkes Roßhaupten angeführt, an dem vor kurzer Zeit umfangreiche Dauermessungen durchgeführt wurden [40]. Dieser Druckstollen, der bereits früher als Beispiel erwähnt wurde (Abschnitt 53), weist einen kreisförmigen Querschnitt mit einem lichten Durchmesser von 8,35 m auf und ist rd. 350 m lang (Abb. 69). Er liegt in nahezu lotrecht einfallenden tertiären Schichten von oligozäner Molasse, die aus Mergeln, Steinmergeln, Sandstein und einigen Konglomerateinlagerungen besteht. Das Streichen der Schichten verläuft nahezu parallel zum Stollen. Die Felsüberlagerung über dem First beträgt im Mittel 19 m, die waagerechte Felsvorlagerung auf der Talseite rd. 65 m. Der Druckstollen erfährt bei Normalstau im Speicherbecken einen hydrostatischen Innendruck von 3,6 kpcm^{-2}, der durch Druckstöße auf 5 kpcm^{-2} ansteigen kann. Der Vorspanndruck wurde mit 6 kpcm^{-2} so gewählt, daß unter Berücksichtigung von Schwinden und Kriechen bei Vollbeanspruchung des Stollens keine Zugspannungen im Kernring auftreten sollten.

Das Ergebnis der durchgeführten Messungen wird an Hand der Abb. 68 erläutert. Dort stellt der Linienzug a) die tangentiale Zusammendrückung des Kernringes dar. Sie wurde mit 6 Maihak-Gebern je Meßquerschnitt festgestellt, wobei sich an den Meßstellen gleichlaufende Linien ergaben, deren Mittelwert

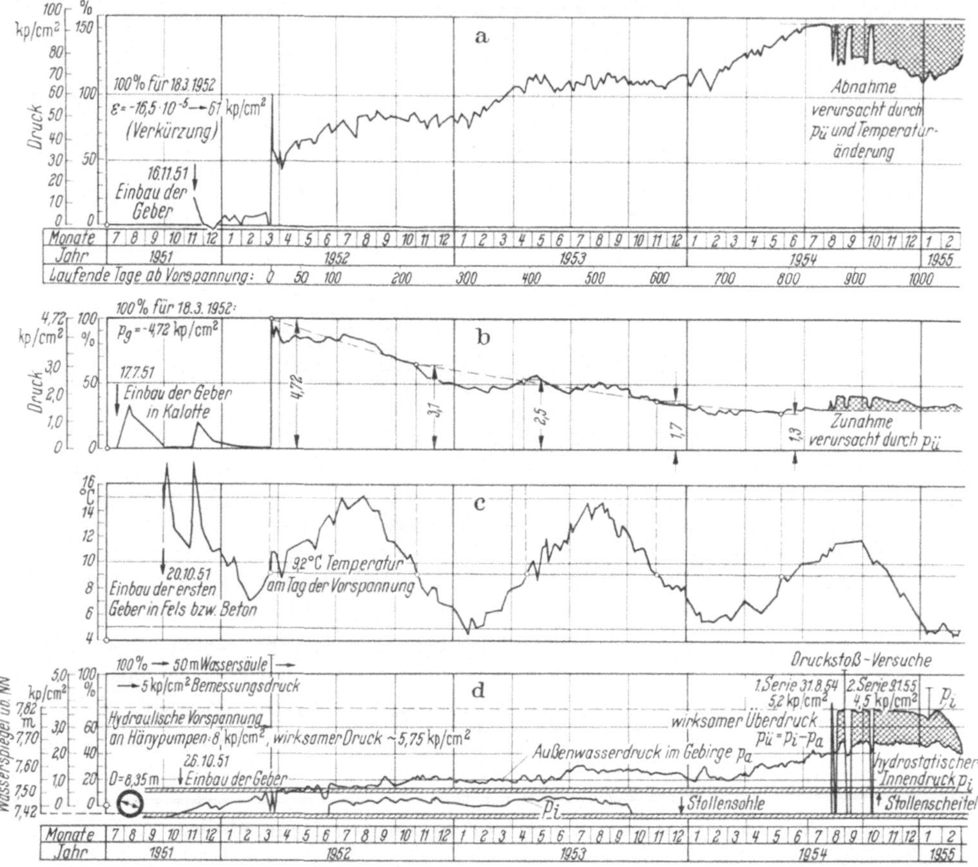

Abb. 68a—d. Messungen über das zeitabhängige Verhalten der Vorspannung im Hauptstollen Nord des Lech-Speicherkraftwerkes Roßhaupten, der eine Auskleidung nach dem Kernringverfahren erhielt; a) tangentiale Betondehnung im Kernring, Mittel aus 6 Gebern je Querschnitt; b) radialer Felswiderstand zwischen Gebirge und Außenring, Mittel aus 6 Gebern je Meßquerschnitt; c) Temperatur im Beton und im Gebirge, Mittel aus 6 Gebern in drei Querschnitten; d) Außenwasserdruck im Gebirge, Mittel aus 3 Gebern in drei Querschnitten. Hinsichtlich der Bezeichnungsweise wird auf Abb. 59 verwiesen.

aufgetragen wurde. Im Diagramm b) sind die radialen Pressungen zwischen dem Außenring und dem Gebirge gleichfalls als Mittelwert von 6 Gebern je Querschnitt aufgetragen. Der Linienzug c) gibt die während der Versuchsdurchführung im Beton und im Gebirge herrschende Temperatur als Mittelwert von 6 Gebern in 3 Querschnitten wieder. Außerdem ist noch der Außenwasserdruck im Gebirge als Mittelwert von 3 Gebern in 3 Querschnitten gemessen, und im Diagramm d) verzeichnet worden.

Eine kritische Betrachtung der Versuchsergebnisse läßt sich wie folgt zusammenfassen:

Der Linienzug a) zeigt, daß die tangentiale Vorspannung von 61 kpcm^{-2}, entsprechend einem Einpreßdruck von 6 kpcm^{-2} sofort nach der Wegnahme des letzteren auf die Hälfte absank, dann aber scheinbar ständig anstieg, bis nach der Betriebsaufnahme des Druckstollens eine dem Betriebsdruck entsprechende

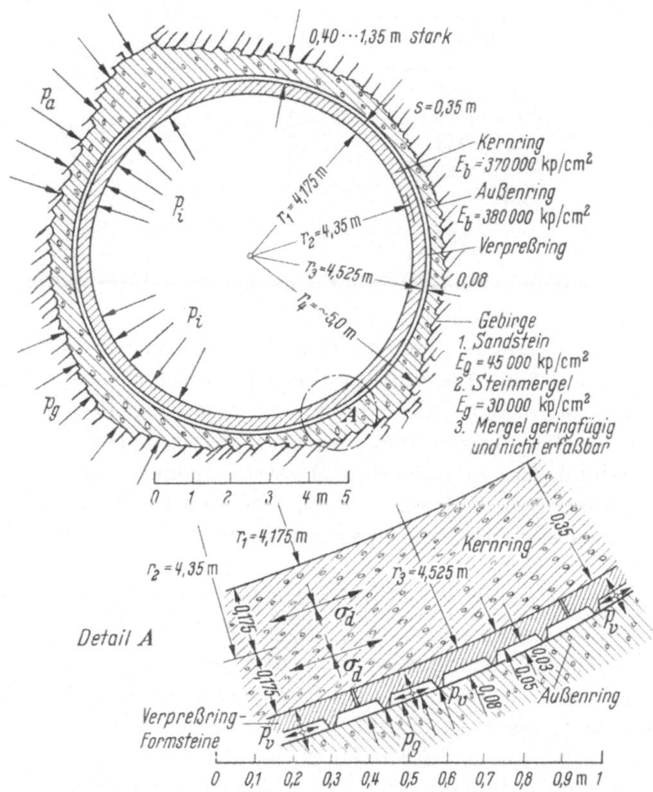

Abb. 69. Querschnitt des Druckstollens des Lech-Speicherkraftwerkes Roßhaupten [40].

Abnahme eintrat. Der Temperatureinfluß war trotz des unruhigen Verlaufes des Linienzuges gut merkbar; er wies eine dem jährlichen Ablauf gemäß Linienzug b) entsprechende, wohl abgeschwächte, aber doch deutlich erkennbare Periodizität auf. Der Felswiderstand, der im Linienzug b) erscheint, nahm hingegen von einem Anfangswert von 4,72 kpcm^{-2} ständig ab. Auch beim Felswiderstand war der Temperatureinfluß deutlich zu beobachten. Wenn man diejenigen Punkte des Linienzuges b) herausgreift, an denen die gleiche Temperatur herrschte, wie am Tage der Vorspannung, und damit den Temperatureinfluß auf die Abnahme des Felswiderstandes ausschaltet, so ergeben sich folgende aus der Abb. 66 entnommene runde Zahlenwerte (siehe Tabelle 12).

Der Felswiderstand ist also nach etwas mehr als 2 Jahren von 4,7 auf 1,3 kpcm^{-2} abgesunken und hat noch weiterhin eine fallende Tendenz. Das Ansteigen infolge des Betriebsdruckes im August 1954 muß bei dieser Betrachtung unberücksichtigt bleiben. Die Tatsache des Abfallens des Linienzuges *b*) steht im Widerspruch mit dem Ansteigen des Linienzuges *a*), sofern man bei letzterem eine Umrechnung der Verformungen in Tangentialspannungen durchführt. Weil die tangentialen Verformungen des Kernringes das Schwinden und Kriechen des Betons beinhalten, ist das Ansteigen der tangentialen Spannungen nur scheinbar. Die wirklichen

Tabelle 12

Zeitpunkt	Felswiderstand
März 1952	4,7 kpcm^{-2}
November 1952	3,1 „
April 1953	2,5 „
November 1953	1,7 „
Mai 1954	1,3 „

tangentialen Druckspannungen werden ähnlich wie der Felswiderstand fortlaufend abnehmen; möglicherweise werden nach der Betriebsaufnahme des Druckstollens sogar Zugspannungen im Kernring auftreten.

Im geschilderten Versuchsfall deckt sich die zeitliche Abwicklung mit den Voraussetzungen, die der im Abschnitt 55 durchgeführten theoretischen Betrachtung zugrunde gelegt wurden; die Vorspannung wurde bald nach der Fertigstellung des Druckstollens angeordnet und dann verstrichen etwa $2^{1}/_{2}$ Jahre bis zur Betriebsaufnahme. Die geschilderten Messungsergebnisse bestätigen also die theoretischen Erwägungen; außerdem bieten sie durch Gegenüberstellung des Verlaufes der Tangentialdruckspannungen im Kernring und des Felswiderstandes noch nicht verwertete Unterlagen zur Beurteilung des Kriechens des Gebirges, weil das Ausmaß des Schwindens und Kriechens des Betons als bekannt angenommen werden kann.

Abschließend möge noch erwähnt werden, daß der Außenwasserdruck, gleichgültig, ob er auf Wasserverluste aus dem Stollen, aus dem Speicherbecken oder auf zusitzendes Bergwasser zurückzuführen ist, nicht unwesentlich zur Entlastung der Druckstollenauskleidung beiträgt, wie dies besonders bei tiefliegenden Druckstollen häufig der Fall und die Ursache dafür ist, daß trotz hoher rechnungsmäßiger Tangentialzugspannungen keine Risse auftreten.

58. Injektionen

Die Zementinjektionen sind im Druckstollenbau von großer Bedeutung und haben dort einen mehrfachen Zweck. Zunächst sollen damit alle Hohlräume an der Kontaktzone zwischen Auskleidungsbeton und Gebirge verschlossen werden; dies besorgen hauptsächlich die Kontaktinjektionen. Mit den Tiefeninjektionen soll eine Erhöhung der Wasserdichtheit des Gebirges durch Füllung der Hohlräume und der Klüfte erreicht werden. Dabei ist auch eine Verbesserung der Eigenschaften des Gebirges durch Erhöhung des Elastizitätsmoduls zu erwarten [100 b]. Schließlich besteht die Möglichkeit, eine gewisse Vorspannung des Gebirges zu erzielen. Den letztgenannten Zwecken dienen die Tiefeninjektionen.

Aber auch sonst sind im Tunnel- und Stollenbau Zementinjektionen insbesondere bei Auftreten von echtem Gebirgsdruck von Wichtigkeit.

a) Kontaktinjektionen

Hohlräume zwischen dem Auskleidungsbeton und dem Gebirge stellen sich gewöhnlich im Firstbereich infolge Nachsackens des Frischbetons ein. Sie werden durch Aufbohren der Betonauskleidung für die Injektionen zugänglich gemacht. Die Weite der Hohlräume läßt sich durch das Maß, das der Gesteinsbohrer durchfällt, feststellen. Der Verschluß erfolgt mit Portlandzementmörtel, wobei das Mischungsverhältnis 1 : 1 oder 1 : 2 gewählt wird. Als Sand wird ein Feinsand verwendet, dessen maximale Korngröße, ähnlich wie beim Prepakt-Mörtel 1 mm nur wenig überschreitet. Der anzuwendende Einpreßdruck beträgt, nachdem die Druckluft aus den alle pneumatischen Werkzeuge und Geräte versorgenden Kompressoren stammt, maximal 6—7 atü. Im Widerlager- und Sohlenbereich ist der Kontakt zwischen Beton und Gebirge meist so gut, daß dort keine Injektionen erforderlich sind. Die Kontaktinjektionen erfassen auch größere Spalten im Gebirge, die gegen den Injektionsbereich hin offen sind, und bewirken damit eine gewisse Verdichtung des Gebirges.

b) Tiefeninjektionen

Wenn im Gebirge größere Hohlräume auftreten, die von den Kontaktinjektionen nicht erfaßt werden, wird man zu ihrer Verschließung den gleichen Vorgang einhalten und Zementmörtelinjektionen ausführen, wie bei den Kontaktinjektionen. In den meisten Fällen handelt es sich aber um feine Spalten, denen mit Zementmörtel nicht beizukommen ist. Man muß für ihren Verschluß Zement allein verwenden.

Die Injektionsbohrlöcher werden nach der Gebirgsbeschaffenheit und dem betriebsmäßigen Innenwasserdruck auf etwa 3,0 m und mehr Tiefe in das Gebirge reichend, hergestellt. Das Einpressen der Zementmilch erfolgt mit Hilfe der Häny-Pumpe, wobei der Druck bis auf 30—40 atü gesteigert werden kann. Damit können aber nur Spalten von größerer Öffnungsweite als 0,1—0,2 mm verschlossen werden. Der Portland-Zement weist normenmäßig auf dem 4900 Maschensieb einen Rückstand von 25% auf. Nachdem dieser Maschenweite eine Korngröße von 0,09 mm entspricht, ist die Grenze der Eindringungsmöglichkeit gegeben. An dieser Sachlage ändert sich auch nichts, wenn man der Zementmilch Intrusion-aid beigibt. Eine Verbesserung ist jedoch zu erwarten, wenn es gelingt, die maximale Korngröße des Zementes herabzusetzen. So hat z. B. die Firma Hatschek, Gmunden (Österreich), in jüngster Zeit einen Feinstkornzement auf den Markt gebracht, der auf dem 4900 Maschensieb keinen Rückstand hinterläßt.

Eine vorteilhafte Nebenwirkung der Tiefeninjektionen besteht zweifellos darin, daß das Gebirge unter örtliche Druckvorspannung gesetzt wird.

So kann man beispielsweise die sekundär über dem First und unter der Sohle zu erwartenden Bereiche tangentialer Zugspannungen, die infolge der Wirkung des Innenwasserdruckes noch eine Erweiterung erfahren, durch die bei Tiefeninjektionen mit radial angeordneten Bohrlöchern auftretenden tangentialen Druckspannungen beseitigen. Man kann ferner durch eine systematische Anordnung der Bohrlöcher eine Druckvorspannung nicht bloß in tangentialer, sondern auch in radialer Richtung erzielen. Dies wird dadurch erreicht, daß man die Bohrlöcher unter einem Winkel zur Radialrichtung ansetzt.

Aber abgesehen von der Kostspieligkeit eines solchen Verfahrens wird man ihm nicht den Wert einer Vorspannmethode für die Betonauskleidung des Druckstollens, wie sie das Kernringverfahren darstellt, zusprechen dürfen. Es dürfte kaum gelingen, den Spannungszustand in der Betonauskleidung auf diesem Wege verläßlich zu beherrschen, weil die Wirkung der Injektionen von der Art der Klüftung des Gebirges sehr wesentlich abhängig ist.

Um die Verbesserung der Eigenschaften des Gebirges durch Zementinjektionen beurteilen zu können, werden einige Versuchsergebnisse mitgeteilt, über die OBERTI berichtet hat [100b]. Die Verbesserung läßt sich aus dem Elastizitätsmodul beurteilen, dessen Werte im anstehenden Gebirge nach der Versuchsstollenmethode gewonnen wurden.

Tabelle 13. *Verbesserung des Elastizitätsmoduls im anstehenden Gebirge nach durchgeführten Zementinjektionen (Untersuchungen an einigen italienischen Talsperren)*

Sperre (Gestein)	Mindest-über-deckung m	größter Prüf-druck $kpcm^{-2}$	E_0 $kpcm^{-2}$	E nicht-injiziertes Gebirge $kpcm^{-2}$	Prüf-druck p $kpcm^{-2}$	E injiziertes Gebirge $kpcm^{-2}$	Prüf-druck p $kpcm^{-2}$
Piave, Pian delle Ere, Cadore (Hauptdolomit)	20	16,5	$2,5 \cdot 10^5$	$0,35 \cdot 10^5$	12	$0,52 \cdot 10^5$	12
Belviso, Valtellin (Quarzphyllit)	30	43,5	$8,0 \cdot 10^5$	$2,5 \cdot 10^5$	20	$3,5 \cdot 10^5$	30
Pietra del Pertusillo, Agri, Basilicata (Sandstein und Konglomerat)	25	18,0	$2,5 \cdot 10^5$	$0,2 \cdot 10^5$	8	$0,50 \cdot 10^5$	15

In dieser Tabelle bedeutet E_0 den Anfangselastizitätsmodul bei Belastung O und E den mittleren Elastizitätsmodul bei Entlastung, gültig für den angeführten Prüfdruck p. Dabei wurde für die Poissonsche Zahl ein Mittelwert von 6,7 angenommen.

Bei den Versuchen, von denen OBERTI berichtet hat, ist noch folgende Beobachtung von Interesse. Die Diagramme der vor und nach den Injektionen erhaltenen Verformungen zeigen eine starke Abminderung der bleibenden Verformungen des injizierten Gebirges. Gleichzeitig erfolgt eine Erhöhung des Elastizitätsmoduls und der Gebirgsdruckfestigkeit. Für höhere Pressungen nehmen aber die Verformungen wieder zu, und dies dürfte darauf zurückzuführen sein, daß zur Lastenaufnahme weiter abgelegene Gebirgsteile herangezogen werden, die nicht oder nicht in gleichem Maße von den Injizierungen erfaßt wurden, wie die nähere Umgebung des Druckstollens.

59. Schäden an Druckstollen

Das Wesen des Druckstollenproblems, einen röhrenförmigen untertägigen Hohlraum von großer Längenerstreckung, der unter beträchtlichen Innenwasserdruck gerät, wasserdicht auszubilden, wobei der verwendete Baustoff Beton und das Gebirge keine verläßliche Zugfestigkeit besitzen, kennzeichnet nicht bloß die zu lösende Aufgabe, sondern gleichzeitig die Möglichkeit von Schäden. Solche sind denn auch nicht selten aufgetreten und selbst in jüngster Zeit nicht ausgeblieben. Darüber wird aber aus verständlichen Gründen meist nicht berichtet. Es wäre aber doch wünschenswert, davon zu erfahren, weil durch eine objektive Berichterstattung sicher mancher spätere Rückschlag vermieden werden könnte. Trotz dieses Wunsches wird nachfolgend nur von Schäden Mitteilung gemacht, die in der Fachliteratur behandelt wurden; der Absicht der Vorbeugung sollen aber außer der Schilderung bekannt gewordener Schadensfälle die angestellten theoretischen Erwägungen geomechanischer und statischer Art dienen, welche genug Hinweise liefern, wo die Schwierigkeiten und Gefahrenquellen liegen. Die gleichen Erwägungen gelten auch für die im Kap. VIII enthaltenen Darlegungen über den Druckschachtbau.

Ursache und Art der Schäden an Druckstollen sind fast immer grundsätzlich gleich. Infolge von Trennbrüchen in der Auskleidung dringt das Betriebswasser in das Gebirge ein, sucht sich einen Weg in den Klüften, öffnet diese keilartig durch den Wasserdruck, bis es irgendwo Vorflut gewinnt. Dort tritt dann der an der Geländeoberfläche sichtbare Schaden ein, sei es durch Erosion oder als echter Grundbruch [70a]. Für letztere Erscheinung ist von STINI die Bezeichnungsweise „Wassersprengung" eingeführt worden [138g], weil die Schadenstelle einem Explosionsherd sehr ähnlich sieht. Diese Bezeichnungsweise ist aber nicht ganz zutreffend, weil es sich bei einer Sprengung immer um ein expansionsfähiges Medium handelt; ein solches ist aber das Wasser nicht.

In den meisten Fällen werden die Druckstollenschäden durch Längsrisse in der Auskleidung eingeleitet, die aus allgemein statischen Gründen im First und an der Sohle am wahrscheinlichsten sind, infolge der geologischen Eigenschaften des Gebirges an jeder Stelle des Umfanges, nicht selten aber — dafür dürften Ausführungsgründe maßgebend sein — in den Ulmbereichen möglich sind.

a) Der erste denkwürdige Schadensfall an einem Druckstollen war im Jahre 1920 beim Ritom-Werk, Schweiz, zu verzeichnen. Seither gibt es ein Druckstollenproblem und damals begannen auch geomechanische Untersuchungen zur Erfassung der Eigenschaften des Gebirges.

Das Schadensereignis spielte sich beim Ritom-Stollen wie folgt ab [153]: Bereits bei der mit wachsendem Innendruck durchgeführten Probefüllung des Druckstollens zeigten sich Wasserverluste, die zur Stollenentleerung und nachträglichen Ausführung von Injektionen Anlaß gaben. Mehrmalige Versuche, den Druckstollen betriebsfähig zu machen, wurden schließlich durch einen obertägigen Wasserausbruch verhindert. Das durch Längsrisse im Druckstollen austretende Betriebswasser gelangte durch Klüfte im anstehenden Glimmerschiefer bis an die Grenze der Felsüberdeckung aus Lockergebirge und verursachte dort eine Hangrutschung im Ausmaß von $2\,000\,\mathrm{m}^3$, wobei im Rutschbereich und in seiner Nähe klare Quellen mit einer Ergiebigkeit von $0{,}150\,\mathrm{m}^3\mathrm{s}^{-1}$ austraten.

b) Über einen weiteren Schadensfall berichtet KIESER sehr eingehend [72f]. Es handelt sich um das Kraftwerk Witznau der 2. Stufe der Schluchsee-Gruppe in Deutschland. Vom Wasserschloß Berau dieses Kraftwerkes führt ein $1150\,\mathrm{m}$ langer Druckstollen von $5{,}0\,\mathrm{m}$ lichtem Durchmesser durch Granit und Porphyr bis zum Anschluß an den gepanzerten Druckschacht. Die Überdeckung des Druck-

stollens beträgt anfangs 50 m und nimmt im weiteren Verlauf auf 40—37 m ab.
Die Betonauskleidung des Druckstollens ist 40 cm dick und am Druckstollenende
durch eine 7 cm dicke bewehrte Torkretschale verstärkt. Der betriebsmäßige
hydrodynamische Druck steigt bis etwa 13 atü.

Im März 1952 wurden Wasserverluste festgestellt, die im Laufe der Zeit zu-
nahmen. Die durchgeführten Nachinjektionen konnten nicht verhindern, daß im
gleichen Jahre ein ausgedehnter Felsgrundbruch (Schollenbruch) eintrat.

Der Druckstollen zeigte nach erfolgter Entleerung auf eine Länge von 62 m
in den Widerlagern beiderseits klaffende Risse. Der Wasserdruck hatte einen beträchtlichen Teil der Felsüberlagerung hochgehoben. Die Sanierung des Druckstollens erfolgte durch den Einbau einer Stahlpanzerung, die so bemessen wurde,
daß sie allein den vollen Innendruck aufzunehmen vermag.

c) Das letzte zur Schilderung kommende Beispiel für Schäden an Druckstollen betrifft drei Brüche, die sich im Jahre 1954 im Spitzenkraftwerk Dobra-
Krumau der Niederösterreichischen Elektrizitätswerke AG am Kampfluß ereigneten. Hierüber haben STINI und PETZNY berichtet [138g, 72f].

Zwei der Schäden traten in den oberflächennahen End- bzw. Anfangsstrecken
eines Druckstollens ein, der durch eine 187 m lange Rohrbrücke über den Kamp in
zwei Abschnitte geteilt ist (Abb. 70). Der lichte Durchmesser des Druckstollens
beträgt 3,60 m. Das Gebirge wird aus Gneisen und Glimmerschiefern gebildet. Die
Stahlrohre des Aquäduktes waren über die Hangwiderlager der Brücke hinaus
10—12 m tief in den Druckstollen eingebunden. In den anschließenden Stollen-
strecken war der Auskleidungsbeton auf eine Länge von je 100 m durch eine
7 cm dicke, bewehrte Torkretschale verstärkt. Die Rohrleitungsenden waren mit
einer Längsbewehrung des Druckstollens kräftig verbunden.

Das Kraftwerk wurde im Jahre 1953 in Betrieb genommen. Im Jänner 1954
erfolgte am Westhang, an der Oberwasserseite der Brücke, ein Wasserausbruch
von $1{,}0\,\mathrm{m^3s^{-1}}$ etwa in Rohrhöhe auf der Nordseite des Widerlagerklotzes. Nach der
Entleerung des Druckstollens wurde festgestellt, daß das Panzerrohr an seinem
westlichen Ende gehoben und seitwärts verschoben worden war. Anläßlich der
Wiederinstandsetzungsarbeiten wurde am Rohrende ein Dehnungsstück eingebaut, der Anschluß an die bewehrte Torkretschicht wieder hergestellt und das
Gebirge in der Umgebung der Schadensstelle durch Injektionen verbessert. Nach
einiger Zeit des Betriebes wurde festgestellt, daß die Ringfuge am Ende des Rohres
neuerdings geöffnet war, ohne daß jedoch ein Wasserausbruch erfolgt wäre.

d) Im Dezember 1954 wurde am Osthang des Tales, also im Bereich des ober-
wasserseitigen Beginnes der Rohrleitung, neben dem dortigen Widerlager ein
starker Wasseraustritt festgestellt, der in ganz kurzer Zeit beträchtlich anschwoll.
Bald darauf erfolgte der Grundbruch, der eine arge Verwüstung anrichtete und
eine Gebirgsmasse von etwa $9000\,\mathrm{m^3}$ erfaßte. Die austretende Wassermenge
betrug $30\,\mathrm{m^3s^{-1}}$.

Auch bei diesem Schadensfall handelte es sich um einen Grundbruch durch das
aus dem Druckstollen in das Gebirge austretende Betriebswasser, also um eine
Auswirkung des Kluftwasserdruckes. Hierüber bestand kein Zweifel. Über die
Austrittsstelle des Druckwassers war die Meinung aber nicht einheitlich. Die
meisten der in den Sachverhalt eingeweihten Ingenieure waren mit den Geologen
der Ansicht, daß die Undichtheit primär an der Grenze der in den Druckstollen

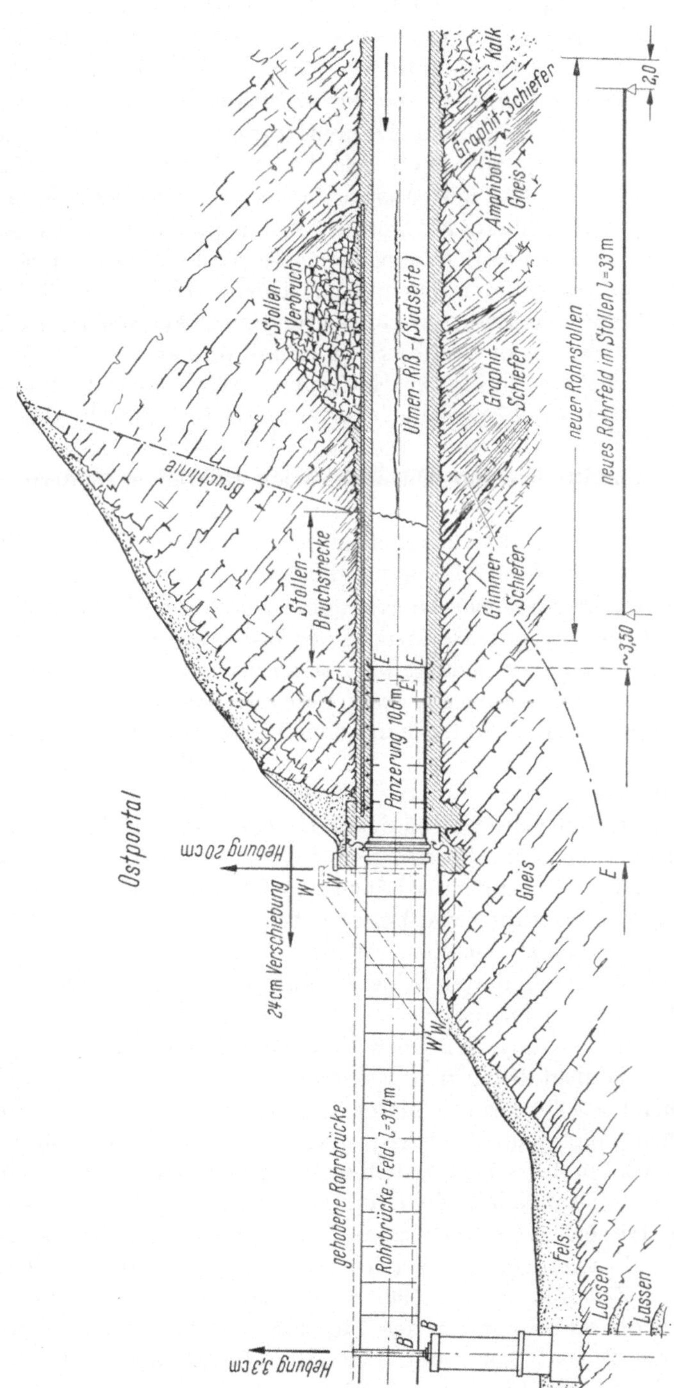

Abb. 70. Die oberflächennahe Portalstrecke eines Druckstollens mit geringer Überlagerungshöhe bildete die Ausgangsstelle eines Felsgrundbruches [138g].

eingebundenen Stahlrohrleitung entstand. Eine andere Meinung war, daß das Druckwasser von weiter bergwärts liegenden Leckstellen stammte. Die erstere Meinung wurde mit der Argumentation gestützt, daß an einem schroffen Übergang von einer Druckstollenpanzerung zur Betonauskleidung, auch wenn diese eine Torkretschale erhielt, immer eine Diskontinuität in mechanischer und thermischer Hinsicht besteht, die zu schwer erfaßbaren Beanspruchungen führt. Man denke z. B. an die Eintritts- und Austrittsstellen von Druckrohrleitungskrümmern, die in Festpunkte einbetoniert werden; auch heute noch wird dieser schroffe Übergang aus wirtschaftlichen Erwägungen nicht gemildert. Die bei dem Schadensfall Dobra-Krumau auftretenden Spannungen scheinen aber zur Ausbildung eines Ringrisses am Anfang und Ende der Rohrleitung nicht ausgereicht zu haben.

Ob das Druckwasser beim zweiten Schadensfall primär unmittelbar am Ende der Rohrleitung oder erst in einiger Entfernung davon austrat, dürfte bei der Beurteilung nicht von ausschlaggebender Bedeutung sein. Vielleicht aber verdienen nachfolgende Hinweise Beachtung: Die Rückwand der Bruchnische im Gebirge entsprach nicht unmittelbar dem Querschnitt am Rohrende, sondern lag weiter im Berginneren. In der Abb. 70 ist zu erkennen, daß an der südlichen Ulm des nicht gepanzerten Druckstollens aus geologischen Gründen in der Höhe der waagerechten Stollenachse ein Längsriß entstanden war. Zu seiner Bildung konnte es nicht erst nach dem Wasserausbruch gekommen sein, sondern sie erfolgte vorher, und vielleicht ist dort die primäre Ursache des Wasseraustrittes, der somit durch die geologischen Verhältnisse bedingt war, zu suchen. In der bewehrten Torkretschale entstehen zwar in den Anfangsstadien des Bruches keine klaffenden Risse, aber die Verteilung der Rißbildung kann den Wasseraustritt wohl hemmen aber nicht verhindern; zum Aufbau eines Kluftwasserdruckes genügen zunächst aber geringe Wassermengen.

Die Wiederherstellung des beschädigten Druckstollens erfolgte in der Weise, daß man die Druckrohrleitung in den Berg hinein verlängerte, und zwar wegen der geringen Überlagerung auf eine Länge von 37 m in Form von Rohrstollen, woran unter Zwischenschaltung von Dehnstücken auf jeder Seite ein 33 m langer gepanzerter Druckstollen angeschlossen wurde.

Außer den beiden geschilderten Schadensfällen entstand noch ein Grundbruch im Grundablaßstollen der Sperre.

Es verdient Anerkennung, daß über die drei in knapper Form geschilderten Schadensfälle, die ja nicht die einzigen dieser oder ähnlicher Art sind, in der Fachliteratur eingehend berichtet wurde. Man wird aus dieser Erfahrung künftighin den oberflächennahen Anfangs- und Endstrecken von Druckstollen die gebührende Aufmerksamkeit sowohl in statischer als auch in hydraulischer Hinsicht (Grundbruchgefahr) schenken. Die Aufstellung der Grundbruchbedingung ist in einfacher Weise möglich [72f.]. Hierbei sollte aber immer die ungünstigste Voraussetzung zugrunde gelegt und außerdem ein ausreichender Sicherheitsgrad gewählt werden.

e) In jüngster Zeit trat am 1. 2. 1962 beim Ranna-Werk in Oberösterreich ein Druckstollenschaden auf, wovon in der Tagespresse berichtet wurde (Salzburger Nachrichten vom 2. und 3. 3. 1962). Der Druckstollen wurde im Jahre 1925 fertiggestellt. Er hat eine Länge von 3595 m. 88% dieser Länge sind mit Beton ausgekleidet, 12% davon besitzen eine bewehrte Innenschale; für die restlichen 12%, die in standfestem Gneis liegen, unterblieb eine Betonauskleidung. Im Jahre

1954 wurde die Leistungsfähigkeit der Anlage von 5800 KW auf 19000 KW erweitert. Die Bruchstelle liegt 25 m oberhalb des Wasserschlosses. Durch austretendes Wasser wurde das Schieberhaus unterwaschen und verschoben. Die Wassermassen ergossen sich über eine Höhe von 170 m bis zur Donau.

Aus dieser ersten Schadensbeschreibung, die aus der Tagespresse entnommen wurde, läßt sich erkennen, daß der Bruch des Stollens in der Nähe der Geländeoberfläche erfolgte. Die Druckrohrleitung, 381 m lang, scheint nicht beschädigt worden zu sein.

Daß der Schaden durch Frosteinwirkung entstand, wie vermutet wurde, dürfte kaum zutreffend sein. Offen bleibt die Frage, wieso konnte ein solcher Schaden 36 Jahre nach der Betriebsaufnahme eintreten; welche Veränderungen sind an der Anlage vorgenommen worden oder eingetreten?

Kapitel IX

Druckschächte

60. Allgemeines über Druckschächte

Bei der Verwirklichung von Ingenieuraufgaben, die sich über mehrere Fachgebiete erstrecken, ergeben sich an den Grenzen immer Probleme, die eine übergreifende wissenschaftliche Betreuung von mehreren Seiten her erfordern. Die vielfältigen Erkenntnisse, die dabei zu verwerten sind, müssen jedoch zu einem einheitlichen Urteilsbild zusammengefügt und in dieser Form bei der Planung und Ausführung berücksichtigt werden, weil andernfalls Fehlschläge im Bereich der Möglichkeit liegen. Dies ist für den Tunnel- und Stollenbau, wo geologische und geotechnische Erkenntnisse mit statischen Belangen gemeinsam maßgebend sind und der Bauerfahrung eine entscheidende Aufgabe zukommt, ganz allgemein bedeutungsvoll und gilt für den Entwurf und die Ausführung eines Druckschachtes in besonderer Weise. Es wird sich manche Gelegenheit ergeben, auf diese Art des Zusammenwirkens hinzuweisen, wenngleich die folgenden Darlegungen der Absicht des Buches entsprechend, vorwiegend bautechnischen Belangen Rechnung tragen. Aber selbst auf dieses Gebiet beschränkt, liegen die Erkenntnisse und Erfahrungen in vielen Abhandlungen und Berichten verstreut vor, und es fehlt eine zusammenfassende Darstellung der mit dem Bau von Druckschächten verbundenen theoretischen Aufgaben; sie soll in den folgenden Darlegungen versucht werden, wobei auch auf Fragen eingegangen wird, die bisher noch nicht behandelt wurden.

Die Triebwasserleitungen von Hochdruckwasserkraftanlagen überwinden den größten Teil der Fallhöhe des Werkes im Kraftabstieg zusammengefaßt entweder mit einer *Druckrohrleitung*, wobei der Stahl den gesamten vom Betriebswasser ausgeübten Innendruck aufzunehmen hat, oder mit einem *Druckschacht*, in dem ein wesentlicher Teil des Innendruckes durch Vermittlung der Betonbettung des Panzerrohres auf das Gebirge übertragen wird. An Stelle des Stahlrohres kann bei nicht zu großer Fallhöhe auch eine gewöhnliche Betonauskleidung, wie bei einem Druckstollen, oder ein Betonrohr, das wohl in den meisten Fällen in Spannbeton ausgeführt werden wird, zur Anwendung kommen. Eine solche einfache Betonauskleidung wird aber nur bei geringen Fallhöhen in Betracht gezogen werden können. Für diese Auskleidungsart gelten die im Abschnitt Druckstollen dargelegten Gesichtspunkte.

Der Druckschachtquerschnitt besteht somit aus der Panzerung oder aus dem Spannbeton-Kernrohr, dem Bettungsbeton und dem Gebirge. Die Bleche für die Panzerung werden von einem Hüttenwerk geliefert, ihre Anarbeitung und Montage obliegt einem Eisenwerk, der Ausbruch des Schachtes, die Herstellung von Spannbetonrohren und die Ausführung des Bettungsbetons sowie sonstige Nebenarbeiten, wie Zementinjektionen usw., sind Sache der Bauausführung.

Dabei ist zu beachten, daß neben der Panzerung das Gebirge den statisch bedeutungsvollsten Teil des Bauwerkes darstellt, so daß bei der Planung und Ausführung des Druckschachtes der Geologe ein Wort mitzureden hat. Ohne ordnende Zusammenfassung der aus verschiedenen Quellen stammenden Erkenntnisse und Erfahrungen ist ein einheitlicher, das Zusammenwirken aller Bauteile berücksichtigender Entwurf nicht denkbar.

Druckschächte sind bald nach der Jahrhundertwende zum erstenmal zur Ausführung gekommen. Die erste größere Anlage ist in Europa in Südtirol entstanden. Es ist der von der Firma Innerebner im Jahre 1911 erbaute Druckschacht des Schnalstal-Werkes der Städte Bozen und Meran, der bei einem lichten Durchmesser von 1,50 m die für die damaligen Verhältnisse beträchtliche Fallhöhe von 318 m überwindet. Seither ist die Bauweise weiter entwickelt worden, wobei sowohl der Schachtdurchmesser als auch die Fallhöhe in vielen Fällen bedeutend vergrößert wurden. Es hat aber an Rückschlägen nicht gefehlt, die bis in die jüngste Zeit reichen, worüber später berichtet werden wird. Eine gesteigerte Bedeutung erfuhr die Druckschachtbauweise mit der untertägigen Anordnung der Maschinenanlagen der Wasserkraftwerke, die durch den zweiten Weltkrieg besondere Bedeutung gewonnen und sie bis heute keineswegs verloren hat; im Gegenteil, die Zahl der untertägig angeordenten Krafthäuser wächst ständig.

61. Die Entlastungsziffer

Wie schon angedeutet wurde, besteht das Druckschachtprinzip darin, daß nur ein Teil des betriebsmäßigen Innendruckes durch die Panzerung aufzunehmen ist, während der übrige Teil desselben durch Vermittlung des Bettungsbetons auf das Gebirge übertragen wird. Die theoretischen Untersuchungen über die Querschnittsausbildung waren anfänglich auf einfachen Voraussetzungen aufgebaut; im Laufe der Zeit ist die Berechnungsweise verfeinert worden, und es kamen Umstände zur Berücksichtigung, die früher unbeachtet blieben. Solche Umstände, deren Bedeutung erst später erkannt wurde, sind:

a) Die angenommene Homogenität und Isotropie des Gebirges ist selten erfüllt. Neuere Untersuchungen beschäftigen sich mit den Abweichungen davon [147a und c].

b) Die Beanspruchungen aller Teile des wirksamen Querschnittes, also der Panzerung, des Bettungsbetons und des Gebirges sollen im elastischen Bereich verbleiben, aber diese Voraussetzung ist streng nicht erfüllbar, weil insbesondere das Gebirge unter der hohen Beanspruchung, die es zu übernehmen hat, ein elastoplastisches Verhalten zeigt. Die plastische Nachgiebigkeit des Gebirges wird durch offene Klüfte und Schwachstellen sowie durch die bei den Ausbruchsarbeiten unvermeidliche Auflockerung begünstigt. Störungen des elastischen Verhaltens, die auf solche Ursachen zurückzuführen sind, müssen durch entsprechende bauliche Maßnahmen gemildert werden. Es wird aber trotzdem immer ein gewisses Maß von bleibender Verformung des Gebirges zu berücksichtigen sein. Wie dies geschieht, wird später gezeigt werden.

c) Als weitere Voraussetzung der Berechnung wurde das Vorhandensein eines vollkommenen Kontaktes zwischen der Panzerung und dem Bettungsbeton einerseits und zwischen dem Bettungsbeton und dem Gebirge andererseits angenommen. Die Erfüllung dieser Bedingung muß durch bauliche Maßnahmen angestrebt werden. Sie kann aber mit voller und dauernder Gültigkeit nicht erhalten bleiben. Die bereits erwähnten plastischen Eigenschaften des Gebirges, Temperaturwirkungen, das Schwinden und Kriechen des Betons sowie des Kriechen des Gebirges sind die Ursachen, weshalb an den Grenzen der Auskleidungsschichten Hohlräume auftreten werden. Auch diesen Umstand muß eine strenge Berechnung berücksichtigen.

d) Früher wurde angenommen, daß der sekundäre Spannungszustand des Gebirges außer Betracht bleiben darf. Dies ist aber für die Beurteilung der im Gebirge auftretenden Anstrengungen nicht zulässig. Die Größe der sekundären Spannungen erreicht bei den üblichen Tiefenlagen der Druckschächte unter der Geländeoberfläche ein Maß, das den betrieblichen Beanspruchungen größenordnungsmäßig gleichkommt. Wenn man den Druck der Überlagerung vernachlässigt, würde bei Gültigkeit der oben angeführten Voraussetzungen hinsichtlich der Spannungen Drehsymmetrie bestehen. In Wirklichkeit tritt aber eine starke Abweichung davon auf, weil die durch die Gewichtsauflast hervorgerufenen primären waagrechten Seitenpressungen nur einen Bruchteil der lotrechten Pressungen ausmachen, weshalb im Gebirge sekundär starke Abweichungen von der Drehsymmetrie bestehen.

e) Die Untersuchungen führten wegen Vernachlässigung des sekundären Spannungszustandes zu dem Ergebnis, daß das Gebirge in der Umgebung des Schachtes ringsum tangentiale Zugspannungen erfährt, und man war daher genötigt, eine zulässige Zugbeanspruchung des Gebirges festzusetzen. Dies wird aber immer Schwierigkeiten bereiten (s. Abschnitt 3). Auch bei Berücksichtigung des sekundären Spannungszustandes ergeben sich Zugspannungen im Gebirge; sie bleiben aber in der Regel auf First- und Sohlenbereiche beschränkt.

Der auf die Panzerung wirkende Innendruck p_i besteht aus dem hydrostatischen Druck, dem für Drucksteigerungen infolge des Kraftwerksbetriebes ein Zuschlag hinzuzufügen ist und zum hydrodynamischen Druck führt. Wenn man jenen Druckanteil, der durch Vermittlung des Bettungsbetons vom Gebirge aufgenommen wird, mit p_{1a} bezeichnet und diesen Anteil mit dem Innendruck in ein Verhältnis setzt, so ergibt sich die Entlastungsziffer der Panzerung

$$\varepsilon = \frac{p_{1a}}{p_{1i}}. \tag{1}$$

Ihr Wert ist aus den Formänderungen des Systems zu bestimmen, wobei die der Berechnung zugrundezulegenden Voraussetzungen dem Herstellungsvorgang des Schachtes entsprechen müssen; dies führt zu den nachstehenden Erwägungen.

Nach Fertigstellung des Ausbruches bleibt der Schachthohlraum eine beträchtliche Zeit lang unverkleidet, damit die Reinprofilherstellung sowie die Vorbereitungsarbeiten zur Einbringung der Panzerung und zur Betonierung ausgeführt werden können. Es ist also genug Zeit für die Entspannung des Gebirges, d. h. für die Herbeiführung des sekundären Spannungszustandes vorhanden. Die späterhin eingebrachte Panzerung und die Bettung bleiben daher, wenn man von ihrem Eigengewicht, von Temperatureinflüssen, von Schrumpfspannungen infolge der Schweißung von Montagerundnähten und von ähnlichen Nebenwirkungen absieht, vor der Füllung des Schachtes spannungsfrei. Gebirgsdruck soll voraussetzungsgemäß nicht wirksam sein. Sollte aber das Gebirge einen Einbau erfordern, so muß er derart ausgeführt werden, daß er das Gebirge zu stabilisieren vermag. *Von einem Einbau mit Holz muß dringend abgeraten werden.* Als Einbaumethoden kommen Felsanker, Spritzbetonauskleidung, letztere unter Umständen verstärkt durch Stahlstreckenbogen und Bewehrung, besonders in Betracht. Es muß jedenfalls Grundsatz sein, daß keinerlei Holzbestandteile hinter der Betonauskleidung verbleiben dürfen.

Wenn der Schacht in Betrieb genommen wird, entsteht bei Vollbelastung ein tertiärer Spannungszustand, bei dem sich aber Panzerung und Bettungsbeton so verformen, als ob das Gebirge nicht vorgespannt wäre, so daß also die von der Überlagerung hervorgerufenen Beanspruchungen auf das Gebirge beschränkt bleiben. Daraus folgt, daß der Bettungsbeton, der bei gutem Kontakt zu den gleichen Dehnungen gezwungen wird, wie die Panzerung, radiale Risse bekommen wird, wenn die Tangentialspannung in der Panzerung ein gewisses Maß überschreitet. Einer Dehnfähigkeit des Betons von $\varepsilon_{bz} = 0,0001 - 0,0002$ entspricht eine Stahlspannung von $\sigma_e = \varepsilon_{bz} E_e = (0,0001 \text{ bis } 0,0002)\, 2,100000 = 210$ bis 420 kpcm^{-2} i. M. etwa 300 kpcm^{-2}, d. h., daß bei einer tatsächlichen Stahlbeanspruchung von 300 kpcm^{-2} der Bettungsbeton radial aufreißt. Dies gilt unter der Voraussetzung eines vollkommenen Kontaktes. Wenn zwischen Panzerung und Bettungsbeton Hohlräume auftreten, dann tritt die Rißbildung erst bei einer höheren Stahlbeanspruchung ein. Je sorgfältiger die Bauausführung ist, mit um so größerer Wahrscheinlichkeit muß man daher damit rechnen, daß der Bettungsbeton durch radiale Risse unterteilt ist.

Panzerung und Bettungsbeton erfahren bei vollkommener Drehsymmetrie keine Schubbeanspruchungen. Solche können aber entstehen, weil das Gebirge meist nicht homogen und isotrop ist. Die an der Außenfläche der Panzerung mögliche Größe der Schubbeanspruchung hängt von der Beschaffenheit der Kontaktfläche ab. Mit einer verläßlich wirkenden Haftung, wie sie im Stahlbetonbau besteht, darf nicht gerechnet werden. Im wesentlichen sind nur Reibungswiderstände vorhanden, wodurch die Schubspannungen in ihrer möglichen Größe begrenzt sind. Die Panzerrohre erhalten an ihrer Außenfläche einen Rostschutzanstrich mit Zementmilch, wodurch die Haftung nicht verbessert wird; das ist aber auch kein Nachteil. Wenn nämlich nicht Drehsymmetrie herrscht, sei es wegen der Anisotropie des Gebirges oder dadurch, daß stellenweise bestehende Haftungswiderstände oder sonstige Ursachen die Verformung der Panzerung örtlich hemmen, kann die plötzliche Überwindung solcher Zwangswirkungen zusätzliche, ihrem Wesen nach dynamische Beanspruchungen zur Folge haben. Darüber wird im Abschnitt 64 eingehender berichtet werden. Weil die radial gerichteten Rißflächen des Bettungsbetons nur geringen Schubwiderstand aufweisen werden, sollten in der senkrecht dazu stehenden theoretisch kreiszylindrischen Berührungsfläche zwischen dem Beton und dem Gebirge gleichfalls keine nennenswerten Schubbeanspruchungen auftreten. Die Berechnung wird unter dieser Annahme durchgeführt; sie ist aber nicht ganz zutreffend, weil die rauhe Gebirgsoberfläche reichlich Gelegenheit zu Schubwiderstand bietet. Dies ist aber für die durchzuführenden Untersuchungen von geringem Belang, weil es sich darum handelt, ob ein Schubwiderstand solcher Art in Anspruch genommen wird; dies ist aber nicht der Fall.

Somit kann mit großer Zuverlässigkeit angenommen werden, daß der Wasserdruck p_1 zum Teil von der Panzerung aufgenommen und zum Teil durch den drehsymmetrischen Druck p_{1a} auf den Bettungsbeton übertragen wird und daß letzterer Druckanteil durch Vermittlung des bei hinreichend großem Innendruck durch Risse geteilten Bettungsbetons an das Gebirge weitergeleitet wird. Der auf das Gebirge übertragene Anteil p_{2a} soll im Sinne der obigen Darlegungen gleichfalls drehsymmetrisch wirken.

62. Ermittlung der Entlastungsziffer

Zur Ermittlung der Entlastungsziffer wird der Druckschachtquerschnitt in zwei Teile (Grundwerke) zerlegt gedacht, und zwar in die Panzerung und den durch radiale Risse geteilten Bettungsbeton einerseits und in das durch den Schacht-

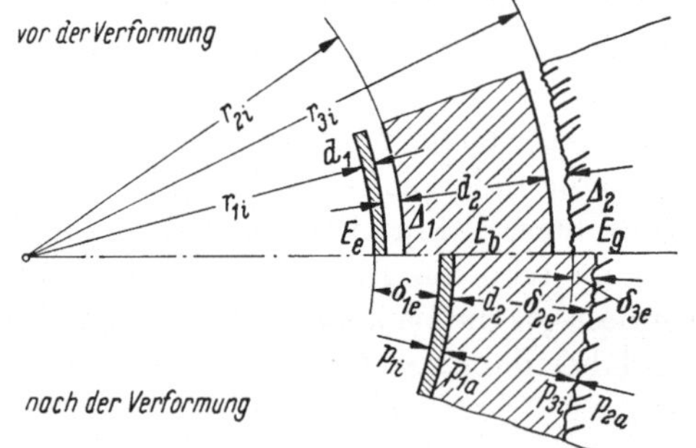

Abb. 71. Verschiebungsgrößen und Verschiebungsbilanz zur Berechnung eines gepanzerten Druckschachtes.

ausbruch durchörterte Gebirge anderseits (Abb. 71). Mit Hilfe der aus beiden Systemen berechneten Radialverschiebung der Berührungsfläche zwischen Beton und Gebirge ergibt sich die Bedingung für die Ermittlung der Entlastungsziffer. Dazu werden die Formänderungen der einzelnen Auskleidungsschichten benötigt, bei deren Berechnung die grundlegenden Beziehungen für das dickwandige Rohr (Abschnitt 17) Anwendung finden.

a) Radiale Verschiebung der Panzerung

Die Panzerung steht unter dem gegebenen Druck des Betriebswassers p_{1i} und dem unbekannten Außendruck $p_{1a} = p_{2i}$. Die Dicke der Blechpanzerung sei d_1 und ihr lichter Halbmesser r_{1i}. Die in der Panzerung herrschende Ringzugspannung ist bei der gegebenen Belastung

$$\sigma_e = (p_{1i} - p_{1a}) \frac{r_1}{d_1}, \tag{2}$$

wobei r_1 der mittlere Halbmesser ist, der aber praktisch immer gleich dem lichten Halbmesser gesetzt werden kann

$$r_1 = r_{1i}. \tag{3}$$

Die elastische Radialverschiebung der Panzerung beträgt dann

$$\delta_{1e} = -\frac{\sigma_e}{E_e} r_{1i} = -\frac{p_{1i} - p_{1a}}{E_e} \frac{r_{1i}^2}{d_1}. \tag{4}$$

Das negative Vorzeichen weist darauf hin, daß der Halbmesser der Panzerung eine Verlängerung erfährt; die Vorzeichenfestlegung wurde ja allgemein so getroffen, daß Druckspannungen positiv, Zugspannungen hingegen negativ bezeichnet werden.

b) Elastische Zusammendrückung des Bettungsbetons

Der durch radiale Risse geteilt angenommene Bettungsbeton steht unter dem Innendruck $p_{2i} = p_{1a}$ und dem Außendruck p_{2a}, wobei wegen des Wegfalles der Ringwirkung gilt

$$p_{2a} = p_{2i} \frac{r_{1a}}{r_{1u} + d_2} = p_{1a} \frac{r_{1a}}{r_{2a}}. \tag{5}$$

Die Dicke der Betonbettung wurde hierin mit d_2 bezeichnet. Die durch diese Belastungen hervorgerufene elastische Zusammenpressung des Betons beträgt

$$\delta_{2e} = \frac{p_{1a}}{E_b} r_{1i} \ln\left(\frac{r_{2a}}{r_{2i}}\right); \tag{6}$$

sie erhält voraussetzungsgemäß ein positives Vorzeichen.

c) Verschiebung des Ausbruchsrandes des Gebirges

Die radiale Verschiebung des Ausbruchsrandes des Gebirges infolge des Druckes $p_{2a} = p_{3i}$ ergibt sich unabhängig von dem dort herrschenden sekundären Spannungszustand in der Form

$$\delta_{3e} = -\frac{m_g + 1}{m_g E_g} r_{3i} p_{3i} = -\frac{m_g + 1}{m_g E_g} r_{2a} p_{2a} = -\frac{m_g + 1}{m_g E_g} r_{1i} p_{1a}, \tag{7}$$

wobei die Beziehung Gl. (14) Anwendung fand.

Damit sind bei den getroffenen Voraussetzungen alle radialen Verschiebungen erfaßt, und es bleibt die Aufgabe, die Bedingungsgleichung aufzustellen, die zur Bestimmung der Entlastungsziffer führt. Dabei muß überdies berücksichtigt werden, daß ein vollkommener Kontakt an den Grenzflächen der Auskleidungsschichten schwer erzielbar ist. Diesem Umstand wird vorläufig in der Weise Rechnung getragen, daß in den beiden Grenzflächen Hohlräume von ringsum gleicher Spaltweite angenommen werden. Der Spalt zwischen Panzerung und Beton wird mit Δ_1 und jener zwischen Bettungsbeton und Gebirge mit Δ_2 bezeichnet. Für beide Größen ist der Zustand bei entleertem Druckschacht maßgebend.

Aus der Abb. 71 folgt die Bilanz der radialen Verschiebungen in der Form

$$-\delta_{1e} - \delta_{2e} = -\delta_{3e} + (\Delta_1 + \Delta_2). \tag{8}$$

Nach Einsetzen der für die Verschiebungen hergeleiteten Werte erhält man

$$\frac{p_{1i} - p_{1a}}{E_e} \frac{r_{1i}^2}{d_1} - \frac{p_{1a}}{E_b} r_{1i} \ln\left(\frac{r_{2a}}{r_{1i}}\right) = \frac{m_g + 1}{m_g E_g} r_{1i} p_{1a} + (\Delta_1 + \Delta_2). \tag{9}$$

Nachdem $\varepsilon = p_{1a} : p_{1i}$ gemäß Gl. (1) gilt, findet man aus dieser Beziehung durch einfache Umformung für die Entlastungsziffer den Ausdruck

$$\varepsilon = \frac{1 - \dfrac{E_e}{p_{1i}} \dfrac{\Delta_1 + \Delta_2}{r_{1i}} \dfrac{d_1}{r_{1i}}}{1 + \dfrac{E_e}{E_b} \dfrac{d_1}{r_{1i}} \ln\left(\dfrac{r_{2a}}{r_{1i}}\right) + \dfrac{E_e}{E_g} \dfrac{m_g + 1}{m_g} \dfrac{d_1}{r_{1i}}}. \tag{10}$$

Weil dieser Ausdruck die Dicke der Panzerung d_1 enthält, eignet er sich zum *Spannungsnachweis*, d. h. zur Berechnung der Entlastungsziffer, bei gegebenem Wert von d_1, aus der dann die Belastung der Panzerung

$$p_{1i} - p_{1a} = p_{1i}\left(1 - \frac{p_{1a}}{p_{1i}}\right) = p_{1i}(1 - \varepsilon) \tag{11}$$

folgt, die mit Hilfe der Membranformel Gl. (2) die Ermittlung der Beanspruchung der Panzerung gestattet.

Wenn auf eine größere Erstreckung des Druckschachtes die Blechdicke konstant gehalten wird, wie dies bei geringen Fallhöhen auf die ganze Schachtlänge oder bei hohen Gefällsstufen im oberen Druckschachtabschnitt die Regel bildet, dann wächst die Anstrengung in der Panzerung mit ansteigendem Innendruck. Die Entlastungsziffer gemäß Gl. (10) läßt sich in der vereinfachten Form

$$\varepsilon = c_1 - \frac{c_2}{p_{1i}} \tag{12}$$

schreiben. Sie setzt sich aus einem konstanten und aus einem mit dem Innendruck p_{1i} veränderlichen Anteil zusammen, wobei die Beiwerte c_1 und c_2 von den elastischen Eigenschaften und den Abmessungen der Auskleidungsschichten abhängig sind. Ihre Werte betragen

$$c_1 = \frac{1}{1 + \dfrac{E_e}{E_b} \dfrac{d_1}{r_{1i}} \ln\left(\dfrac{r_{2a}}{r_{1i}}\right) + \dfrac{E_e}{E_g} \dfrac{m_g + 1}{m_g} \dfrac{d_1}{r_{1i}}}$$

$$c_2 = \frac{E_e \dfrac{\Delta_1 + \Delta_2}{r_{1i}} \dfrac{d_1}{r_{1i}}}{1 + \dfrac{E_e}{E_b} \dfrac{d_1}{r_{1i}} \ln\left(\dfrac{r_{2a}}{r_{1i}}\right) + \dfrac{E_e}{E_g} \dfrac{m_g + 1}{m_g} \dfrac{d_1}{r_{1i}}}. \tag{13}$$

Der mit p_{1i} veränderliche Anteil gemäß Gl. (12) ist lediglich durch den mangelhaften Kontakt der Auskleidungsschichten bedingt. Bei vollkommenem Kontakt ist die Entlastungsziffer

$$\varepsilon = c_1 \tag{14}$$

vom Innendruck p_{1i} unabhängig. Die vorstehenden Überlegungen gelten aber nur unter der Voraussetzung, daß die Spaltweiten Δ_1 und Δ_2 vom Druck p_{1a} und damit von ε unabhängig sind. Die Berücksichtigung einer doch bestehenden Abhängigkeit wird später behandelt werden.

Bei Einführung der zulässigen Zugbeanspruchung des Stahls der Panzerung unter Anwendung von Gl. (10) ergibt sich die Entlastungsziffer in der zweiten Form

$$\varepsilon = \frac{1}{p_{1i}} \frac{\sigma_{e\,\mathrm{zul}} - E_e \dfrac{\Delta_1 + \Delta_2}{r_{1i}}}{\dfrac{E_e}{E_b} \ln\left(\dfrac{r_{2a}}{r_{1i}}\right) + \dfrac{E_e}{E_g} \dfrac{m_g + 1}{m_g}}, \tag{15}$$

die *Bemessungszwecken* dienen kann. Hierzu ist zu bemerken, daß für $\varepsilon = 1$ aus statischen Gründen eine Panzerung des Druckschachtes unterbleiben kann, während für $\varepsilon = 0$ keine Entlastung der Panzerung besteht, weshalb sie für den vollen Innendruck zu bemessen ist.

Allgemein kann die Gl. (15) in folgender Form geschrieben werden

$$\varepsilon = \frac{p_{1a}}{p_{1i}} = \frac{c}{p_{1i}}. \tag{16}$$

Hierin stellt c einen vom Innendruck p_{1i} unabhängigen Beiwert dar, der nur von den elastischen Eigenschaften der Auskleidungsschichten und deren Abmessungen abhängt; er beträgt

$$c = p_{1a} = \frac{\sigma_{e\mathrm{zul}} - E_e \dfrac{\Delta_1 + \Delta_2}{r_{1i}}}{\dfrac{E_e}{E_b} \ln\left(\dfrac{r_{1a}}{t_{1i}}\right) + \dfrac{E_e}{E_g} \dfrac{m_g + 1}{m_g}}. \tag{17}$$

Bei voller Ausnützung der zulässigen Beanspruchung des Stahls $\sigma_{e\mathrm{zul}}$ ist die Entlastungsziffer ε dem Innendruck p_{1i} gemäß Gl. (17) verkehrt proportional. Dies folgt aus dem Zusammenwirken von Panzerung und Bettung. Wenn nämlich im Stahlblech eine bestimmte zulässige Beanspruchung herrschen soll, dann ist die Dehnung konstant und ihr entspricht ein unveränderlicher Außendruck p_{1a} gemäß Gl. (17). *Die Tatsache, daß die Entlastungsziffer mit wachsendem Innendruck abnimmt, wenn die zulässige Beanspruchung der Panzerung eingehalten wird, ist von weittragender Bedeutung.* Es wird später Gelegenheit sein, auf diesen Umstand besonders hinzuweisen.

Am Schlusse dieser Darlegung wird noch der Begriff der Bettungsziffer eingeführt. Darunter versteht man das Verhältnis des betrieblichen Innendruckes p_{1i} zur elastischen Dehnung des Stahls, mit anderen Worten jenen Innendruck, der zu einer bezogenen Dehnung des lichten Halbmessers des Panzerrohres gleich der Einheit führt. Der Ausdruck dafür lautet

$$B = \frac{p_{1i}}{\delta_1} = \frac{p_{1i}}{p_{1i} - p_{1a}} E_e \frac{1}{r_{1i}^2} = \frac{1}{1 - \varepsilon} E_e \frac{1}{r_{1i}^2}. \tag{18}$$

Wenn man mit Hilfe der Gl. (15) die Entlastungsziffer ε für eine gegebene zulässige Beanspruchung der Panzerung ermittelt hat, ist das Ziel der Bemessungsaufgabe, nämlich die Bestimmung der Panzerungsdicke, leicht zu erreichen. Gl. (19) ergibt die Beziehung für die Belastung der Panzerung, nämlich:

$$p_{1i} - p_{1a} = p_{1i} - \varepsilon p_{1i} = (1 - \varepsilon) p_{1i}. \tag{19}$$

Die Membranformel lautet

$$r_{1i}(1 - \varepsilon)\,p_{1i} = d_1 \cdot \sigma_{ezul}, \tag{20}$$

daraus folgt

$$d_1 = \frac{p_{1i}}{\sigma_{ezul}}\,(1 - \varepsilon)\,r_{1i}. \tag{21}$$

Wie sich leicht nachweisen läßt, nimmt die Wanddicke des Panzerrohres linear mit den Innendruck p_{1i} zu. Wenn man in Gl. (21) für ε den Wert gemäß Gl. (16) einsetzt, folgt nämlich

$$d_1 = \frac{p_{1i}}{\sigma_{ezul}}\left(1 - \frac{c}{p_{1i}}\right)r_{1i} = \frac{1}{\sigma_{ezul}}\,(p_{1i} - c)\,r_{1i}, \tag{22}$$

wobei c gemäß Gl. (17) vom Innendruck p_{1i} unabhängig ist.

63. Diskussion der Beziehungen für die Entlastungsziffer

Die Gln. (10) u. (15) und die Bedeutung der darin auftretenden Größen werden an einem Beispiel erläutert. Der lichte Halbmesser der Panzerung sei $r_{1i} = 0,95$ m, die mittlere praktische Dicke der Betonauskleidung $d_2 = 0,40$ m. Die zulässige Beanspruchung des Panzerungsstahls betrage $\sigma_{ezul} = 1000$ kpcm^{-2} und sein Elastizitätsmodul $E_2 = 2100000$ kpcm^{-2}. Der Elastizitätsmodul des Betons wird mit $E_b = 210000$ kpcm^{-2} eingesetzt. Der Elastizitätsmodul des Gebirges, von dessen Größe die Entlastung der Panzerung hauptsächlich abhängt, wird zwischen den Grenzen $E_g = \infty$, $(E_e:E_g = 0)$ und $E_g = 21000$ kpcm^{-2} $(E_e:E_g = 100)$ wechselnd angenommen. Die Poissonsche Zahl des Gebirges, deren Größe nur vom geringem Einfluß auf die Entlastungsziffer ist, betrage $m_g = 6$. Hohlräume sollen weder zwischen Panzerung und Beton noch zwischen Beton und Gebirge vorhanden sein. Diese Annahme liegt zweifellos auf der unsicheren Seite, denn selbst dann, wenn es gelingt, alle Hohlräume durch Zementinjektionen zu verschließen, bleibt doch auf alle Fälle der Hohlraum bestehen, der nach der ersten Vollbelastung infolge der plastischen Verformung des Betons und insbesondere jener des Gebirges auftritt. Dieser Hinweis möge vorläufig genügen. Über den Einfluß von Hohlräumen und allen übrigen, die Entlastung der Panzerung herabmindernden Umstände wird in gesonderten Abschnitten zu berichten sein (Abschnitte 64 und 65).

Der hydrodynamische Innendruck p_{1i} bewege sich zwischen 10 und 60 kpcm^{-2}.

Das Ergebnis der Berechnung ist in der Abb. 72 dargestellt. In diesem Diagramm ist auf der Abszissenachse das Verhältnis der Elastizitätsmoduli des Stahles E_e und des Gebirges E_g nämlich $n_e = E_e:E_g$ aufgetragen, von dem die Entlastungsziffer in erster Linie abhängt. Das Verhältnis der Elastizitätsmoduli von Stahl und Beton ist entsprechend den getroffenen Voraussetzungen konstant und beträgt $E_e:E_b = 2100000:210000 = 10$. Als Ordinaten finden sich in der Abb. 68 die Entlastungsziffern ε zwischen den Grenzen 0 und 1,00 schwankend. $\varepsilon = 0$ bedeutet, daß keine Entlastung besteht, daß also die Panzerung wie ein freiverlegtes Rohr berechnet werden muß, während $\varepsilon = 1,00$ dem Idealfall der vollkommenen Entlastung entspricht.

Die Entlastungsziffern wurden für verschiedene Werte des Innendruckes p_{1i} berechnet, die also jeweils den Parameter der einzelnen ε-Kurven darstellen. Verfolgt man die Kurve der ε-Werte, die beispielsweise für den Innendruck $p_{1i} = 50$ kpcm^{-2} gilt, so zeigt sich, daß bei einem Verhältnis der Elastizitätsmoduli von etwa $E_e : E_g = 14$, entsprechend $E_g = 150\,000$ kpcm^{-2}, die Entlastungsziffer den Wert $\varepsilon = 1{,}00$ annimmt. Diese Grenze bedeutet, daß nur bei kleinerem

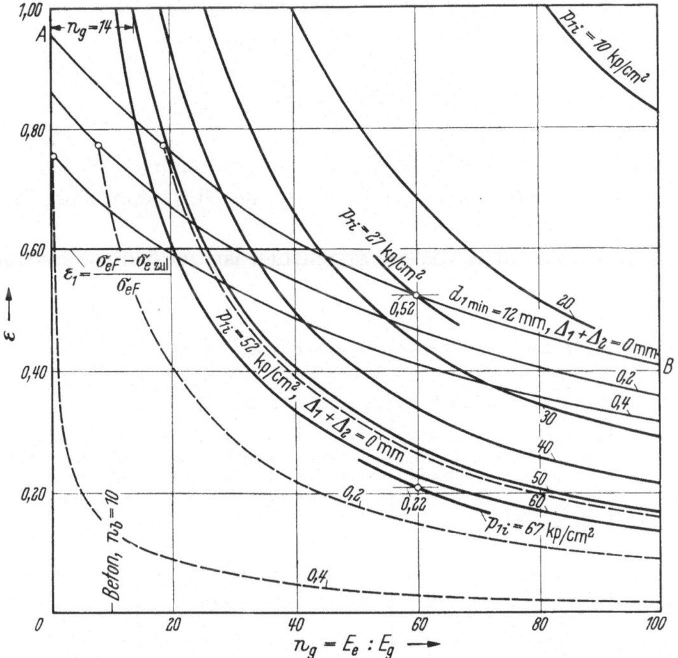

Abb. 72. Entlastungsziffer ε eines gepanzerten Druckschachtes in Abhängigkeit vom Elastizitätsmodul E_g des Gebirges und vom Innendruck p_{1i}.

Elastizitätsmodul des Gebirges E_g aus statischen Gründen eine Panzerung des Druckschachtes nötig wäre; bei einem größeren Wert von E_g könnte sie unterbleiben. Die aus Gründen der Wasserdichtheit des Schachtes meist trotzdem notwendige Panzerung muß aber eine Mindestdicke erhalten, die für das Beispiel mit $d_1 = 12$ mm gewählt wurde. Diese Mindestdicke scheint groß zu sein. Bei ihrer Wahl ist es aber nicht ratsam, bis an die für freiliegende Druckrohrleitungen mögliche Grenze zu gehen, wofür verschiedene Gründe sprechen. Bei größerer Wanddicke der Panzerung wird die Beulgefahr durch einen allfälligen Außendruck des Bergwassers bei betriebsmäßiger Entleerung des Schachtes beträchtlich herabgemindert, weil die Sicherheit gegen einen derartigen Schaden mit der Wanddicke stark wächst. Außerdem ist es eine Erfahrungstatsache, daß die Zementeinpressungen zwischen Panzerung und Beton bei geringer Blechdicke nicht leicht in einwandfreier Form auszuführen sind, weil sich das Blechrohr unter der Wirkung des Einpreßdruckes immer wieder von der Bettung ablöst und schwierig in einer endgültigen Lage satt am Beton anliegend zu stabilisieren ist.

Ermittelt man die ε-Werte für eine Dicke der Panzerung von $d_1 = 12$ mm aus der Gl. (10), so ergibt sich die flachere Kurve $A-B$ für die sich die zulässige Beanspruchung des Stahls nicht ausnützen läßt, solange nicht gemäß Gl. (15) eine Panzerungsdicke von $d_1 = 12$ mm notwendig ist.

Bei mangelhafter Kenntnis der Festigkeitseigenschaften des Gebirges — und dies ist bedauerlicherweise oft der Fall — wird die Bedingung gestellt, daß die Beanspruchung der freiliegend gedachten Panzerung bei vollem hydrodynamischen Innendruck σ_e nicht größer sein soll, als der Mindestwert der Streckgrenze des Stahls σ_{eF}. Diese Bedingung läßt sich wie folgt ausdrücken

$$\varepsilon_1 < \frac{\sigma_{eF} - \sigma_{ezul}}{\sigma_{eF}}. \tag{23}$$

Wenn man $\sigma_{eF} = 2500$ kpcm^{-2} annimmt, ergibt sich $\varepsilon_1 = 0{,}60$; die Entlastungsziffer hat also einen konstanten Wert, der im Diagramm Abb. 72 durch eine waagrechte Gerade dargestellt wird.

Wie aus der nachfolgenden Tabelle ersichtlich ist, wird diese Bedingung aber nicht immer eingehalten.

Tabelle 14. *Ausführungsdaten neuester schweizerischer Druckschachtpanzerungen* (nach Angaben der Gebrüder Sulzer AG Winterthur [20a])

Kraftwerk	Bemessungs-druck p_1 (kpcm^{-2})	Innen-durch-messer $2r_i$ (cm)	Blech-dicke d (mm)	Blechwerkstoff und Mindest-streckgrenze σ_{eF} (kpcm^{-2})	Ring-spannung der freiliegenden Panzerung $\bar{\sigma}_e$ (kpcm^{-2})	Verhältnis $\bar{\sigma}_e : \sigma_{eF}$
Cavergno (Maggia-Kraftwerke AG Locarno)	57,5	220	30	COLTUF 28 2600	2180	0,84
Zervreila (Kraft-werke Zervreila AG, Vals)	73,7	210	24	UNION 36 3600	3370	0,94
Verbano (Maggia-Kraftwerke AG)	31,0	285	18	ALDUR 41 2600	2600	1,00
Lienne (Walliser-Alpen)	93,7	160	23	COLTUF 32 3300	3400	1,03
Peccia (Maggia-Kraftwerke AG)	47,1	180	15	COLTUF 28 2600	3020	1,16
Fionnay (Grande Dixence S. A. Sion)	93,5	280	33	ALDUR 50 3400	4090	1,20

Die Ringspannung des freiliegend gedachten Panzerungsrohres wurde wie folgt ermittelt:

$$\bar{\sigma}_e = (p_i \cdot r_i) : (d - 0{,}1) = (57{,}5 \cdot 110) : 2{,}9 = 2180 \text{ kpcm}^{-2},$$

wobei ein Rostzuschlag von 1 mm von der Blechdicke in Abzug gebracht wurde.

Die Zahlen der Tab. 14 vermögen nur ein allgemeines Bild zu geben; um ihre Tragweite zu erkennen, müßten Angaben über die Beschaffenheit des Gebirges und seine mechanischen Eigenschaften vorliegen.

64. Abminderung der Entlastung mit der Betriebsaufnahme des Kraftwerkes

Die Entlastung der Panzerung ist von gutem Kontakt der Auskleidungsschichten abhängig. Hohlräume zwischen den Auskleidungsschichten bewirken eine Verminderung der Entlastung. Hierbei handelt es sich nicht um die größeren Hohlräume, die der Zugänglichmachung oder der Entwässerung dienen, auch nicht um größere Hohlräume zwischen Panzerung und Beton einerseits und zwischen Beton und Gebirge andererseits, die durch Zementinjektionen geschlossen werden können. Diese größeren Hohlräume und ihre Bedeutung werden in einem Abschnitt betreffend die Nebenwirkung in der Beanspruchung von Druckschachtauskleidungen besprochen werden (Abschnitt 68). Es handelt sich hier vielmehr um jene kleinen, auch bei guter Ausführung nicht vermeidbaren Hohlräume, die von der Größenordnung der elastischen Formänderungen sind und eine Herabminderung der entlastenden Wirkung des Gebirges zur Folge haben. Derartige Hohlraumspalten wurden, als ringsum gleich weit angenommen, in den theoretischen Grundlagen Gl. (10) und Gl. (15) mit Δ_1 und Δ_2 bezeichnet, wobei Δ_1 im allgemeinen von den bleibenden Formänderungen des Betons und Δ_2 von jenen des Gebirges herrühren soll. Im Laufe der Zeit werden sich beide Anteile zwischen Panzerung und Bettungsbeton konzentrieren.

Um den Einfluß von Hohlraumspalten auf die Entlastung zu zeigen, wird für das behandelte Beispiel bei einem Innendruck $p_{1i} = 52\ \mathrm{kpcm^{-2}}$ die Summe der beiden Spaltweiten in der Größe $\Delta = \Delta_1 + \Delta_2 = 0{,}2$ und $0{,}4$ mm angenommen, also innerhalb sehr enger Grenzen. Die ε-Werte erfahren dann, wie aus der Abb. 72 ersichtlich ist, eine starke Herabminderung. Dies ist ein Hinweis darauf, daß an die bauliche Ausführung von Druckschächten sehr hohe Anforderungen gestellt werden müssen und daß einem möglichst hohlraumfreien Kontakt der Auskleidungsschichten größtes Augenmerk zuzuwenden ist.

Die auf die Minderung der Entlastung hinwirkenden Einflüsse, soweit sie mit der Inbetriebnahme des Druckschachtes als abgeschlossen gelten können, sind nachfolgend angeführt:

a) Temperaturwirkungen

Die Wärmeentwicklung des Betons beim Abbinden hat zur Folge, daß sich die Panzerung dehnt, solange der weiche Beton dies zuläßt. Nach erfolgter Anfangserhärtung löst sich dann die Panzerung bei ihrer Abkühlung von der Bettung ab. Dieser Vorgang kann häufig beobachtet werden und bildet auch einen Grund dafür, daß die Haftung zwischen Panzerung und Beton gering ist. Temperaturänderungen des Betons bei der Erhärtung des Zements sind bei der geringen Dicke des Betonringes im Zeitpunkt der Ausführung der Injektionsarbeiten im großen und ganzen abgeklungen. Die durch diese Wärmewirkung entstandenen Hohlräume brauchen daher nicht berücksichtigt zu werden, weil sie durch Injektionen geschlossen werden können. Hingegen ist die Abkühlung durch das Betriebswasser im Winter in Betracht zu ziehen. Beträgt das Temperaturgefälle $\Delta t°$ und der Wärmedehnungskoeffizient des Stahls $1 \cdot 10^{-5}$, so ergibt sich infolge der Abkühlung ein Spalt von der Weite

$$\Delta_{1t} = 10^{-5}\,\Delta t°\,r_{1i}. \tag{24}$$

Die Schachtauskleidung wird im Laufe der Zeit, die von der Herstellung bis zur Betriebsaufnahme vergeht, eine Temperatur annehmen, die von der mittleren Jahrestemperatur nicht weit entfernt ist; sie liegt für europäische Verhältnisse bei 8°. Das Betriebswasser hat gewöhnlich im Winter einige Grade über dem Nullpunkt. Es kommt daher eine Abkühlung der Panzerung um etwa 5° in Betracht. Diese Abkühlung wird sich zwar bald auch auf den Bettungsbeton übertragen. Es wird aber dennoch infolge der Abkühlung zu einer Ablösung der Panzerung vom Beton kommen, sofern diese nicht schon früher erfolgt ist. Ein nennenswertes Ausmaß wird aber der Hohlraumspalt infolge der Temperaturwirkung jedoch nicht annehmen.

b) Das Schwinden des Betons

Das Schwinden des Betons ist eine Raumverminderung bei der Austrocknung, wobei infolge Verdunstung des Wassergehaltes eine Schrumpfung der die Zementkörner umhüllenden Gelmasse eintritt. Das Schwindmaß ist daher vom Grad der Austrocknung und damit von den Bedingungen abhängig, die durch Feuchtigkeit, Temperatur und den Luftwechsel in der Umgebung des Betons gegeben sind. Es wäre zu erwarten, daß in Stollen und Schächten kaum mit dem Schwinden des Betons zu rechnen ist, weil immer Luftfeuchtigkeit und Bergwasser vorhanden sind. Dies ist aber nicht der Fall. Der Beton schwindet trotzdem, und es ist daher ein gewisses Schwindmaß in Berücksichtigung zu ziehen.

Der Beton schwindet nach allen Richtungen annähernd gleich. Bei der Betonbettung eines Druckschachtes braucht aber nur das Schwinden in radialer Richtung berücksichtigt werden, weil unter der Wirkung des tangentialen Schwindens radiale Risse entstehen werden, wie dies auch in der Gl. (5) berücksichtigt wurde.

c) Plastische Verformung des Betons

Es sind Gründe dafür vorhanden, in dem in Betracht kommenden Beanspruchungsbereich die plastische Verformung des Betons verhältnisgleich der elastischen zu setzen; die Verhältniszahl erhält die Bezeichnung β_b, womit für die plastische Zusammendrückung des Betons gem. Gl. (29) der Ausdruck

$$\delta_{2p} = \beta_b \frac{p_{1a}}{E_b} r_{1i} \ln\left(\frac{r_{2a}}{r_{1i}}\right)$$

gewonnen wird.

d) Die bleibenden Formänderungen des Gebirges

Die bleibenden Formänderungen des Gebirges werden im Gegensatz zu jenen des Betons häufig eine bemerkenswerte Rolle spielen. Ihnen kommt von allen Faktoren, die eine Herabminderung der Entlastung herbeizuführen trachten, die größte Bedeutung zu. Eine starke, bleibende Nachgiebigkeit des Gebirges vermag die Entlastung zur Gänze auszuschalten. Über die Größe der bleibenden Verformung läßt sich allgemein nichts aussagen. Sie muß in jedem Einzelfall durch Versuche festgestellt werden. Solchen Versuchen ist aber bisher nicht die nötige Aufmerksamkeit gewidmet worden. Daraus mag man erkennen, daß man beim Bau von Druckschächten größerer Abmessungen oft ein bedeutendes Risiko auf sich genommen hat und daß auf diesem Gebiet noch viel zu verbessern ist. Diese Unsicherheit bei der Herstellung von Druckschächten wird nur dadurch gemildert, daß im Gebirge die Strecken mit größerer, bleibender Verformungsfähigkeit dem erfahrenen Ingenieur erkennbar sind und daß bei entsprechender Sorgfalt eine annähernd richtige Beurteilung der Gebirgsverhältnisse gelingen wird. Mit diesen Hinweisen soll aber keineswegs jener Anschauung das Wort geredet werden, die sich bei der Beurteilung der gestellten Frage bloß auf die Erfahrung stützen will und theoretische Erwägungen ablehnt, weil die Grundlagen für letztere nicht gegeben sind oder nicht zur Verfügung stehen. Im Gegenteil, gerade dieser Umstand sollte dafür bestimmend sein, die Voraussetzungen für eine einwandfreie Berechnung zu schaffen und das elastische und plastische Verhalten des Gebirges im Versuchswege zu klären. Es war notwendig, bei der Behandlung der bleibenden Verformung des Gebirges diese grundsätzlichen Bemerkungen einzuschalten, weil Schäden aus diesem Grunde leider immer wieder vorkommen.

Über die Ursachen der bleibenden Verformungsfähigkeit des Gebirges ist ausführlich gesprochen worden. Sie sind z. T. in der natürlichen Beschaffenheit des Gebirges zu suchen, werden aber auch häufig durch seine Schädigung infolge der Sprengarbeiten bedingt. Schließlich muß noch auf jene Ursachen hingewiesen werden, die in der Gestaltung der Auskleidung ihren Grund haben, worüber im Abschnitt 68 über Nebenwirkungen in der Beanspruchung von Druckschachtauskleidungen gesprochen werden wird.

Ähnlich wie beim Beton ist es auch beim Gebirge angezeigt, die plastische Verformung der elastischen verhältnisgleich zu setzen.

$$\delta_{3p} = - \beta_g \frac{m_g + 1}{m_g\, E_g}\, r_{1i} p_{1a}. \tag{25}$$

Damit ergeben sich für die Entlastungsziffer aus Gln. (10) und (15) die beiden folgenden Formeln:

$$\varepsilon_1 = \frac{1 - \dfrac{E_e}{p_{1i}} 10^{-5} \varDelta t^\circ \dfrac{d_1}{r_{1i}}}{1 + (1 + \beta_b) \dfrac{E_e}{E_b} \ln\left(\dfrac{r_{1a}}{r_{1i}}\right)\dfrac{d_1}{r_{1i}} + (1 + \beta_g)\dfrac{E_e}{E_g}\dfrac{m_g + 1}{m_g}\dfrac{d_1}{r_{1i}}}, \tag{26a}$$

$$\varepsilon_1 = \frac{1}{p_{1i}} \frac{\sigma_{ezul} - E_e \cdot 10^{-5} \cdot \varDelta t^\circ}{(1 + \beta_b) \dfrac{E_e}{E_b} \ln\left(\dfrac{r_{2a}}{r_{1i}}\right) + (1 + \beta_g)\dfrac{E_e}{E_g}\dfrac{m_g + 1}{m_g}}. \tag{26b}$$

65. Einflüsse, die nach der Betriebsaufnahme im Laufe der Zeit eine Herabminderung der Entlastung bewirken

Vorweg verdient die Tatsache festgehalten zu werden, daß es sich bei der Bildung der in Frage stehenden Hohlräume außer den plastischen Verformungen des Gebirges gewöhnlich nur um jene Wirkungen oder ihre Anteile handelt, die *nach* erfolgter Zementeinpressung auftreten, denn durch diese Maßnahme gelingt es, bei sorgfältiger Ausführung einen fast vollkommenen Kontakt herzustellen. Ein guter Erfolg ist bei den gewöhnlichen lichten Durchmessern der Druckschächte besonders für mittlere Blechdicken von 12—30 mm zu erzielen. Bei sehr dünnen oder sehr dicken Blechen ist die Verschließung des Hohlraumes schwieriger zu erreichen, und zwar, wie bereits erwähnt, bei dünneren Blechen wegen der leichten Verformbarkeit und bei dickeren Blechen wegen der geringen Nachgiebigkeit der Panzerung.

Um dies zu zeigen, wird der Verlauf und das Ergebnis der Injektionsarbeiten an 3 Abschnitten des Druckschachtes des Achensee-Kraftwerkes, Tirol, erbaut 1924—1927, wiedergegeben. In Abb. 73 ist die abgewickelte Mantelfläche dieser Panzerungsabschnitte dargestellt, wovon der im Bild obere eine Blechdicke von 34 mm, der mittlere von 19 mm und der untere von 12 mm aufweist. Die Jnjektionsarbeiten wurden in mehreren Arbeitsgängen ausgeführt. Vorher und nach jedem Arbeitsgang wurden die Hohlstellen durch Abklopfen festgestellt und angezeichnet. Dies war notwendig, um die Injektionslöcher richtig anordnen zu können. In Abb. 73 sind die einzelnen Phasen durch verschiedene Schraffur gekennzeichnet. Die schwarzen Flecken ganz geringen Umfanges zeigen jene Bereiche, die nach Beendigung der Arbeit hohlklingend blieben. Der erzielte Kontakt kann als nahezu vollkommen bezeichnet werden.

Aus der Abb. 73 ist ferner zu ersehen, daß bei der mittleren Blechdicke von 19 mm die Verpressung der vorhandenen Hohlräume praktisch in einem einzigen Arbeitsgang gelang, während dies bei den kleineren und sehr großen Blechdicken nur mit viel größerem Aufwand erzielt werden konnte, u. zw. im ersteren Fall wegen der Nachgiebigkeit des Bleches und im zweiten wegen seiner Steifigkeit.

Von den Einflüssen, die auf eine Herabminderung der Entlastung der Druckschachtpanzerung hinwirken, ist eine Gruppe von der Zeit unabhängig und kann daher unmittelbar in Gln. (10) und (15) für Δ_1 und Δ_2 eingesetzt werden. Es sind dies die Temperatureinflüsse sowie die bleibenden Formänderungen des Betons und des Gebirges, weil sie im wesentlichen bei der ersten Belastung auftreten. Hingegen sind das Kriechen und Schwinden des Betons und das Kriechen des Gebirges zeitabhängig. Die letzteren Einflüsse erfordern daher eine besondere Behandlung, die auf Grund der heute gültigen Grundsätze durchgeführt werden soll. Hierbei ist noch zu beachten, daß das Schwinden des Betons sofort nach seiner Herstellung beginnt und daß daher die Auswirkung des Schwindens ebenso wie die der zeitunabhängigen Einflüsse durch die Injektionsarbeiten zum großen Teil unschädlich gemacht, zumindest aber abgeschwächt sein werden, so daß also im Zeitpunkt der Inbetriebnahme des Druckschachtes nur das zeitabhängige Kriechen des Betons und des Gebirges verbleibt. Beide Vorgänge sind von der Beanspruchung der jeweiligen Auskleidungsschichte abhängig. Als Ausgangspunkt wird daher ein Spannungszustand betrachtet, wie er sich aus Gl. (10) für den Spannungsnachweis ergibt.

Die für die Beanspruchung der Panzerung maßgebende Kontaktpressung p_{1a} ist also bei den bisherigen Überlegungen zeitunabhängig gewesen. Bei den folgenden Untersuchungen wird sie veränderlich. Trotzdem soll dafür die Bezeichnung p_{1a} beibehalten werden. Die im Zeitpunkt $t = 0$ herrschende Kontaktpressung soll hingegen mit p_{1a0} und ihr Endwert zur Zeit $t = \infty$ mit $p_{1a\infty}$ bezeichnet werden.

Zur Erzielung einer vollständigen Lösung der Aufgabe soll auch das Schwinden des Bettungsbetons berücksichtigt werden.

Die Absolutwerte der Verschiebungsgrößen werden nachfolgend berechnet.

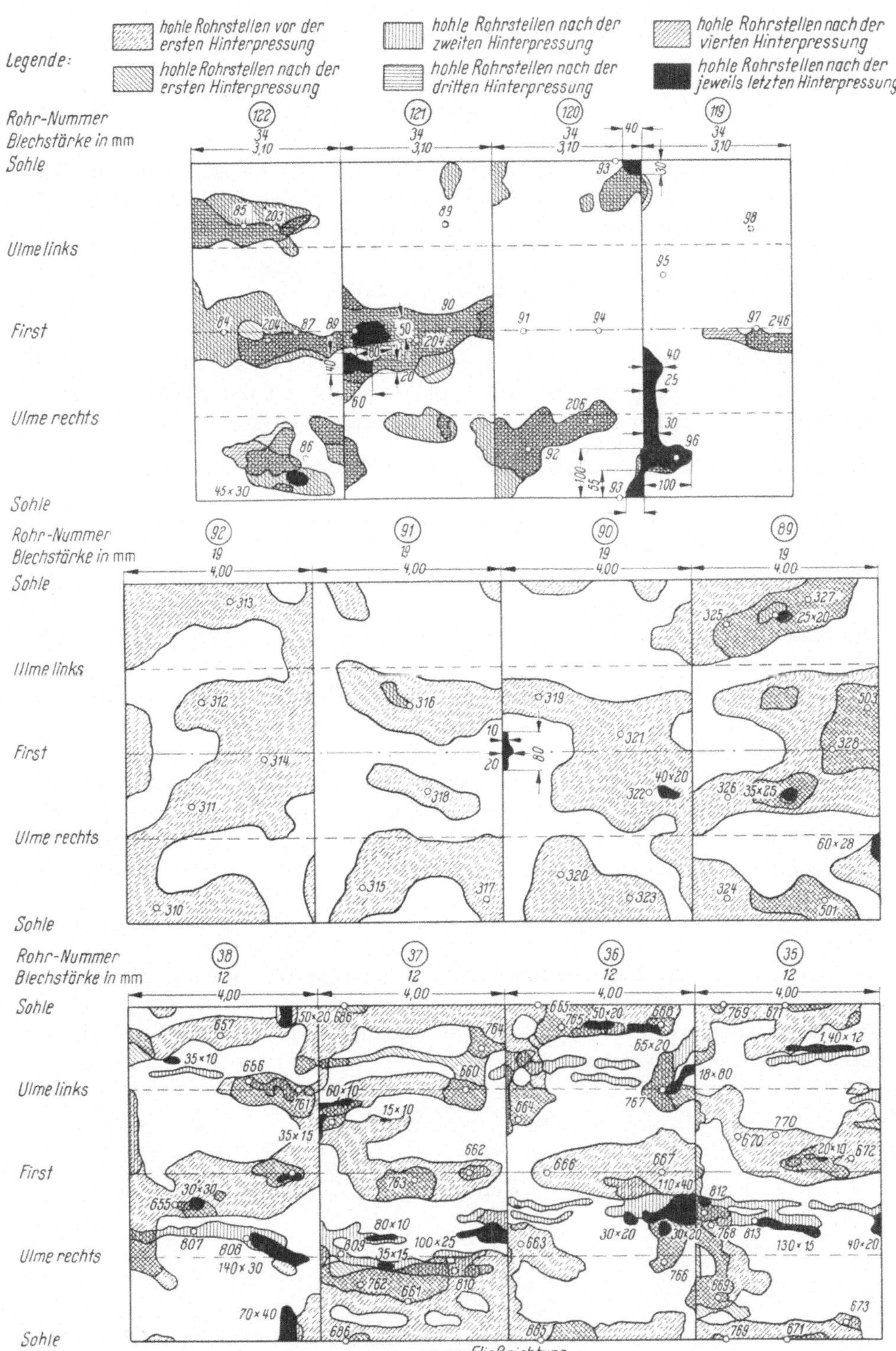

Abb. 73. Wirkungsweise der Zementeinpressungen zwischen Panzerung und Bettungsbeton eines Druckschachtes bei verschiedenen Rohrwanddicken (aus dem Archiv der Bauunternehmung Innerebner & Mayer, Innsbruck).

Die durch das Schwinden des Betons hervorgerufene Verkleinerung der Dicke d_2 des Bettungsbetons ist

$$\delta_{2s} = \frac{\varepsilon_s}{\varphi_\infty} d_2 \, d\varphi. \tag{27}$$

Das Kriechen des Betons im Zeitintervall dt ist verhältnisgleich der im Zeitpunkt t herrschenden elastischen Spannung, wobei als Proportionalitätsfaktor die Kriechzahl φ zu setzen ist. Die Kriechverschiebung beträgt daher

$$\delta_{2k} = \frac{p_{1a}}{E_b} r_{1i} \ln\left(\frac{r_{2a}}{r_{1i}}\right) d\varphi; \tag{28}$$

sie ist aus der elastischen Verformung des durch radiale Risse geteilten Bettungsbetons ebensowie Gl. (6) hergeleitet. Hand in Hand mit der Kriechverkürzung geht eine elastische Erholung des Betons, die unter der Wirkung des Spannungsabfalles $d(p_{1a0} - p_{1a})$ erfolgt. Sie beträgt

$$\delta_{2e} = \frac{1}{E_b} r_{1i} \ln\left(\frac{r_{1a}}{r_{1i}}\right) d(p_{1a0} - p_{1a}). \tag{29}$$

Die Kriechverformung des Gebirges wird wie beim Beton der elastischen Verformung verhältnisgleich angenommen, d. h., die Kriechverformung in einem Zeitintervall dt soll der im Zeitpunkt t, also unter der Belastung $p_{1a} = p_{2i}$ eingetretenen elastischen Verformung verhältnisgleich sein, wobei die Verhältniszahl $d\psi$ ist. ψ bedeutet die Kriechzahl des Gebirges, die ebenso wie die Kriechzahl des Betons von der Zeit abhängig ist. Nachdem es während der Herstellung eines Druckschachtes kaum möglich sein dürfte, sich Anhaltspunkte über die Kriechzahl des Gebirges zu verschaffen, muß ein Weg eingeschlagen werden, der wenigstens eine Abschätzung ihres Wertes erlaubt und ihren Einfluß erkennen läßt. Dazu ist es zweckmäßig, die Kriechzahl des Gebirges zu jener des Betons φ in Relation zu setzen durch die Beziehung

$$\psi = \varkappa \varphi. \tag{30}$$

Dann kann man die Berechnungen für verschiedene Werte $\varkappa$ durchführen und daraus deren Einfluß erkennen.

Die radiale elastische Verformung des Gebirgsrandes unter der Einwirkung des Betriebsdruckes p_{1a} ist gemäß Gl. (7)

$$u_{3e} = \frac{m_g + 1}{m_g E_g} r_{1i} p_{1a}. \tag{31}$$

Infolge des Kriechens erfährt der Gebirgsrand im Zeitintervall dt eine Kriechverschiebung von der Größe

$$\delta_{3k} = \frac{m_g + 1}{m_g E_g} r_{1i} p_{1a} \varkappa \, d\varphi. \tag{32}$$

Bei dieser Verschiebung findet eine Abnahme der Kontaktpressung um den Betrag $d(p_{1a0} - p_{1a})$ statt, die wieder zu einer elastischen Erholung des Gebirges führt.

Letztere ergibt sich für den Ausbruchsrand in der Form:

$$\delta_{3e} = \frac{m_g + 1}{m_g E_g}\, r_{1i}\, d(p_{1a0} - p_{1a}).$$ (33)

Die Panzerung folgt unter der Wirkung des Innendruckes dieser Verformung des Gebirges. Die Vergrößerung der Belastung beträgt $d(p_{1a0} - p_{1a})$. Bei der Berechnung der Verschiebung der Panzerung ist zu berücksichtigen, daß aus der Radialbelastung $d(p_{1a0} - p_{1a})$ zunächst die Tangentialspannung in der Panzerung zu ermitteln ist, die sich aus der Membrangleichung

zu
$$d(p_{1a0} - p_{1a})\, r_{1i} = \sigma_{1t} d_1$$ (34)

$$\sigma_{1t} = d(p_{1a0} - p_{1a})\frac{r_{1i}}{d_1}$$ (35)

ergibt. Die bezogene Umfangsdehnung der Panzerung ist daraus

$$\frac{\sigma_{1t}}{E_e} = \frac{1}{E_e}\, d(p_{1a0} - p_{1a})\frac{r_{1i}}{d_1};$$ (36)

sie ist gleichzeitig auch die bezogene Radialdehnung des Panzerrohres und die Vergrößerung des Radius der Panzerung folgt daher zu

$$\delta_{1e} = \frac{1}{E_e}\, \frac{r_{1i}^2}{d_1}\, d(p_{1a0} - p_{1a}).$$ (37)

Damit sind alle Verschiebungsgrößen im Zeitintervall dt ermittelt, und es besteht die Aufgabe, die Bilanzgleichung aufzustellen; sie lautet (Abb. 71)

$$\delta_{1k} - \delta_{2e} + \delta_{2s} + \delta_{3k} - \delta_{3e} = \delta_{1e}.$$ (38)

Führt man die gefundenen Werte gemäß Gln. (29), (30), (31), (34) und (35) in Gl. (38) ein, so erhält man die Rohform der Differentialgleichung für die Kontaktspannung p_{1a}

$$\frac{p_{1a}}{E_b}\, r_{1i} \ln\!\left(\frac{r_{1a}}{r_{1i}}\right) d\varphi - \frac{1}{E_b}\, r_{1i} \ln\!\left(\frac{r_{2a}}{r_{1i}}\right) d(p_{1a0} - p_{1a}) +$$

$$+ \frac{\varepsilon_s}{\varphi_\infty}\, d_2 d\varphi + \frac{m_g + 1}{m_g E_g}\, r_{1i}\, p_{1a}\, \varkappa\, d\varphi - \frac{m_g + 1}{m_g E_g}\, r_{1i}\, d(p_{1a0} - p_{1a})$$

$$= \frac{1}{E_e}\, \frac{r_{1i}^2}{d_1}\, d(p_{1a0} - p_{1a}).$$ (39)

Nach einfacher Umformung und nach Einführung der Hilfsgröße

$$Q_2 = \frac{m_g + 1}{m_g}\, \frac{E_b}{E_g}$$ (40)

folgt

$$p_{1a} \ln\!\left(\frac{r_{2a}}{r_{1i}}\right) d\varphi - \ln\!\left(\frac{r_{2a}}{r_{1i}}\right) d(p_{1a0} - p_{1a}) +$$

$$+ E_b \frac{\varepsilon_s}{\varphi_\infty}\, \frac{d_2}{r_{1i}}\, d\varphi + Q_2\, p_{1a}\, \varkappa\, d\varphi - Q_2\, d(p_{1a0} - p_{1a})$$

$$= \frac{E_b}{E_e}\, \frac{r_{1i}}{d_1}\, d(p_{1a0} - p_{1a}).$$ (41)

Wenn man nun $d(p_{1a0} - p_{1a}) = - d\,p_{1a}$ setzt, gewinnt die Differentialgleichung nach Trennung der Veränderlichen p_{1a} und φ die Form

$$\frac{d\,p_{1a}}{p_{1a}\left[\ln\left(\dfrac{r_{2a}}{r_{1i}}\right) + \varkappa\,Q_2\right] + E_b\dfrac{\varepsilon_s}{\varphi_\infty}\dfrac{d_2}{r_{1i}}} = -\frac{d\varphi}{\dfrac{E_b}{E_e}\dfrac{r_{1i}}{d_1} + \ln\left(\dfrac{r_{2a}}{r_{1i}}\right) + Q_2}. \tag{42}$$

Bezeichnet man den Nenner auf der linken Seite mit N, so ist

$$d\,N = \left[\ln\left(\frac{r_{2a}}{r_{1i}}\right) + \varkappa\,Q_2\right] d\,p_{1a},$$

$$d\,p_{1a} = \frac{d\,N}{\ln\left(\dfrac{r_{2a}}{r_{1i}}\right) + \varkappa\,Q_2} \tag{43}$$

und die Differentialgleichung lautet

$$\frac{d\,N}{N\left[\ln\left(\dfrac{r_{2a}}{r_{1i}}\right) + \varkappa\,Q_2\right]} = -\frac{d\varphi}{\dfrac{E_b}{E_e}\dfrac{r_{1i}}{d_1} + \ln\left(\dfrac{r_{2a}}{r_{1i}}\right) + Q_2}. \tag{44}$$

Ihre Integration liefert die Beziehung

$$\frac{1}{\ln\left(\dfrac{r_{2a}}{r_{1i}}\right) + \varkappa\,Q_2}\ln N = -\frac{\varphi}{\dfrac{E_b}{E_e}\dfrac{r_{1i}}{d_1} + \ln\left(\dfrac{r_{2a}}{r_{1i}}\right) + Q_2} + C. \tag{45}$$

Die Integrationskonstante C läßt sich aus der Bedingung

$$t = 0, \quad \varphi = 0 \quad p_{1a} = p_{1a0}$$

$$N_0 = p_{1a0}\left[\ln\left(\frac{r_{2a}}{r_{1i}}\right) + \varkappa Q_2\right] + E_b\frac{\varepsilon_s}{\varphi_\infty}\frac{d_2}{r_{1i}} \tag{46}$$

ermitteln; ihr Wert ist

$$C = \frac{1}{\ln\left(\dfrac{r_{2a}}{r_{1i}}\right) + \varkappa\,Q_2}\ln N_0; \tag{47}$$

daraus folgt

$$\ln\frac{N}{N_0} = -\frac{\ln\left(\dfrac{r_{2a}}{r_{1i}}\right) + \varkappa\,Q_2}{\dfrac{E_b}{E_e}\dfrac{r_{1i}}{d_1} + \ln\left(\dfrac{r_{2a}}{r_{1i}}\right) + Q_2}\,\varphi \tag{48}$$

und

$$N = N_0 \cdot e^{-\dfrac{\ln\left(\frac{r_{2a}}{r_{1i}}\right) + \varkappa Q_2}{\ln\left(\frac{r_{2a}}{r_{1i}}\right) + Q_2 + \frac{E_b}{E_e}\frac{r_{1i}}{d_1}}\varphi}. \tag{49}$$

Führt man schließlich für N und N_0 die Werte gemäß Gl. (42) und Gl. (46) ein, so ergibt sich für die Kontaktpressung am Ende der Kriech- und Schwindvorgänge

$$p_{1a\infty} = \left[p_{1a0} + \frac{E_b}{\ln\left(\frac{r_{2a}}{r_{1i}}\right) + \varkappa Q_2} \frac{\varepsilon_s}{\varphi_\infty} \frac{d_2}{r_{1i}} \right] e^{-\frac{\ln\left(\frac{r_{2a}}{r_{1i}}\right) + \varkappa Q_2}{\ln\left(\frac{r_{2a}}{r_{1i}}\right) + Q_2 + \frac{E_b}{E_e}\frac{r_{1i}}{d_1}} \varphi_\infty} -$$

$$- \frac{E_b}{\ln\left(\frac{r_{2a}}{r_{1i}}\right) + \varkappa Q_2} \frac{\varepsilon_s}{\varphi_\infty} \frac{d_2}{r_{1i}}. \tag{50}$$

Aus ihr folgt die Entlastungsziffer

$$\varepsilon_\infty = \frac{p_{1a\infty}}{p_{1i}}. \tag{51}$$

In Gl. (50) ist für p_{1a0} jene Kontaktpressung einzusetzen, die sich aus den zeitunabhängigen Verschiebungsgrößen ergibt.

66. Bemessung eines Druckschachtes

Das Bemessungsverfahren soll nachfolgend an einem Beispiel erörtert werden. Dabei wird ein Druckschacht angenommen, der zwischen der oberen und unteren Flachstrecke gemessen, eine Fallhöhe von 600 m überwindet und eine Neigung von 45° besitzt. Der lichte Durchmesser wird von 2200 mm im oberen Bereich nach unten hin auf 1600 mm abnehmend gewählt. Die Abstufungen des Durchmessers sind aus der Abb. 74 ersichtlich. Im oberen Teil des Druckschachtes wird für die Dicke des Panzerungsbleches ein Mindestmaß von $d_1 = 12$ mm gewählt. Die praktische Dicke der Betonbettung wird für die ganze Druckschachtlänge konstant mit $d_2 = 35$ cm angenommen.

In der oberen Flachstrecke soll ein hydrostatischer Druck von 5 kpcm^{-2} herrschen, der entsprechend der Fallhöhe in der unteren Flachstrecke auf 65 kpcm^{-2} anwächst. Zu diesem hydrostatischen Druck wird für betriebsmäßige Drucksteigerungen, die durch die Wasserschloßschwingung und Druckstöße hervorgerufen werden, ein Zuschlag von 10% angenommen, so daß der hydrodynamische Druck p_{1i} in der oberen Flachstrecke 5,5 kpcm^{-2} und in der unteren 71,5 kpcm^{-2} beträgt.

Die Voraussetzungen für die Berechnung sind weiterhin: Der Elastizitätsmodul des Stahls sei $E_e = 2\,100\,000$ kpcm^{-2} und die für ihn angenommene zulässige Beanspruchung $\sigma_{ezul} = 1\,200$ kpcm^{-2}. Der Elastizitätsmodul des Betons betrage $E_b = 210\,000$ kpcm^{-2} und der des Gebirges $E_g = 175\,000$ kpcm^{-2}, dessen Poissonzahl mit $m_g = 5$ angenommen wird. Nunmehr sind noch Annahmen hinsichtlich der plastischen Verformung des Betons und des Gebirges zu machen, worüber nur der Versuch Aufschluß zu geben vermag. Dem Beispiel werden die Werte $\beta_b = \beta_g = 1$ zugrunde gelegt, d. h., es wird angenommen, daß die plastischen Verformungen gleich den elastischen sind. Soweit β_g in Frage kommt, wird hauptsächlich die Auflockerung des Gebirges infolge der Sprengarbeiten zu berücksichtigen sein.

Bei der Durchführung der Berechnung empfiehlt es sich, den Gedankengängen zu folgen, die früher dargelegt wurden, und daher zunächst jene Verhältnisse zugrunde zu legen, die unmittelbar nach der Betriebsaufnahme des Druckschachtes eintreten, also außer dem hydrodynamischen Druck nur die Abkühlung der Panzerung durch das Betriebswasser und die infolge des Innendruckes auftretende plastische Verformung des Betons und des Gebirges zu berücksichtigen. Die durch die Abbindewärme des Betons hervorgerufene Ablösung der Panzerung sowie der durch das Schwinden des Betons entstandene Hohlraumspalt sollen unberücksichtigt bleiben, weil diese Wirkungen durch die Kontaktinjektionen zum Großteil beseitigt werden können (Abb. 73).

Der erste Schritt bei der Durchführung des Bemessungsverfahrens ist die Ermittlung der Entlastungsziffer ε, wobei zunächst der obere Druckschachtabschnitt mit gleichbleibender Dicke der Panzerung $d_1 = 1,2$ cm betrachtet wird. Hierfür ist die Gl. (25) maßgebend.

$$\varepsilon_0 = \frac{1 - \dfrac{E_e}{p_{1i}} \Delta t^\circ \cdot 10^{-5} \dfrac{d_1}{r_{1i}}}{1 + (1 + \beta_g) \dfrac{E_e}{E_g} \ln\left(\dfrac{r_{2a}}{r_{1i}}\right) \dfrac{d_1}{r_{1i}} + (1 + \beta_g) \dfrac{E_e}{E_g} \dfrac{m_g + 1}{m_g} \dfrac{d_1}{r_{1i}}}. \tag{a}$$

Sie wird nochmals angeführt, um das Bemessungsverfahren für den praktischen Gebrauch möglichst übersichtlich zu gestalten. In dem obigen Ausdruck ist eine Abhängigkeit der Entlastungsziffer vom hydrodynamischen Innendruck p_{1i} nur durch die Temperaturwirkung bedingt. Wenn diese nicht bestünde, ergäbe sich ein konstanter Wert von ε_0, der durch eine Gerade parallel zur Druckschachtachse darzustellen wäre. Weil aber die Temperaturwirkung mit $\Delta t^\circ = 5^\circ$ in Betracht gezogen wird, ergibt sich ein nach einer Hyperbel gekrümmter Verlauf, wobei für $p_{1i} = 0$ ein Wert von $\varepsilon = -\infty$ gilt. Dies kommt in der Abb. 74 im oberen Teil der ε-Kurve zum Ausdruck.

Wenn ε_0 gegeben ist, läßt sich

$$p_{1a} = \varepsilon_0 p_{1i} \tag{b}$$

bestimmen und nachfolgend die in der Druckschachtstrecke mit gleichbleibender Panzerungsdicke herrschende Tangentialspannung ermitteln

$$\sigma_e = (p_{1i} - p_{1a}) \frac{r_{1i}}{d_1}. \tag{c}$$

Sie wächst gegen die Mitte des Druckschachtes hin an.

Nunmehr sind vom unteren Druckschachtende beginnend die Werte der Entlastungsziffer ε_0 derart zu bestimmen, daß die festgelegte zulässige Beanspruchung der Panzerung $\sigma_{ezul} = 1\,200$ kpcm^{-2} eingehalten wird. Hierfür steht die Gl. (26) zur Verfügung

$$\varepsilon_0 = \frac{1}{p_{1i}} \frac{\sigma_{ezul} - E_e \Delta t^\circ \cdot 10^{-5}}{(1 + \beta_b) \dfrac{E_e}{E_b} \ln\left(\dfrac{r_{2a}}{r_{1i}}\right) + (1 + \beta_g) \dfrac{E_e}{E_g} \dfrac{m_g + 1}{m_g}}. \tag{d}$$

Der Verlauf der ε_0-Werte ergibt sich als eine aus Hyperbelästen zusammengesetzte Linie, wobei eine Staffelung an den durch den Wechsel des lichten Halbmessers der Panzerung gegebenen Stellen eintritt. Der Schnitt dieser Linie mit der früher für den oberen Druckschachtabschnitt ermittelten ε_0-Kurve ergibt in Abb. 74 den Punkt P. Wenn ε_0 gegeben ist, läßt sich auch die Kontaktpressung der Panzerung p_{1a} ermitteln:

$$p_{1a} = \varepsilon_0 p_{1i}. \tag{e}$$

Wie ein Blick auf Gl. (28) zeigt, ist p_{1a} im unteren Druckschachtbereich für den jeweiligen Abschnitt mit gleichbleibendem lichten Halbmesser der Panzerung konstant.

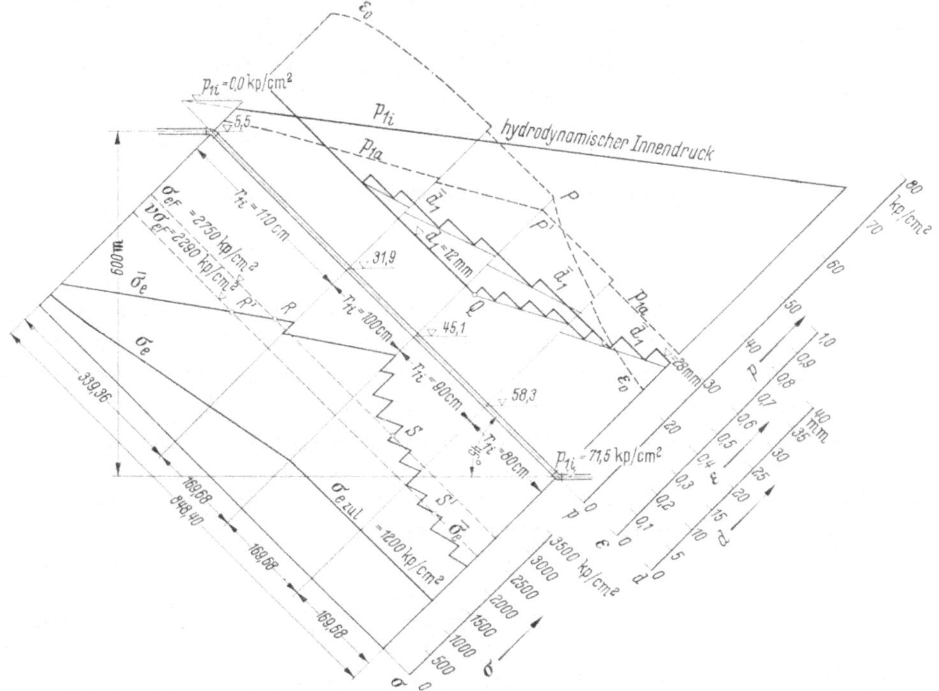

Abb. 74. Bemessung eines Druckschachtes, wobei die zeitabhängigen Wirkungen, nämlich das Kriechen des Betons und des Gebirges unberücksichtigt blieben.

Die Linie für die Kontaktpressungen im oberen und unteren Druckschachtteil schneiden sich im Punkt P', der dem Punkt P entspricht.

Aus den Werten $p_{1i} - p_{1a}$ läßt sich nunmehr für den unteren Teil des Druckschachtes ein Verlauf der theoretisch erforderlichen Blechdicken ermitteln, wie folgt:

$$d_1 = \frac{p_{1i} - p_{1a}}{\sigma_{ezul}}\, r_{1i}. \tag{f}$$

Dies führt am oberen Ende der jeweiligen Blechdickenzone zu einer Unterschreitung der zulässigen Stahlbeanspruchung und zu einer Abweichung der ε_0-Werte von der stetigen Krümmung. Auf eine Darstellung dieses letzteren Umstandes wurde aber der Übersichtlichkeit halber in der Abb. 74 verzichtet.

13*

Hingegen ist es von Interesse festzustellen, wie sich die Tangentialspannungen in der Blechpanzerung für die *freiliegend gedachte* Panzerung einstellen würden; es ergeben sich die Werte

$$\bar{\sigma}_e = p_{1i}\,\frac{r_{1i}}{d_1},\tag{g}$$

die in Abb. 74 eingetragen wurden. Dabei zeigt sich, daß eine beispielsweise mit $\sigma_{eF} = 2750\ \text{kpcm}^{-2}$ angenommene Mindeststreckgrenze im mittleren Druckschachtbereich zwischen den Punkten R und S überschritten wird. Sofern man die Bedingung stellt, daß in der freiliegend gedachten Panzerung noch eine gewisse Sicherheit gegen Erreichen der Streckgrenze vorhanden sein soll, die mit $\nu = 1{,}2$ angenommen wird, ergibt sich im Bereich, der durch die Punkte R' und S' begrenzt ist, die Notwendigkeit einer Verstärkung der Panzerung, die aus der Beziehung

$$\bar{d}_1 = \frac{\nu\,p_{1a}}{\sigma_{eF}}\,r_{1i}\tag{h}$$

errechnet werden kann. Die zweckmäßige Verteilung der Blechdicken ist in der Abb. 74 durch den gestaffelten mit $\bar{d}_1$ bezeichneten Linienzug dargestellt.

Damit ist die Bemessung des Druckschachtes unter dem Einfluß der von der Zeit nicht abhängigen Wirkungen abgeschlossen. Im Sinne der Darlegungen des Abschnittes 64d sollen nunmehr auch die zeitabhängigen Einflüsse, nämlich das Kriechen des Betons und des Gebirges Berücksichtigung finden. Hierfür dient, wenn die Dicke der Panzerung gegeben ist, also zunächst für den oberen Teil des Druckschachtes, die Gl. (52). Weil aber das Schwinden des Betons aus den früher dargelegten Gründen außer Betracht bleiben kann, kommt der folgende einfachere Ausdruck für die Kontaktpressung zur Anwendung

$$p_{1a\infty} = p_{1a0}\,e^{-\dfrac{\ln\left(\dfrac{r_{2a}}{r_{1i}}\right) + \varkappa Q_2}{\ln\left(\dfrac{r_{2a}}{r_{1i}}\right) + Q_2 + \dfrac{E_b}{E_e}\,\dfrac{r_{1i}}{d_1}}\varphi_\infty},\tag{i}$$

wobei

$$Q_2 = \frac{m_g + 1}{m_g}\,\frac{E_b}{E_g}\tag{k}$$

gilt. In dieser Beziehung wird für die Endkriechzahl des Betons ebenso wie bei der Beurteilung des Bestandes der Vorspannung in einem nach der Kernringbauweise hergestellten Druckstollen (Abschnitt 89) nach der Deutschen Norm DIN 4227: „Spannbeton, Richtlinien für die Bemessung und Ausführung" der Wert $\varphi_\infty = 0{,}875$ errechnet, der unter der Voraussetzung gilt, daß der Beton die Endfestigkeit $W_b = W_{b\infty}$ erreicht hat. Das Kriechen des Gebirges wird durch den Beiwert $\psi = \varkappa\varphi$ gekennzeichnet, der in dem behandelten Beispiel mit $\varkappa = 2$ gewählt wird. Für die in der obigen Gleichung erscheinende Kontaktpressung p_{1a0} ist der im früheren Beispiel errechnete, für die Zeit $t = 0$ geltende Wert p_{1a} einzusetzen. Damit sind alle für die Auswertung der Gl. (i) notwendigen Größen bekannt. Es bleibt aber zu berücksichtigen, daß Gl. (i) die Dicke der Panzerung enthält, die ja erst zu ermitteln ist. Wenn man für den oberen Teil des Druckschachtes bei gegebener Panzerungsdicke d_1 die Kontaktpressung $p_{1a\infty}$ mit Hilfe von Gl. (i) bestimmt, so läßt sich daraus die Entlastungsziffer ε_∞ errechnen.

$$\varepsilon_\infty = p_{1a\infty} : p_{1i} . \tag{l}$$

Ferner ergibt sich die in der Panzerung herrschende Tangentialspannung zu

$$\sigma_{e\infty} = (p_{1i} - p_{1a\infty}) \frac{r_{1i}}{d_1} . \tag{m}$$

Von der Stelle ab, wo die Spannung $\sigma_{e\infty}$ das zulässige Maß überschreitet, d. i. beginnend vom Punkt Q ist eine Verstärkung der Panzerung notwendig, die stufenweise durchgeführt wird, wie aus der Abb. 74 ersichtlich ist. Die Berechnung ist

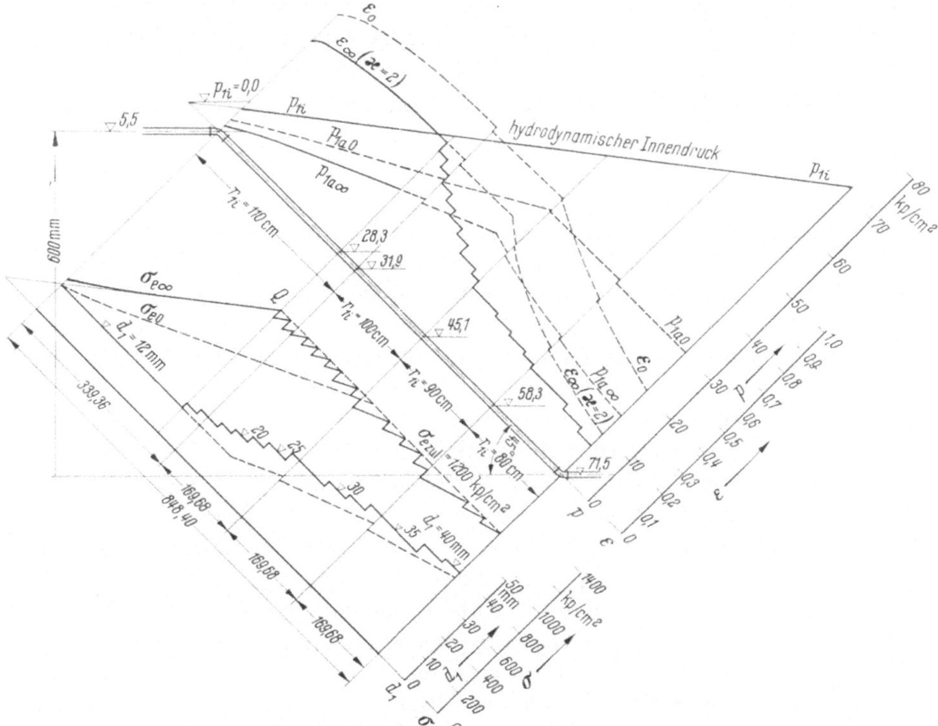

Abb. 75. Bemessung eines Druckschachtes bei Berücksichtigung des Kriechens von Beton und Gebirge.

dabei in der gleichen Weise wie für die Dicke $d_1 = 1,2$ cm als Spannungsnachweis mit wachsender Blechdicke durchzuführen, wobei letztere stufenweise den von den Walzwerken hergestellten Grobblechen entsprechend zu wählen ist. Für jede Zone gleicher Blechdicke läßt sich der Wert der Entlastungsziffer ermitteln, wofür sich in der Abb. 75 der dargestellte abgetreppte Verlauf ergibt. Die dargelegte Berechnungsweise ist mit steigender Blechdicke so lange fortzusetzen, bis die abgetreppte ε_∞-Linie den aus Hyperbelästen zusammengesetzten, für den unteren Druckschachtabschnitt geltenden Verlauf der ε_∞-Werte erreicht. Dies ist bei dem gewählten Beispiel bis zum unteren Druckschachtende nicht der Fall, weshalb der geschilderte Berechnungsvorgang für die ganze Länge des Druckschachtes Anwendung finden muß.

Die Berechnung der Stahlbeanspruchung für das freiliegend gedachte Panzerrohr ergibt bei Berücksichtigung des Kriechens von Beton und Gebirge Werte, die durchwegs unter der Mindeststreckgrenze des Blechmaterials liegen. Ihre Eintragung in die Abb. 75 wurde unterlassen, weil eine Verstärkung der Panzerung so wie sie in Abb. 74 dargestellt wurde, nicht notwendig ist.

Zum Schluß muß noch darauf aufmerksam gemacht werden, daß die Berechnung des Beispieles unter der Voraussetzung durchgängig gleicher Festigkeitseigenschaften des Gebirges erfolgte. Sie ist in der Natur kaum jemals gegeben, obwohl man bei der Wahl einer Druckschachttrasse immer strenge Anforderungen an das Gebirge stellen wird. Daraus folgt, daß man bei der Berechnung die vorwiegend guten Eigenschaften des Gebirges zugrunde legen und ungünstige Abschnitte durch entsprechende Verstärkung der Panzerung oder erforderlichenfalls durch beondere bauliche Maßnahmen berücksichtigen wird.

67. Grundsätzliches über die Entlastungsziffer

Mit der Frage der Bemessung eines Druckschachtes haben sich der Stahlbau und der Tiefbau in gemeinsamer Arbeit zu befassen und ihre Erfahrungen zur Verfügung zu stellen. Beide Fachgebiete haben überdies eine Reihe von Hilfswissenschaften heranzuziehen: Die Technologie des Stahls und des Betons, die Elastizitätstheorie, die Geologie und die Geomechanik. Es wurde bereits erwähnt, daß für eine erfolgreiche Tätigkeit das Zusammenwirken unbedingte Voraussetzung ist. Die führende Rolle kommt dabei dem Bauingenieur zu, der die geologischen und geomechanischen Untersuchungen in der erforderlichen Richtung zu lenken und dann in der Bauausführung durch Wahl der Bauweise die Voraussetzungen für den sicheren Bestand des Bauwerkes zu schaffen und dem Stahlbau die Unterlagen zu liefern hat, die die Rechnung der Panzerung ermöglichen.

Der Kontakt zwischen den Fachgebieten wird in erster Linie durch den Begriff der Entlastungsziffer, mit dem sich die vorhergegangenen Abschnitte befaßt haben, herbeigeführt. Im Zuge dieser Untersuchungen wurde festgestellt, daß die Entlastungsziffer, die den vom Gebirge zu übernehmenden Anteil des Innendruckes darstellt, auch bei homogenem Gebirge keine konstante Größe ist, sondern bei Einhaltung einer gegebenen zulässigen Stahlbeanspruchung, d. h. eines konstanten Sicherheitsgrades, mit wachsendem Innendruck p_{1i} stark abnimmt.

Am Beispiel, dessen Ergebnis in Abb. 74 zum Ausdruck kommt, wurde nach erfolgter erster Bemessung auch der Spannungsnachweis für den Fall geführt, daß der Widerstand der Bettung vollständig versagt. Wo sich eine Überschreitung des Mindestwertes der Fließgrenze ergab, wurde eine Verstärkung der Panzerung vorgesehen, derart, daß der Mindestwert der Fließgrenze noch unterschritten wird. Diese Bedingung wird häufig für den ganzen Druckschacht als Bemessungsgrundlage gestellt. CHWALLA schreibt darüber [20a]:

„Die Panzerrohre der Druckstollen und Druckschächte werden wie freie, nicht vom Gebirge umhüllte Rohre bemessen; doch darf dann die Ringzugspannung im ungünstigsten Belastungsfall nur 80% der gewährleisteten Mindeststreckgrenze des Blechwerkstoffes betragen. Dieser Festlegung liegt die Annahme zugrunde, daß dem Panzerrohr der Anteil

$1 - \varepsilon = 0{,}52 : 0{,}80 = 0{,}65$ und daher dem umhüllenden Gebirge der Anteil $\varepsilon = 1{,}00 - 0{,}65$ $= 0{,}35$ des Innendruckes zufällt. Der Wert von 0,52 der Mindeststreckgrenze wurde als zulässige Beanspruchung von freiverlegten Druckrohren festgelegt. In der Nähe der Geländeoberfläche, bei geringer Gebirgsüberlagerung, bei schlechter Gebirgsbeschaffenheit oder bei großer Auflockerung des Gebirges durch die Sprengarbeiten, ist der rechnungsmäßige Gebirgsanteil von 0,35 des Innendruckes entsprechend zu vermindern, d. h., es ist die zulässige Beanspruchung zwischen den angeführten Grenzen (52% der Mindeststreckgrenze bei nichtmittragendem Gebirge und 80% bei gutem Fels und hoher Überlagerung) durch Interpolation zu gewinnen.

Die zulässige Vergleichsspannung freier, gerader Druckrohre wurde später von 52 auf 54,5% der Mindeststreckgrenze erhöht und im Zusammenhang damit erfolgte auch die Erhöhung der zulässigen Ringzugspannung von Druckschachtpanzerrohren im Falle großer Gebirgsüberlagerung und eines sehr guten geologischen Befundes von 80% auf 100% der gewährleisteten Mindeststreckgrenze des Blechwerkstoffes; die angeführten Zahlen gelten naturgemäß für den gedachten Fall des Freiliegens der Panzerung. Diese neue Festlegung, die im Hinblick auf die erfahrungsgemäß hervorragenden Ergebnisse der Abnahmeprüfung des Werkstoffes und auch der vorzüglichen Ausführung der Schweißarbeiten, der Betonierungs- und Injektionsarbeiten getroffen worden ist, entspricht der Annahme, daß dem Panzerrohr der Anteil $0{,}545 : 1{,}00 = 0{,}545$ und der Bettung der Anteil $1{,}000 - 0{,}545 = 0{,}455$ des Innendruckes zufällt.‘‘

Diese Feststellungen sind vom Standpunkt des Stahlbaues getroffen worden. Die Annahme einer vom Druck unabhängigen Entlastung durch das Gebirge ist aber nicht zutreffend. Wenn man die Annahmen des Beispieles in Abb. 74 gelten läßt und dort die Entlastungsziffer 0,455 anwenden würde, so zeigt sich, daß die Entlastung im unteren Teil des Druckschachtes tatsächlich etwas geringer ist. Diese Verhältnisse könnten aber eine weitere Änderung erfahren, wenn die elastischen Eigenschaften des Gebirges von jenen des Beispieles abweichen.

Der Druckschacht des Kraftwerkes Schwarzach besitzt im oberen Teil einen lichten Durchmesser von 5,20 m und im unteren einen solchen von 4,90 m. Er liegt in gutartigem, wechselndfestem Schiefer. Für die Bemessung der Panzerung des Schachtes wurden die nachstehend angeführten Vorschreibungen gemacht.

Für den Innendruck wurden zwei Lastfälle vorgesehen, u. zw. a) der Betriebslastfall mit einer Drucksteigerung von 12% (17,88 m) am Ort des Leitapparates der Turbinen und b) der Ausnahmelastfall mit 34% dynamischer Drucksteigerung (50,66 m), gleichfalls am Ort des Leitapparates. Die zulässige Ringzugspannung des freiliegend gedachten Panzerrohres durfte im Betriebslastfall mit $0{,}9 \cdot 0{,}52 \cdot \sigma_{eF}$ und im Ausnahmelastfall mit $0{,}9 \cdot 0{,}65 \cdot \sigma_{eF}$ angenommen werden, wobei σ_{eF} die gewährleistete Mindeststreckgrenze des verwendeten Stahls bedeutet [20a]. Die Mindestwanddicke der Panzerung wurde bei dem großen Durchmesser mit 15 mm festgelegt; die größte Dicke betrug im Bereich der unteren Flachstrecke 27 mm.

68. Nebenwirkungen in der Beanspruchung von Druckschachtauskleidungen

Alle bisherigen theoretischen Untersuchungen beruhten auf der Grundlage vollkommener Drehsymmetrie von Anordnung und Belastung. Diese Bedingung schließt die Voraussetzung von Homogenität und Isotropie des Gebirges in sich. Außerdem galt, daß alle Auskleidungsschichten, also Panzerung, Bettungsbeton und Gebirge abgesehen von der gelegentlichen Berücksichtigung des plastischen Verhaltens von Beton und Gebirge durch die Spaltweite Δ_1 und Δ_2 im elastischen

Bereich verbleiben. Diese Bedingung ist aber nicht nur als Berechnungsgrundlage zur Erzielung einer der Wirklichkeit nahekommenden Lösung des Druckschachtproblems anzusehen, sondern sie soll, soweit irgendwie erreichbar, durch die Gebirgsbeschaffenheit gegeben sein und durch Entwurf und Bauausführung gewahrt bleiben.

Die Bedeutung von Hohlräumen zwischen den Auskleidungsschichten ist aus den Ausführungen im Abschnitt 62 hervorgegangen. Die theoretischen Betrachtungen blieben aber auch hierbei auf drehsymmetrische Hohlräume beschränkt. Wenn dies nicht zutrifft, dann sind Nebenwirkungen zu erwarten, und es ist Aufgabe der folgenden Ausführungen, die Auswirkung von örtlich vorhandenen Hohlräumen zu behandeln.

a) Hohlräume zwischen Schachtpanzerung und Auskleidungs- und Bettungsbeton

Solche Hohlräume können dadurch entstehen, daß bei der Verarbeitung von plastischem Beton an der Unterseite der Panzerung infolge Nachsackens des Betons oder Wasserabscheidung ein sichelförmiger Spalt entsteht, der durch nach-

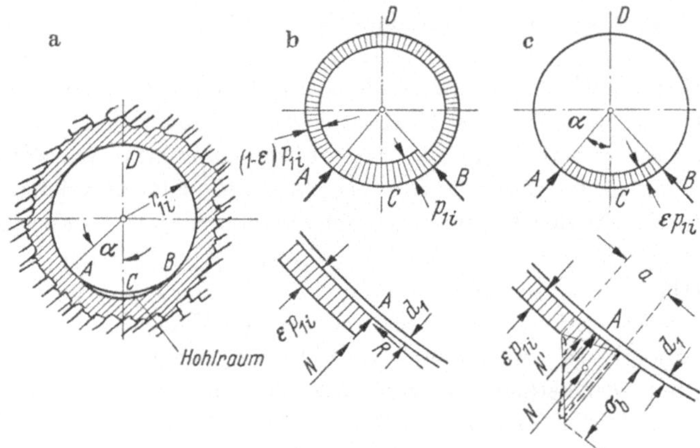

Abb. 76. Die Auswirkung von Hohlräumen zwischen der Panzerung und dem Bettungsbeton bei Druckschächten.

trägliche Zementinjektionen nicht verschlossen wurde (Abb. 76a). Die Panzerung liegt dann in dem Teilstück ACB frei, während sie im übrigen Teil ADB unterstützt und daher entlastet ist. Wenn dieser Zustand der Panzerung besteht, dann findet an den Auflagerstellen AB ein ziemlich unvermittelter Wechsel in den Ringzugkräften statt, weil diese im Abschnitt ACB gleich $z_1 = p_{1i}\, r_{1i}$ ist, während sie im Abschnitt ADB den Wert $z_2 = (1 - \varepsilon)\, p_{1i}\, r_{1i}$ besitzt. Der Wechsel in der Beanspruchung der Panzerung erfolgt aber wegen ihrer geringen Biegesteifigkeit nicht schroff, sondern in einem kurzen Bereich beiderseits der Auflagerpunkte AB (Abb. 76a). In der Übergangsstrecke zwischen den durch verschiedene Dehnungen hervorgerufenen Kreisen mit verschiedenem Halbmesser muß die Panzerung eine sprungbogenförmige Krümmung aufweisen, deren Höhe gleich

$$\Delta r = \frac{\varepsilon\, p_{1i}\, r_{1i}}{E_e} \tag{52}$$

ist. Dadurch werden sekundäre Biegewirkungen hervorgerufen. Der Unterschied zwischen den Ringzugkräften

$$\varDelta Z = Z_1 - Z_2 = \varepsilon \, p_{1i} r_{1i} \tag{53}$$

kann nur durch Reibungs- und Haftungswiderstände vom Bettungsbeton in die Panzerung eingetragen werden, d. h., ein solcher Unterschied der Ringzugkräfte kann nur nach Maßgabe der vorhandenen tangentialen Auflagerwiderstände bestehen. Die Dinge liegen dabei grundsätzlich ähnlich, wie bei der Verbundwirkung in einem Stahlbetontragwerk, unterscheiden sich aber davon insofern, als die Verbundwirkung bei einem allseitig in Beton eingebetteten Rundstahl von geringem Durchmesser, auch wenn seine Oberfläche glatt ist, nicht mit jener verglichen werden kann, die bei einem auf dem Bettungsbeton aufliegenden Blechpanzer besteht. Auf die Umstände, die auf die Ausschaltung der Haftung hinwirken, ist bereits aufmerksam gemacht worden; es sind dies die Abkühlung, das Schwinden und Kriechen des Betons, die plastische Verformung und das Kriechen des Gebirges. Mit der sicheren Wirkung von Haftwiderständen darf nicht gerechnet werden. Beobachtungen an ausgeführten Druckschächten bzw. bei der Rekonstruktion von schadhaft gewordenen Panzerrohren zeigen, daß sich das Blech von der Betonbettung in großen Teilen ohne Schwierigkeiten ablösen läßt. Es bleiben also nur Reibungswiderstände bestehen, deren Größe annähernd bestimmt werden kann. Die Reibungsziffer ist jedoch unsicher; außerdem dürfte ein Unterschied zwischen der Anfangsreibung (Grenzwert der ruhenden Reibung) und der Reibung der Bewegung bestehen. Man wird den Reibungsbeiwert vielleicht innerhalb der Grenze $\tan \varrho = 0,3 - 0,4$ annehmen können.

Eine Nachrechnung zeigt, daß die Reibungswiderstände nicht in der Lage sind, eine größere Differenz der Ringzugkräfte zu übernehmen [70e]. Die Druckschachtpanzerung wird deshalb bei Vorhandensein von Hohlräumen unter dem Einfluß des Unterschiedes der Ringzugkräfte vermindert um die Reibungswiderstände geringfügige Bewegungen ausführen, wobei sich der Abschnitt ADB von der Bettung abhebt. Anderseits wird durch Konzentration der Pressungen an den Auflagerstellen AB und die Bettung zu stärkerem Nachgeben gezwungen; d. h. also, die Panzerung will sich freiarbeiten und sucht einen Zustand herbeizuführen, bei dem die Ringzugkraft entlang dem ganzen Umfang möglichst den gleichen Wert annimmt. Dies gelingt ihr auch, und es können Unterschiede in den Ringzugkräften nur nach Maßgabe der Reibungswiderstände an den Auflagerstellen A und B bestehen bleiben. Wichtig ist hierbei, daß das Einspielen der Panzerung bei der Füllung des Schachtes mit wachsendem Innendruck wahrscheinlich nahezu stetig vor sich geht, weil sich keine großen Unterschiede in den Ringzugkräften entwickeln können, deren plötzliche Auslösung von schlagartigen Wirkungen begleitet wäre. Die Reibungswiderstände sind ja gering und wachsen überdies nahezu verhältnisgleich mit den zunehmenden Auflagerkräften in den Punkten A und B.

Das Gesagte gilt für Hohlräume, deren Breite, d. h. deren Öffnungswinkel nicht allzugroß ist. Bei Hohlräumen, die sich bis nahe an den halben Umfang des Panzerrohres erstrecken, kann es jedoch zu einer plötzlichen Auslösung des Reibungsschlusses kommen. Die Vorgänge, die sich dabei abspielen, können jenen ähnlich sein, wie sie bei Hohlräumen im Bettungsbeton oder zwischen Beton und Gebirge auftreten.

Aus diesen Darlegungen geht hervor, daß infolge des Ausgleiches der Ringzugkräfte enge Hohlräume zwischen Panzerung und Beton, die sich nur über einen kleinen Teil des Umfanges erstrecken, nicht frei überbrückt bleiben, sondern bei der Füllung des Druckschachtes geschlossen werden. Dabei wirken solche Hohlräume immer in dem Sinne, daß die Entlastung der Panzerung herabgemindert wird. Besteht im drucklosen Zustand ein vollkommener Kontakt zwischen den Auskleidungsschichten, dann wirkt die Entlastung des Gebirges in vollem Ausmaß. Ist ein Hohlraum zwischen Panzerung und Bettungsbeton vorhanden, dann kommt die entlastende Wirkung des Gebirges nur teilweise zur Geltung oder sie entfällt bei größerer Spaltweite des Hohlraumes gänzlich. Bleibt die Beanspruchung der Panzerung auch dann, wenn sie vollständig freiliegen würde, im elastischen Bereich, so wird ein vorhandener enger Hohlraum durch die elastische Verformung geschlossen, wenn er nicht zu groß ist. Die Größe des Hohlraumquerschnittes, bei dem dies eben eintritt, läßt sich angeben. Sie muß bei Außerachtlassung der Reibungswiderstände gleich jener Fläche sein, um die sich der äußere Querschnitt des Panzerrohres bei der elastischen Dehnung vergrößert. Ein Beispiel möge dies erläutern. Der lichte Durchmesser der Panzerung betrage $2\,r_{1i} = 180$ cm, die Blechdicke bei einem Innendruck $p_{1i} = 40$ kpcm^{-2}, $d_1 = 2$ cm, so daß sich eine Beanspruchung der freiliegend gedachten Panzerung von $\sigma_e = 1\,800$ kpcm^{-2} ergibt. Die Dehnung des Außenhalbmessers des Panzerrohres beträgt

$$\Delta r_{1a} = \frac{\sigma_e}{E_e}\,(r_{1i} + d_1) = \frac{1800}{2\,150\,000} \cdot 92 = 0{,}077 \text{ cm} \tag{54a}$$

und die Fläche, um die sich der Querschnitt der Panzerung infolge der elastischen Dehnung vergrößert, stellt sich auf

$$\Delta F = 2\,(r_{1i} + d_1)\pi\,\Delta r_{1a} = 184 \cdot \pi \cdot 0{,}077 = 44{,}51 \text{ cm}^2\,;$$

diese Fläche ist sehr groß.

Bei den bisherigen Darlegungen wurde angenommen, daß zwischen Panzerungsblech und Beton keine Haftung besteht. Wenn eine solche vorhanden ist — und diese Möglichkeit ist immerhin gegeben —, dann kann es bei der Drucksteigerung im Laufe der Füllung des Schachtes zu einem plötzlichen Versagen der Verbundwirkung kommen, sobald ein entsprechend großer und in der Längsrichtung ausgedehnter Hohlraum vorhanden ist. Auch dieser Umstand weist daraufhin, der Verschließung aller Hohlräume zwischen Panzerung und Bettungsbeton ein besonderes Augenmerk zuzuwenden, auch dann, wenn für die freiliegend gedachte Panzerung keine Überschreitung der Elastizitätsgrenze zu erwarten ist.

Wenn Verankerungen der Panzerung im Beton ausgeführt werden, um bei einer Entleerung des Druckschachtes Einbeulungen durch den unter Umständen zu erwartenden Außenwasserdruck zu verhindern, so muß gleichfalls dem satten Anliegen der Panzerung am Beton besondere Bedeutung beigemessen werden. Das Einspielen der Panzerung wird durch solche Anker verhindert; es könnten daher bei Vorhandensein von Hohlräumen beträchtliche Unterschiede in den Ringzugkräften auftreten, denen die Anker nicht gewachsen sind. Bei Steigerung des Innendruckes könnten die Anker zu Bruch gehen. Durch die schlagartig auftretende Biegewirkung in dem Panzerungsabschnitt, der im Bereich des Hohlraumes liegt, können beträchtliche zusätzliche Spannungen auftreten, ähnlich jenen, die im nachfolgenden behandelt werden.

b) Hohlräume im Bettungsbeton oder zwischen Bettungsbeton und Gebirge

Derartige Hohlräume können in der gleichen Weise entstehen, wie dies früher geschildert wurde, wenn der plastisch eingebrachte Beton im First des Schachtes nachsackt und die dadurch entstandenen Hohlräume nicht durch Zementinjektionen verschlossen wurden.

Die Möglichkeit, daß Holzteile einer Zimmerung hinter dem Beton verblieben sind, die dann in ihrer schädlichen Wirkung Hohlräumen gleichzuhalten wären, kann heute außer Betracht bleiben. Eine Bauweise, die Holz erfordert, darf nicht mehr ausgeführt werden.

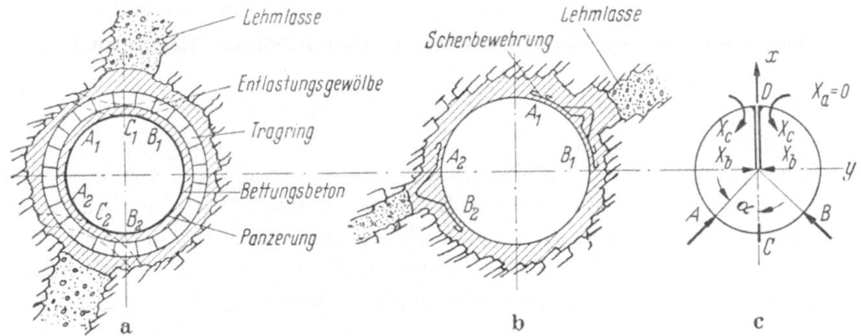

Abb. 77a—c. Die Auswirkung von Hohlräumen zwischen dem Bettungsbeton und dem Gebirge und der Einfluß von Schwachstellen des Gebirges.

Hingegen sei folgender mögliche Fall angenommen: Der Druckschacht folge auf einige Erstreckung einer Schwachzone mit geringem Elastizitätsmodul und hoher plastischer Verformbarkeit des Gebirges, während das benachbarte Gebirge günstige Eigenschaften aufweist. Infolge des geschilderten Umstandes hat man sich wie im Querschnitt Abb. 77 ersichtlich ist, entschlossen, zunächst einen Tragring einzubauen, um den Arbeitsraum zu sichern. Der zwichen dem Tragring und der Panzerung verbleibende Hohlraum wird während der Betonierung der übrigen Schachtteile mit Beton ausgefüllt. Mit Rücksicht auf die ungünstige Beschaffenheit des Gebirges hat man außerdem die Panzerung soweit verstärkt, daß sie freiliegend, den vollen Innendruck ohne Überschreitung der zulässigen Beanspruchung des Stahles aufzunehmen vermag.

Bei der Füllung des Druckschachtes wird sich bei der gegebenen Sachlage in den Bereichen A_1A_2 und B_1B_2 entsprechend den günstigen Eigenschaften des Gebirges eine Entlastung ε ergeben. In den Bereichen A_1B_1 und A_2B_2 wird infolge der Beschaffenheit des Gebirges eine solche Entlastung nicht bestehen. Dabei ist nicht ausgeschlossen, daß durch Nachbrüche Hohlräume im Gebirge verblieben sind. Die Schwachstellen werden gewölbeartig überbrückt, wie dies in der Abb. 76 strichliert eingezeichnet ist. Das Gewölbe muß hierbei den Druck εp_{1i} übernehmen, weil nach den früheren Darlegungen größere Unterschiede in den Ringzugspannungen nicht bestehen bleiben können. Bei der Beurteilung der Gewölbewirkung ist aber folgender Umstand von Wichtigkeit. Der Auskleidungsbeton und der Tragring werden wegen der Nachgiebigkeit des Gebirges durch radiale Risse in einzelne Ringsektoren geteilt. Solche Risse werden im Scheitel des Entlastungsgewölbes vielleicht nicht zur vollen Entwicklung kommen, weil sich dort den Zugspannungen Pressungen infolge der Gewölbewirkung überlagern. In der Nähe der Widerlager an den Punkten A_1 und B_1 ist eine solche Entlastung durch die Überlagerung von Druckspannungen nicht oder nur in geringem Maße zu erwarten, und die Radialrisse sind dort außerordentlich bedenklich. Sie geben Anlaß zur Abtrennung von keilförmigen Sektoren der Betonauskleidung, deren Form einer Verschiebung gegen das mangelhafte Gebirge hin günstig und deren Auflagerung sehr schwach ist. Obwohl Entlastungsgewölbe solcher Art auch in gerissenem Zustand oft eine erstaunliche Tragfähigkeit besitzen, kann bei steigendem Druck im Schacht auch ein unvermittelter Zusammenbruch erfolgen. Voraussetzung dafür ist, daß eine derartige Schwachstelle im Gebirge auf eine größere Längserstreckung vorhanden ist, so daß in dieser Richtung keine Verspannung eintreten kann.

Wenn das Gewölbe plötzlich zurückweicht, dann tritt im ersten Augenblick an den Auflagerstellen A_1 und B_1 der bereits erwähnte sprunghafte Unterschied in den Ringzugkräften auf. Die Panzerung, die im Bereich des zurückweichenden Gewölbes sofort unter die zusätzliche Belastung gelangt, wird versuchen, sich an den Auflagerstellen A_1 und B_1 an den Beton anzuklammern und ihn zur Aufnahme des in den Ringzugkräften bestehenden Unterschiedes heranzuziehen. Weil dies aber nach den früheren Darlegungen wahrscheinlich nicht in ausreichendem Maße möglich ist, kann sich ein Gleichgewichtszustand nicht ausbilden, und die Panzerung wird in den Auflagerpunkten kleine Gleitbewegungen auszuführen trachten. Im Grenzzustand des Gleitens, also unmittelbar vor Eintritt dieser Bewegung, wirkt dann auf die Panzerung nur der Reibungswiderstand R, während der der Differenz $\Delta Z - R$ entsprechende Anteil des Innendruckes beispielsweise im Sektor $A_1 C_1 B_1$ Biegewirkungen zur Folge hat, die sich in einem Stützenmoment an den Auflagerstellen A_1 und B_1 und in einem Feldmoment im Querschnitt C_1 äußern werden.

Um über die Größe der Biegewirkung ein Bild zu geben, wird ein Beispiel vorgeführt, dem folgende Annahmen zugrunde liegen: Der lichte Halbmesser der Panzerung betrage $r_{1i} = 90$ cm, der Innendruck an der in Betracht gezogenen Stelle sei $p_{1i} = 40$ kpcm^{-2}, die Entlastung durch das günstige Gebirge sei durch die Entlastungsziffer $\varepsilon = 0,4$ gekennzeichnet und der Reibungswinkel zwischen Panzerung und Beton mit $\varrho = 30°$ angenommen. Wegen der ungünstigen geologischen Verhältnisse sei bei der Bemessung der Panzerung auf die entlastende Wirkung verzichtet worden, weshalb sich deren Dicke zu

$$d_1 = \frac{r_{1i}\, p_{1i}}{\sigma_{ezul}} = \frac{90 \cdot 40}{1\,200} = 3,6 \text{ cm} \tag{54b}$$

ergab. Das Widerstandsmoment des 1 cm breiten Ringstreifens beträgt dann $W = 2,16$ cm^3.

Die Berechnung erfolgt näherungsweise im Sinne der Abb. 76 für den in den Punkten A und B statisch bestimmt gelagerten, sonst aber freiliegenden Kreisring. Die Biegemomente werden als positiv angenommen, wenn sie auf der Innenseite des Panzerrohres Zugspannungen hervorrufen. Die für die Berechnung maßgebenden Beziehungen lauten:

$$\left.\begin{aligned}
\mathfrak{M}_c &= -V r_{1i} \sin\alpha = H r_{1i}(1 - \cos\alpha) + \varepsilon p_{1i} r_{1i}^{\alpha}(1 - \cos\alpha) \\[2mm]
X_b &= \frac{1}{\pi}\left[V \sin^2\alpha + H(\alpha - \sin\alpha\cos\alpha) + \varepsilon p_{1i} r_{1i}(\alpha\cos\alpha - \sin\alpha)\right] \\[2mm]
X_c &= \frac{r_{1i}}{\pi}\left[V(\alpha\sin\alpha + \cos\alpha) + H(\sin\alpha - \alpha\cos\alpha) - \varepsilon p_{1i} r_{1i}\alpha\right].
\end{aligned}\right\} \qquad (55)$$

$$\left.\begin{aligned}
M_C &= \mathfrak{M}_C + X_b r_{1i} + X_C \\[2mm]
M_A &= M_B = X_b r_{1i}\cos\alpha + X_c \\[2mm]
M_D &= -X_b r_{1i} + X_C.
\end{aligned}\right\} \qquad (56)$$

Sie ergeben für die Winkel $= 10°$, $20°$ und $30°$ die in der nachstehenden Tabelle angeführten Biegemomente an den Punkten A, C und D und die Gesamtspannung im Querschnitt C.

Man ersieht daraus, daß bei $\varrho = 30°$ die Gesamtbeanspruchung an der Stelle C die Bruchfestigkeit des Stahls überschreitet. Bei der schlagartig auftretenden Biegewirkung, die sich den Ringzugspannungen überlagert, kann es also zu einem Bruch der Panzerung kommen.

Tabelle 15. *Biegewirkung in einer Druckschachtpanzerung, deren Bettung in einem durch den halben Öffnungswinkel gekennzeichneten Teilbereich versagte*

α	$\mathfrak{M}_c$ cmkp	M_A cmkp	M_C cmkp	M_D cmkp	σ_c kpcm²
10°	− 2390	260	− 2120	− 60	1 700
20°	− 9200	1900	− 7220	− 720	3 610
30°	−20854	6190	−14080	−2190	6 170

69. Das Einbeulen von Druckschacht- und Druckstollenpanzerungen

Die Frage des Einbeulens von Druckschacht und Druckstollenpanzerungen infolge der Wirkung eines Außenwasserdruckes hat in letzter Zeit durch das Bekanntwerden einiger Rohrbrüche, die darauf zurückzuführen waren, an Bedeutung gewonnen. Einer dieser Schadensfälle betrifft eine Druckstollenpanzerung, die beim Entleeren des Stollens in einer 10 m langen Strecke um rd. 130 cm eingedrückt wurde, wobei der kritische Druck mit etwa 2 kpcm⁻² bewertet werden konnte. Der andere Fall ereignete sich bei einer Schachtpanzerung mit einem lichten Durchmesser von 2,50 m, die noch vor der Betriebsaufnahme auf eine Länge von 20 m zweiseitig zusammen um den halben Durchmesser eingebeult wurde. Der kritische Wasserdruck konnte theoretisch zu 8 kpcm⁻² ermittelt werden.

Die Beschädigung einer Druckschachtpanzerung bringt einen beträchtlichen Verlust mit sich. Die Panzerung muß an der Schadensstelle herausgeschnitten und erneuert werden. Dies bedingt kostspielige, mit Abbrucharbeiten am Bauwerk verbundene Maßnahmen, um die Zugangswege zur Schadensstelle wieder zu eröffnen. Die Stillegung des Werkes verursacht überdies einen Ausfall in der Energieerzeugung, dessen Gegenwert die Kosten der Wiederherstellungsarbeiten meist übersteigt. Es liegen also gute Gründe dafür vor, dem Beulproblem bei Druckschacht- und Druckstollenpanzerungen besondere Aufmerksamkeit zu widmen. Dieses Problem gehört zwar streng genommen in das Gebiet der Statik des Stahlbaues. Die Maßnahmen zur Verhütung von Beulschäden sind aber hauptsächlich bautechnischer Art, bzw. sie beeinflussen die Bauausführung maßgebend, weshalb dem Beulproblem einiger Raum gewidmet wird.

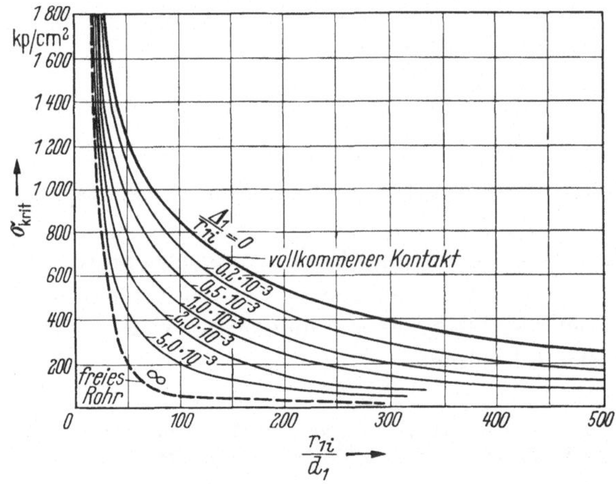

Abb. 78. Beulspannungen für das glatte Druckschacht-Panzerrohr aus normalem Flußstahl [2].

Die Ausbildung eines Wasserdruckes an der Außenseite der Panzerung setzt das Vorhandensein von Hohlräumen voraus, die entweder mit Bergwasser oder mit Leckwasser aufgefüllt werden. Das Leckwasser kann aus dem Schacht selbst oder aus benachbarten Bauteilen stammen, die unter Druck stehen oder standen. Der letztere Fall kommt besonders im oberen Teil von Druckschächten bei deren Entleerung in Betracht, wo aus dem anschließenden Druckstollen oder dem nahe gelegenen Wasserschloß Wasseraustritte möglich sind und wo die wegen des geringen betrieblichen Innenwasserdruckes dünne Druckschachtpanzerung besonders beulempfindlich ist und nur schwer hohlraumfrei stabilisiert werden kann (siehe Abb. 73).

Das Beulproblem ist statisch für ein auf der Betonbettung nicht aufliegendes Rohr, also bei Berücksichtigung eines ringsum vorhandenen Hohlraumspaltes zuletzt von AMSTUTZ eingehend behandelt worden [2]. Die kritische Beulspannung für ein glattes Panzerrohr ist von seinem lichten Halbmesser r_{1i}, von seiner Dicke d_1 und von der Weite des Spaltes Δ_1 abhängig. Es ist zweckmäßig, die kritische Beulspannung σ_{krit} in Abhängigkeit vom Verhältnis $r_{1i} : d_1$ darzustellen und den Hohlraumspalt gleichfalls zum Innenhalbmesser in Beziehungen zu setzen, d. h., den Parameter $\Delta_1 : r_{1i}$ einzuführen. Dann ergibt sich auf Grund der von AMSTUTZ aufgestellten Beziehungen für die kritische Beulspannung das Diagramm gemäß Abb. 78. Ein unterer Grenzwert der kritischen Beanspruchung ist durch die Theorie des unter Außendruck gelangenden vollkommen freien unendlich langen Rohres gegeben, die in strenger Form im Jahre 1914 von MISES behandelt wurde. $(\varDelta_1 : r_{1i} = \infty)$ [32]. Beim eingebetteten Rohr liegen die Verhältnisse günstiger, weil die Panzerung nicht frei ausweichen kann, sondern durch die Bettung behindert wird; die kritische Spannung erreicht ihren Höchstwert für vollkommenen Kontakt $\varDelta_1 : r_{1i} = 0$. Die Art der eintretenden Verformung geht aus Abb. 79 hervor. Bei zunehmender Ringspannung infolge des Außenwasserdruckes wird das nicht satt am Bettungsbeton anliegende und daher in begrenztem Maße verformbare Rohr bald seine Stabilitätsgrenze erreichen und in eine elliptische Form übergehen. Damit ist aber seine Tragfähigkeit nicht erschöpft; vielmehr werden die stärker gekrümmten Teile bald die Wandungen

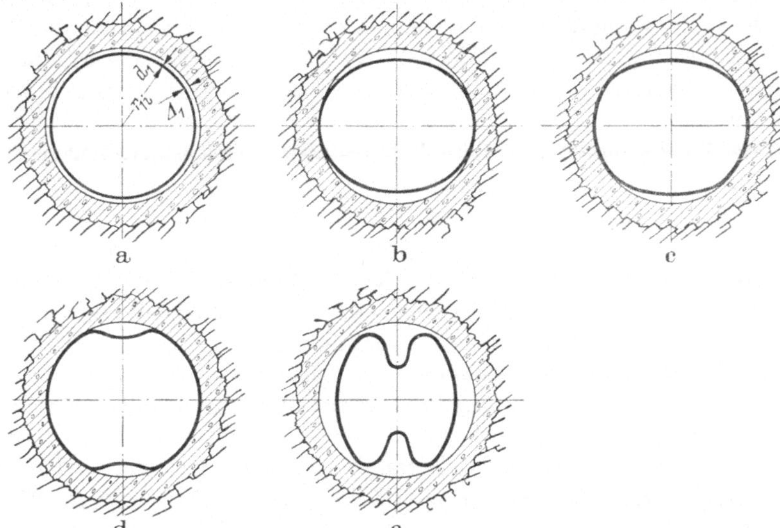

Abb. 79. Einbeulstadien einer unter Außenwasserdruck gelangenden Druckschachtpanzerung [2].

des Bettungsbeton berühren und bei weiterer Laststeigerung wird sich die Panzerung in zunehmendem Maße an die Betonbettung anschmiegen. An den freiliegenden Stellen der Panzerung werden sich später isolierte Einbuchtungen bilden, die bei wachsender Belastung immer schmäler und höher werden. Die Tragfähigkeit der Panzerung ist dann als erschöpft anzusehen, wenn an irgendeiner Stelle die Randspannung die Fließgrenze des Stahls erreicht. Bei noch größerer Belastung wird die Ausbuchtung plastisch zusammengefaltet und damit der Zusammenbruch des ganzen Rohres eingeleitet.

Die Frage, wie groß die Belastung der Panzerung durch den Außenwasserdruck werden kann, läßt eine theoretische Beantwortung kaum zu. Nach den Eigenschaften des Gebirges und nach den hydrologischen Verhältnissen, wie sie beim Ausbruch des Stollens oder Schachtes angetroffen werden, ist eine Beurteilung des Einzelfalles möglich; sie muß immer angestellt werden, obwohl von ihr meist nur ein rohes, qualitatives Ergebnis aber keine sichere Bewertung der Größe des Außenwasserdruckes zu erwarten ist.

Die Bedeutung, welche dem Hohlraumspalt zwischen dem Panzerrohr und seiner Betonbettung für die Beulgefahr zukommt, wurde bereits angedeutet.

Durch Zementeinpressungen gelingt es zwar, einen praktisch fast vollkommenen Kontakt zwischen Panzerung und Bettungsbeton zu erzielen. Dieser Zustand bleibt aber nicht bestehen, sondern unter der Einwirkung des Betriebsdruckes treten im Beton und im Gebirge bleibende Verformungen auf, die selbst bei ursprünglich vorhandenem vollkommenem Kontakt zur Ablösung einer nicht verankerten Panzerung führen. Die Bildung des Hohlraumspaltes wird daher hauptsächlich von jenen Wirkungen bzw. deren Anteilen hervorgerufen, die bei der Inbetriebnahme des Schachtes auftreten. Es sind dies: die Abkühlung der Panzerung, die letzten Phasen des Schwindprozesses des Betons, seine mit der Belastung eintretende bleibende Verformung und das unter dem gleichen Einfluß im Laufe der Zeit sich entwickelnde Kriechen des Betons und schließlich die bleibende Verformung und das Kriechen des Gebirges. Hinsichtlich der versuchsmäßigen Erfassung dieser Wirkungen wird auf die Abschnitte 64 und 62 verwiesen; ihre theoretische Beurteilung läßt sich aus den Darlegungen in Abschnitt 62 entnehmen.

Um die Panzerung eines Druckschachtes oder Druckstollens gegen Einbeulen durch Außenwasserdruck zu schützen, wird man unter allen Umständen durch Ausführung von Zementinjektionen für eine weitgehende Verschließung aller Hohlräume in der Umgebung der Panzerung sorgen. Außerdem kann entweder für die Aufnahme des Außenwasserdruckes Vorsorge getroffen werden, oder man kann durch Entwässerungsmaßnahmen eine Beseitigung oder wesentliche Verminderung des Außenwasserdruckes herbeiführen.

a) Die *Maßnahmen zur Aufnahme des Beuldruckes* sind entweder in Form einer außen liegenden Versteifung durch Profilstahlringe möglich oder sie können in der Schaffung einer Verbundkonstruktion bestehen, wobei der Bettungsbeton zur Aufnahme des Wasserdruckes herangezogen wird. Der Verbund wird durch Anker bewirkt. Eine häufige, insbesondere von der Electricité de France angewendete Maßnahme des Beulschutzes stellt die Igeldornverankerung dar, das sind Einzelanker, die in radialer Richtung an die Panzerung angeschweißt werden. Eine ähnliche Verankerung wird häufig bei Druckstolleneinläufen oder bei Panzerrohren angewendet, die durch Staumauern hindurchgeführt werden. So z. B. in Rossens (Schweiz) und Castelo do Bode (Portugal) [106]. Das statische System der Igeldornverankerung stellt eine primitive Verbundkonstruktion dar. Sie besteht aus der auf Biegung beanspruchten Panzerung selbst, wozu in der Querschnittsrichtung eine gewisse Gewölbewirkung kommt und den auf Zug beanspruchten Ankern. Es braucht nur auf die im Abschnitt 68 behandelten Nebenwirkungen in Druckschachtpanzerungen hingewiesen zu werden, um darauf aufmerksam zu machen, daß bei jeder Abweichung von der Drehsymmetrie eine sehr ungünstige Beanspruchung der Anker auftreten kann. Theoretische Erwägungen haben in der Schweiz zu einer zweckmäßigeren Form des Verbundes zwischen Panzerung und Bettungsbeton geführt (Abb. 80) [2].

Alle Aussteifungen der Panzerung und Ankerformen haben den Nachteil, daß sie den Transport und das Versetzen der Rohre und insbesondere das Einbringen und Verarbeiten des Bettungsbetons erschweren. An den von der lotrechten Richtung stark abweichenden Flächen solcher Aussteifungen oder Verankerungen werden sich bei der Betonierung an den Unterseiten häufig Einzelhohlräume bilden, die nur schwer und mit viel Mühe verschließbar sind.

b) *Die Entwässerungsmaßnahmen zum Zwecke* der Verhinderung des Außenwasserdruckes können auf verschiedene Art ausgeführt werden. Die Entwässerung des Spaltes zwischen Panzerung und Bettungsbeton kann bei Entleerung des Schachtes durch Rückschlagventile nach dem Schachtinneren herbeigeführt werden. Diese Lösung ist im Prinzip sehr einfach, nicht aber in ihrer Durchführung. Es wird einerseits schwer sein, die große Zahl der nötigen Ventile gegen Innendruck verläßlich dicht zu halten; anderseits wird die Entleerung eines Druckschachtes selten durchgeführt, und es darf daher nicht erwartet werden, daß die unzugänglichen und daher nicht gepflegten Ventile nach einer langen Zeit des Werksbetriebes mit Sicherheit ansprechen. In Druckstollen, also bei geringeren betriebsmäßigen Innenwasserdrücken und der Möglichkeit häufiger Entleerung sind jedoch solche Ventile zur Entlastung des Außenwasserdruckes wiederholt mit Vorteil angewendet worden.

Eine weitere Entwässerungsmöglichkeit besteht in der Anordnung eines parallel zum Druckschacht geführten, begehbaren Entwässerungsschachtes, der eine jederzeit zu überwachende und daher verläßliche Anordnung darstellt. Weil ein solcher Entwässerungsschacht in der Regel gleichzeitig für die Ableitung des Bergwassers dient, sind Maßnahmen notwendig, um die Zementinjektionen ausführen zu können. Außerdem ist Vorsorge zu treffen, daß der zwischen Panzerung und Bettungsbeton entstehende Spalt

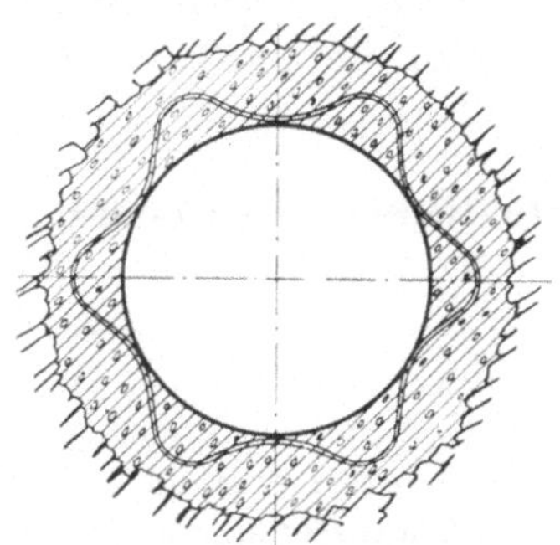

Abb. 80. Druckschachtpanzerung mit Schubverankerung [2].

bei der Entleerung des Druckschachtes mit dem Entwässerungsschacht Verbindung hat, gleichfalls unter Bedachtnahme darauf, daß die Injizierungsarbeiten durchführbar bleiben. Diese Forderungen zu erfüllen, bereitet Schwierigkeiten. Die bisher bekanntgewordenen Ausführungsweisen solcher Entwässerungsschächte können nicht als nachahmenswert bezeichnet werden; Abb. 82, 83 und 84 zeigen Beispiele dafür. Zur Aufnahme des Entlastungsdruckes ist bei der Ausführung nach Abb. 84 im Bereich des obenliegenden Entwässerungs- und Begehungsschachtes eine Bewehrung vorgesehen worden, die aber nicht ganz entspricht. Wenn Radialrisse, die im Beton mit großer Wahrscheinlichkeit auftreten werden, einen Weg finden, wie er in Abb. 84 durch die Linien a—a gekennzeichnet ist, wird damit aus der Betonbettung ein Keil herausgelöst, der trotz der Bewehrung nach oben zurückweichen kann. Bei plötzlichem Nachgeben dieses Keils können dynamische Beanspruchungen von beträchtlichem Ausmaß auftreten und zu Schäden an der Panzerung führen. Dies gilt im gleichen Sinne für die Beispiele gemäß Abb. 83. Die Ergebnisse der im Abschnitt 68 durchgeführten Untersuchungen weisen darauf hin, daß man sich bei der Beurteilung der Panzerung in solchen Fällen keineswegs auf die Sicherheit stützen darf, die das Rohr bei ringsum gleichmäßig eintretendem Versagen der Bettung, also bei vollständigem Freiliegen, noch besitzt. Die entlastende Wirkung der Bettung muß im Bereich eines solchen Entwässerungsschachtes unter allen Umständen, also auch bei ungünstigster Lage der Radialrisse im Beton gewährleistet bleiben, wenn man es nicht vorzieht, auf Ausführungen solcher Art zu verzichten.

70. Beispiele für Schäden an Druckschächten

Die im vorangegangenen Abschnitt geschilderten Nebenwirkungen in der Beanspruchung von Druckschachtpanzerungen sehen irgendwie gesucht aus, so daß man glauben könnte, ihre Bedeutung sei überschätzt worden. Nun sind Schäden an gepanzerten Druckschächten wiederholt aufgetreten, und darunter befinden sich auch Fälle, die auf das Versagen der Bettung zurückzuführen sind, wenngleich in letzter Zeit Schäden an Druckschachtpanzerungen durch Einbeulen infolge des Außenwasserdruckes häufiger zu verzeichnen waren. Über solche Ereignisse wird meist nicht berichtet und daher sollen nur Schadensfälle angeführt werden, über die Veröffentlichungen bestehen, während Mitteilungen über sonstige Schadensfälle unterbleiben, so sehr solche zur Verhütung späterer Mängel zweckmäßig wären.

TALOBRE, der sich mit diesen Unfällen beschäftigt, erwähnt, ohne das Kraftwerk anzugeben, den Bruch einer 6 mm dicken Stahlauskleidung, die dem vollen Innendruck widerstanden hätte, ohne daß die Elastizitätsgrenze des Rohrwerkstoffes erreicht worden wäre. Der Bruch ereignete sich entlang einer Felsspalte, wo die Betonbettung durch einen Riß geschwächt worden war. TALOBRE vermutet, daß örtliche Spannungskonzentrationen und zusätzliche Biegespannungen die Ursache des Fehlschlages waren [142b]. Der geschilderte Fall, von dem weitere Einzelheiten nicht bekanntgegeben worden sind, deckt sich augenscheinlich mit den Voraussetzungen der im vorangegangenen Abschnitt angestellten Überlegungen.

Ein eingehender Bericht liegt von den beim Druckschacht des Gerlos-Kraftwerkes in Tirol eingetretenen Panzerrohrbrüchen vor. Sie ereigneten sich bald nach der Fertigstellung des Werkes am 30. 10. 1945 und am 26. 11. 1947, wobei das unter hohem Druck ausströmende Betriebswasser namhafte Schäden verursachte [67, 89].

Abb. 81 zeigt den Längsschnitt des Druckschachtes mit Eintragung der Schadenstellen.

Der den ganzen Hang aufbauende Quarzphyllit ist ein altes Gestein mit sehr bewegter geologischer Vergangenheit. Das Alter ist unsicher, jedenfalls aber paläozoisch, weshalb der Quarzphyllit zwei Alpenfaltungen mitgemacht hat. Das Gestein ist bis in kleinste Bereiche intensiv gefaltet, die Falten sind nahezu lotrecht aufgerichtet und streichen annähernd senkrecht zum Hang. Die Schieferung ist ungefähr gleichgerichtet und außerdem wurde ein im spitzen Winkel dazu verlaufendes Kluftsystem festgestellt. Noch stärker als das letztere tritt ein Kluftsystem hervor, das nahezu hangparallel streicht. Die Klüfte sind teilweise mit Quarz verheilt, teilweise aber offen. In vielen Klüften ist die gegenseitige Verschiebung an der starken Zerrüttung bzw. an der Harnischbildung zu erkennen. Der Phyllit hat sich in der Nachbarschaft solcher Klüfte infolge mechanischer Zerstörung und nachfolgender chemischer Zersetzung unter der Wirkung des Bergwassers in eine tonige Masse verwandelt. Kluftfüllungen solcher Art setzen die Güteeigenschaften des Gebirges außerordentlich stark herab.

Es wurde bereits früher erwähnt (Abschnitt 22), daß am Hang ein Talzuschub, also eine Felsgleitung postglazialen Ursprunges festgestellt wurde, weshalb man den Schacht tief in das Berginnere verlegt hat. Diese Vorsichtsmaßnahme wurde ergriffen, obwohl keine Anzeichen vorhanden waren, die für ein Wiederaufleben der alten Hanggleitung gesprochen hätten. Ferner sei noch erwähnt, daß sich nördlich des Druckschachtes alte Goldbergbaue befanden, die im 16. und 17. Jahrhundert ausgebeutet wurden und sehr ergiebig waren. Diese alten Goldbergbaue greifen mit einigen Querschlägen bis über den Druckschachtbereich hinaus, werden aber wegen ihrer seichten Lage vom Schacht unterfahren.

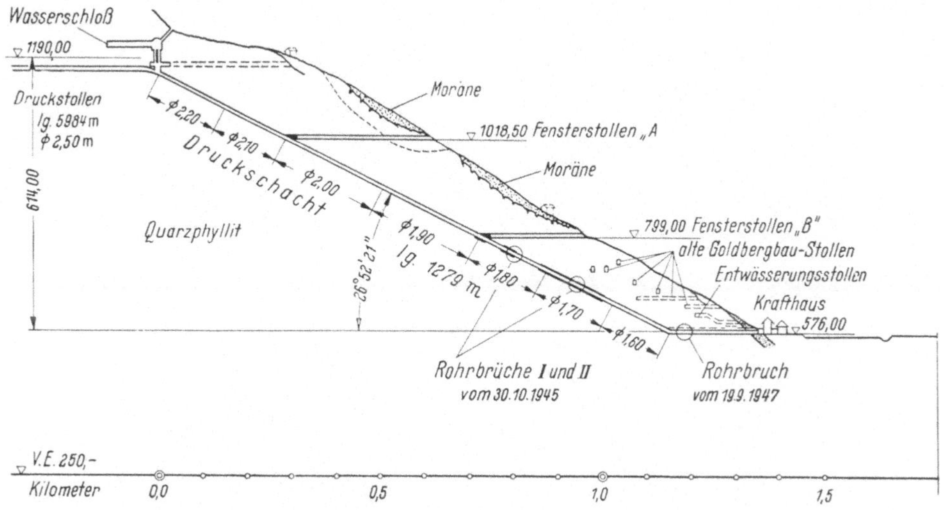

Abb. 81. Längsschnitt des Druckschachtes des Gerlos-Kraftwerkes, Tirol [67].

Beim Schadenfall im Jahre 1945 ist im Schrägteil des Schachtes die Panzerung an zwei Stellen aufgerissen; bei jenem vom Jahr 1947 ist im waagerechten Teil die Panzerung an einer Stelle geborsten. Die Regelquerschnitte im Schrägteil des Druckschachtes zeigt Abb. 82. Es sind im wesentlichen zwei Querschnitte zur Ausführung gekommen. Im standhaften Gebirge wurde eine einfache Betonbettung angeordnet. Bei nachbrüchigem Gebirge wurde unter teilweiser Auswechslung des zeitweiligen Holzeinbaues ein Tragring aus Betonformsteinen zur Ausführung gebracht, unter dessen Schutz die Panzerung eingefahren und der Bettungsbeton eingebracht werden konnte. Es wurde also der traditionelle Holzeinbau ausgeführt, eine Bauweise, die heute, nachdem einwandfreie Bauweisen zur Verfügung stehen, nicht mehr angewendet werden darf.

Unterhalb der Panzerung wurde der für die Begehung und hauptsächlich für Entwässerungszwecke vorgesehene Parallelschacht angeordnet, dessen Abmessungen im Vergleich zum lichten Druckschachtquerschnitt verhältnismäßig groß sind. Die Panzerrohre besitzen, wie aus der Abb. 82 ersichtlich ist, aufgeschweißte Gleitfüße, die beim Ablassen der Rohrschüsse auf Winkeleisenschienen glitten. Der Entwässerungsgang wurde halbkreisförmig überwölbt. Bei der Herstellung des Gewölbes ist wegen der Beengtheit des Arbeitsraumes statt einer Holzschalung eine zweiteilige, halbkreisförmige Betonschale verwendet worden. Es ist auffallend, daß der zwischen der Panzerung und dem Entwässerungsgang liegende Betonsteg durch Arbeitsfugen weitgehend unterteilt wurde. Ferner möge darauf hingewiesen werden, daß die Zementinjektionen in der von

Entwässerungsöffnungen durchbrochenen Auskleidung des Entwässerungsganges schwer einwandfrei ausgeführt werden konnten.

Abb. 83 bringt den Regelquerschnitt im unteren waagrechten Teil des Druckschachtes. Dort ist der Entwässerungsgang oberhalb des Panzerrohres angeordnet worden. Er blieb ohne Verkleidung und auch auf eine konstruktive Auskleidung des Gewölbes zur Aufnahme der Kontaktpressungen zwischen Panzerung und Bettungsbeton wurde verzichtet.

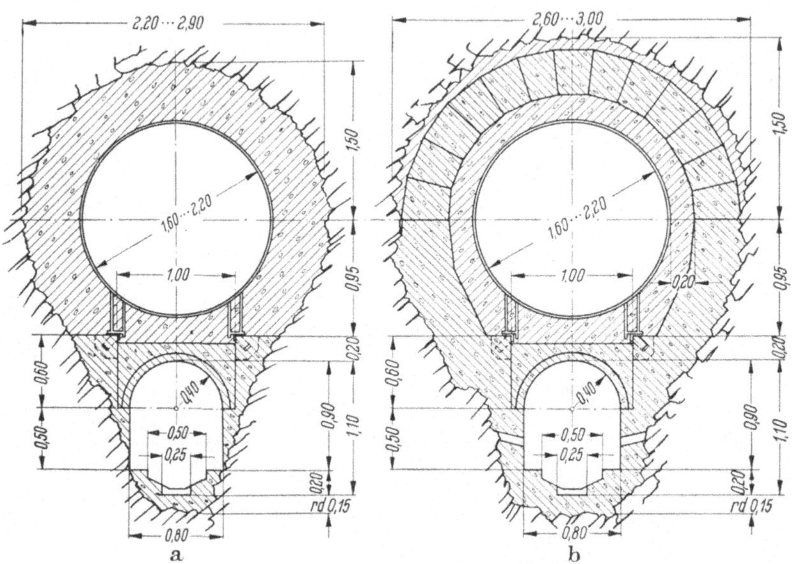

Abb. 82. Regelquerschnitte für die Steilstrecke des Druckschachtes des Gerlos-Kraftwerkes, Tirol;
a) im standfesten Gebirge;　　　　b) im gebrechen Gebirge.

Besonders auffällig ist diese Erscheinung aber beim Rohrbruch von 1947, dessen Auswirkungen aus der Abb. 87 ersichtlich sind. In der durch die austretenden Wassermassen freigelegten waagrechten Panzerung ist vorne eine Lücke zu sehen; sie entstand dadurch, daß ein dreieckförmiger Lappen aus dem Rohr herausgerissen und in der Fließrichtung gegen die Apparatekammer hin geschleudert wurde. Im Anschluß an diese Lücke sieht man den klaffenden Längsriß, der etwas links vom Scheitel der Panzerung verläuft, wie dies auch der Zerstörung der Betonüberdeckung entspricht, von der auf der linken Seite mehr abgetragen wurde, wie auf der rechten. Im Hintergrund ist der Aufbeton zu sehen und darüber der Kriechgang. Die Panzerung hat den lichten Durchmesser von 1 600 mm und eine Dicke von 30,5 mm. Der Bruch war spröde und ohne jede plastische Verformung.

Bei so schweren Schäden, wie sie eben geschildert wurden, sind meist mehrere Ursachen im Spiel. Eine sehr wichtige Ursache war aber zweifellos der Zusammenbruch der Bettung, die in dem Gewölbe über dem Begehungsgang des Schrägschachtes einerseits und im Aufbeton im waagerechten Teil des Druckschachtes in statischer Hinsicht unzulänglich war. Die beim Versagen der Bettung auftretende stoßartig wirkende Belastungsänderung hat den Sprödbruch der Panzerung herbeigeführt.

Als zweite wesentliche Ursache des Schadens muß die Trennbruchempfindlichkeit des Stahls der Panzerung angeführt werden. Sie ist von der chemischen Zusammensetzung des Werkstoffes, von der Schmelzführung bei der Stahlerzeugung

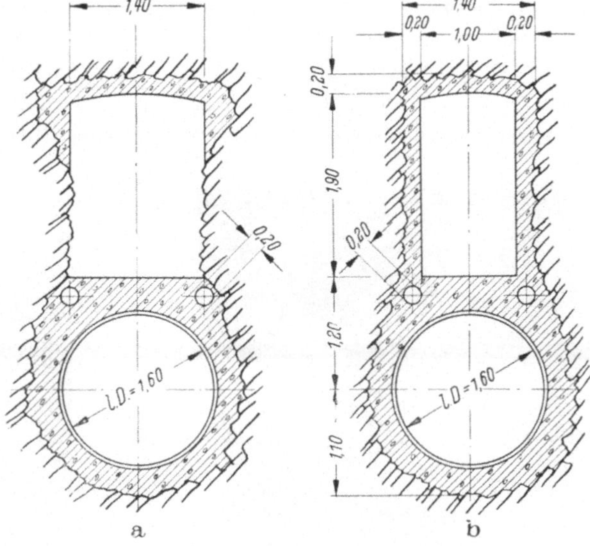

Abb. 83. Regelquerschnitte für die untere Flachstrecke des Druckschachtes des Gerlos-Kraftwerkes, Tirol; a) im standfesten Gebirge; b) im gebrechen Gebirge [29].

und von der Wärmebehandlung, die der Stahl erfahren hat, abhängig. Die statischen Festigkeitsuntersuchungen des Stahles zeigten ein einwandfreies und den gewöhnlichen Bedingungen durchaus entsprechendes Verhalten. Zugfestigkeit und Bruchdehnung waren bedingungsgemäß und die Einschnürung und das Bruchbild zeigten keine Mängel. Unter ruhender Belastung, etwa in einer genieteten Konstruktion, hätte der Stahl entsprochen. Hingegen hatte die Untersuchung der Kerbzähigkeit ein ungünstiges Ergebnis, das sich bei niedrigen Temperaturen noch verschlechterte.

Nach den Darlegungen des Abschnittes 77, betreffend die Nebenwirkungen in der Beanspruchung von Druckschachtpanzerungen, sind die aufgetretenen Schäden leicht zu erklären. Abb. 85 zeigt die obere Schadensstelle des Rohrbruches von 1945 entgegen der Fließrichtung des Wassers gesehen. Aus der Panzerung wurde ein schildförmiger Lappen herausgerissen, der den Blick vom Entwässerungsgang in das Innere des Rohres freigab. Die Panzerung wies einen 9 m langen, sich

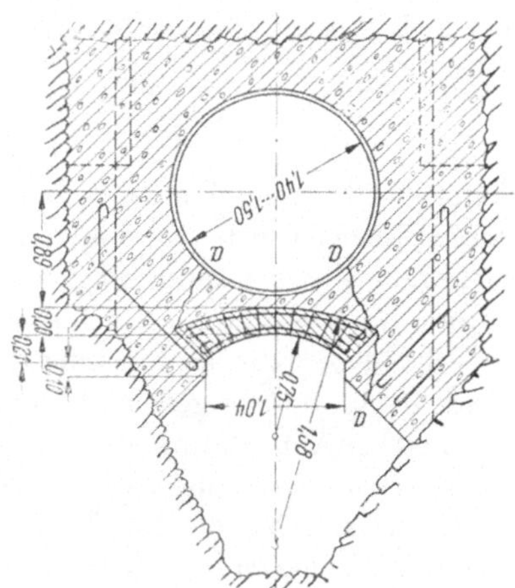

Abb. 84. Regelquerschnitte von Druckschächten mit parallel verlaufendem Begehungs- und Entwässerungsgang.

gabelnden Längsriß auf. Die Abb. 85 zeigt den keilförmigen Ausbruch des Bettungsbetons im Bereich des Gewölbes über dem Entwässerungsgang. Im Bild rechts ist ein gegen das Widerlager dieses Gewölbes verlaufender Radialriß erkennbar. Die von

dort gegen den Vordergrund des Bildes führende rauhe Bruchfläche des Betons ist
anscheinend ebenfalls durch einen Riß vorgezeichnet, der die Rückfläche der Betonschale gesucht hat. Eine ähnliche Erscheinung ist auf der linken Bildseite zu sehen.

Abb. 86 zeigt die Schäden an der unteren Rohrbruchstelle der Havarie von
1945. Man sieht auf der Unterseite der Panzerung einen klaffenden Längsriß, der
etwas seitlich der Sohlenmitte verläuft. Er hat die Montagerundnaht, die zwischen
zwei Gleitfüßenpaaren liegt, ohne daß seine Richtung beeinflußt worden wäre,
durchtrennt. Im rechten Teil des Bildes sieht man die stehengebliebene Hälfte
der Betonauskleidung des Entwässerungsganges. Ihre Begrenzung folgt annähernd

Abb. 85. Begehungs- und Entwässerungsgang im
Druckschacht des Gerlos-Kraftwerkes, Tirol, an
der Schadensstelle I des Rohrbruches vom Jahre
1945 [98].

Abb. 86. Druckschacht des Gerlos-Kraftwerkes,
Tirol. Schadensstelle II des Rohrbruches vom
Jahre 1945 [98].

dem Gewölbescheitel, so daß anzunehmen ist, daß auch sie durch einen Radialriß
vorgezeichnet wurde. Im linken Teil des Bildes ist die Auskleidung des Entwässerungsganges vollständig abgetragen und der Tragring aus Betonformsteinen
unterkolkt worden. An der klaffenden Fuge zwischen Panzerung und Beton ist
zu erkennen, daß das Gewölbe des Entwässerungsganges um ein beträchtliches
Stück nach abwärts gedrückt wurde.

Aus den Abb. 85 und 86 ist zu erkennen, daß die Rißbildung in der Panzerung
mit dem Entwässerungsgang im Zusammenhang steht.

Die Eigenschaften des Stahles der Panzerung haben die Rohrbrüche begünstigt; das Versagen der Bettung kam jedoch als Schadensursache hauptsächlich
in Frage. Für diese Anschauung sprechen folgende Gründe:

a) Die Risse in der Panzerung waren in allen Fällen Längsrisse und lagen an
jenen Stellen, wo außerhalb der Panzerung der Entwässerungsschacht verläuft.

b) Eine Beeinflussung der Rißbildung durch die Spannungsfelder in der Nähe
von Schweißnähten oder durch Spannungshäufungen an den außerordentlich zahlreichen nachträglich verschweißten Injektionslöchern in der Panzerung war nicht
feststellbar. Keiner der Risse suchte eines der vielen Löcher.

c) Zwei von den drei Schadensstellen lagen in einem Gebirge, das eine unter den gegebenen Verhältnissen relativ gute Beschaffenheit aufwies. Diese Feststellung beinhaltet einen scheinbaren Widerspruch, der aber sofort geklärt werden kann. Je besser nämlich die Eigenschaften des Gebirges sind, d. h. je größer sein Elastizitätsmodul ist, desto größer ist die Entlastung der Panzerung. Wenn nun die Bettung im Bereich des Entwässerungsganges nachgegeben hat ist die dabei auftretende Belastungsänderung um so größer, je stärker die Entlastung vor dem Bruch war. Damit ist die Tatsache gekennzeichnet, daß in guten Gebirgsstrecken für die Überwölbung des Hohlraumes bei gleichem Innendruck in höherem Maße eine Gefährdung bestand als bei ungünstiger Gebirgsbeschaffenheit. Bei großer Nachgiebigkeit des Gebirges steht die Panzerung von vorneherein nahezu unter voller Ringzugspannung, und ein Wegfall der Entlastung bringt keine wesentliche Änderung des Belastungszustandes und daher auch keine nennenswerte Biegewirkung des entlasteten und freiwerdenden Rohrsektors. Solche Gesichtspunkte sollen aber nur als Begründung dieses außergewöhnlichen Falles gelten; für ihre Anwendung darf im Druckschachtbau keine Möglichkeit gegeben werden. Man soll größere Hohlräume in der Bettung oder zwischen Bettung und Gebirge vermeiden;

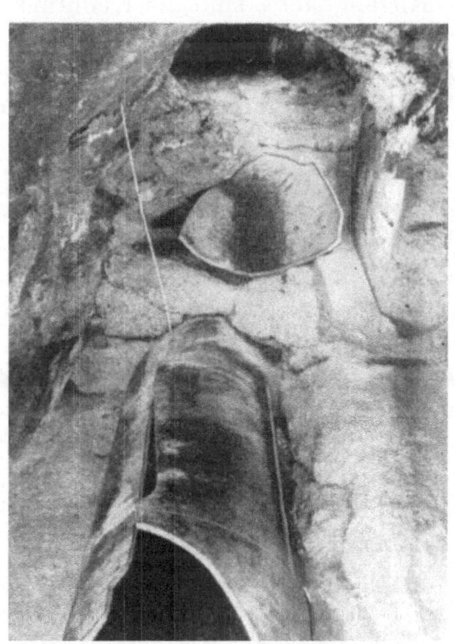

Abb. 87. Rohrbruch 1947 in der unteren Flachstrecke des Druckschachtes des Gerlos-Kraftwerkes, Tirol. Der herausgerissene Lappen der Panzerung liegt auf der Oberseite der ursprünglichen Betonüberdeckung; darüber ist der später hergestellte Aufbeton und ganz oben der anläßlich der Instandsetzungsarbeiten belassene Kriechgang zu sehen [98].

wenn sie aber unbedingt notwendig sind, muß für einen drehsymmetrischen und ringsum möglichst gleichmäßigen Widerstand der Bettung Sorge getragen werden. Im geschilderten Fall wurde denn auch der Bewässerungsgang vollständig mit Beton verschlossen und damit eine Sanierung des Bauwerkes herbeigeführt.

71. Grundsätzliches über die bauliche Ausbildung von Druckschächten

Nachdem das Druckschachtproblem theoretisch erörtert wurde, ist es möglich, die Grundsätze für die bauliche Ausbildung zu behandeln.

Eine kennzeichnende Eigenschaft der Druckschächte ist die starke Beanspruchung des Gebirges, die ähnliche Ausmaße erreicht, wie sie etwa bei der Gründung von Gewölbestaumauern vorliegen. In beiden Fällen müssen Bauwerk und Gebirge als untrennbare Einheit aufgefaßt werden und die bauliche Ausgestaltung der Kontaktfläche hat der gemeinsamen Wirksamkeit in weitem Maße Rechnung zu tragen. Vor allen Dingen wird man für die Anlage eines Druckschachtes günstige Gebirgsverhältnisse suchen. Dies gilt in erster Linie hinsichtlich des elastischen Verhaltens, d. h. der Größe des Elastizitätsmoduls; ferner soll die plastische Verformbarkeit in möglichst engen Grenzen bleiben und schließlich ist es notwendig, die Unstetigkeiten im Verhalten des Gebirges zu erkennen und ihnen Rechnung zu tragen.

Während dem Stahlbau eine hochentwickelte Technologie des Werkstoffes zur Verfügung steht, sind die Kenntnisse über die Eigenschaften des Gebirges noch recht gering. Einer außerordentlichen Genauigkeit und einer strengen Kontrolle durch Abnahmeprüfungen auf der Stahlseite standen hinsichtlich der Eigenschaften des Werkstoffes „Gebirge" bei vielen bisherigen Ausführungen nur rohe Beurteilungsmöglichkeiten zur Verfügung, wie sie sich aus dem bloßen Augenschein ergeben. Dabei hat man sich häufig auf Schätzziffern verlassen, die von geologischer Seite angegeben wurden. Im besten Falle hat man in der näheren Umgebung des Druckschachtes in einem Stollen Abpreßversuche unternommen, die aber nur örtlich geltende Werte liefern konnten. Es muß hier nochmals auf die Einrichtung verwiesen werden, die von der SADE geschaffen wurde (Abschnitt 7). Sie gestattet nicht nur den Elastizitätsmodul des Gebirges, sondern auch die zu der jeweils auftretenden Belastung gehörigen plastischen Verformungen zu ermitteln und dies nicht bloß für die eine oder die andere Stelle eines Druckschachtes, sondern die Einrichtungen ermöglichen es, den ganzen Druckschacht durchzumessen und in den einzelnen Meßquerschnitten die oft zwar erkennbare aber hinsichtlich des Maßes ihrer Auswirkung durch den bloßen Augenschein nicht erfaßbare Anisotropie des Gebirges festzustellen. Man sollte in Hinkunft keinen Druckschacht mehr bauen, in dem nicht vor der Bemessung die Eigenschaften des Gebirges mit Hilfe ähnlicher Geräte festgestellt wurden. Die Durchmessung des Schachtes gibt also die Möglichkeit, alle Unstetigkeiten im Verhalten des Gebirges zu beobachten, und es können dann geeignete Maßnahmen getroffen werden, um ihrer schädlichen Wirkung zu begegnen. Hierfür sind im Abschnitt 102, betreffend die Nebenwirkungen in der Beanspruchung von Druckschachtauskleidungen, manche Hinweise gegeben worden. Aber nicht bloß die im Gebirge häufig bestehenden natürlichen Unstetigkeiten müssen in ihrer schädlichen Wirkung ausgeschaltet werden, es gilt auch für die durch den Bau hervorgerufenen oder durch den Entwurf bedingten Schwächen oder Störungen der Drehsymmetrie.

Eine grundlegende Forderung, von der nicht abgegangen werden darf, ist daß das Zimmerungsholz unter keinen Umständen zwischen Betonbettung und Gebirge verbleiben darf. Die heutigen Methoden gestatten es bei Druckschächten immer, den zeitweiligen Ausbau so zu wählen, daß eine Störung des Gebirges möglichst vermieden und ein einwandfreier Kontakt zwischen den Auskleidungsschichten gewährleistet wird. Hinsichtlich der Güte des Bettungsbetons ist kein besonderer Hinweis nötig, hingegen ist es zweckmäßig, darauf aufmerksam zu machen, daß bei der Ausführung der Zementinjektionen größte Sorgfalt anzuwenden ist. Hierfür gelten sinngemäß die im Abschnitt 58 bei Druckstollen gegebenen Hinweise.

72. Herstellung des Bettungsbetons nach dem Prepakt-Verfahren

Für die Herstellung des Bettungsbetons eines Druckschachtes steht in neuer Zeit auch das in den USA entwickelte Prepakt-Verfahren zur Verfügung. Dieses besteht im wesentlichen darin, daß in den Raum zwischen Panzerung und Ge-

birge nach Verlegung einzelner Rohrschüsse zunächst gut gewaschenes Kiesmaterial eingebracht wird. Nach derartiger Vorbereitung eines längeren Druck-
schachtstranges werden dann die Hohlräume des Kiesgerüstes mit einem Zementmörtel von besonderen Eigenschaften durch Einpressung verfüllt.

Das Prepakt-Verfahren wurde von L. S. WERTZ, Cleveland/Ohio erfunden.
Er versuchte erstmals im Jahre 1919 in die Hohlräume von schadhaftem Beton,
Mörtel einfließen zu lassen. Anfängliche Mißerfolge hielten ihn nicht davon ab,
an der Weiterentwicklung des Verfahrens zu arbeiten, bis es ihm schließlich gelang, aus einem Hilfsmittel für die Ausbesserung von schadhaften Bauteilen ein
neues Verfahren für Betonbauwerke zu schaffen, das sich für verschiedene Zwecke
eignet und für dessen Anwendung bei der Herstellung der Betonbettung eines
Druckschachtes günstige Voraussetzungen bestehen.

Der Prepakt-Beton besteht also aus dem Kiesgerüst und dem Eindringmörtel.
Für das Kiesgerüst kann sowohl rundes als auch gebrochenes Material verwendet
werden. Die unterste Grenze für die Korngröße beträgt 6—9 mm; sie wird aber
meist wesentlich höher gewählt, um die Nesterbildung im Beton verläßlich zu vermeiden. Die maximale Korngröße wird durch den Verwendungszweck, d. h. durch
die kleinsten Ausmaße des herzustellenden Bauwerkes bestimmt. Für die verhältnismäßig engen Hohlräume, wie sie bei der Betonbettung eines Druckschachtes meist in Betracht kommen, wird die Kiesmischung zwischen den Körnungen
20 und 60 mm abgestuft gewählt. Die Einbringung des Kiesgerüstes muß mit
großer Sorgfalt erfolgen, insbesondere muß nach Tunlichkeit vermieden werden,
daß durch Aufschlagen der Kieskörner oder durch Reibung auf dem Transport-
wege von der Waschanlage zur Einbaustelle Feinteile entstehen, die zu einer teilweisen Verlegung der Poren und damit zur erschwerten Eindringung des Mörtels
führen würden.

Von großer Wichtigkeit ist die Zusammensetzung des Prepakt-Mörtels. Der
Sand muß eine Korngröße von unter 1,6 mm besitzen und nur ein kleiner Anteil
über 1,6 mm Korngröße bis etwa 3 mm ist zulässig. Dabei ist zu berücksichtigen,
daß bei einer so schwierig überwachbaren Arbeit, wie bei einer Druckschacht-
auskleidung die maximale Korngröße des Sandes besser mit 1 mm begrenzt
wird; aus dem gleichen Grunde wird man mit der Minimalgröße des Kiesskelettes
6 mm immer überschreiten.

Als Zusatzmittel zum Zement werden Alfesil und Intrusion-aid verwendet.
Alfesil ist, wie der Name ausdrückt, ein eisenhaltiges Aluminiumsilikat und wird
aus der Flugasche von Hochöfen gewonnen. Es vermindert die Zusammenballung
der Zementteilchen und damit die Tendenz ihres Ausfallens bzw. der Wasserabscheidung. Intrusion-aid fördert die Leichtflüssigkeit des Mörtels, indem es
als Schutzkolloid die Verdickung der Mischung verhindert; dadurch wird die
Gleitfähigkeit erhöht und die Zementteilchen und Sandkörner bleiben in Suspension, wodurch die Förderung des Mörtels in Rohrleitungen erleichtert oder
überhaupt erst ermöglicht wird. Die Mischung kann durch lange Rohrleitungen
gepumpt werden, ohne daß es zu einer Verstopfung kommt und die Suspension
wird auch in den Poren des Kiesgerüstes bis zur Erhärtung aufrechterhalten, so
daß keine Entmischung eintritt.

Über die Zusammensetzung des Mörtels gibt die nachstehende Tab. 16 Aufschluß
[14], die später durch einige Ziffern von tatsächlichen Ausführungen erweitert wird.

Einer der Hauptvorteile des Prepakt-Betons ist sein geringes Schwindmaß. Das Schwinden wird dadurch in engen Grenzen gehalten, daß Intrusion-aid vor dem Abbinden des Zementes leicht aufquillt, und dadurch, daß die Kieskörner in Kontakt stehen, weshalb ihre Annäherung sehr erschwert ist. Aus diesem Sachverhalt ergibt sich allerdings auch die Frage, ob an diesen Kontaktstellen wegen der Kapillaritätserscheinungen nicht eine örtlich mangelhafte Verkittung der Kieskörner eintritt. Untersuchungen in dieser Richtung sind noch nicht angestellt worden.

Als Nachteil des Prepakt-Betons möge angeführt werden, daß man, wie bereits angedeutet wurde, das Eindringen des Mörtels in das Kiesgerüst während der Herstellung des Prepakt-Betons durch Augenschein nicht beobachten und am fertigen Bauwerk nur mit Hilfe von Bohrkernen stichprobenweise überprüfen kann. Eine Nesterbildung ist daher im Bereich der Möglichkeit.

Tabelle 16. Zusammensetzung von Prepakt-Mörtel

Zement Gew.-%	Alfesil Gew.-%	Intrusion-aid Gew.-%	Sand Gew.-%	Würfeldruck- festigkeit kpcm^{-2}
37	12,5	0,5	50	350
33	16,5	0,5	50	280
25	12,6	0,4	62	175

Die Herstellung des Prepakt-Betons erfolgt im Druckschacht bei luftgefüllten Poren. Sie ist auch unter Wasser möglich und im letzteren Fall ist eine größere Sicherheit gegen Nesterbildung gegeben.

Als erstes Beispiel für die Anwendung des Prepakt-Betons wird der Druckschacht der Oberstufe der Kraftwerksgruppe Kaprun erwähnt, dessen Herstellung in den Jahren 1953—1954 erfolgte [6]. Die Gesamtanordnung des Druckschachtes ist aus der Abb. 75 ersichtlich. Die Länge der Rohrschüsse betrug 10 m. Als Vorbereitung für die Auskleidungsarbeiten wurden nach beendetem Ausbruch zunächst die für den Rohrtransportwagen und für die Förderung des Kiesmaterials notwendigen Schienen auf Betonlängsschwellen verlegt. Diese Arbeit schritt von oben nach unten fort und war in Anbetracht der großen Neigung des Schachtes von 51° schwierig und gefahrvoll. Dann erfolgte die Trockenlegung des Schachtes durch Fassung aller Quellen in Rohrleitungen. Daraufhin wurden, vom unteren Krümmer beginnend, die Panzerrohrschüsse in den Schacht eingefahren. Nach erfolgter Montage, Schweißung der Montagerundnähte und deren Überprüfung wurde das Kiesgerüst eingebracht. Es bestand zur Hälfte aus der Körnung 15—30 mm und 30—80 mm. Das Kiesmaterial hat man aus einem knapp über dem jeweils zu hinterfüllenden Rohrschuß stehenden Silowagen in den Hohlraum zwischen Panzerung und Gebirge einlaufen lassen. Dieser Arbeitsvorgang hat sich wegen der Steilheit der Schachtneigung gut bewährt. Auf eine zusätzliche Verdichtung des Kiesgerüstes wurde verzichtet. Außenrüttelung erwies sich als wirkungslos und der Erfolg der Innenrüttelung war bei außerordentlich großem Verschleiß der Rüttelgeräte sehr gering.

Nachdem ein längerer Rohrstrang auf diese Weise vorbereitet war, wurde die Einpressung durchgeführt, die am Ende der Einpreßzone um einen hinterfüllten

Rohrschuß zurückblieb, damit für die zu injizierende Rohrstrecke eine Kies-
auflast vorhanden war.

Die Herstellung des Prepakt-Mörtels erfolgte im Scheitelbereich des Druckschachtes. Der Mörtel wurde dann über einen Zwischenbehälter mit einer Rohrleitung der von unten nach oben fortschreitenden Arbeitsstelle zugeführt. Der
Verteilbehälter stand etwa 25 m über der Injektionsstelle. Dieser Höhenunter-
schied entspricht bei einem Raumgewicht des Mörtels von 2 t/m³ einem Druck
von 5 atü. In der Panzerung waren in waagerechten Ebenen die Injektionslöcher
angeordent. Das Umsetzen der Einpreßkolben in den nächst höheren Horizont
erfolgte, wenn durch die dort gelegenen Injektionslöcher der Mörtel gut austrat
(Abb. 88).

Abb. 88. Einpressung von Prepakt-Mörtel in einem gepanzerten Druckschacht
von einem auf Gummirädern laufenden Aufzugswagen aus [6].

Als weiteres Beispiel für die Anwendung des Prepakt-Betons wird der Druckschacht des Wasserkraftwerkes Ackersand II, Schweiz, erwähnt, das Ende 1948
in Betrieb gegangen ist [137]. Dieser Druckschacht besitzt eine Neigung von 50%
und hat durchgehend einen Ausbruchsquerschnitt von 2,40 m Durchmesser,
während der lichte Querschnitt von 1,90 m auf 1,80 m Durchmesser abnimmt.
Der Zwischenraum für den Bettungsbeton nimmt daher von 0,25 m auf 0,30 m
zu. Das Rundkiesgerüst von 30—60 mm Korngröße wies ein Hohlraumvolumen
(einen Porenanteil) von 0,50 auf. Der Eindringmörtel bestand aus 300 kg
Portland-Zement, 100 kg Alfesil, 4 kg Intrusion-aid und 300 lt. Sand. Die Länge
der Rohrschüsse betrug 8 m. Es gelang je Arbeitstag 2 Rohrschüsse einzubringen
und fortschreitend auch die entsprechende Ausführung des Bettungsbetons und
der Injektionsarbeiten zu leisten.

Schließlich werden die Druckschächte der Kraftwerke Kemano (Kanada),
Zervreila (Schweiz) und Latschau (Österreich) angeführt, wo der Bettungsbeton
gleichfalls nach dem Prepakt-Verfahren hergestellt wurde.

Kapitel X

Kavernen

73. Allgemeine Beurteilung

Kavernen werden heute in ständig wachsendem Maße zur Unterbringung der maschinellen Anlagen von Wasserkraftwerken vorgesehen; in letzter Zeit ist auch die untertägige Anordnung von Reaktorkraftwerken in Entwicklung begriffen. Die Auswahl der Örtlichkeit einer Kaverne und ihre Orientierung ist eine außerordentlich wichtige Aufgabe. Meist handelt es sich um langgestreckte Hohlräume, bei denen die relative Lage der Längsachse zu den großräumigen Anisotropieflächen des Gebirges von entscheidender Bedeutung ist. Die Gesichtspunkte, die hinsichtlich der Vorerhebungen dargelegt wurden (Abschnitt 25) haben für große Felshohlraumbauten erhöhte Wichtigkeit. Vor allen Dingen wird man bestrebt sein, Kavernen nur in festem Fels zur Ausführung zu bringen. Alle anderen Gebirgsarten wird man vermeiden; auch gebrecher Fels würde bereits große Schwierigkeiten bereiten [24c]. Aus diesen Bedingungen und wegen der geringen Tiefenlage der Kavernen folgt, daß als Belastung des Ausbaues nur Auflockerungsdruck in Frage kommen wird. Die Ursachen des Auflockerungsdruckes sind im Abschnitt 25 eingehend behandelt worden; daher kann an dieser Stelle der Hinweis genügen, daß die dort geschilderten Erscheinungen für Kavernenbauten mit Rücksicht auf die großen Abmessungen des Hohlraumes in vielfach gesteigertem Maße gelten. Damit sind auch die Grundsätze für die Formgebung und statische Berechnung im großen und ganzen gekennzeichnet. Bei sehr guter Beschaffenheit des Gebirges, insbesondere bei gegebener Standsicherheit der meist hohen Ulmen begnügt man sich mit einem Firstgewölbe und läßt die Ulmen freistehen. Bestehen hinsichtlich der Standsicherheit jedoch Bedenken, dann sind entsprechende Sicherungsmaßnahmen notwendig. Sie können in Form einer gewölbten Verkleidung oder einer Felsankerung ausgeführt werden.

Der erwähnte, bei den Krafthauskavernen von Wasserkraftanlagen in der Regel angewandte Langhaustyp ist zweckbedingt (Abb. 89). Vom Standpunkt des Gebirgsdruckes ist der manchmal für Schieberkavernen aber insbesondere für Reaktorkavernen ausgeführte oder geplante Zentralbau günstiger. In der Abb. 90 ist das Projekt einer untertägigen Reaktoranlage wiedergegeben, wo beide Bautypen vorkommen: Für den Reaktor der sehr günstig vorgesehene Zentralbau und für das Krafthaus der Langbau.

74. Statische Behandlung des Gewölbes

a) Für die Beurteilung der Belastung des Gewölbes kommt in erster Linie die durch die *Sprengarbeiten verursachte Auflockerung des Gebirges* in Betracht. Infolge der großen Breite der Kavernen und der meist geringen Pfeilhöhe des Firstge-

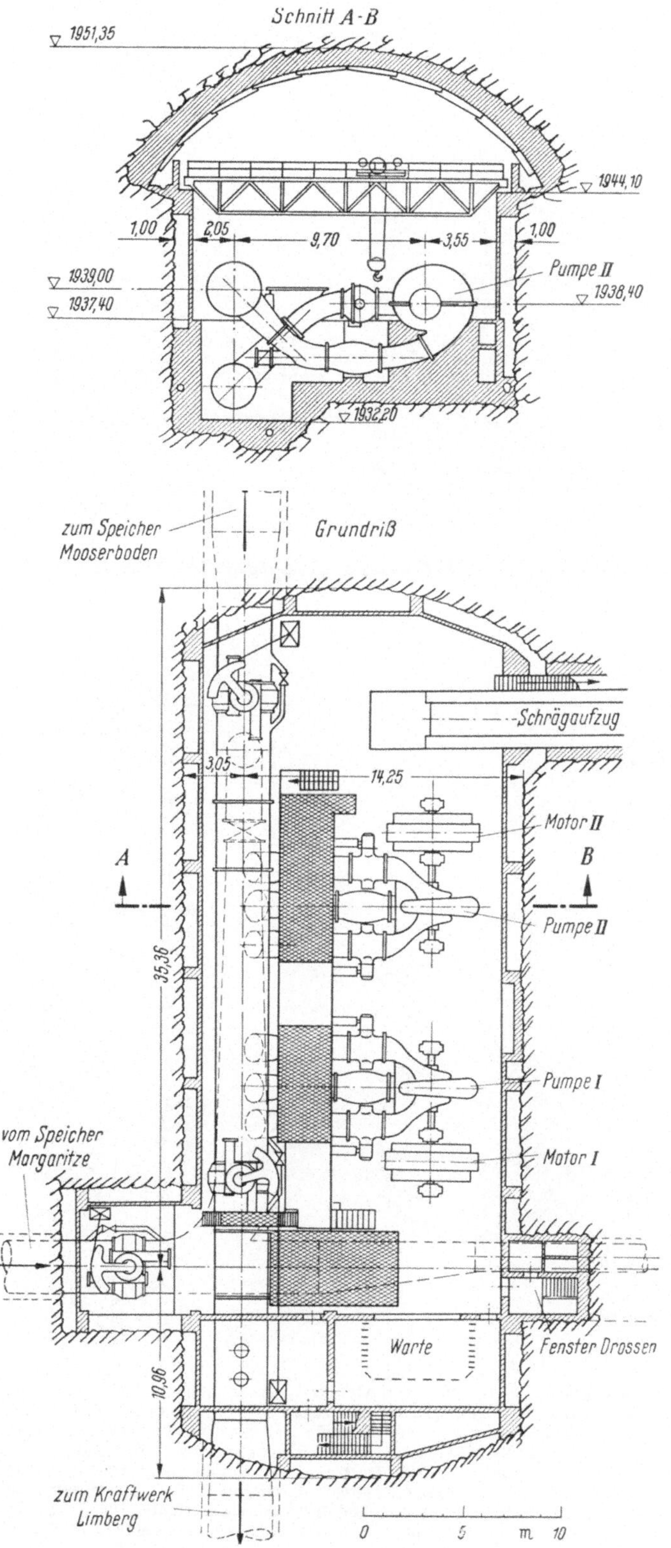

Abb. 89. Grundriß und Querschnitt der Möll-Pumpwerkkaverne der Tauern-Kraftwerke, Kaprun [47b].

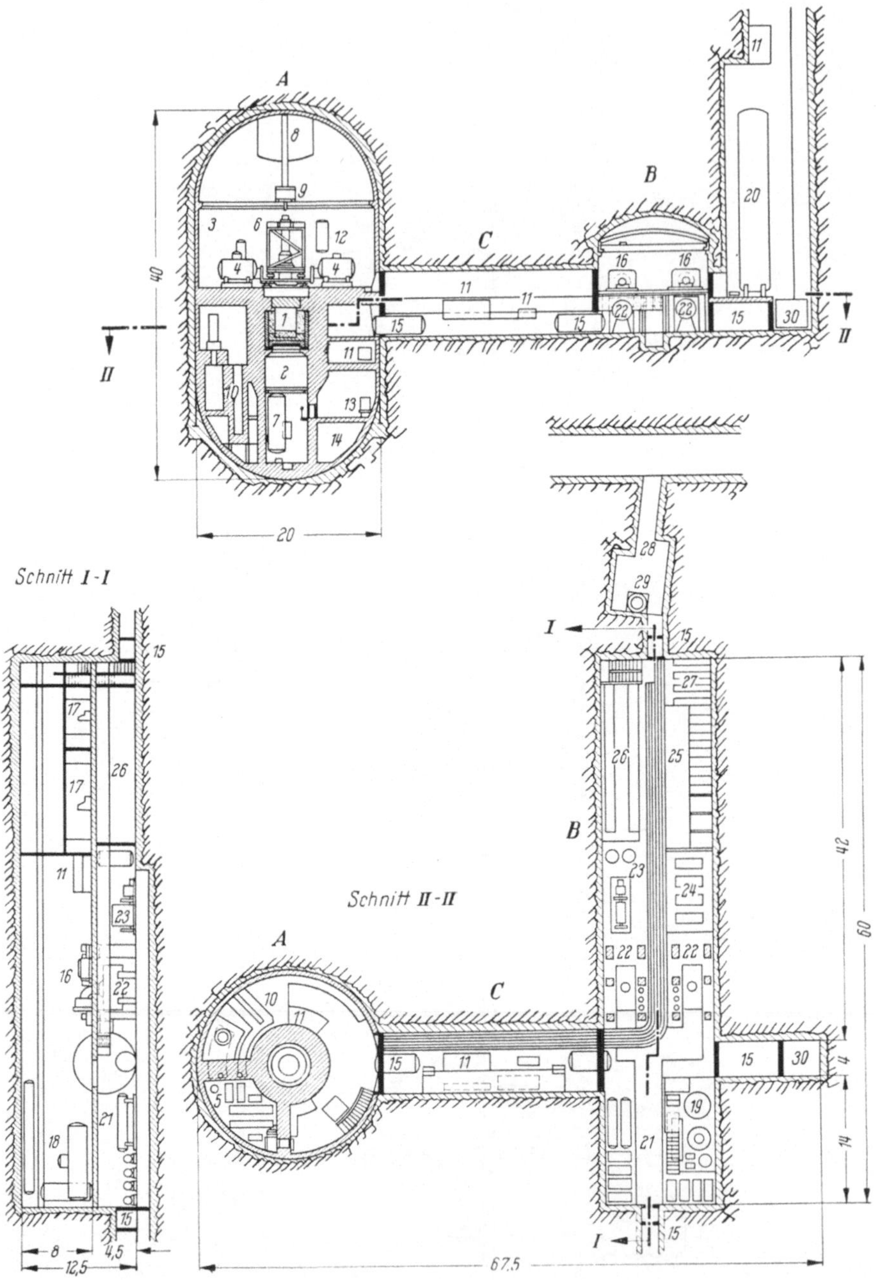

Abb. 90. Projekt eines schweizerischen Prototyp-Atomkraftwerkes [140]: *A* Reaktorkaverne; *B* Maschinenkaverne; *C* Verbindungsgang; *1* Reaktor; *2* Expansionsraum; *3* Wärmeaustauscherhalle; *4* Dampferzeuger und D_2O-Pumpen; *5* Moderatorkühlsystem; *6* Stabwechselmaschine; *7* D_2O-Vorratstank; *8* Wassergefäß; *9* Kran; *10* Brennstoffelementlagerung; *11* Ventilationsanlage; *12* Druckhaltegefäß; *13* D_2O und H_2O Reinigungsanlagen; *14* Abwasserreservoir; *15* Schleusen; *16* Dampfturbinen; *17* Kommandozentralen; *18* Speisewassergefäß; *19* Dampftransformer; *20* Speicher; *21* Kühler zu Zwischenkreislauf; *22* H_2O-Kondensator; *23* Dieselnotstromgruppe; *24* Umformergruppen; *25* Transformatoren und Hochspannungsschalter; *26* Elektrische Verteilanlage; *27* Akkumulatoren; *28* bestehende Verladekaverne; *29* Personenlift; *30* Warenlift.

wölbes darf eine Verspannung des Gebirges im Bereich der Auflockerungszone nicht in Betracht gezogen werden, d. h., die Auflockerungszone muß in ihrer vollen Dicke als Belastung des Gewölbes angenommen werden. Daher ist es notwendig, die Dicke der Auflockerungszone festzustellen. Während man früher auf Schätzungen angewiesen war, besteht seit einiger Zeit die Möglichkeit, dieses Maß in verhältnismäßig einfacher Weise durch Ultraschallmessungen zu bestimmen (Abschnitt 9 b der 1. Aufl.).

In der Auflockerungszone sind die Festigkeitseigenschaften des Gebirges beeinträchtigt. Der Elastizitätsmodul des Gebirges ist ein Maßstab für die Reichweite dieser Schädigung und die Möglichkeit, den Elastizitätsmodul in verschiedenen Tiefenlagen unter der Ausbruchsfläche zu bestimmen, erbringt einen Hinweis für die Tiefenwirkung der durchgeführten Sprengarbeiten. Die Messung erfolgt ähnlich wie sie im Abschnitt 9 b der 1. Aufl. beschrieben wurde in parallel angeordneten Bohrlöchern von entsprechender Tiefe. Die erste Messung wird am Grunde der Bohrlöcher ausgeführt; dann werden sowohl die Schallköpfe als auch die Empfänger in Stufen von etwa 20 cm herausgezogen und die Messungen in jeder Stufe wiederholt. Bei den Ultraschall-Untersuchungen, die bei der Kraftwerksgruppe Hinterrhein durchgeführt wurden, zeigte sich bei Verfolgung des geschilderten Vorganges von einer gewissen Bohrlochtiefe an ein starkes Wachsen der Schallaufzeit, wodurch sich die Schädigung des Gebirges anzeigte. Die Verlängerung der Schallaufzeit betrug im Gneis im Mittel 12% gegenüber den Messungen am Bohrlochgrund. Extremwerte konnten mehr als das Doppelte davon erreichen [91]. Bei Messungen in Marmor (Abb. 92) zeigte sich bei dem erwähnten Meßvorgang vom Bohrlochgrund zur Felsoberfläche fortschreitend ab einer Tiefe von 1,50 m ein rasches Ansteigen der Schallaufzeit um 30—50%, die dann von 1 m Tiefe bis zur Felsoberfläche etwa gleich blieb. In Abb. 92 ist bei rd. 1,0 m Tiefe eine nur lokal begrenzte Laufzeitverlängerung um rd. 40% ersichtlich, die auf eine örtliche Störung schließen läßt.

Nachdem die verwendeten Geräte auch die Messung der Amplitude der ankommenden Schwingung gestatten, war die Möglichkeit gegeben, auch die den Empfänger in verschiedenen Tiefen treffende Schallenergie zu beurteilen. In Übereinstimmung mit der Verlängerung der Schallaufzeit zeigte sich bei den durchgeführten Versuchen ein Abfall der Schwingungsamplitude in dem durch die Sprengarbeiten gestörten Gebirge.

Die Auflockerungstiefen, die auf diesem Wege bestimmt wurden, betrugen im Gneis 1,0—1,5 m, im Sandkalk 1,5—2,0 m und im Marmor 1,0 m. Diese Messungsergebnisse sind im Einklang mit den vorliegenden Schätzungswerten.

Für die Gewölbeberechnung wird man zunächst eine auf die ganze Stützweite wirkende, dem Gewicht der Auflockerungszone entsprechende gleichförmige Belastung annehmen; wird aber die Untersuchung durch Berücksichtigung einer teilweisen Belastung erweitern, weil diese Möglichkeit immerhin gegeben ist. Dazu ist allerdings zu bemerken, daß bei gutem Kontakt zwischen Gewölbe und Gebirge die unter teilweiser Belastung entstehende Verformung in den anderen Gewölbeseiten den Felswiderstand weckt, so daß die Abweichung von der symmetrischen Belastung nicht ganz zur Auswirkung kommen wird. Voraussetzung für diesen günstigen Umstand ist die sorgfältige Ausführung der Kontaktinjektionen im First.

Aus der Tatsache, daß die Auflockerung durch Sprengarbeiten die Haupt-
belastung bildet, folgt, daß man beim Ausbruch des Gewölbes schonungsvoll vor-

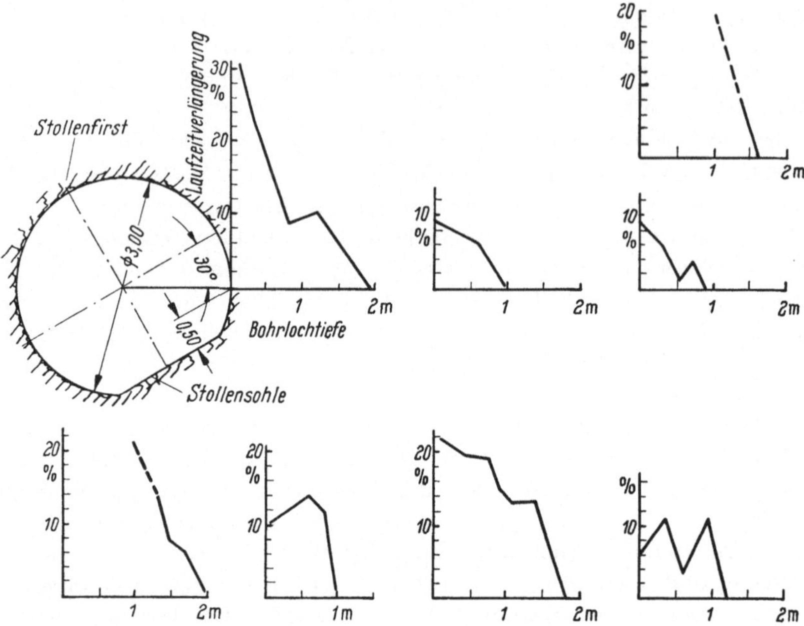

Abb. 91. Messung der Dicke der Auflockerungszone mit Ultraschall in Rofnagneis [156].

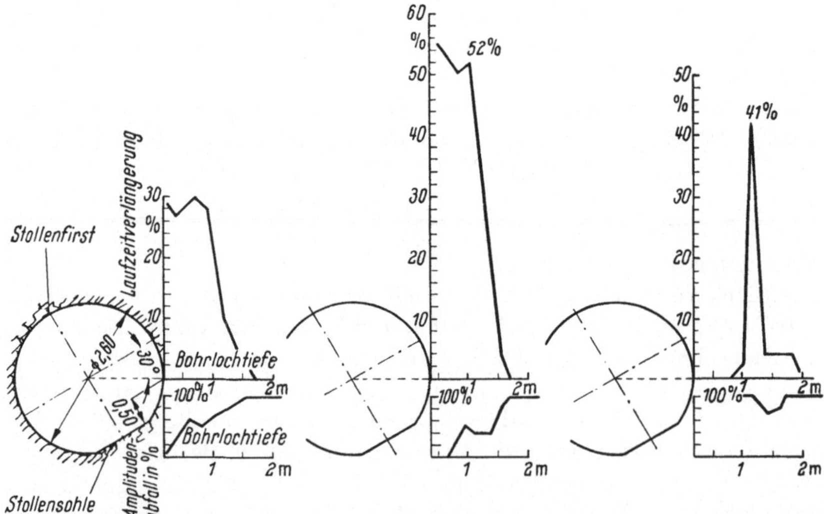

Abb. 92. Messungen der Dicke der Auflockerungszone mit Ultraschall in Marmor [156].

gehen soll. Man wird insbesondere Stollen und Schächte, die der Erkundung oder
der Aufschließung des Gebirges dienen, nicht ganz an den planmäßigen Ausbruchsrand heranrücken, weil beim Vollausbruch mit parallel zur Ausbruchsfläche an-

geordneten schwach geladenen Kranzschüssen die Auflockerung in engen Grenzen gehalten werden kann (s. Abb. 93).

Echter Gebirgsdruck, der eine Überschreitung der Druckfestigkeit des Gebirges als Ursache hat, soll beim Bau einer Kaverne vermieden werden. Eine Überschreitung der Gebirgsdruckfestigkeit kann aber auch infolge der Formgebung auftreten. In vielen Fällen bleiben die Ulmen unverkleidet und die Widerlager des Gewölbes werden aus Sicherheitsgründen bergwärts gerückt (Abb. 93). Dadurch

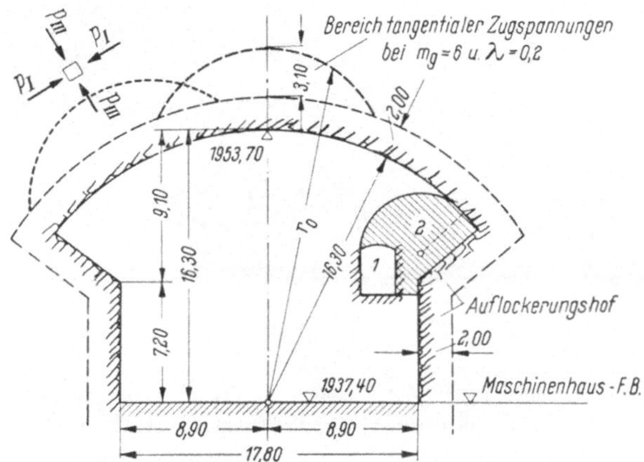

Abb. 93. Zur Statik eines Kavernengewölbes.

entstehen Ausbruchszwickel, und an den einspringenden Winkeln stellen sich notwendigerweise Spannungshäufungen ein. Um hierüber ein Bild zu gewinnen, wird daran erinnert, daß beispielsweise bei einem elliptischen Ausbruchsquerschnitt mit waagrecht liegender großer Achse an deren Endpunkten Tangentialspannungen von der Größe

$$\sigma_{t\,\text{max}} = p_v \left(1 + \frac{2a}{R} \right) \tag{1}$$

auftreten, wobei a die halbe große Achse der Ellipse und R den Krümmungshalbmesser an deren Endpunkt bedeuten. Wenn das Verhältnis der kleinen zur großen Achse der Ellipse sehr klein wird, wächst die Tangentialspannung stark an; für $R = 0$ erreicht sie den Wert ∞. Damit ist die Kerbwirkung gekennzeichnet. In den einspringenden Widerlagerzwickeln wären also im Falle eines auf die ganze Länge der Kaverne erfolgenden freistehenden Vollausbruches sehr hohe Spannungen zu erwarten, und es würde die Möglichkeit von Gesteinsabschalungen im Widerlagerbereich bestehen. Durch eine entsprechende Bauweise kann die Größe der Kerbspannungen begrenzt werden. Man kann beispielsweise den Kämpferstollen *1* in Abb. 93 derart vortreiben, daß er in einem entsprechenden Abstand von der endgültigen Begrenzung des Ausbruches liegt. Nach Auffahrung dieses Stollens wird man dann den Ausbruchsteil *2* mit großer Sorgfalt ausführen und das Gebirge in der Nähe des Widerlagers soweit es irgendwie möglich ist schonen (Abb. 93). Nachdem überdies das Gewölbe ringweise bald nach dem Ausbruch jedes Ringes betoniert wird, erfolgt auch aus diesem Grunde eine Schwächung des Spannungsfeldes an der Kerbstelle. Die ringweise Betonierung des Gewölbes ist aus den Abb. 94 und 95 zu ersehen, die vom Bau der Kaverne des Möllpumpwerkes des Tauernkraftwerkes Kaprun stammen [47 b].

Ein auch hinsichtlich der Formgebung beachtenswerter Kavernenquerschnitt wurde beim Bau des Innkraftwerkes Prutz-Imst der Tiroler Wasserkraftwerke AG gewählt [81a]. Diese Kaverne hat eine Länge von 56 m, eine Breite von 20 m

Abb. 94. Gewölbering eines Kavernenkraftwerkes in Schalung.

Abb. 95. Betonierter Gewölbering eines Kavernenkraftwerkes [47 b].

und eine gesamte Höhe von 26 m. Sie liegt in standfestem Kalk und Dolomit. Der aus der Abb. 96 ersichtliche Bauvorgang läßt die Berücksichtigung der dargelegten Gesichtspunkte betreffend die Auflockerung des Gebirges erkennen.

b) Eine zweite Ursache der Auflockerung des Gesteinsverbandes im First bildet das Auftreten des sichelförmigen Bereiches tangentialer Zugspannungen, dessen Größe von der Seitendruckziffer λ_0 abhängig ist. Seine bergseitige Begrenzung bildet den Rand des Auflockerungsbereiches, der über der durch die Sprengarbeiten hervorgerufenen Auflockerungszone liegt. Bei der rechnungsmäßigen Berücksichtigung des Zugspannungsbereiches sind aber einige Widersprüche mit der Wirklichkeit in Betracht zu ziehen. Zunächst der Umstand, daß der theoretisch bestimmte Bereich infolge der Klüftung des Gebirges unter Umständen überhaupt

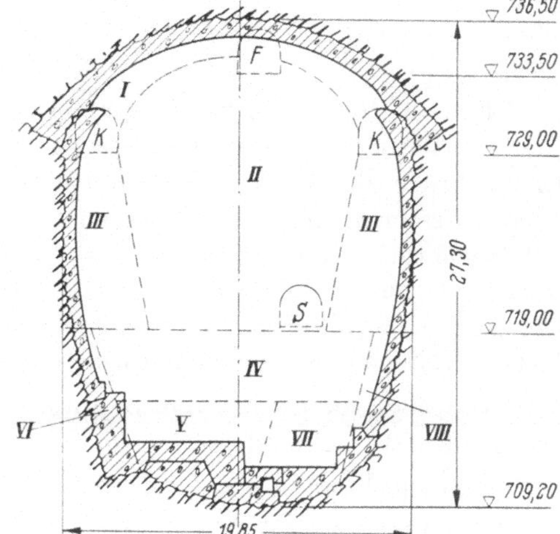

Abb. 96. Querschnitt der Krafthauskaverne des Inn-Kraftwerkes Prutz-Imst der Tiroler Wasserkraftwerke AG in Innsbruck, mit Eintragung der Arbeitsfolge beim Ausbruch. Man beachte, daß der Firststollen F und die beiden Kämpferstollen K vom theoretischen Ausbruchsrand abgerückt angeordnet wurden [81a].

nicht auftritt, weshalb der Spannungszustand über dem First dem rechnungsmäßigen nicht entspricht. Ferner ist der Einwand anzuführen, daß infolge der ringweisen Betonierung des Firstgewölbes eine Verspannung in der Längsrichtung der Kaverne eintritt, so daß der theoretisch ermittelte Zugspannungsbereich nicht

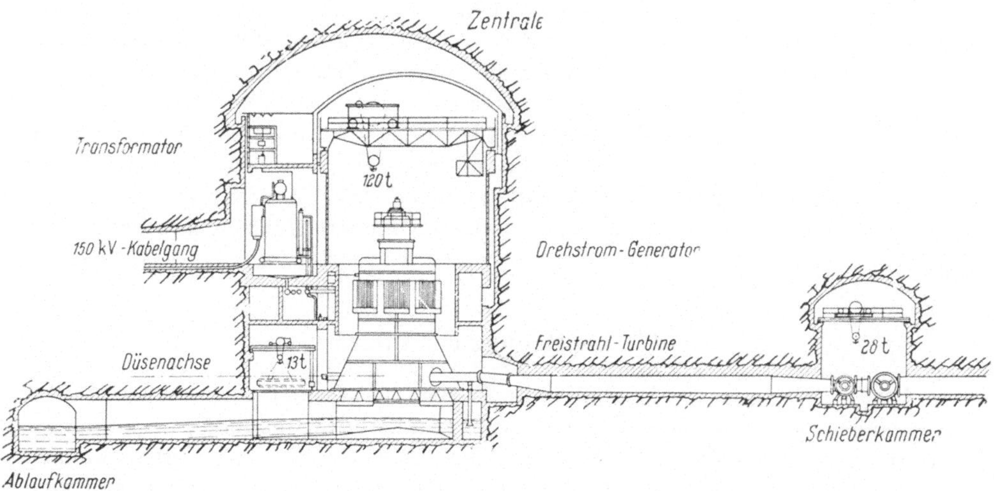

Abb. 97. Querschnitt der Kaverne des Kraftwerkes Innertkirchen [65].

aufzutreten braucht. Demgegenüber muß aber erwähnt werden, daß infolge des Hohlraumspaltes, der zwischen dem Betongewölbe und dem Gebirge vorerst unvermeidlich verbleibt und erst nach der Herstellung des gesamten Gewölbes durch Injektionen geschlossen wird, der Firstausbruch doch kurze Zeit auf seine ganze

Länge freisteht, wodurch Verhältnisse gegeben sind, die der theoretischen Voraussetzung des Nichtbestehens einer Längsverspannung entsprechen.

Wenn tektonische Spannungen auftreten, dann ist mit einer Schrägstellung der primären Hauptspannungen zu rechnen und der sichelförmige Bereich, in dem der Gesteinsverband durch tangentiale Zugspannungen gelöst oder zumindest gelockert wird, erfährt eine seitliche Verschiebung (Abb. 93).

c) Eine dritte Art der Gewölbebelastung kann eintreten, wenn durch Diskontinuitätsflächen des Gebirges Gesteinspartien vorgezeichnet sind, die sich über dem Firstausbruch abzulösen drohen und unmittelbar als Gewölbebelastung wirken. Solchen Erscheinungen und der Aufsuchung der Bedingungen dafür ist schon deshalb Beachtung zu schenken, weil sie während der Ausführung der Ausbrucharbeiten die Möglichkeit von Firstnachbrüchen bergen. Aus diesem Grund ist der geologischen Voruntersuchung und der weiteren Beobachtung der Absonderungsflächen im Zuge der Bauarbeiten besondere Bedeutung beizumessen.

d) Die Möglichkeit eines vom Bergwasser auf das Gewölbe ausgeübten Druckes darf nicht außer acht gelassen werden.

e) Schließlich muß auch der Druck berücksichtigt werden, den das Injiziergut auf das Gewölbe ausübt.

Als Beispiel wird die schon ältere Kaverne des Kraftwerkes Innertkirchen, der zweiten Stufe der Oberhasli-Werke gewählt (Abb. 97) [65]. Sie hat eine Länge von 100 m, eine größte Höhe von Turbinenwelle bis zum Scheitel von 26 m und eine Breite von 19,5 m über den Gewölbeansätzen gemessen. Sie liegt in standfestem Innertkirchener Granit. Die Kaverne wurde so angeordnet, daß ihre Längsachse senkrecht zur Hauptkluftrichtung (der Bericht spricht etwas undeutlich vom Streichen des Felsens) verläuft. Der Bericht erwähnt auch die Spannungskonzentration in der Höhe des Gewölbekämpfers. Wegen der guten Gebirgsbeschaffenheit konnte man sich mit einem verhältnismäßig dünnen Firstgewölbe begnügen; seine Mindestdicke bis zu den Felsspitzen gemessen beträgt nur 40 cm. Durch Zementinjektionen ist ein vollständig sattes Anliegen am Fels sowie eine Verschließung der Spalten des Gebirges erreicht worden. Bei der statischen Berechnung des Gewölbes ist angenommen worden, daß es einen durch Auflockerung aus dem Gesteinsverband gelösten Felsblock von 5 m Breite und 5 m Höhe entsprechend einer Belastung von rd. 65 t je m Gewölbe zu tragen vermag.

75. Beurteilung der Ulmen

Aus den Darlegungen im Abschnitt 32 geht hervor, daß die elastischen Verschiebungen der Ulmen beim Übergang vom primären zum sekundären Spannungszustand bergwärts gerichtet sind, so daß aus diesem Grund keine Kraftwirkungen auf die Verkleidung oder auf die Kranbahnpfeiler, falls diese am Gebirge anliegen, zu erwarten sind. Solche Wirkungen sind aber bei Auflockerungserscheinungen möglich. Auch bei Beurteilung der Standsicherheit der Ulmen ist es von größter Wichtigkeit festzustellen, ob durch Diskontinuitätsflächen Gesteinspartien vorgezeichnet sind, die in Bewegung geraten können. Diese Gefahr ist wegen der großen Höhe der Ulmen nicht weniger bedeutungsvoll als ähnliche Erscheinungen im First (Abb. 99). Aus der Begrenzung solcher zum Nachbruch neigender Ge-

steinspartien und aus der Art und Lage der vorgebildeten Absonderungs- und
Gleitflächen kann auf die zu erwartenden Belastungen der vorzusehenden Auskleidung geschlossen werden. Auch in diesem Falle kommt daher, ebenso wie bei der
Beurteilung der Möglichkeit von Firstnachbrüchen, den mit den Ausbruchsarbeiten laufend auszuführenden geologischen Detailuntersuchungen sowie der
Deutung und Verwertung ihrer Ergebnisse, eine größere Bedeutung zu, wie rein
theoretischen Erwägungen. In Abb. 99 sind die nach Herstellung des Firstgewölbes
und Abtragung des Kernes freigewordenen Ulmen einer Krafthauskaverne zu

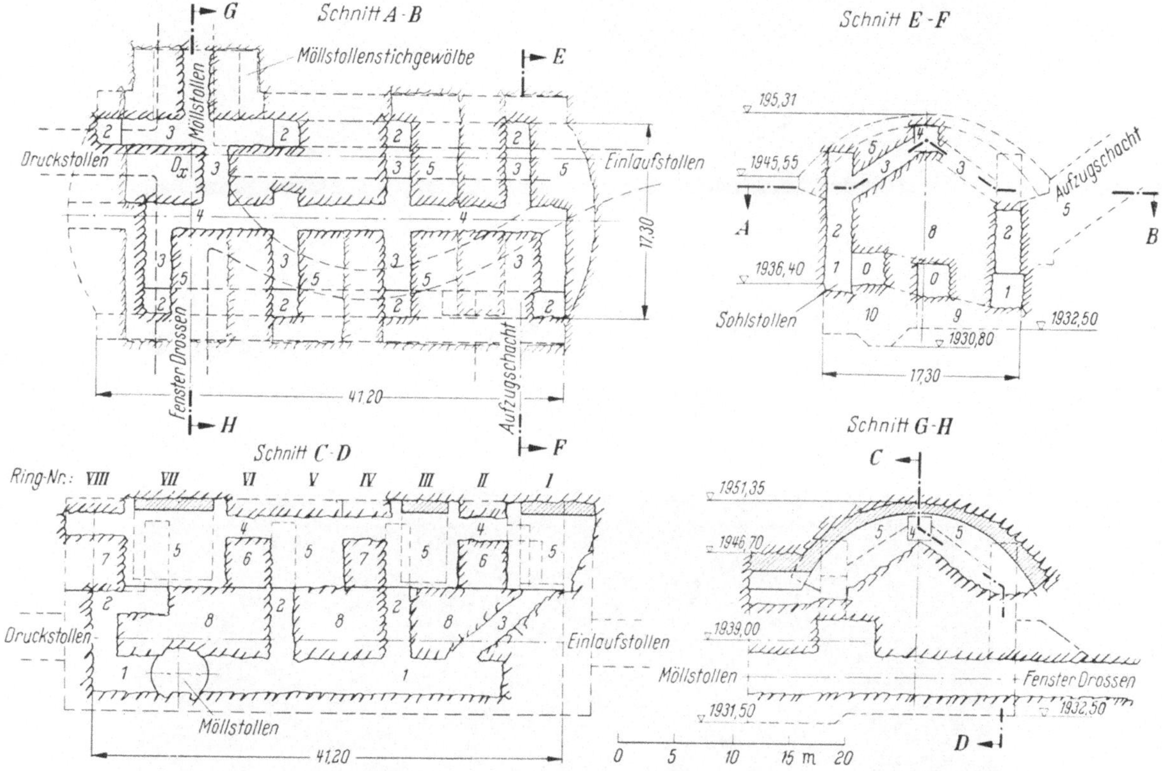

Abb. 98. Arbeitsvorgang beim Ausbruch der Möll-Pumpwerkskaverne der Tauern-Kraftwerke AG, Kaprun [47 b].

sehen. Es handelt sich um die Kaverne des Möllpumpwerkes der Tauernkraftwerke,
die in standfestem Kalkglimmerschiefer liegt. Bei der Wahl des Ortes der Kaverne
und der Lage der Hauptachse wurden die geologischen Bedingungen mit großer
Sorgfalt berücksichtigt. Abb. 98 bringt Grundriß und Querschnitt und ebenfalls
in Abb. 98 ist der Arbeitsvorgang wiedergegeben. Um die Größenverhältnisse anschaulich zu machen, wird in Abb. 99 das Baustadium gezeigt, in dem bei freistehenden Ulmen das Gewölbe eingezogen ist. Abb. 100 zeigt die Kaverne nach
dem Einbau der Kranbahnsäulen und der Kranbahnträger, die satt am Gebirge
anliegen. Beachtenswert sind die besonders im Grundriß Abb. 98 dargestellten
gewölbten Stirnflächen der Kaverne, eine Ausführung, die aus statischen Gründen
vorteilhaft ist.

Abb. 99. Pumpwerkskaverne für die Möll-Überleitung der Tauern-Kraftwerke, Kaprun; Gewölbe eingezogen Widerlager freistehend [70i].

Abb. 100. Kaverne des Möll-Pumpwerkes der Tauern-Kraftwerke Kaprun nach Beendigung des Rohbaues [47b].

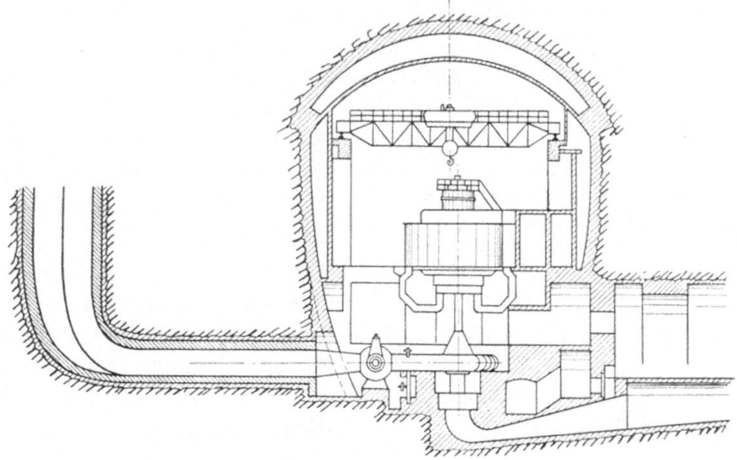

Abb. 101. Querschnitt der Kaverne von Somplago am Mittleren Tagliamento. Man beachte
die statischen Gesichtspunkten entsprechende, vollendete Form des Querschnittes [92].

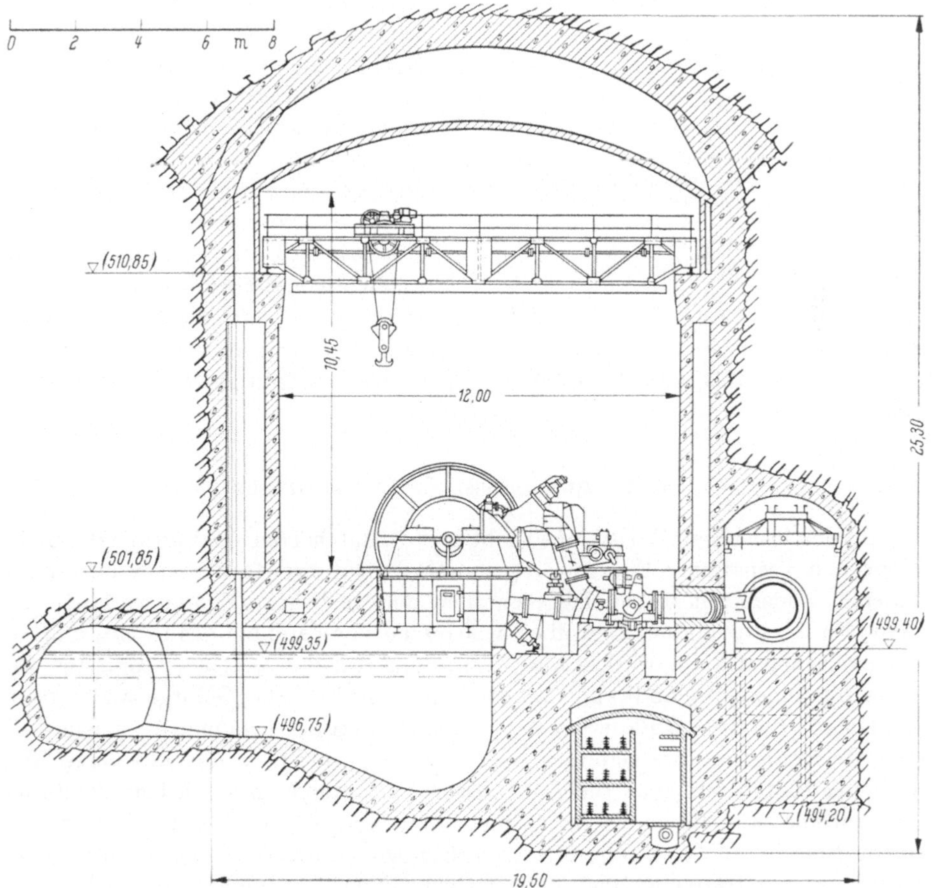

Abb. 102. Querschnitt der Krafthauskaverne von Ampezzo [24 c].

Sofern eine Auskleidung der Ulmen notwendig ist, wird man ihr zweckmäßig eine gewölbte Form geben, wie dies beispielsweise die Kaverne des Innkraftwerkes in Imst (Abb. 96) und jene des Kraftwerkes Ambiesta am mittleren Tagliamento zeigen (Abb. 101). Das solcherart ausgebildete Gewölbe kann aber wegen der meist beträchtlichen Höhe der Ulmen nur einen geringen Pfeil erhalten. Außerdem kann unter Umständen der Anschluß an das Firstgewölbe gewisse Schwierigkeiten bereiten, wie dies Abb. 102 zeigt. Aus diesen Gründen kommt der Felsankerung mit Vorspannung besondere Bedeutung zu. Tiefgreifende Anker werden in vielen Fällen ein wertvolles Mittel zur Sicherung der Ulmen bilden (Abb. 103).

Beim Bau der untertägigen Maschinenhalle für das Großkraftwerk Kariba am Sambesi gelangte man mit dem zwischen Krafthauskaverne und den Druckschächten gelegenen, schmächtigen Felszwischenpfeiler in ein parallel zur Kavernenachse verlaufendes Störungsbündel hochgradig entfestigten Gesteins und in die nach ungünstigen Richtungen aufgeklüftete

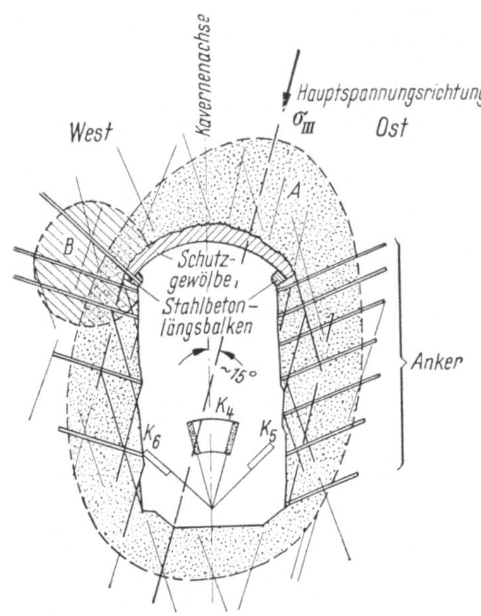

Abb. 103. Ergebnis der geomechanischen Untersuchung für die Krafthauskaverne Sylvenstein. Bereich der größten Spannungsumlagerung (beim Übergang in den sekundären Spannungszustand) *A* geschummert; plastische Zone *B* schraffiert; Hauptkluftscharen durch volle Linien und Felsanker durch Doppelstriche gekennzeichnet [96e].

Nachbarzone dieser Störung. Die Folge davon waren heftige plastische Bewegungen der Kavernenulmen, die von den am Sambesi tätigen italienischen Unternehmungen mittels vorgespannter Seilanker in mustergültiger Weise zum Stillstand gebracht werden konnten [96f].

76. Zusammenfassende Bemerkungen

Aus den bisherigen Darlegungen geht hervor, daß bei der Ausführung der in der Regel weit gespannten Firstgewölbe von Kavernen zwei Gesichtspunkte miteinander in Widerstreit treten. Die Sicherheit der Ausbruchsarbeiten verlangt eine ringweise Herstellung des Gewölbes, wobei eine Verspannung des Gebirges in der Längsrichtung des Bauwerkes mit Abstützung auf den bereits betonierten Gewölbering einerseits und auf das noch stehengebliebene Gebirge andererseits möglich ist. Bei diesem Bauvorgang ist im Zeitpunkt der Ringmauerung eine vollständige Entlastung des Gebirges noch nicht eingetreten, so daß mit deren Entwicklung das Gewölbe zusätzliche Belastungen erhalten könnte, die beim Ausbruch des Gewölbes auf die ganze Länge nicht eintreten würden. Aber selbst auf die Gefahr hin, daß die Ausbildung der vollständigen Entlastung das Gewölbe unter Spannung setzt, ist es angezeigt, die einzelnen Ringe gleich nach deren Ausbruch zu betonieren, es wäre denn, daß die Gebirgsverhältnisse außerordentlich günstig sind.

Den Einpreßarbeiten kommt größte Bedeutung zu. Die Kontaktinjektionen haben den Hohlraum zwischen Gewölbe und Gebirge, der unvermeidlich entsteht, zu verschließen, die Tiefeninjektionen sollen für eine Verbesserung der Eigenschaften des Gebirges sorgen. Durch sie kann auch eine gewisse tangentiale Vorspannung des Gebirges im Firstbereich herbeigeführt werden.

Zur Verhütung von Außenwasserdruck auf das Gewölbe ist eine Entwässerung des Gewölberückens etwa durch Bohrlöcher zu empfehlen. Das durchsickernde Bergwasser wird in der Regel durch ein Scheingewölbe aufgefangen.

In manchen Fällen wird man die Ulmen unverkleidet belassen können. Wenn das Gebirge jedoch nicht als ausreichend standsicher angesehen wird, dann ist die Ausmauerung der Kaverne in Form eines hochgestellten Ovalprofils zweckmäßig, weil diese Form dem geforderten Lichtraumquerschnitt meist auch am besten entspricht (Abb. 101).

Kapitel XI

Neue Bauweisen

77. Die Arten der Felsankerung

Die Sicherung des Ausbruches durch Stahlanker ist im Bergbau schon seit
längerer Zeit in Verwendung. In Amerika ist sie im Jahre 1947 eingeführt worden
und hat in rasch zunehmendem Maße Verbreitung gefunden. Im Tunnel- und
Stollenbau wurde sie in den letzten Jahren herangezogen und besonders in Amerika,
Schweden, in der Schweiz und in Österreich [108 b] zur Anwendung gebracht. Die
Felsankerung besteht darin, daß in ein Bohrloch ein Rundeisenstab eingeführt,
durch eine geeignete Vorrichtung am Bohrlochgrund gegen die Bohrlochwandungen
gepreßt und dann durch Anziehen einer am freien Ende befindlichen Schrauben-
mutter unter Spannung gesetzt wird; dadurch wird auch das Gebirge in einem
etwa spindelförmig begrenzten Bereich vorgespannt. In einem Gebirge das keine
Schicht- oder Schieferungsflächen aufweist, werden die Anker im allgemeinen
senkrecht zur Ausbruchsfläche angeordnet. Das Vorhandensein von tektonischen
Spannungen gibt Anlaß zu einer Abweichung von dieser Form der Felsankerung;
im geschichteten oder geschieferten Gebirge wird man auf die Gleitwilligkeit in
diesen Flächen Rücksicht nehmen, worüber später noch eingehender berichtet wird.

Je nach der Art der Ankervorrichtung werden die Stahlanker in *Keilschlitzanker* und in *Expansionsanker* eingeteilt. Ferner sind die sogenannten Eisenbetonanker zu erwähnen, die in zunehmendem Maße angewendet werden. In der Abb. 104
sind der Keilschlitzanker, der Spreitzhülsenanker und der Doppelkeilanker dargestellt, wobei die beiden letzteren Formen als typische Beispiele von Expansionsankern zu gelten haben (nach DIN-Vornorm 21 521).

Beim *Keilschlitzanker* wird in dem am Ende der Ankerstange angebrachten
Schlitz ein Keil eingesetzt. Durch das Antreiben der Stange gegen den Bohrlochgrund drängt der Keil die Enden der Stange auseinander und preßt sie gegen die
Bohrlochwandungen. Der Durchmesser des Keilschlitzankers muß seiner Länge
angepaßt sein, weil sonst das Einschlagen auf Schwierigkeiten stößt. RABCEWICZ
gibt an, daß ein Ankerdurchmesser von 20 mm einer Ankerlänge von 150 cm entspricht, während bei größeren Längen ein Durchmesser von 25 mm nötig ist. Der
Durchmesser des Bohrloches wird mit 36—39 mm zu wählen sein. Der Keilschlitzanker hat den Nachteil, daß die Bohrlochlänge jener des Ankers entsprechen
muß. Ferner ist eine Wiederverwendung nicht möglich, weil man den Anker nicht
herausziehen kann. Letzterer Nachteil ist aber von geringer Bedeutung, weil man
einen einmal gesetzten Anker selten wiedergewinnen wird.

Beim *Spreizhülsenanker* werden die Lamellen der Spreizhülse durch einen
Konus auseinandergetrieben und an der Bohrlochwand fest verklemmt. Beim
Setzen des Ankers wird der Konus in die Spreizhülse hineingezogen, indem die
Ankerstange in den Konus geschraubt oder mittels einer Setzwinde angezogen wird.

Bei den Expansionsankern wird das Ankerstück am Bohrlochgrund mit der durch das Anziehen der Mutter ausgeübten Zugkraft erweitert und an die Bohrlochwandungen gepreßt. Zur Expansion wird entweder eine Hülse oder ein Doppelkeil verwendet.

Die Ankerspannkraft wird durch den Widerstand des Ankerkörpers begrenzt. Diese wieder ist von der Beschaffenheit des Gesteins abhängig. Durch Versuche im Ruhrgebiet wurde festgestellt, daß der Ankerwiderstand von der Härte des Ge-

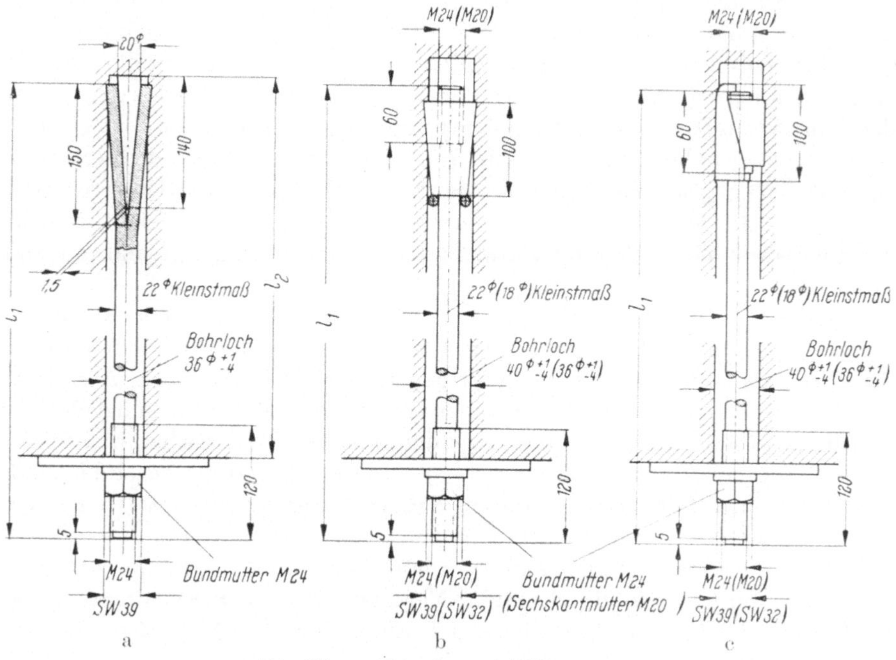

Abb. 104 a — c. Felsanker nach DIN 21 511.

steins in gewissen Grenzen abhängig ist, wobei die Härte durch eine Kugelschlagprobe ähnlich der Brinellschen Probe ermittelt werden kann. Bei den Versuchen hat sich gezeigt, daß Gesteine von mittlerer Härte zur Verankerung besonders geeignet sind. Bei zu harten und zu weichen Gesteinen kann die Zugfestigkeit des Stahls nicht ausgenützt werden. Die Versuche, die in Schweden in Granit und Gneis, also sehr harten Gesteinen, vorgenommen wurden, ergaben eine geringere Ankerfestigkeit als in Sandsteinen mit denen man im Ruhrgebiet Versuche angestellt hat. Bei äußerst hartem Quarz begannen die Anker schon bei einer Zugkraft von weniger als 1 t zu gleiten. Bei weichen Gesteinen ist der Widerstand, den der Ankerkopf findet, verhältnismäßig gering. Der Mangel, daß bei zu harten Gesteinen der Ankerkopf zu wenig tief in das Gestein einbeißt, kann bei Expansionsankern durch Verwendung von Spezialstahl für die Hülse oder für den Doppelkeil gemildert werden.

Das Anziehen der Muttern soll mit einem pneumatischen Gerät so kräftig erfolgen, daß Unterlagen aus Profileisen U 12 oder U 14 verbogen werden und sich an den Fels anschmiegen. Sofern Zwischenstützungen des Gebirges notwendig sind, können sie durch Verlängerung dieser Unterlagen leicht herbeigeführt werden, wobei man diese gewöhnlich in der Längsrichtung des Stollens anbringt. Auch die Anordnung von Drahtnetzen zwischen den Ankern ist häufig.

Wenn man die Felsanker vor Rost schützt, dann dienen sie nicht bloß als Hilfsmittel des zeitweiligen Ausbaues, sondern sie bilden einen Bestandteil der dauernden Sicherung eines Felshohlsraumes. Damit wird die Grenze zwischen dem zeitweiligen und dem dauernden Ausbau ausgeschaltet oder zumindest verwischt. Zuerst hat man versucht, bei Verwendung von Schlitzkeilankern oder Expansionsankern den im Bohrloch verbleibenden Hohlraum durch Zementmörtelinjektionen zu verschließen. Auf diesem Wege wurden aber keine befriedigenden Ergebnisse erzielt. Man bohrte beispielsweise ein eigenes Injektionsloch, das schräg auf das Ankerloch zulief und injizierte solange, bis der Zementmörtel aus dem Ankerloch austrat; oder man erweiterte das Ankerloch derart, daß neben dem Anker noch ein Injektionsrohr eingeschoben werden konnte. Die einwandfreie Füllung des Hohlraumes gelang aber nicht. Erst die Perfomethode führt zum Ziel [108 b]. Bei dieser werden die beiden Hälften eines der Länge nach auseinandergeschnittenen, gelochten Blechrohres mit Zementmörtel verfüllt, dann aufeinander gelegt und mit Draht verbunden. Das so vorbereitete, gelochte Blechrohr wird in das Bohrloch eingeschoben. Der an seinem Ende zugespitzte Anker wird dann mit einem Aufbruchhammer in das Perforohr eingeschlagen. Der Mörtel wird aus dem Rohr verdrängt, tritt durch die Löcher aus und verfüllt den Hohlraum einwandfrei. Als Nachteil des solcherart ausgebildeten Ankers ist zu erwähnen, daß es nicht möglich ist, ihn zu spannen. Dieser Nachteil kann aber dadurch behoben werden, daß man ein kurzes Stück des gelochten Blechrohres am Bohrlochgrund mit rasch bindendem Zementmörtel verfüllt, etwa dadurch, daß man Sigunit zusetzt, während der Rest des Rohres mit gewöhnlichem Portland-Zementmörtel ausgefüllt wird. Dann kann man das Spannen des Ankers schon nach kurzer Zeit — weniger als 1 Stunde — einwandfrei durchführen. Versuche, die in dieser Richtung beim Druckstollen des Kraftwerkes Schwarzach ausgeführt wurden, hatten ein gutes Ergebnis [701].

Als Anker werden häufig Profilstäbe verwendet, die dem glatten Rundstahl überlegen sind. Eine gewisse Schwierigkeit bereitet bei dem rauhen Baustellenbetrieb die Einhaltung einer bestimmten Vorspannung von einigen Tonnen. Eine Kontrolle der Spannung kann beispielsweise mit einem Drehmomentenschlüssel durchgeführt werden. Für diesen Zweck verspricht eine im Ruhrbergbau in Erprobung stehende federnde Unterlagsscheibe wegen der Einfachheit dieser Anordnung Erfolge [108 d]. Diese Feder wird zwischen die Unterlagsplatte und die Bundmutter eingeführt, wobei über die Feder ein Distanzring geschoben wird, dessen Höhe geringer ist als die der Feder. Der Unterschied der Höhen ist durch die Auswahl eines entsprechend hohen Ringes regulierbar und ergibt das Maß der Zusammendrückung der Feder und damit der Größe der ausgeübten Vorspannkraft.

78. Anwendungsgebiet der Felsankerung

Die Felsankerung kann sowohl bei auftretendem Auflockerungsdruck als auch bei echtem Gebirgsdruck mit Vorteil angewendet werden und vermag den traditionellen Holzeinbau in manchen Fällen zu ersetzen. Dies gilt insbesondere dann, wenn man sie mit der Spritzbetonbauweise verbindet. Die Felsankerung hat den großen Vorteil, daß sie den Ausbruchshohlraum nicht beansprucht und für die nachfolgenden Arbeiten vollkommen frei läßt. Unter Umständen kann die Anwendung von Perfoankern auch als endgültiger Ausbau gewertet werden.

a) Felsankerung bei Auftreten von Auflockerungsdruck

Die Elastizitätstheorie ergibt, daß sich über einem Stollenausbruch sekundär Zugspannungszonen entwickeln, deren Größe von der Seitendruckziffer abhängig ist (s. Abschnitt 33). In diesen Zonen ist auch bei festem Fels, insbesondere aber bei gebrechem Gebirge eine Auflockerung möglich, die das Herabstürzen von Gesteinsteilen zur Folge hat. Im First wird sich das Gebirge, wenn es unter der Wirkung der Schwerkraft etwas absinkt, zu verspannen suchen. Dieses Bestreben wird aber bei gebrechem Gebirge nicht von Erfolg begleitet sein. Es ist daher ein zeitweiliger Ausbau notwendig, der in vielen Fällen in Form einer Verankerung ausgeführt werden kann. Dabei ist aber noch zu beachten, daß durch die Sprengarbeiten eine Auflockerungszone geschaffen wird, die rings um den ganzen Ausbruchsquerschnitt verläuft und die bei der Beurteilung des elastischen Verhaltens außer Betracht bleiben soll, so daß für die statische Beurteilung der um das Maß der Auflockerung ringsum erweiterte Ausbruchsquerschnitt gelten sollte. Die Berücksichtigung dieses Umstandes führt zu der Annahme, daß sich die früher erwähnte Zugspannungszone erst über dem Auflockerungsbereich entwickelt. Es muß dann Aufgabe der Verankerung sein, den Auflockerungsbereich und die Zugspannungszone mit dem darüber liegenden ungestörten Gebirge zu verbinden. Dazu eignen sich am besten radial angeordnete Anker, deren Berechnung auf Grund der früheren Darlegungen (Abschnitt 33) keine Schwierigkeit bereitet. Wählt man beispielsweise den Halbmesser eines kreisförmigen Ausbruchsquerschnittes mit $r_a = 2,0$ m und schätzt man die Dicke der durch Sprengarbeiten entstandenen Auflockerungszone mit 1,0 m, so ergibt sich auf Grund der Tab. 9 im Abschnitt 47 für den Wert der Poissonschen Zahl $m_g = 6$ eine größte Dicke der Zugspannungszone d_z im Scheitel von $d_z = 0,51$ m. Das Gewicht der Lockermasse über dem First beträgt daher $(1,0 + 0,51) \cdot 2,7 = 4$ tm^{-2}. Die Länge der Anker wird man, um sie sicher in das unbeeinflußte Gebirge einzubinden, länger als 1,50 m, also etwa 2,50 m wählen. Nachdem ein Anker vom Durchmesser 2 mm aus Torstahl bei einer zulässigen Beanspruchung von 2000 kpcm^{-2} 7,6 t zu tragen vermag, ist die Anordnung von einem Anker je m^2 Firstfläche reichlich. Gegen die Ulmen hin wird man den Ankerabstand etwas vergrößern und die Anker etwas kürzer halten. Die Größe der Vorspannung wird man mit etwa 4 t wählen.

Die Vorspannung des Gebirges ergibt einen Verlauf der Druckspannungstrajektorien, der sich vom Ankerkopf bis zum Bohrlochgrund spindelförmig einstellt. Bei kleinklüftigem Gebirge ist es notwendig, auch zwischen den Ankern Maßnahmen gegen Nachbrüche zu treffen. Sie können in der Anordnung von verlängerten Unterlagsplatten, eines Drahtgitters oder einer Spritzbetonschicht bestehen.

Die angestellten Überlegungen verlieren ihre Gültigkeit bei ausgeprägter Anisotropie, also bei geschichtetem oder geschiefertem Gestein. Dann sind andere Gesichtspunkte maßgebend. Es ist früher ausgeführt worden, daß bei einem Streichen der Schieferung oder der Schichtung annähernd senkrecht zur Tunnel- oder

Stollenachse und bei gleichzeitigem steilen Einfallen die Möglichkeit von Nachbrüchen gering ist, weil sich die Schichtpakete senkrecht zur Stollenachse verspannen können. Dann ist es möglich, die früher dargelegten Gesichtspunkte im allgemeinen beizubehalten; die Anker werden aber zweckmäßigerweise in der Längsrichtung des Stollens eine Neigung erhalten.

Anders liegen die Dinge, wenn die Streichrichtung der Schichtung oder Schieferung annähernd parallel zur Stollenachse verläuft und wenn sie lotrecht oder schräg einfällt oder waagrecht liegt. Dann wird die Gefahr von Nachbrüchen durch die Gleitwilligkeit in den Schicht- oder Schieferungsflächen begünstigt und die Ankerung hat eine ähnliche Funktion zu übernehmen, wie die Schubbewehrung in einem Stahlbetontragwerk. Durch eine Vorspannung des Gebirges wird überdies der Schubwiderstand in diesen Flächen wesentlich vergrößert.

Bei waagrechter Lagerung der Schicht- oder Schieferungsflächen ist die Analogie mit einem Stahlbetonbalken vollkommen. Als Grundsatz hat zu gelten, daß die Anker möglichst unter einem Winkel von 45° die Schicht- oder Schieferungsflächen schneiden.

Bei lotrechter Lage der Schicht- oder Schieferungsflächen ist es notwendig, an den Ulmen eine waagrechte Ankerung vorzusehen, um das Ablösen von Gesteinsplatten zu vermeiden.

Die Ankerung wird in allen diesen Fällen dem Ausbruch rasch nachfolgen, um der Auflockerung keine Entwicklungszeit zu gestatten. Es ergibt sich dabei zwangsläufig, daß die Anker im Bereich jeder Abschlagslänge im Zusammenhang mit dem Bohren für den nächsten Angriff gesetzt werden, weil dann das Arbeitsgerüst und die Geräte dafür zur Verfügung stehen. Dieses rasche Nachziehen der Ankerung ist aber insbesondere deshalb von Bedeutung, weil die Verspannung in der Längsrichtung des Stollens zwischen dem rückwärtigen durch Ankerung bereits gesicherten Teil und dem Gebirge hinter der Stollenbrust ausgenützt werden kann.

Die Felsankerung ist eine Bauweise, die aus der Praxis entwickelt wurde. Deshalb kann man die Grenze ihrer Anwendungsmöglichkeit durch theoretische Erwägungen nicht festlegen. Die Ankerung setzt jedenfalls voraus, daß das Gebirge nach erfolgtem Abschlag wenigstens solange standfest bleibt, bis der nächste Angriff gebohrt werden kann. Diese Bedingung ist auch bei gebrechem Gebirge sehr häufig gegeben. Wenn sie aber nicht zutrifft und Getriebezimmerung erforderlich wird, die dadurch gekennzeichnet ist, daß der Ausbau dem Ausbruch vorauseilt, dann scheidet die Methode der Felsankerung wohl aus.

b) Felsankerung bei Auftreten von echtem Gebirgsdruck

Der echte Gebirgsdruck wird mit Hilfe der plastischen Zonen gedeutet. Über die Art ihrer Ausbildung ist in den Abschnitten 34, 35 u. 37 berichtet worden. Bei mäßigem an den Ulmen auftretendem Gebirgsdruck bilden sich die plastischen Zonen sichelförmig den Ulmen anliegend aus. Der Gleitflächenverlauf ist ähnlich wie beim Fall allseitig gleicher primärer Druckspannung. Daraus folgt, daß es zweckmäßig ist, die Anker in den Ulmen eines kreisförmigen Ausbruches radial anzuordnen, weil sie dann die möglichen Gleitflächen etwa unter 45° schneiden. Über die Länge der Anker kann die Begrenzung der plastischen Zonen einen, wenn auch nur ungefähren Anhaltspunkt liefern.

Wenn starker Ulmendruck auftritt, kommt es zur Ausbildung tiefreichender kreuzförmiger plastischer Zonen, aber auch dann ist ihre Dicke im Ulmenbereich verhältnismäßig gering. Es wird sich daher empfehlen, auch diesfalls die Anker radial oder waagrecht vorzusehen. In beiden Fällen ist der Ankeranordnung in ihrer relativen Lage zu den Gleitflächen die Analogie mit der Schubbewehrung in einem Stahlbetontragwerk zugrunde gelegt worden. Gleichzeitig mit dieser Wirkung ist aber zu beachten, daß die Vorspannung des Gebirges mit Hilfe von Ankern seine Tragfähigkeit erhöht und im günstigen Sinne zur Mitwirkung heranzieht.

Bei allseitig wirkendem echtem Gebirgsdruck ergibt sich wieder eine radiale Anordnung der Anker als zweckmäßig. In diesem Zusammenhang verdient die Erfahrung vermerkt zu werden, die LANGECKER in den oberbayerischen Gruben in Hausham gemacht hat. Er hat versucht, das Hochtreiben der Sohle durch primitive Eisenbetonanker zu verhindern, und dies ist ihm auch gelungen. RABCEWICZ berichtet von ähnlichen Erfolgen im Ruhrgebiet [108b]. Dort hat man im tonigen Gebirge, das Sohlenhebungen bis 1,40 m erlitt, Eisenbetonanker angeordnet. Das Ergebnis war, daß sich die Sohle in der verankerten Strecke gar nicht oder nur ganz wenig (um etwa 10 cm) hob. Die Sohle des etwa 2,40 m breiten Stollens wurde auf eine Länge von 180 m mit 1,50 m langen Ankern versehen, welche in Reihen von 4 Stück im Abstand von 0,90 m angebracht wurden, also ein Anker auf 0,54 m². Man hat dabei festgestellt, daß es vorteilhaft war, die Ankerung möglichst bald nach dem Vortreiben der Strecke vorzunehmen, die trockengebohrten Löcher rasch mit Mörtel zu verfüllen und die Anker einzubringen, weil sich sonst die Löcher infolge des Gebirgsdruckes verengten.

Solchen verhältnismäßig günstigen Ergebnissen stehen auch Mißerfolge gegenüber. Versuche auf einer Zeche in Kohlscheid bei Aachen, das Hochtreiben der Sohle durch Ankerung zu verhindern sind erfolglos verlaufen.

Die Sohlensicherung durch Ankerung bei Auftreten von echtem Gebirgsdruck läßt sich im Zusammenhang mit dessen Erklärung nach der Theorie der plastischen Zonen beurteilen. Die Sohlenhebungen entstehen unter der Wirkung der kreuzförmig weit ausgreifenden plastischen Zonen. Die Durchbewegung des Gebirges in diesen Zonen gegen den Hohlraum hin erzeugt über dem First und unter der Sohle passive plastische Bereiche. Es kommt zur Senkung des Firstes und zur Aufwölbung der Sohle. Beide Erscheinungen sind eine vollkommene Abbildung der Gebirgsfaltung. Die Gleitflächen verlaufen schalig etwa parallel zur gewölbten oder geknickten Oberfläche in First oder Sohle. Durch lotrechte Anker wird der Schubwiderstand des Gebirges erhöht, und dies führt zu einer günstigen Wirkung. Die dargelegten Erfahrungen dürfen bei echtem Gebirgsdruck allgemeine Gültigkeit beanspruchen. Es ist aber mehr noch wie bei Auflockerungsdruck notwendig, die Verankerung rasch dem Ausbruch folgen zu lassen, damit dem Gebirge nach Möglichkeit keine Zeit zur plastischen Verformung bleibt. Diese Verformung ist ja fast immer mit Brucherscheinungen (Bruchfließen) verbunden. Durch Abschalungen an den Ulmen rückt der Ausbruchsrand bergwärts und je länger man zuwartet, desto größer ist die Gefahr, daß die Anker nicht ausreichend tief ins gesunde Gebirge eingreifen.

Die Felsankerung zum Schutz gegen die Wirkungen des echten Gebirgsdruckes wurden im Abschnitt Lend des Druckstollens des Kraftwerkes Schwarzach im großen Ausmaß verwendet [1701]. Dort wurden insgesamt 2172 Felsanker mit einer Gesamtlänge von 4970 m gesetzt. Zum Teil kamen Keilschlitzanker, zum Teil vorgespannte Perfoanker zur Anwendung. Die Zweckmäßigkeit der Felsankerung erwies sich dort besonders bei den häufig auftretenden Verbrüchen. Ein solcher wurde bereits im Abschnitt 57 geschildert. Um nach dem eingetretenen Schaden den Arbeitsraum zu sichern, wurden die Ränder der Bruchfläche und, soweit es notwendig war, auch deren mittlerer Teil mit 3,0 m langen Perfoankern an das ungestörte Gebirge geheftet. Diese Maßnahmen genügten, um weitere Schäden bis zum Nachrücken der Betonierungseinrichtung zu verhindern.

79. Wesen und Entwicklung des Spritzbetonverfahrens

Das Wesen des Spritzbetonverfahrens läßt sich wie folgt beschreiben; ein trocken vorgemischtes Gemenge von Zement, einem Zementzusatzmittel und Zuschlagstoffen wird von der Spritzmaschine zur Spritzdüse mittels Preßluft gefördert; in der Düse erfolgt die Wasserzugabe, worauf der Frischbeton entweder auf eine vorhandene Betonoberfläche oder auf das Gebirge pneumatisch aufgetragen wird. In beiden Fällen ist eine gründliche Reinigung der Oberfläche unerläßlich, weil nur dann eine gute Haftung des Spritzbetons gewährleistet ist.

Der Gedanke, Mörtel oder Beton maschinell mittels Preßluft aufzutragen, ist vor 50 Jahren zum erstenmal aufgetaucht. Die Versuche, ein brauchbares Gerät dafür herzustellen, die gleichzeitig in Europa und Amerika unternommen wurden, haben im Jahre 1913 Erfolg gebracht. Damals gelang es, ein geeignetes Gerät — es wurde Zementkanone, Cement-Gun oder Tektor genannt — auf den Markt zu bringen. Eine solche Maschine wurde von der Torkret GmbH, Berlin hergestellt, fand rasche Verbreitung und wurde auch im Tunnel- und Stollenbau in ausgedehntem Maße verwendet. Sie erlaubte einen Mörtel aufzutragen, bei dem der Sand eine maximale Korngröße von etwa 5 mm aufwies. Der Sand mußte vollständig trocken sein, eine Bedingung, deren Erfüllung bei der Ausführung sehr lästig war. Die Leistungsfähigkeit dieser ersten Geräte war zunächst noch gering. In einem Arbeitsgang war nur ein Mörtelauftrag von etwa 2 cm Dicke möglich, wobei Stundenleistungen von 14—28 m² erzielt werden konnten. Durch den Auftrag in mehreren Schichten konnten größere Dicken erreicht werden, aber sie blieben immerhin beschränkt. Entsprechend der geringen Leistungsfähigkeit wurde das Torkretverfahren im Stollenbau daher vorerst hauptsächlich verwendet, um durch den Ausgleich der Felsunebenheiten eine größere Glattheit von Triebwasserstollen und damit eine größere hydraulische Leistungsfähigkeit zu erzielen. Gleichzeitig hatte die Torkretschicht die Aufgabe, die Klüfte und Spalten zu schließen und damit dem Triebwasserstollen eine dichtende Auskleidung zu geben, wie dies z. B. beim Druckstollen der Möllüberleitung der Kraftwerksgruppe Glockner—Kaprun geschehen ist, wo allerdings das Auftreten von bergschlagähnlichen Gesteinsablösungen der Anwendung eine Grenze setzte.

Auch zur Herstellung stahlbewehrter Innenschalen von Druckstollen, insbesondere in Gebirgsstrecken ungünstiger Beschaffenheit, wurde das Torkretverfahren in großem Ausmaß zur Anwendung gebracht.

In den letzten Jahren ist aber ein entscheidender Wandel eingetreten, und man konnte von der Torkretierung zum Spritzbetonverfahren übergehen. Für diese Entwicklung waren zwei Umstände entscheidend. Einerseits die Möglichkeit, das

Größtkorn des Zuschlagstoffes bis 25 mm zu steigern, wobei überdies das vorherige Trocknen unterbleiben und der Zuschlagstoff in erdfeuchtem Zustand Verwendung finden konnte; andererseits die Erhöhung der Leistungsfähigkeit der Maschinen. An dieser Stelle sind die Aliva-Beton- und Mörtelspritzmaschine der Sika-Plastiment GmbH, die Geräte der Torkret GmbH, Bochum und der Betonspritzmaschinen GmbH, Frankfurt am Main besonders zu erwähnen. Mit Hilfe dieser Maschinen kann man nach dem Spritzbetonverfahren im Tunnel- und Stollenbau Aufgaben lösen, die früher wegen des erforderlichen Zeitaufwandes und der Kosten nicht in Betracht kamen. Das Spritzbetonverfahren hat im Tunnel- und Stollenbau als Hilfsmittel für den zeitweiligen Ausbau neue Wege eröffnet und die traditionellen Bauweisen in weitem Umfang zu verdrängen vermocht. Hierüber, insbesondere auch über die Grenze der Anwendungsmöglichkeit wird später noch zu sprechen sein (Abschnitt 84).

Die Vorteile des Spritzbetons sind bei der Anwendung im Tunnel- und Stollenbau so groß, daß die Entwicklung auf diesem Wege sicher weiterschreiten wird. Vor allen Dingen wird es möglich sein, in ungünstigem Gebirge den zeitweiligen und den dauernden Ausbau in einem Zuge auszuführen und damit die Betonschalung vollständig zu vermeiden.

a) Das Aliva-Spritzbetongerät (Abb. 105a) ist kompendiös gebaut und auf zwei luftbereiften Rädern fahrbar. Die Oberkante des Einfülltrichters liegt nur 95 cm über dem Boden. Das Mischgut wird dem Einfülltrichter aufgegeben und gelangt in einen offenen, zylindrischen Behälter, auf dessen Boden es durch ein Rührwerk erfaßt und einer lotrechten in der Mitte des Zylinders angeordneten Förderschnecke zugeführt wird. Die Schnecke läuft in einem Steigrohr, an dessen oberem Ende die Abblaskammer liegt. Dort wird das Trockengemisch vom Preßluftstrom erfaßt und durch den Materialschlauch, eventuell unter Zwischenschaltung einer längeren Stahlrohrleitung, der Düse zugeführt, wo die Wasserbeigabe erfolgt. Der Antrieb des Gerätes ist elektrisch oder mit Preßluft möglich. Die Motorleistung beträgt 20 PS. Bei Preßluftantrieb werden rd. 20 m³/min bei elektrischem Antrieb etwa 8 m³/min Ansaugluft gebraucht. Die Förderleistung läßt sich zwischen 0,5 und 6 m³/min variieren.

Die Zuschlagstoffe brauchen nicht vorgetrocknet zu werden. Es läßt sich Mörtel bis 7 mm Korngröße und Beton bis 25 mm Korngröße verarbeiten. Für Mörtel hat sich die Sieblinie B und für Beton die Sieblinie E gut bewährt. Bei glatten, runden Zuschlagstoffen konnten auch Körnungen verwendet werden, die den Mittellinien der besonders guten Bereiche entsprechen und sich etwa mit $(A + B):2$ und $(D + E):2$ kennzeichnen lassen.

b) Die Torkret-Betonspritzmaschine ist mit 2 Kammern ausgestattet, wobei die obere Kammer als Schleuse ausgebildet ist, während die untere als Arbeitskammer dient. Beide Kammern sind nach oben durch Glockenventile abgeschlossen, welche mit Handhebeln von außen betätigt werden können. In der Arbeitskammer befindet sich ein Taschenrad, welches durch einen Druckluftmotor über ein Schneckengetriebe in Umdrehung gesetzt wird. Das Taschenrad bringt das Trockengemenge unter den Luftzuführungs- und gleichzeitig damit auch unter den Austrittsstutzen. Dadurch wird erreicht, daß der Materialschlauchleitung fortlaufend gleiche Mengen zugeführt werden, so daß an der Düse ein gleichmäßiger Materialstrom austritt.

Der Einfülltrichter liegt 1,65 m über dem Boden. Die Förderleistung an losem Material beträgt etwa 4 m³/Std. Der Bedarf an angesaugter Luft ist 10 m³/min.

Abb. 105a zeigt den Einsatz der Spritzbetonmaschinen, und zwar im Vordergrund das Aliva-Gerät und links davon die Torkret-Betonspritzmaschine. Aus der Abb. 105b ist auch das Aufspritzen des Betons als nachträgliche Sicherung des Vollausbruches gegen Auflockerungserscheinungen zu ersehen.

Abb. 105a. Einrichtungen für die Herstellung eines zeitweiligen Spritzbetonausbaues im Druckstollen des Salzach-Kraftwerkes Schwarzach der Tauern-Kraftwerke AG.

Abb. 105b. Auftragung einer dünnen Spritzbetonschicht in wenig nachbrüchigem Gebirge nach erfolgtem Vollausbruch [112].

80. Die Technologie des Spritzbetons

Hinsichtlich der Auswahl des Zementes ist man an keine Bedingung gebunden, es wäre denn, daß z. B. bei Auftreten von sulfathältigen Bergwässern ein widerstandsfähiger Zement erforderlich ist. In solchen Fällen hat sich in letzter Zeit Sulfathüttenzement bewährt [161]. Die Zementdosierung kann sich innerhalb weiter Grenzen bewegen und 130—140 kg je m³ Spritzbeton betragen. Für die Bestimmung der Zementmenge ist die Aufgabe, welche die Spritzbetonauskleidung zu erfüllen hat, maßgebend.

Die Zementzusatzmittel dienen in erster Linie dazu, das Abbinden des Zements und die Anfangserhärtung des Betons zu beschleunigen. Außerdem soll dadurch die Haftung des Spritzbetons an den oft feuchten Stollenwänden ermöglicht oder verbessert werden. Entsprechend der Arbeitsweise, d. h. wegen der trockenen Vormischung hat sich die Beigabe der Zusatzmittel in Pulverform bewährt, die dem Zement in einigen Gewichtsprozenten zugemischt werden. Alle Zusatzmittel, die schnelles Abbinden und rasche Anfangserhärtung herbeiführen, haben die Nebenwirkung, daß sie die Endfestigkeit des Betons beeinträchtigen. Aber die Vorteile der hohen Anfangsfestigkeit sind im Tunnel- und Stollenbau von so ausschlaggebender Bedeutung, daß man den angeführten Nachteil in Kauf nimmt. Sollten sulfathältige Bergwässer auftreten und wird Sulfathüttenzement verwendet, so stehen auch für diesen Fall Zementzusatzmittel mit schnellbindender Wirkung zur Verfügung. Die Erfahrungen damit sind aber nicht durchaus günstig, so daß bei ihrer Anwendung Vorsicht geboten ist, wie denn überhaupt das Auftreten von aggressiven Wässern hoher Konzentration den Tunnel- und Stollenbau immer vor schwierige Aufgaben stellt.

Hinsichtlich der Zuschlagstoffe ist von besonderer Wichtigkeit, daß man, wie bereits erwähnt, mit den heute in Verwendung stehenden Betonspritzmaschinen Korngrößen bis 25 mm verarbeiten kann, so daß die Berechtigung besteht, von Spritz*beton* zu sprechen. Das Größtmaß von 25 mm wird aber in der Praxis meist unterschritten. Hinsichtlich der Kornzusammensetzung möge die nachstehende Tabelle als Richtschnur dienen

Tabelle 17. *Kornzusammensetzung des Zuschlagstoffes von Spritzbeton*

Korngröße mm	Gewichtsanteil in %
0—3	40—60 i. M. 50
3—10	30—50 i. M. 35
10—25	10—20 i. M. 15

Die Wasserzugabe zum Trockengemisch erfolgt an der Düse unmittelbar vor dem Ausströmen des Spritzgutes. Das Wasser wird unter einem Druck von 3—4 atü der Düse zugeleitet und tritt dort durch einen gelochten Ring aus. Der Wasserzementwert soll etwa zwischen 0,45 und 0,60 liegen. Seine Kontrolle ist schwer möglich. Die Wasserbeigabe muß dem Düsenführer überlassen bleiben, von dessen Geschicklichkeit die Güte des Spritzbetons hauptsächlich abhängig ist. Eine Regelung des Wasserzusatzes ergibt sich automatisch dadurch, daß der Beton bei zu reichlicher Wasserbeigabe von den Stollenwänden abrinnen würde; andererseits ist bei zu trockener Mischung ein sehr hoher Rückprallverlust zu verzeichnen.

Der Rückprall wächst mit der Neigung der Felsoberfläche. Wenn nach unten gespritzt wird, ist er klein. Bei vertikalen Felswänden beträgt er 25%. Im First kann er 50% überschreiten. Das rückprallende Material soll nicht wieder verwendet werden.

Das Raumgewicht des Spritzbetons ist verhältnismäßig gering, weil es das Auftrageverfahren mit sich bringt, daß die Druckluft als Fördermittel in Form von Bläschen im Beton verbleibt. An Probestücken, die aus Spritzbetonaufträgen entnommen wurden, konnte das Raumgewicht als zwischen 2,10 und 2,30 tm^{-3} liegend festgestellt werden; höhere Werte kommen kaum vor; das Raumgewicht eines guten Rüttelbetons wird nicht erreicht. Trotzdem sind die Festigkeitseigenschaften günstig. So wiesen z. B. Probestücke, die aus einer 20—25 cm dicken Spritzbetonauskleidung herausgearbeitet wurden, ein Raumgewicht von 2,12 tm^{-3} und eine Enddruckfestigkeit von 330 kpcm^{-2} auf. Die Spritzbetonauskleidung, aus der die angeführten Proben stammten, hatte folgende Zusammensetzung: der Zuschlagstoff wies die Körnung 0—3 mm (60%) und 3—10 mm (40%) auf: die maximal erreichbare Korngröße wurde nicht ausgenützt. Dem Zuschlagstoffgemenge, getrennt gemessen, wurde je m^3 350 kg Portland-Zement und 4—6% des Zementgewichtes Sigunit beigegeben [117].

Durch Steigerung der maximalen Korngröße konnten nicht bloß die Festigkeitseigenschaften des Spritzbetons gegenüber dem Torkret verbessert werden, es trat auch eine Verringerung des Schwindmaßes ein.

An die Wasserdichtheit des Spritzbetons darf man keine allzugroßen Anforderungen stellen. Vollkommene Wasserdichtheit, die manchmal als Vorteil angeführt wird, ist nicht zu erreichen. An Stellen, wo Bergwasser auftritt, sind bald nach dem Spritzbetonauftrag, Sintererscheinungen zu beobachten.

81. Dünne Spritzbetonauskleidung zur Sicherung gegen örtliche Auflockerungsdruckerscheinungen

In dünnen Schichten, d. i. etwa 5 cm dick aufgetragener Spritzbeton haftet vortrefflich an den gut gereinigten Felsoberflächen, verschließt die Klüfte und vermag ziemlich tief in offene Spalten einzudringen; er verkittet lose Gesteinspartien, wodurch die Ablösung einzelner Gesteinsteile verhindert wird. Auch eine gewisse Gewölbewirkung ist selbst bei dünnen Spritzbetonschichten zu verzeichnen. Die wirksame Dicke des Gewölbes ist infolge der Auffüllung örtlich einspringender Teile der Felsoberfläche, wobei vorspringende Spitzen nur schwach gedeckt werden, und infolge der guten Haftfestigkeit größer als der mittleren Dicke des Auftrages entspricht. Durch die Haftfestigkeit werden überdies tiefer liegende Gesteinspartien zur tragenden Mitwirkung herangezogen, ein Vorteil, der sich insbesondere bei örtlich auftretendem Auflockerungsdruck erweist. Die Auftragung von dünnen Spritzbetonschichten auf Gesteinsflächen, die trotz gründlicher Reinigung keine guten Haftung verbürgen, sind von geringem Wert. Es hat keinen Zweck, von einem Spritzbetonauftrag auf glimmerreichen Schieferungsflächen, auf glatten Klüften und Harnischen eine gute Haftung zu erwarten. Durch Einlegung eines Drahtgeflechtes können solche Flächen geringen Ausmaßes überbrückt werden; bei größeren Flächen ist aber dieses Hilfsmittel nicht ausreichend, und es ist dann eine Sicherung des Gebirges durch Verankerung vorzuziehen.

Mit diesen Darlegungen ist die überraschend gute Wirksamkeit einer auch nur dünnen Spritzbetonauskleidung erklärt. Sie bildet bei dem schwachen Auftrag keine zusammenhängende Haut von gleichmäßiger Dicke, aber sie schafft durch Heranziehung des Gebirges ein Gewölbe, dessen Dicke größer ist als dem Materialaufwand entspricht. Wegen der hohen Haftfestigkeit ist eine dünne Spritzbetonauskleidung eigentlich nicht als selbständiger Bauteil zu betrachten, sie bildet vielmehr eine wirksame Verstärkung der oberflächlichen Gesteinsschichte. Die Haftfestigkeit ermöglicht es, örtlich auftretende Belastungen durch aufgelockerte Gebirgsteile auf eine größere Fläche zu verteilen, insbesondere dann, wenn die Spritzbetonauskleidung mit einer Einlage von Baustahlgitter verstärkt wird. Die Haftfestigkeit macht es auch möglich, den First mit Spritzbeton in der Weise zu sichern, daß die Auskleidung an den Kämpferstellen frei endigt, ohne daß besondere Widerlagerverstärkungen angeordnet werden.

Ein Beispiel für eine dünne Spritzbetonverkleidung zur Sicherung gegen örtliche Auflockerungsdruckerscheinungen bietet der Druckstollen des Kraftwerkes Schwarzach der Tauernkraftwerke AG, wo im Abschnitt Lend auf eine Länge

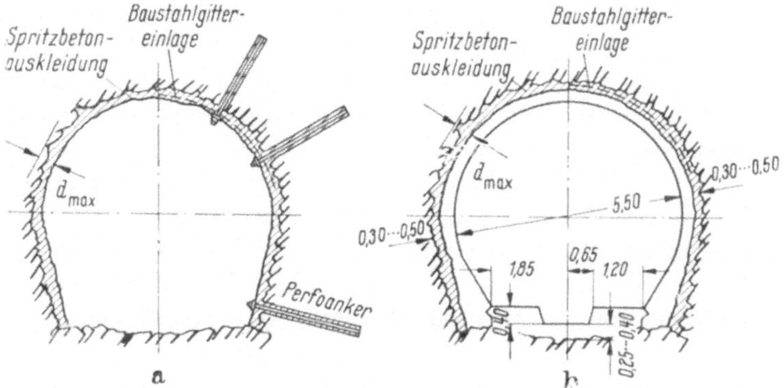

Abb. 106. Auskleidungsquerschnitt mit zeitweiligem Spritzbetonausbau; a) zeitweiliger Spritzbetonausbau mit örtlich angeordneten Felsankern; b) dauernder Ausbau.

Abb. 107. Echter Gebirgsdruck in einer vollausgebrochenen Strecke des Druckstollens des Salzach-Kraftwerkes Schwarzach der Tauern-Kraftwerke AG. Im zeitweiligen Spritzbetonausbau äußerten sich die Gebirgsbewegungen durch rasch anwachsende Brucherscheinungen; sofort angebrachte Felsanker schufen eine zusätzliche Sicherung, die es erlaubte, den Ausbruchshohlraum bis zur Herstellung des endgültigen Ausbaues gefahrlos offenzuhalten [112].

von 1 641 m ein Spritzbetonauftrag des Firstes vorgesehen wurde, der den Zweck hatte, die Belegschaft gegen nachbrechende Gesteinsteile zu sichern. Abb. 106 zeigt den Regelquerschnitt und Abb. 107 die ausgeführte Spritzbetonverkleidung.

In den geschilderten Anwendungsfällen ist das Spritzbetonverfahren eine Methode des zeitweiligen Ausbaues, die beträchtliche Vorteile besitzt. Vor allen Dingen ist es möglich, den Tunnel- oder Stollenquerschnitt von aussteifenden Elementen, die den Lichtraum einengen, freizuhalten, so daß die nachfolgenden Arbeiten, insbesondere die Betonierung, ohne Behinderung erfolgen können. Der

zeitweilige Holzausbau wird durch die Spritzbetonbauweise immer weiter zurück-
gedrängt und sollte unter den dargelegten Verhältnissen, wo es sich nur um gebreches oder nachbrüchiges Gebirge handelt, der Vergangeheit angehören. Ein
weiterer Vorteil der Spritzbetonbauweise besteht in der Schaffung eines vollkommenen, hohlraumfreien Kontaktes zwischen der Auskleidung und dem Gebirge,
so daß die Nachbrüchigkeit des Gebirges unterbunden wird. Demgegenüber hatte
der Holzeinbau auch bei Hinterpackung solche Nachbrüche gefördert, wobei die
nachteilige Wirkung meist erst später bei der Auswechslung der Zimmerung eintrat.

Sollten sich am Spritzbetonausbau Schäden zeigen, so ist in den meisten Fällen
eine Verstärkung möglich, ohne daß der Lichtraumquerschnitt für aussteifende
Bauteile in Anspruch genommen werden muß. Häufig wird man mit Felsankern
eine ausreichende zusätzliche Sicherung bis zur Herstellung des endgültigen Ausbaues schaffen können. Einen solchen Fall zeigt Abb. 107, wo unter der Wirkung
echten Gebirgsdruckes rasch wachsende Schäden an der Torkretauskleidung auftraten, die aber durch unverzügliches Setzen einer Anzahl von Felsankern beherrscht und an der weiteren Ausbreitung gehindert werden konnten.

82. Mittelstarker Spritzbetonausbau bei stark gebrechem Gebirge oder leichtem, echtem Gebirgsdruck

Bei stark ausgeprägter Nachbrüchigkeit des Gebirges wird man stärkere Spritzbetonschichten von etwa 10—20 cm mittlerer Dicke auftragen. Die grundsätz-

Abb. 108. Vollausbruch eines Druckstollens in gebrechem, mäßig druckhaftem
Gebirge mit Spritzbetonausbau unter
Verwendung von Stahlstreckenbogen. Im
Richtstollen konnte hinter den Streckenbogen eine Holzverpfählung genügen. Man
sieht auf dem Bild, daß der Spritzbetonausbau bis nahe an die Brust des Vollausbruches herangeführt werden konnte.

lichen Erwägungen, die für einen dünnen Spritzbetonauftrag angestellt wurden,
gelten auch in diesem Falle. Bei der erwähnten Dicke wird es aber auch möglich
sein, leichtere Erscheinungen echten Gebirgsdruckes zu beherrschen. Allerdings

wird man dann vielfach den Spritzbetonausbau nicht allein anwenden, sondern ihn durch eine Baustahlgittereinlage oder durch Felsanker verstärken.

Bei größerer Dicke der Spritzbetonauskleidung ist es notwendig, ihre Gewölbewirkung voll zur Geltung zu bringen. Daraus folgt, daß man auch der Ausbildung von Widerlagern Augenmerk zuwenden muß. Dies kann durch eine in das Gebirge

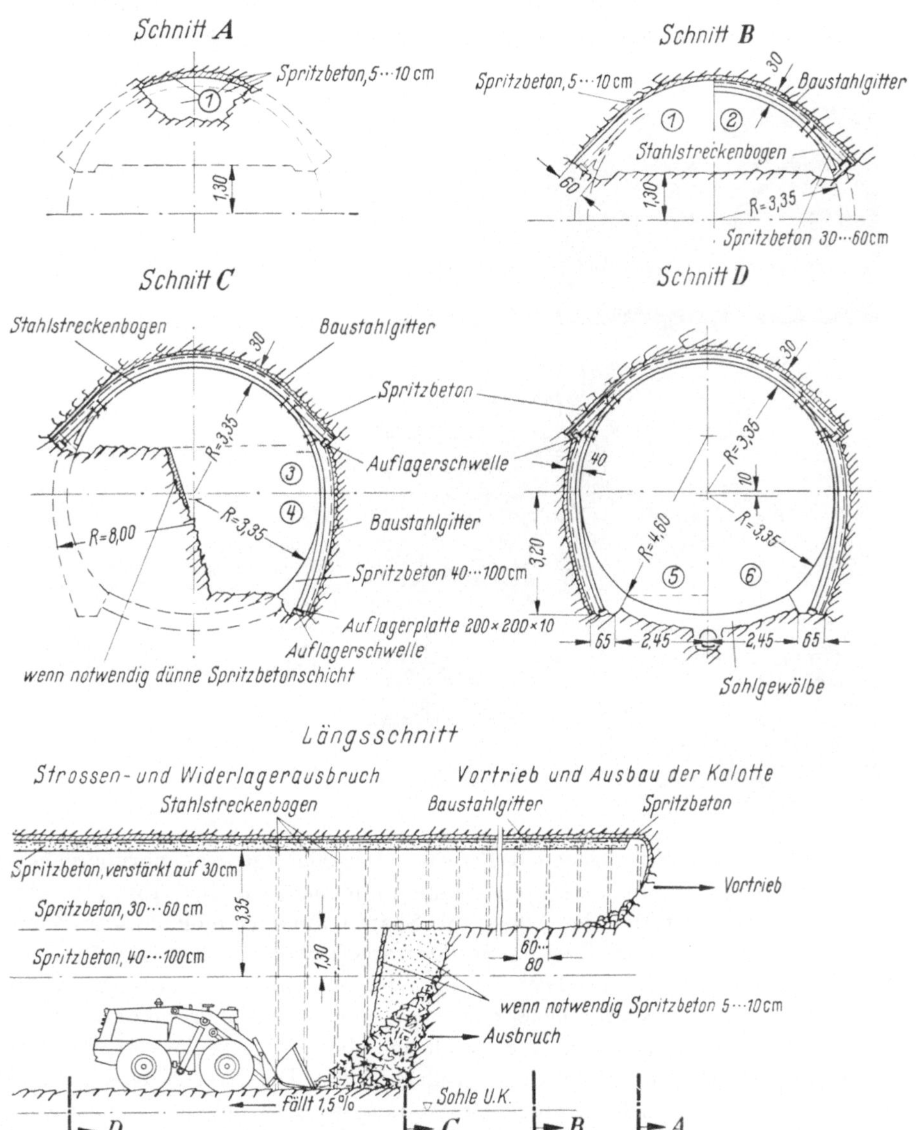

Abb. 109. Ausbruch im bindigen, vorübergehend tragfähigen Hangschutt beim Triebwasserstollen des Salzach-Kraftwerkes Schwarzach [117]: *1* Vortrieb der Kalotte und Sicherung des Firstes mit 5—10 cm Spritzbeton: *2* Verbreiterung des Kalottenausbruches, Einbau von Stahlstreckenbogen und Anordnung einer mit Baustahlgitter bewehrten 30 cm dicken Spritzbetonschicht; Schaffung von einspringenden Widerlagern; *3* und *4* Ausbruch der Strosse und Sicherung der Ulmen mit Stahlstreckenbogen, die an die Firstbogen angeschlossen werden und mit einer bewährten Spritzbetonauskleidung von 40—100 cm Dicke; *5* und *6* Sicherung der Sohle durch ein Spritzbetongewölbe.

eingebundene Verankerung der Auskleidungsschicht herbeigeführt werden, wie
dies Abb. 109 zeigt.

Bei starker Nachbrüchigkeit, insbesondere auch im kohäsiven Lockergebirge
wird es notwendig, die Spritzbetonauskleidung durch den Einbau von Stahlringen
zu verstärken (Abb. 108). Eine interessante Entwicklungsphase der Spritzbetonbauweise wird vom Druckstollen der Kraftwerkes Schwarzach, Baulos Birgl berichtet [117]. Dort handelt es sich um die Sicherung einer rd. 100 m langen, in

Abb. 110. Spritzbetonauskleidung in
einer in bindigem Hangschutt gelegenen Strecke des Druckstollens
des Salzach-Kraftwerkes Schwarzach.
Dabei kam die in Abb. 109 dargestellte Unterfangung des zeitweiligen
Ausbaues zur Anwendung [117].

gebundenem Hangschutt gelegenen Strecke. Das Gebirge war vorübergehend
standfest und ließ sich mit lotrechten Wänden abbauen, wie dies Abb. 110 zeigt,
aus der zu erkennen ist, daß der Abbau mit Spatenhämmern möglich war. Zuerst
wurde etwas vorauseilend im First ein Stollen vorgetrieben und mit einer 5—10 cm
dicken Spritzbetonschicht gesichert. Unmittelbar nachfolgend wurde die Strosse
nachgenommen und ein Stahlstreckenbogen eingezogen; anschließend daran wurde
die Spritzbetonschichte verstärkt; sie erhielt im Scheitel eine Dicke von 30 cm, die
gegen die Widerlager hin auf 60 cm vergrößert wurde. Die Streckenbogen wichen
von der endgültigen Kreisform tangential ab und stützten sich auf einspringende
Nischen. Dadurch wurde die spätere Verlängerung der Streckenbogen erleichtert.
Die Firstsicherung eilte dem Strossenabbau voraus. Letzterer erfolgte jeweils auf
den Abstand der Streckenbogen einseitig derart, daß der Ring möglichst bald geschlossen werden konnte. Beim Nachnehmen der Strosse wurde zuerst gleichfalls
eine vorübergehende Spritzbetonsicherung aufgeblasen und nach Verlängerung
der Stahlringe wurde die Spritzbetonverkleidung der Widerlager aufgebracht,

deren Dicke von 40 cm bis auf 100 cm im Sohlenbereich anwuchs. Die Verlängerung der Firstbogen durch die anschließenden Widerlagerteile war beim Kelchprofil mit den Schloßverbindungen einfach zu bewerkstelligen (Abb. 109). Schließlich wurde gleichfalls in Spritzbeton ein Sohlengewölbe aufgeblasen. Die zeitweilige Spritzbetonauskleidung der beschriebenen Art blieb in dieser Strecke ohne Schaden Es war also gelungen, durch einen verhältnismäßig starken Spritzbetonausbau dem Auflockerungsdruck entgegenzuwirken bzw. ihn im Keim zu ersticken.

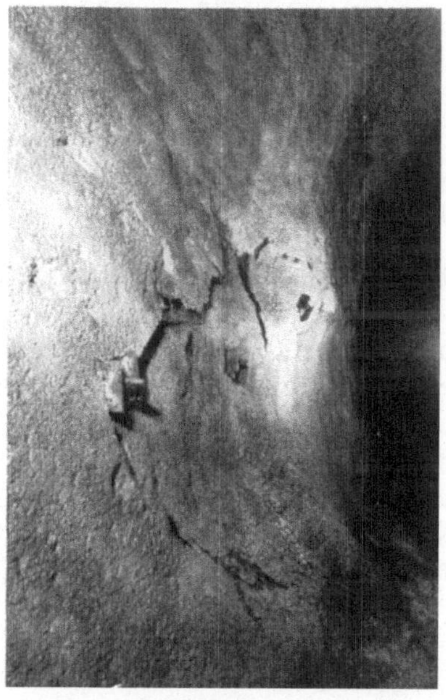

Abb. 111. Abdrückung der mit Baustahlgitter bewehrten Spritzbetonverkleidung an der Ulm eines Druckstollens.

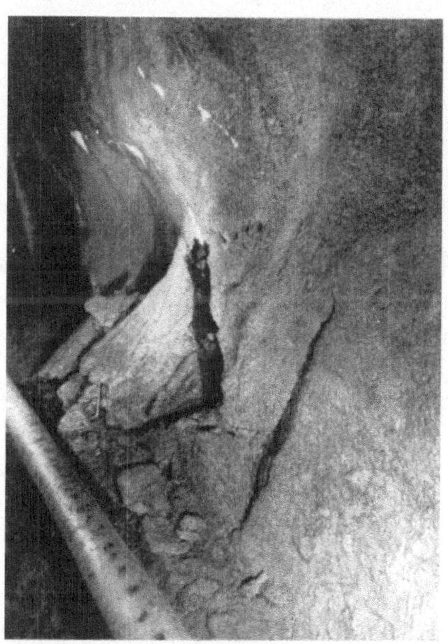

Abb. 112. Brucherscheinungen am Fuß der Ulm eines mit Spritzbeton gesicherten Druckstollens als Folge der Kerbwirkung in dem durch die Widerlagerform vorgezeichneten einspringenden Ausbruchszwickel [701].

Handelt es sich bei dem eben beschriebenen Beispiel um die Sicherung des Ausbruches im bindigen Lockergebirge gegen Nachbrüche, so traten beim Druckstollen des Kraftwerkes Schwarzach auch Strecken auf, wo dem echten Gebirgsdruck zu begegnen war. Im Baulos Lend war dies auf Länge von 502 m der Fall [701]. Die Gebirgsdruckerscheinungen traten in ihrer charakteristischen Form besonders an den Ulmen auf und hatten die bekannten, immer zu beobachtenden Gesteinsablösungen und Nachbrüche zur Folge, die durch die Schieferung des anstehenden Phyllits begünstigt wurden. Anzeichen für die Wirksamkeit von tektonisch bedingten Spannungen waren nicht vorhanden. Die Druckerscheinungen sind in der Abb. 111 durch Schäden an der Spritzbetonauskleidung zu erkennen. Wie aus dieser Abbildung gleichfalls zu ersehen ist, wurden solche Schadensstellen durch Felsanker gesichert. Die Abb. 112 zeigt die durch den Gebirgsdruck verursachten Ablösungen des mit Spritzbeton verkleideten Gebirges, wie sie am Fuß der Ulmen sehr häufig auftraten. Bei echtem Gebirgsdruck kommt der Gewölbewirkung der Ulmenverkleidung besondere Bedeutung zu. Dies ist bei den häufig vorkommenden Hufeisenprofilen von Wichtigkeit, wo die Krümmung der bergseitigen Begrenzung des Ausbauquerschnittes an den Ulmen gegenüber dem First verringert wird, wenn nicht gar die Ulmen durch eine geneigte, ebene Fläche begrenzt vorgesehen werden. Bei dieser Form wird die Gewölbewirkung in der Spritzbetonauskleidung gegen waagrechte Kräfte beeinträchtigt bzw. ihr Widerstand gänzlich ausgeschaltet, die Folge davon sind Brucherscheinungen, wie sie Abb. 111 und 112 zeigt. Bei Auftreten von echtem Gebirgsdruck mit vorwiegend waagrechter Wirkung ist es immer angezeigt, den Entwurf für die Ausmauerung von diesem Gesichtspunkt aus zu beurteilen. Bei mäßigem Ulmendruck wird zur Verstärkung der Widerlager die Anordnung von Felsankern genügen, bei stärkerem Ulmendruck wird die Verwendung von Stahlbogen unerläßlich sein.

83. Schwerer Spritzbetonausbau in Verbindung mit Stahlstreckenbogen bei Auftreten von starkem Gebirgsdruck

Bei Auftreten von starken Gebirgsdruckerscheinungen sind hinsichtlich der Anwendung der Spritzbetonbauweise noch besondere Umstände maßgebend. Die günstige Mitheranziehung einer oberflächlichen Gebirgsschicht zur gemeinsamen Gewölbewirkung, wie sie im Abschnitt 81 geschildert wurde, ist auch in diesem Fall gegeben, nur nimmt das Verhältnis der Dicke zu der mitwirkenden Gebirgsschichte zu der der Spritzbetonauskleidung ab; die Verstärkung des Gewölbes tritt daher nicht so auffällig in Erscheinung, wie bei schwachen Auskleidungen. Aber auch ein starker Spritzbetonausbau hat eine Grenze seiner statischen Wirksamkeit, und dies ist besonders dann zu beachten, wenn die Belastung nicht gleichmäßig verteilt ist, also bei dem immer zu erwartenden überwiegenden Druck in den Ulmen.

Vor der weiteren Behandlung dieser Frage muß noch auf einen Umstand hingewiesen werden, der für die Spritzbetonauskleidung spricht, nämlich die Milderung der Kerbwirkung. Die einspringenden Winkel der Felsoberfläche, an denen Spannungshäufungen auftreten, bilden, wenn echter Gebirgsdruck auftritt, häufig die Ausgangsstellen von Gesteinsablösungen. Die Ausschaltung der Kerbwirkung durch Verfüllung mit Spritzbeton, der am Gebirge gut haftet, und die Schaffung einer gleichmäßigeren Oberfläche ohne scharf einspringenden Winkel verringert die Möglichkeit von solchen Nachbrüchen.

Trotz der geschilderten günstigen Umstände hat das Spritzbetongewölbe eine Grenze seiner Tragfähigkeit. Dem Zweck des zeitweiligen Ausbaues entsprechend, wird es aus wirtschaftlichen Gründen nicht allzu dick gewählt, und man begnügt sich mit einem geringen Sicherheitsgrad; es kommt deshalb häufig vor, daß der Gebirgsdruck die Auskleidung aufreißt und Abdrückungen hervorruft. Daher kann man immer wieder beobachten, daß diese Abdrückungen, ebenso wie die Bergschlaglinsen, auch im Spritzbeton messerscharfe Ränder besitzen, dies ist ein Beweis dafür, daß die Spritzbetonverkleidung mit dem Gebirge eine sehr innige Verbindung eingeht, denn andernfalls würde sich wahrscheinlich die Spritzbetonauskleidung in Platten ablösen. Beobachtungen über die Wirksamkeit der Haftung zwischen dem Spritzbeton und dem Gebirge konnten beim Bau des Salzach-Kraftwerkes Schwarzach wiederholt gemacht werden, insbesondere an einer Stelle, wo sich trotz der Sicherung durch eine etwa 20 cm dicke Spritzbetonschichte mit

Baustahlgittereinlage ein Verbruch ereignete. Die Ausmaße dieses an einer Ulm auftretenden Verbruches betrugen 12 m Länge, 4 m Höhe und 0,50—2,30 m Dicke. Es erfolgte aber keine Ablösung der Spritzbetonschicht, sondern die Gleitfläche lag wesentlich tiefer im Gebirge. Dort fand sich eine nahezu lotrechte, gleitwillige Schwarzschieferschichte, die den Verbruch begünstigt hatte. (Abb. 113).

Abb. 113. Ulmverbruch im Druckstollen des Salzach-Kraftwerkes Schwarzach. Die Ränder des Verbruches wurden zunächst durch rasch angeordnete Felsanker gesichert und im Anschluß daran konnten die Aufräumungsarbeiten durchgeführt werden. Die nachträgliche Aufbringung einer Spritzbetonverkleidung des Bruchbereiches unterblieb, weil der Betonierzug bereits nahe der Bruchstelle war, weshalb der endgültige Ausbau rasch nachfolgen konnte.

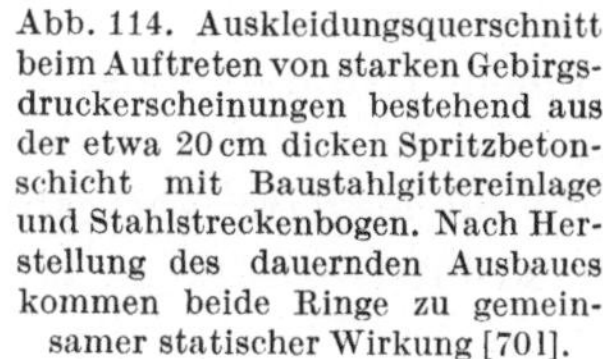

Abb. 114. Auskleidungsquerschnitt beim Auftreten von starken Gebirgsdruckerscheinungen bestehend aus der etwa 20 cm dicken Spritzbetonschicht mit Baustahlgittereinlage und Stahlstreckenbogen. Nach Herstellung des dauernden Ausbaues kommen beide Ringe zu gemeinsamer statischer Wirkung [70l].

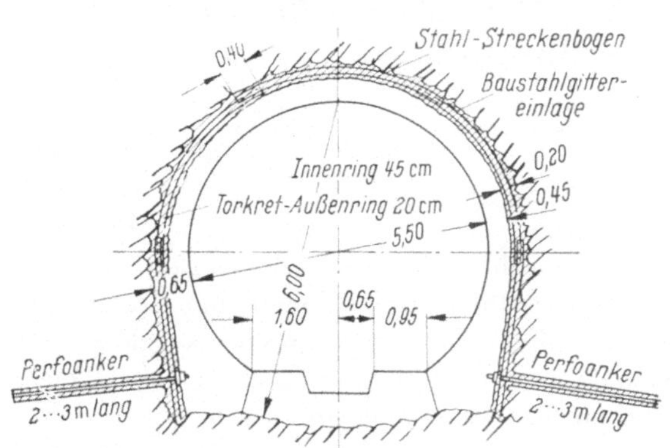

Bei der Anordnung einer Spritzbetonauskleidung ist der Zeitfaktor von Bedeutung. In manchen Fällen erlauben es die Gebirgsdruckerscheinungen, wenn sie sich anfänglich langsam entwickeln, die Spritzbetonauskleidung in einigem Abstand den Vortriebsarbeiten folgen zu lassen, und dieser Vorgang wird aus Zweckmäßigkeitsgründen immer anzustreben sein. Er empfiehlt sich auch deshalb, weil die Sprengarbeiten in unmittelbarer Nachbarschaft der eben hergestellten Betonauskleidung, auch dann, wenn an ihr keine sichtbaren Schäden beobachtet werden können, keineswegs vorteilhaft sind. Außerdem stören die Spritzbetonarbeiten den Vortrieb, weil zuerst vorbereitende Absicherungen notwendig sind, und erst nachher die Einrichtungen für das Waschen der Felsoberfläche und die Herstellung des Spritzbetons vorgezogen werden könnten.

Wenn jedoch die sofortige Anordnung eines zeitweiligen Ausbaues notwendig ist, etwa bei stark zerrüttetem Fels oder bei kohäsionslosem Lockergebirge, dann muß man mit Rücksicht auf die Sicherheit der Belegschaft zur traditionellen Getriebezimmerung zurückkehren, die je nach den Bedingungen, denen das Bauwerk zu genügen hat, meist in Stahl auszuführen ist. Die Notwendigkeit eines durch die Gebirgsverhältnisse vorgeschriebenen sofortigen zeitweiligen Aus-

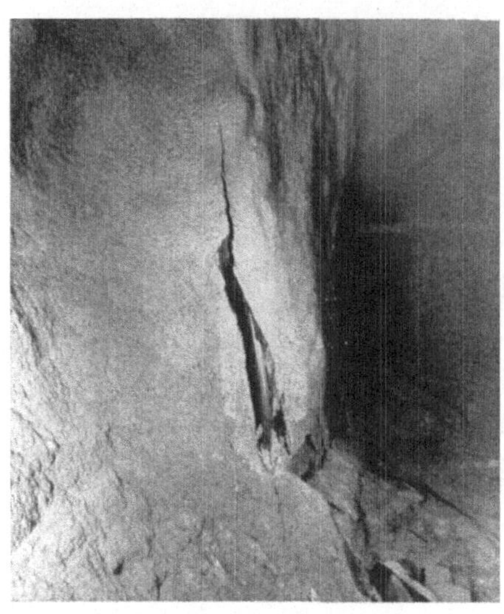

Abb. 115. Spritzbetonverkleidung mit zusätzlicher Anordnung von Stahlstreckenbogen, die an ihren Füßen mit Perfoankern im Gebirge verankert wurden. Aus der Abbildung ist zu ersehen, daß der Anker standhielt, während der Streckenbogen und mit ihm der Spritzbeton nach innen gedrückt wurde [701].

baues besagt nämlich, daß die Sicherung des Arbeitsraumes der Abbaufront vorauseilen muß, und diese Bedingung wird von der Getriebezimmerung erfüllt.

Im bereits mehrfach erwähnten Baulos Lend des Druckstollens des Kraftwerkes Schwarzach war auf die beträchtliche Länge von 943 m starkem Gebirgsdruck durch Spritzbetonausbau unter gleichzeitiger Verwendung von Stahlstreckenbogen zu begegnen. Der Ausbauquerschnitt ist aus Abb. 114 zu ersehen. Aus ihr ist zu erkennen, daß der früher erwähnten Sicherung der Gewölbewirkung in den Ulmbereichen besondere Aufmerksamkeit geschenkt werden mußte. Es geschah bei der gegebenen Form des Ausbruchsquerschnittes in der Weise, daß die Füße der Stahlstreckenbogen durchgehend mittels 2—3 m langer Felsankern gesichert wurden. Bei der Anordnung der Stahlstreckenbogen wurde darauf Bedacht genommen, daß die Hohlseite des Kelchprofiles dem Ausbruchsraum zugewendet ist, so daß sich auf den Flanschen aufliegend, zwischen den Streckenbogen gut aufgelagerte Verspannungsgewölbe ausbilden konnten; das gleiche gilt auch im First, so daß es zur Ausbildung von doppelt gekrümmten Gewölben kommt; ein Gewölbe spannt sich zwischen den Streckenbogen, die in einem dem Druck entsprechenden Abstand gestellt werden, das andere folgt der Leibung des Ausbruchsquerschnittes. Man erkennt aus dieser Überlegung, welche außerordentliche Tragfähigkeit dieser Ausbauform zukommt. Man ersieht aber auch aus der Abb. 114, wo ihre schwache Stelle liegt, nämlich am Fuß der Stahlstreckenbogen. Eine gegenseitige Absteifung der Bogenfüße wäre der weiteren Durchführung der Arbeiten, insbesondere in der Sohle, außerordentlich hinderlich gewesen, weshalb eine Verankerung im Gebirge vorgesehen wurde, die mittels Perfoankern erfolgte. Sie hat sich gut bewährt. An den Füßen der zahlreich angeordneten Streckenbogen sind keinerlei Bewegungen eingetreten. Ein einziger Streckenbogen ist im Ulmenbereich herausgedrückt worden, während die Verankerung standhielt. Die Abb. 115 zeigt diesen Fall; in dem im Spritzbeton aufgetretenen klaffenden Riß ist der verschobene Streckenbogen deutlich zu erkennen.

84. Grenzen der Ausführungsmöglichkeit des zeitweiligen Spritzbetonausbaues

Wie früher erwähnt wurde, stehen leistungsfähige Betonspritzmaschinen erst seit sehr kurzer Zeit zur Verfügung; dies war aber die Voraussetzung dafür, daß die Methode des zeitweiligen Tunnel- und Stollenausbaues mit Spritzbeton in größerem Umfang zur Ausführung kommen konnte. Kraftwerksstollen, die nur mit Gunit ausgekleidet wurden, bestehen in der Schweiz, in Deutschland und in Österreich seit mehr als 20 Jahren und haben sich gut bewährt [134]. Die Anwendung des Spritzbetonverfahrens als Methode des zeitweiligen Ausbaues ist aber besonders in Österreich entwickelt worden und zwar in geringerem Ausmaß in einzelnen Teilstücken des 12,3 km langen Druckstollens des Kraftwerkes *Prutz-Imst* in Tirol und insbesondere bei dem wiederholt erwähnten Druckstollen des Kraftwerkes *Schwarzach* in Salzburg, wo man im Abschnitt *Lend* mit dieser Ausbaumethode dem echten Gebigrsdruck entgegenwirkte und manche Erfahrungen sammeln konnte [701].

Für schwellendes Gebirge (Lehm oder Ton) liegen noch wenig Erfahrungen vor; es hat aber den Anschein, als ob auch in diesem Falle die rasche Anordnung einer satt am Gebirge anliegenden Spritzbetonauskleidung zweckmäßig wäre. Die Beschaffenheit des bindigen Gebirges läßt dies meist auch zu, wenngleich die Vorteile der guten Haftung kaum in Betracht kommen.

Das Spritzbetonverfahren ist noch sehr jung, und es ist daher nicht leicht, die Grenzen seiner Anwendungsmöglichkeit einwandfrei festzulegen. Seine Vorteile sind jedoch so groß, daß das Bestreben besteht, weiter in jene Gebiete vorzudringen, die bisher den traditionellen Bauweisen vorbehalten waren. Es ist aber notwendig, darauf hinzuweisen, daß diesem Bestreben Schranken gesetzt sind. Eine Grenze besteht, wie bereits ausgeführt wurde, vor allem dann, wenn die Ausbruchsflächen auch kurze Zeit nicht ungeschützt bleiben dürfen, wie beispielsweise bei vollständig zerrüttetem Fels oder bei kohäsionslosem Lockergebirge. Bei einer derartigen Gebirgsbeschaffenheit ist in der Regel auch ein Brustverzug notwendig, der die Anwendung des Spritzbetonverfahrens beschränkt. Selbst, wenn es möglich wäre, sofort eine Spritzbetonschicht aufzubringen, ist doch eine gewisse Zeit notwendig, bis sie auch bei raschester Erhärtung statisch in Wirksamkeit tritt. Bis dahin kann aber bei vollständig zertrümmertem Fels und bei kohäsionslosem Lockergebirge sehr viel Schaden entstanden sein. Wenn es also die starke Nachbrüchigkeit des Felsens oder das kohäsionslose Lockergebirge erfordern, den Arbeitsraum sofort zu sichern bzw. fortlaufend gesichert zu halten, muß von der Anwendung des Spritzbetonausbaues dringend abgeraten werden. Der Schutz der Belegschaft erfordert bei einer solchen Gebirgsbeschaffenheit die Getriebezimmerung.

Eine andere Beschränkung in der Anwendung des Spritzbetonverfahrens ist dann gegeben, wenn starker Wasserzudrang herrscht. Insbesondere, wenn das Bergwasser flächenhaft auftritt. Dann ist es nicht möglich, eine zusammenhängende Spritzbetonschicht aufzubringen.

Schließlich möge auch noch auf den Fall schweren, echten Gebirgsdruckes hingewiesen werden. Der Druck braucht zur Entwicklung einige Zeit, d. h., die plastischen Verformungen des Gebirges entstehen in der Regel erst einige Zeit nach der erfolgten Entspannung durch den Ausbruch. Wenn es gelingt, in dieser Zeit eine Spritzbetonschicht von entsprechender Dicke herzustellen, so wäre damit ein Weg geschaffen, der rascher zum Ziel führt als alle sonstigen Bauweisen. Daß dabei große Tunnel- oder Stollenquerschnitte in Teilausbrüche aufgelöst werden müssen, bei deren Anordnung und Formgebung auf die statische Wirksamkeit der Auskleidung Rücksicht zu nehmen ist, versteht sich von selbst.

Für derart schwierige Fälle ist die Tatsache von besonderer Wichtigkeit, daß es im Druckstollen des Kraftwerkes Schwarzach gelang, das Trockengemisch von Zement, Zusatzmitteln und Sand bis 300 m weit durch Rohrleitungen zu blasen, an deren Ende sich der Schlauch mit der Düse befand. Es besteht sicher die Möglichkeit, diese Entfernung noch zu vergrößern. Sie schafft den bedeutenden Vorteil, daß sich das Sand- und Zementlager, die Mischmaschine und das Betonspritzgerät nicht in der Nähe der Arbeitsstelle befinden und nicht fortlaufend umgestellt werden müssen, wodurch die Einsatzbereitschaft der Anlage bedeutend erhöht werden kann.

In solchen Fällen schwer druckhaften Gebirges ist die Spritzbetonkubatur sehr groß, und man wird eine entsprechende Leistungsfähigkeit der Geräte verlangen müssen. Aber durch die gleichzeitige Verwendung von zwei oder drei Maschinensätzen ist schon jetzt die Betonauftragung so rasch durchführbar, daß Aufgaben bedeutenden Umfanges bewältigt werden können. Wenn aber große Leistungen möglich sind, dann ist es naheliegend, in einem Arbeitsgang sofort und unmittelbar dem Ausbruch folgend, den Ausbau zur Gänze durchzuführen. Damit ist, wie HETZEL festgestellt hat, der Trennungsstrich zwischen dem zeitweiligen und dem endgültigen Ausbau gefallen [54 b]. Schalungen sind nicht mehr erforderlich. Dabei kann man zwar die Auskleidung mit einer profilgerechten Oberfläche herstellen, aber nicht so glatt ausbilden, wie dies bei Anwendung einer Stahlschalung gelingt. Es besteht aber die Möglichkeit der Aufbringung eines Glattstriches, wie dies z. B. in einem Druckstollen der Maggiakraftwerke geschehen ist. Auf Grund von wirtschaftlichen Erwägungen wird zu entscheiden sein, welche Ausführung gewählt wird.

85. Vollmechanisierter Stollenausbruch

Die neuen Bauweisen sind, so wie es der Aufgabe dieses Buches entspricht, hauptsächlich im Hinblick auf ihre vorteilhafte statische Wirksamkeit behandelt worden. Daß sie auch die Güte des Bauwerkes im günstigen Sinn beeinflußen und die Schädigung des Gebirges in engen Grenzen halten, ist ebenso wichtig. Das Endziel dieser Entwicklung ist die profilgerechte Lösung des Gebirges ohne Sprengarbeit, d. h., die Vollmechanisierung des Stollenausbruches durch Fräsen mittels einer Maschine, die gleichzeitig die Schutterung besorgt. Geräte solcher Art sind in Amerika im Kohlenbergbau bereits mit Erfolg in Verwendung (Abb. 116), [81 c]. Beim Oahe-Damm am oberen Missouri hat man mit einer solchen Stollenfräse 5 Umlaufstollen mit 7,0 m Durchmesser und 3 km Gesamtlänge bereits hergestellt, während dem Bericht zufolge 7 Triebwasserstollen mit 8,0 m Durchmesser und rd. 7,5 km Gesamtlänge seit Herbst 1958 in Arbeit stehen. An der Stirnseite des

Gerätes sind 2 gegenläufig rotierende Fräsköpfe angeordnet, von welchen der äußere infolge seiner Ausbildung als Schaufelrad gleichzeitig das Hauwerk auf ein Förderband verlädt. In dem anstehenden Gebirge, einem unregelmäßig gelagerten Tonschiefer konnten Tagesfortschritte bis 22 m erreicht werden.

Ein grundsätzlich ähnliches Gerät ist gegenwärtig in Österreich in Erprobung. Es wurde von der Wohlmeyer Stollenbohrmaschinen-Verwertungsgesellschaft, Wien, konstruiert und von der Österreichischen Alpine-Montagegesellschaft, Werk Zeltweg gebaut. Die Vortriebsmaschine ist im lotrechten und waagrechten

Abb. 116. Stollenfräse mit 7,0 m Durchmesser für den Vortrieb der Umlaufstollen des Oahe-Dammes am Oberen Missouri (nach Waterpower, August 1957 [81 c]).

Sinn durch Laufwerke an den ausgefrästen Stollenwandungen abgestützt. Diese Laufwerke sind hydraulisch verstellbar und gestatten eine genaue Lenkung vom Führersitz aus.

Abb. 117 zeigt das Gerät bei Auffahrung eines Stollens mit 3 m Durchmesser in devonischem Kalkstein. Der Konstrukteur erwartet sich im Kalkstein eine Vortriebsleistung von 1,8 m/Std. (vgl. Abb. 117).

Die Auswirkungen, die sich bei der Verwendung eines solchen Gerätes ergeben, sind noch nicht abzusehen. Die Vorteile, nämlich das genaue, profilgerechte Herausarbeiten des Stollenquerschnittes, die statisch günstigste Kreisform, die Vermeidung jeder Auflockerung des benachbarten Gesteins und damit die Verringerung der Einbaustrecken, das Ausschalten der Kerbwirkung mit dem gleichen Ergebnis, sind ins Auge springend und sofort erkennbar. Nicht ohne weiteres vorauszusehen ist aber die Entwicklung des dauernden Ausbaues, die sich an einen solcherart hergestellten Ausbruch anschließt. HETZEL schreibt darüber [55] „Aus den USA kommt die Nachricht von dem Einsatz einer Tunnelbohrmaschine, die im Schieferton Umleitungsstollen von etwa 8 m Durchmesser mit einem Stundenfortschritt von 1,0 m aufgefahren hat. Dieses Gerät hat bei 27 m Länge ein Gewicht von 129 t. Der Preis der Maschine ist mir nicht bekannt. (Er beträgt 250 000 $

Abb. 117. Die Wohlmeyer-Stollenbohrmaschine, ein Erzeugnis der Österr. Alpine-Montagegesellschaft,
Werk Zeltweg, für einen Stollendurchmesser von 3,0 – 3,50 m.

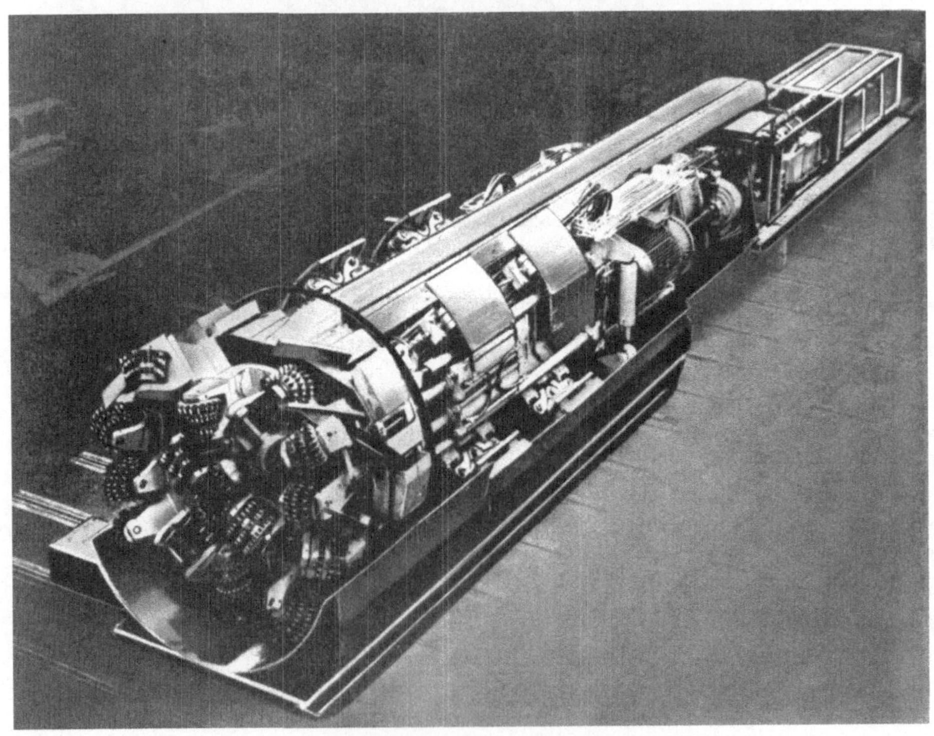

Abb. 118. Die Stollenbohrmaschine der Fa. Alfred Wirth & Co., Erkelenz, Rhld. [162].

d. V.) Wenn man ihn für eine Neukonstruktion schätzt und daran denkt, daß die Maschine nur für ein bestimmtes Querschnittsmaß gebaut werden kann, so muß man wohl schließen, daß hierfür die wirtschaftlichen Verhältnisse noch nicht gegeben sind. Trotzdem ist nicht von der Hand zu weisen, daß einmal ein Maschinenaggregat kommen kann, das den Ausbruch und das Schuttern besorgt, die überkommene Bohr- und Sprengarbeit entbehrlich macht, die Fertigteile der Mauerung mechanisch versetzt und hinterpreßt. Vorläufer hierfür sind vorhanden.''

Diese Anschauung ist durchaus gerechtfertigt. Falls die in Österreich entwickelte, für einen Stollendurchmesser von 3,0—3,50 m gebaute Vortriebsmaschine sich bewähren sollte — ihr Preis ist wesentlich geringer als der des oben erwähnten

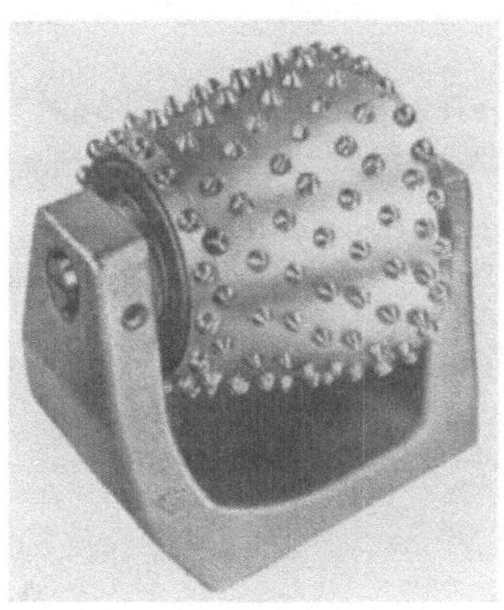

Abb. 119. Warzenmeißel zu Abb. 118 [162].

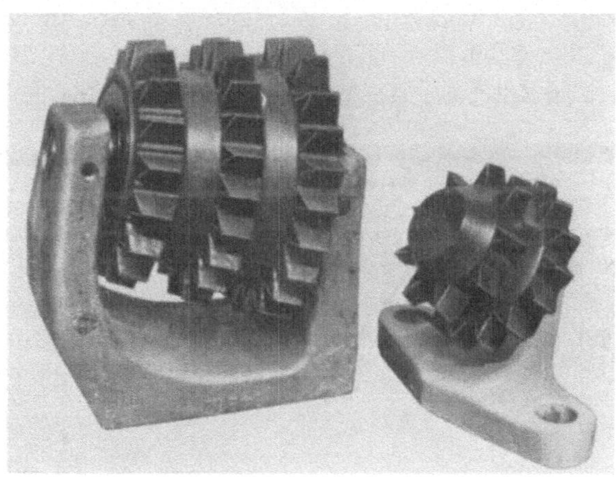

Abb. 120. Zahnradmeißel zu Abb. 118 [162].

amerikanischen Gerätes —, so wäre damit ein wesentlicher Schritt nach vorwärts getan. Die Vorteile des vollmechanisierten Ausbruches, insbesondere im Druckstollenbau, sind unverkennbar. Bei Verwendung von Fertigbetonteilen, etwa in Form von Ringen oder Rohren, wird eine Bauweise entstehen, die der Vorspannung des Auskleidungsbetons in Druckstollen neue Wege eröffnet.

Zur Zeit der Abfassung der 1. Auflage des Buches sind erst vollmechanisierte Stollen- und Tunnelvortriebe in verhältnismäßig weichem Gestein ausgeführt worden. Es finden dort Versuchsbohrungen im devonischen Kalkstein Erwähnung. Seither tauchte immer wieder die Frage auf, wie sich die mechanische Vortriebsart in hartem und härtestem Gestein gestalten würde. Ein Versuch in dieser Hinsicht ist von der Tauernkraftwerke AG beim Bau eines Beileitungsstollens der Zemm-Kraftwerke, Tirol, mit einer Maschine der Firma A. Wirth & Co., Erkelenz, ausgeführt worden. Einzelheiten darüber verdanke ich Herrn Dipl.-Ing. E. Fillunger der Bauunternehmung Innerebner & Mayer. Diese Versuche können als Pionierarbeit angesehen werden, und es ist daher von großem Interesse über die Erfahrungen zu berichten, die bei diesem Versuch gemacht wurden. Dazu ist folgendes zu bemerken: die am Bohrkopf (Abb. 118) befestigten Bohrwerkzeuge (Warzenmeißel (Abb. 119) bzw. Zahnradmeißel (Abb. 120) selbst bewährten sich bei dem Gestein klaglos. Die Abnützung der Warzen bzw. Zahnräder blieb in erträglichen

Grenzen. Ihre Lagerung hingegen bereitete infolge starker Erwärmung, hervorgerufen durch den notwendig großen Anpreßdruck des Bohrkopfes (Abb. 118) Schwierigkeiten. Dies führte zu dem Entschluß, für die Lagerung Wasserkühlung vorzusehen. Diese Maßnahme bereitete aber zusätzliche Schwierigkeiten bei der Schutterung, und zwar deshalb, weil das Bohrklein in allen bewegten Maschinenteilen, womit es in Berührung kam, einen sehr starken Verschleiß hervorrief, der durch entsprechende Vorkehrungen unbedingt vermieden werden müßte. Ansätze in dieser Richtung sind bei der Maschinenindustrie bereits erkennbar, wie denn überhaupt die Frage der Schutterung und der Wasserbeseitigung bzw. die Anordnung eines Sohlkanals noch zu lösen sind.

Die letzten Erfahrungen auf diesem Gebiet gehen aus einem Brief vom 19. 12. 1968 der Firma A. Wirth & Co. hervor, die auszugsweise im folgenden mitgeteilt werden:

„Zur Zeit bohrt eine Wirth-Tunnelbohrmaschine mit 3 m ∅ einen Schrägschacht mit 32° Neigung in Granit und erzielte dabei außerordentlich gute Erfolge, was sowohl den Bohrfortschritt als auch den Meißelverschleiß betrifft. Einen Schrägschacht im Granit zu bohren wird in dieser Form erstmalig in der Welt vorgenommen.

Eine andere Tunnelbohrmaschine hat zurzeit einen 400 m langen Stollen in mylonitisiertem Granit mit einem durchschnittlichen Tagesbohrfortschritt von 12 m abgebohrt und wird einen anschließenden Schrägschacht von 2,40 m ∅ bohren.‟

Soweit die letzten dem Verfasser zugänglich gewordenen Berichte. Abschließend hierzu ist zu bemerken, daß sich infolge der starken Schrägneigung des Schachtes bzw. Stollens die Wasserabfuhr offenbar leicht bewältigen ließ.

Kapitel XII

Schlußbetrachtungen

Zum Abschluß mag es angezeigt sein, eine zusammenfassende Darstellung der Absichten des Buches zu geben. Der Untertitel des Buches „Auf der Grundlage geomechanischer Erkenntnisse" soll nicht als Szenarium gewertet werden, um den

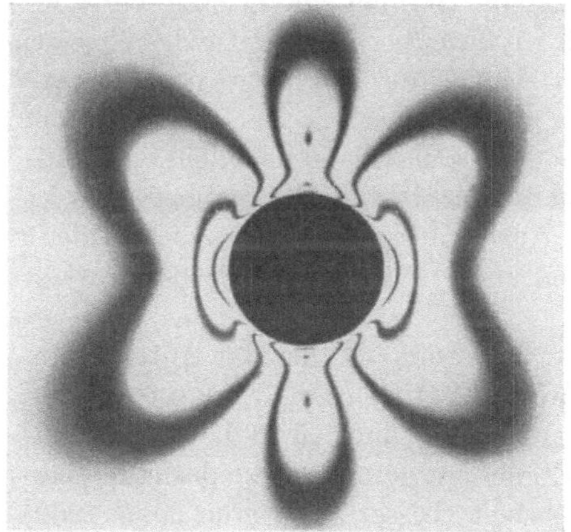

Abb. 121a.

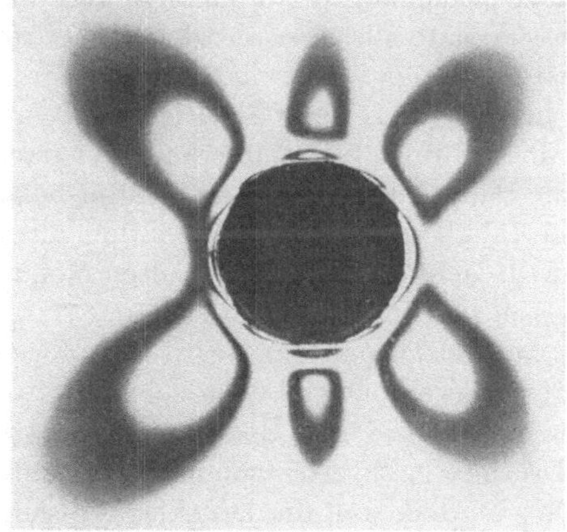

Abb. 121b.

Abb. 121a—c. Spannungsoptische Versuche (Isochromatenbilder) zum Nachweis der plastischen Zonen für verschiedene Lastfälle.

a) $p_v = 25$ kpcm^{-2}, $p_h = 10$ kpcm^{-2}, $p_a = 0$;
b) wie vor, jedoch $p_a = 8,5$ kpcm^{-2};
c) $p_v = 10$ kpcm^{-2}, $p_h = 4$ /kpcm^{-2}, $p_a = 4$ kpcm^{-2}.

Die Abschnürung der plastischen Zonen aus dem Bereich des Ausbruchhohlraumes ist klar zu erkennen. Die Bemerkung des Dissertanten, daß die Abschürung bei $p_a = 1/3\,p_v$ verläßlich eingetreten ist, darf nur für das verwendete Versuchsmaterial (Araldit), aber nicht für das Gebirge allgemein gültig hingestellt werden. Im übrigen wird auf Abb. 37 verwiesen.

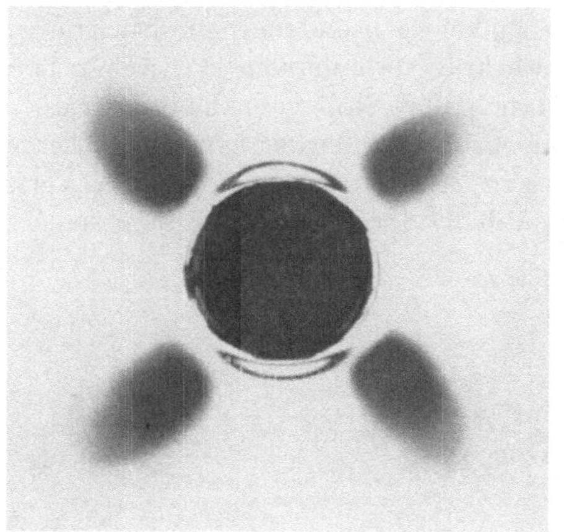

Abb. 121c.

Darlegungen einen wissenschaftlichen Hintergrund zu verleihen. Der aufmerksame Leser wird an vielen Stellen beachtet haben, wie die geomechanischen Erkenntnisse hereinspielen und verwertet wurden.

Andererseits hat die Geomechanik aus der „Statik des Tunnel- und Stollenbaus" mancherlei neue Erkenntnisse gewonnen. Als Beispiel mögen die vom Autor veröffentlichten Untersuchungen über die Entstehung der irdischen Faltengebirge dienen. Es sei auch auf die Abhandlung „Das Werden der großen Faltengebirge, Versuch einer geomechanischen Deutung ihrer Genesis" in der Zeitschrift Felsmechanik und Ingenieurgeologie", 6 (1969), verwiesen.

Die wichtigste Erkenntnis, die in dem Buch „Statik des Tunnel- und Stollenbaues" aufscheint, bildet die vom Autor entwickelte Theorie der plastischen Zonen. Sie hat allerdings nicht allseits Zustimmung gefunden, obgleich sie im Versuchswege mancherlei Bestätigung erfahren und sich bei der Deutung der Gebirgsdruckerscheinungen im Tunnel- und Stollenbau und bei der Lösung von Bemessungsaufgaben bewährt hat. Der Grund, weshalb diese Theorie nicht allerorts Zustimmung gefunden hat, mag in der Neuartigkeit des dargelegten Gedankens gesucht werden. Neue Theorien rufen immer widersprechende Ansichten auf den Plan. Das Buch bringt überhaupt vielfach neue Erkenntnisse, nachdem eine ähnliche Darstellung, soweit dem Autor bekannt ist, nicht existiert. Infolgedessen ist sein Inhalt nicht die Kompilation älterer Anschauungen, sondern sein Inhalt bewegt sich unabhängig von alten Meinungen und verwendet sie nur dann, wenn sie sich zwanglos einfügen lassen.

Auf die Theorie der plastischen Zonen zurückkommend, hat der Autor schon früher Beweismaterial dazu gebracht. Neuerdings hat sich Dr. WIDERHOFER von der Lehrkanzel für Bodenmechanik, Felsmechanik und Grundbau des Prof. DDr. Ch. VEDER in Graz damit befaßt und Ergebnisse gefunden, die deshalb angeführt werden, weil die Drucklegung seiner Arbeit (Dissertation vom 29. 5. 1969) bisher unterblieben ist. Der Autor der vorliegenden 2. Auflage möchte auf die nachstehenden Abbildungen 121 a—c verweisen, in denen das Verhalten der plastischen Zonen bei wachsendem Innendruck dargestellt ist und die beginnende Abschnürung der schräg verlaufenden plastischen Zonen als Hilfsmittel für die Bemessung von Tunnel- und Stollenauskleidungen auf photo-elastischem Wege erreicht wurde. Die aus den Bildern ersichtliche Abschnürung der plastischen Zonen deckt sich in überraschender Weise mit den vom Verfasser in mühsamer Rechenarbeit erzielten, in Abb. 37 dargestellten Ergebnissen.

Schrifttum

Das Verzeichnis blieb auf eine Auswahl jener Werke und Aufsätze beschränkt, die verwertet oder im Text zitiert wurden.

1. AMPFERER, O.: Über die Formen der Bergzerreißung. Sitzungsber. d. Akad. d. Wissenschaften, Wien 1939.
2. AMSTUTZ, E.: Das Einbeulen von Schacht- und Stollenpanzerungen. Schweiz. Bauztg. 68 (1950) H. 9.
3. ANDREAE, C.: a) Der Einfluß der Überlagerungshöhe auf die Bemessung des Mauerwerks tiefliegender Tunnel. Schweiz. Bauztg. 85 (1925) H. 6. — b) Der Bau langer tiefliegender Tunnel, Berlin: Springer 1926. — c) Tunnelgeologie. Schweiz. Bauztg. 125 (1945) Nr. 7. — d) Les grands souterrains transalpins, Zürich: Leemann 1948. — e) Gebirgsdruckerfahrungen und Baumethoden im schweizerischen Tunnelbau. Internationale Gebirgsdrucktagung Leoben 1950, Wien: Urban 1950. — f) Gebirgsdruck und Tunnelbau. Schweiz. Bauzrtg. 74 (1956) H. 8 u. 9.
4. Arbeitsgemeinschaft Käfertal.: Die Bauarbeiten im Baulos Käfertal der Möllüberleitung. Festschrift: Die Oberstufe des Tauernkraftwerkes Glockner—Kaprun 1955.
5. Arbeitsgemeinschaft Kraftwerk Kaprun: Durchführung der Stollenbauarbeiten im Baulos Birgl des Triebwasserstollens (des Kraftwerkes Schwarzach). Öst. Zeitschrift für Elektrizitätswirtschaft 12 (1959) H. 2.
6. AUFHAUSER, W.: Druckstollen, Wasserschloß und Druckschacht der Oberstufe in der Kraftwerksgruppe Glockner—Kaprun. Festschrift: Die Oberstufe des Tauernkraftwerkes Glockner—Kaprun 1955.
7. BACHUS, E.: Die Kavernenkraftwerke Kilforsen und Stornorrfors in Schweden. Bauingenieur (1955) H. 9.
8. BARTELS, J.: Geophysik, Fischer Bücherei 1960.
9. BENDEL, L.: a) Gebirgsdruckerfahrungen beim Bau untertätiger Zentralen. Internationale Gebirgsdrucktagung Leoben 1950, Wien: Urban 1950. — b) Ingenieurgeologie, Wien: Springer 1944.
10. BIERBAUMER, A.: Die Dimensionierung des Tunnelmauerwerkes, Leipzig/Berlin: Engelmann 1913.
11. BÖKER, R.: Dissertation Technische Hochschule Aachen 1914.
12. BONNARD, D., u. E. RECORDON: Der Donnerbühl-Tunnel in Bern. Experimentelle Untersuchung des Erddruckes auf den Tunnel. Schweiz. Bauztg. 78 (1960) H. 10.
13. BRANDAU, K.: a) Das Problem des Baues langer, tiefliegender Alpentunnel und die Erfahrung beim Bau des Simplontunnels. Schweiz. Bauztg. 54 (1909). — b) Der Einfluß des Gebirgsdruckes auf einen tief im Erdinneren liegenden Tunnel. Schweiz. Bauztg. 59 (1912) N.
14. BRANDESTINI, A.: Die Verwendung des Prepakt-Verfahrens bei Druckschachtauskleidungen. Schweiz. Bauztg. 72 (1954) Nr. 52.
15. BRETH, H.: Die Festigkeit vorbelasteter Böden. Geologie u. Bauwesen 25 (1960) H. 2/3.
16. BRINCH-HANSEN, J.: Definition und Größe des Sicherheitsgrades im Erd- und Grundbau. Bauingenieur 34 (1959) H. 3.
17. BRINKMANN, R.: Abriß der Geologie, Stuttgart: Enke 1956.
18. CHEFDEVILLE, J., u. G. DAWANCE: L'auscultation dynamique du beton. Annales de l'institut technique du bâtiment et des travaux publics 150, Nr. 140.
19. CHWALLA, E.: Neuere Österr. Druckrohrleitungen und Druckschächte. Zeitschrift des Öst. Stahlbauverbandes. Sonderheft Österr. Stahlbautagung Salzburg 1955.
20. CHWALLA, E., u. H. STEINER: Über das Einbeulen von Druckschachtpanzerungen. Öst. Bauzeitschrift, 12 (1957) H. 3.
21. CLAR, E.: Gebirgsbau und Geomechanik. Geologie u. Bauwesen 25 (1960) H. 2/3.
22. CORNELIUS, H. P.: Grundzüge der allgemeinen Geologie, Wien: Springer 1953.

23. Culman, K.: Die graphische Statik, Zürich 1866.
24. Di Brai, L.: a) Moderne Technik vorgespannter Druckrohre in Italien. Allgemeine Bauzeitung Nr. 429—431, 1954. — b) Le opere per la deviazione del torrente Lumiei e la loro chiusura. L'Energia Elettrica, XXV (1948) H. 10—11. — c) Impianto idroelettrico del Lumiei-Modalità esecutive della galleria di derivazione e della centrale. L'Energia Elettrica, XXV (1948) H. 12.
25. Dolezalek: Der Eisenbahntunnel, Berlin: Urban & Schwarzenberg 1919.
26. Dreves, O., u. K. Eisenmann: Elastizitätsmessungen an natürlichen Gesteinen bei reinen Druckbeanspruchungen. Bautechnik, 1931, H. 6.
27. Duhm, J.: Stollen- und Tunnelbau, 2. Aufl., Wien: Fromme 1947.
28. Engesser, F.: Über den Erddruck gegen innere Stützwände. Dtsch. Bauztg., 1882.
29. Fenz, R.: Der Druckschacht des Gerloskraftwerkes. Seine Baugeschichte. Öst. Wasserwirtschaft, 1950, H. 8/9.
30. Fiedler, K.: Gebirgsdruck im Tunnelbau. Der alte und der neue Semmeringtunnel. Internationale Gebirgsdrucktagung Leoben 1950, Wien: Urban 1950.
31. Fiesinger, J.: a) Baustelleneinrichtungen sowie Baugeräteeinsatz beim Ausbau des Leitzachkraftwerkes der Stadt München zu einem Spitzenkraftwerk. Baumaschine u. Bautechnik, 1959, H. 11. — b) Bemerkenswerte Bauingenieuraufgaben bei der Erweiterung des Leitzachkraftwerkes der Stadt München zu einem Spitzenkraftwerk. Bauingenieur 25 (1960) H. 11.
32. Föppl, A., u. L.: Drang und Zwang, München u. Berlin: Oldenbourg 1920.
33. Föppl, L.: Die Sprengwirkung des Wassers beim Druckversuch mit wasserhaltigen Feststoffen. Geologie u. Bauwesen 24 (1958) H. 1.
34. Föppl, L., u. E. Mönch: Praktische Spannungsoptik, Berlin/Göttingen/Heidelberg: Springer 1950.
35. Forchheimer, T.: Über Sanddruck und Bewegungserscheinungen im Inneren trockenen Sandes. Z. Öst. Ing.- u. Arch.-Ver. 1882.
36. Frey-Bär, O.: a) Die Berechnung der Betonauskleidung von Druckstollen. Schweiz. Bauztg. 124 (1944) H. 12 u. 15. — b) Die Dehnungsmessungen im Druckstollen des Kraftwerkes Lucendro. Schweiz. Bauztg. 65 (1947) H. 41. — c) Sicherung des Stollenvortriebes. Schweiz. Bauztg. 74 (1956) H. 38.
37. Fricke, H.: Modellversuche zur Erforschung des Gebirgsdruckes. VDI-Z. 91 (1949).
38. Fritzsche, A. F., u. P. de Haller: Projekt einer Atomenergie-Heizkraftanlage für 30000 kW thermische Leistung. Technische Rundschau Sulzer 40 (1958) Nr. 3.
39. Frocht, M. M.: Photoelasticity, New York/London, Vol. I 1946, Vol. II 1948.
40. Frohnholzer, J.: Maihak-Dauermessungen zum Verfahren der Kernringauskleidung beim Hauptstollen Roßhaupten. Bautechnik 32 (1955) H. 11.
41. Girkmann, K.: Flächentragwerke, Wien: Springer 1946.
42. Graf, O.: Versuche über die Druckelastizität von Basalt, Gneis, Muschelkalk, Quarzit, Buntsandstein sowie von Hochofenschlacke. Beton u. Eisen 25 (1926) H. 22.
43. Griggs, D.: Deformation of rocks under high confining pressures. J. Geol. 44 (1936) Nr. 5.
44. Gruner, E.: Der Gotthard-Basistunnel. Schweiz. techn. Z. Nr. 17 v. 29. April 1955.
45. Grimsehl-Tomaschek, R.: Lehrbuch der Physik, Bd. I, Leipzig/Berlin: Teubner 1940.
46. Gröger, J.: Statik der Tunnelgewölbe, Prag 1881.
47. Gschaider, F.: a) Druckstollen, Wasserschloß und Schrägstollen der Kraftwerksanlage Kaprun. Hauptstufe: Festschrift, herausgegeben anläßlich der Fertigstellung der zum Krafthaus Kaprun, Hauptstufe, gehörenden Anlagen, 1951. — b) Die Bauarbeiten für das Möllpumpwerk. Festschrift: Die Oberstufe des Tauernkraftwerkes Glockner—Kaprun 1955.
48. Hagen, W.: Gebirgsschlaggefahr und Ausbau in größten Teufen. Internat. Gebirgsdrucktagung Leoben 1950, Wien: Urban 1950.
49. Hamann, F.: Eine neue Baumaßnahme bei Druckstollen und Druckschächten. Geologie u. Bauwesen 23 (1957) 23.
50. Hauer, F.: Die Geologie und ihre Anwendung auf die Kenntnis der Bodenbeschaffenheit der Österr.-Ungar. Monarchie, Wien 1878.
51. Heeb, A., u. E. Brintzinger: Der Wagenburgtunnel in Stuttgart. Baumaschine u. Bautechnik (1958) H. 9.

52. HEIM, A.: a) Mechanismus der Gebirgsbildung, Basel 1878. — b) Geologische Nachlese Tunnelbau und Gebirgsdruck. Vierteljahrschrift der naturforschenden Gesellschaft Zürich, 50 (1905). — c) Zur Frage der Gebirgs- und Gesteinsfestigkeit. Schweiz. Bauztg. 59 (1912).

53. HEITFELD, K. H.: Die Bedeutung der historischen Denkweise in der Geologie für die Geomechanik. Geologie u. Bauwesen 25 (1960) H. 2/3.

54. HETZEL, K.: a) Tunnel- und Stollenbau. Taschenbuch für Bauingenieure, hrsg. von F. SCHLEICHER, 2. Aufl., Berlin/Göttingen/Heidelberg: Springer 1955. — b) Tunnel- und Stollenbau, Wandlungen und Erfolge. Bauingenieur (1947) H. 9.

55. HETZEL, K., u. H. SCHWADERER: Die Mechanisierung im Stollenbau. Baumaschine u. Bautechnik 4 (1957) H. 11.

56. HILTSCHER, R.: a) Spannungsoptische Untersuchung elastoplastischer Spannungszustände. VDI-Z. 95 (1953) Nr. 23. — b) Theorie und Anwendung der Spannungsoptik im elastoplastischen Gebiet. VDI-Z. 97 (1955) Nr. 2. — c) Spannungen an Tunnelöffnungen mit rechteckigem Nutzquerschnitt und kreisbogenförmiger Überwölbung. Bauingenieur 32 (1957) H. 8.

57. HIRSCHFELD, K.: Stollen mit elliptischem Querschnitt. Schweiz. Bauztg. 73 (1955) H. 8.

58. HÖFER, K. H.: Gibt es eine Periodizität der Gebirgsschläge? Geologie u. Bauwesen, 25 (1960) H. 2/3.

59. HORNINGER, G.: Einiges über Talzuschübe und deren Verzeichnung. Geologie u. Bauwesen 24 (1958) H. 1.

60. HORT, W.: Technische Schwingungslehre, 2. Aufl., Berlin: Springer 1922.

61. HUBBERT, M. K.: Theory of Scale Models as Applied to the Study of Geologic Structures. Bull. Geol. Soc. Amer. 48 (1937).

62. JACOBI, O.: a) Die Tragfähigkeit verschiedener Ausbauformen im Plastilin-Modellversuch. Bergbauarchiv 12 (1952) H. 3/4. — b) Die Bewegungen im Gebirgsdruckmodell bei kreisförmigem Streckenquerschnitt ohne Ausbau. Bergbauarchiv 13 (1952) H. 1/2. — c) Zur Statik des Ankerausbaues. Bergfreiheit 17 (1952) Nr. 1. — d) Die Bewegungen zerbrochener Gesteinsschichten und bergmännische Hohlräume. Glückauf 93 (1957) H. 45/46.

63. JANSSEN, H. A.: Versuche über Getreidedruck in Silozellen. Z. VDI 1895.

64. JAEGER, C.: Die gegenwärtige Richtung im Entwurf von Druckstollen und Schächten. Water Power (1955).

65. JEGHER, W.: Das Kraftwerk Innertkirchen, die zweite Stufe der Oberhasliwerke. Schweiz. Bauztg. 120 (1942) H. 5.

66. JELINEK, R.: Eigenschaften des Bodens. Grundbau-Taschenbuch, Berlin: Ernst & Sohn 1955.

67. JÜNGLING, O.: Das Gerloskraftwerk bei Zell a. Ziller. Öst. Wasserwirtschaft 2 (1950) H. 8/9.

68. KAHLER, F.: Fels- und Geomechanik; Werden, Weg und Ziel einer neuen Wissenschaft. Geologie u. Bauwesen 25 (1960) H. 213.

69. KÁRMÁN, T.: Festigkeitsversuche unter allseitigem Druck, Berlin 1912,

70. KASTNER, H.: a) Über Grundbrucherscheinungen verursacht durch den Strömungsdruck des Grundwassers. Öst. Bauzeitschrift 4 (1940) H. 5. — b) Zur Theorie des gepanzerten Druckschachtes. Schweiz. Wasser- und Energiewirtschaft 1949, H. 8/9. — c) Betrachtungen zur Mohrschen Theorie der Bruchgefahr. Öst. Ingenieur-Archiv II (1946) H. 4. — d) Der Erddruck auf Stützmauern als ebenes Spannungsproblem. Öst. Ingenieur-Archiv III (1947) H. 1. — e) Nebenwirkungen in der Beanspruchung von Druckschachtauskleidungen. Öst. Bauzeitschrift 2 (1947) H. 10/12. — f) Die Ausbildung und Bemessung gepanzerter Druckschächte. Internationale Gebirgsdrucktagung Leoben 1950, Wien: Urban 1950. — g) Die Deutung des echten Gebirgsdruckes mit Hilfe der Theorie der plastischen Zonen. Schweiz. Bauztg. 69 (1951) Nr. 7. — h) Über die Anwendung der technischen Mechanik in der tektonischen Geologie. Geologie u. Bauwesen 20 (1953) H. 2. — i) Felshohlraumbauten für Wasserkraftwerke. 5. Weltkraftkonferenz, Wien 1956. — k) Spannbeton im Druckstollenbau. 3. Internationaler Spannbetonkongreß, Berlin 1958. — l) Einige beim Bau des Druckstollenabschnittes Lend (des

Kraftwerkes Schwarzach) gewonnene Erfahrungen. Öst. Z. für Elektrizitätswirtschaft. 12 (1959) H. 2.

71. KEIL, K.: Ingenieurgeologie und Geotechnik, Halle/Saale: Knapp 1951.

72. KIESER, A.: a) Die Kernringauskleidung für Druckstollen und Druckschächte, 1946. — b) Wasserdichte Druckstollen und Druckschächte mit Kernringauskleidung. Schweiz. Bauztg. 68 (1950) Nr. 24 u. 25. — c) Neuartige Auskleidung von Druckstollen für Wasserkraftwerke. Öst. Wasserwirtschaft 2 (1950) H. 1/2. — d) Die Kernringauskleidung im Druckstollen Kops-Vallüla der Vorarlberger Illwerke AG Schriftenreihe des Öst. Wasserwirtschaftsverbandes H. 21, 1951. — c) Die Anwendung des Vorspann-effektes im Stollen- und Tunnelbau durch die Kernring-Auskleidung. Z. Öst. Ing.- u. Arch.-Ver. 101 (1956) H. 1/2. — f) Druckstollenbau, Wien: Springer 1960.

73. KIESLINER, A.: Restspannungen und Entspannung im Gestein. Geologie u. Bauwesen, 1958.

74. KIPFLER, P., u. H. WANZENRIED: Der Donnerbühl-Tunnel in Bern; Statische Berechnung und Fabrikation der Tübbingringe. Schweiz. Bauztg. 78 (1960) H. 12.

75. KIRNBAUER, F.: Die heute geltenden grundlegenden Theorien der Gebirgsdruck-forschung. Internationale Gebirgsdrucktagung Leoben 1950, Wien: Urban 1950.

76. KLEINLOGEL, A.: Ausbau von Förderstrecken und Schächten mittels Torkret. Bau-ingenieur 7 (1926) H. 11.

77. KOBILINSKY, M.: Der Durchstich des Kraftwerkes Randens. Schweiz. Bauztg. 73 (1955) H. 52 u. 53.

78. KOCHLER-PREISWERK, H. F.: Erfahrungen aus dem Druckstollenbau. Schweiz. Bauztg. 108 (1936) Nr. 8 u. 9.

79. KOHN, M.: Der Panzerrohrversuch der Kraftwerke Zervreila. Schweiz. Bauztg. 73 (1955) H. 14.

80. KOMMERELL, O.: Statische Berechnung von Tunnelmauerwerk, 2. Aufl., Berlin: Ernst & Sohn 1940.

81. LAUFFER, H.: a) Das Innkraftwerk Prutz-Imst. Öst. Wasserwirtschaft 7 (1955) H. 5/6. — b) Gebirgsklassifizierung für den Stollenbau. Geologie u. Bauwesen 24 (1958) H. 1. — c) Die neuere Entwicklung der Stollenbautechnik. Öst. Ingenieur-Zeitschrift 3 (1960) H. 1. — d) Ein Gerät zur Ermittlung der Felsnachgiebigkeit für die Bemessung von Druckstollen- und Druckschachtauskleidungen. Geologie u. Bauwesen 25 (1960) H. 2/3.

82. LEON, A.: Über die Rolle des Trennbruches im Rahmen der Mohrschen Anstrengungs-hypothese. Bauingenieur 15 (1934) H. 31—32.

83. LEON, A., u. F. WILLHEIM: Über die Zerstörungen in tunnelartig gelochten Gesteinen, Wien 1910.

84. LEONHARDT, J.: Spannbeton für die Praxis, Berlin: Ernst & Sohn 1955.

85. LOOS, W.: Theoretische Betrachtungen über die Technik von Tunneln oder Stollen in großer Tiefe und unter großem Wasserdruck. Bauingenieur 25 (1951) H. 7.

86. LOOS, W., u. H. BRETH: Kritische Betrachtungen des Tunnel- und Stollenbaues und der Berechnung des Gebirgsdruckes. Bauingenieur 24 (1949) H. 5.

87. LOSSIER: Die Schwellzemente und die selbsttätige Spannung des Betons. Schweiz. Bauztg. 65 (1947) H. 22.

88. LOTSE, F.: Geologie. Sammlung Göschen, Bd. 13, Berlin: de Gruyter 1955.

89. LUCAS, G.: Der Tunnel, Bd. I: Der Entwurf des Tunnelbaues; Bd. II: Bauvorgang bei Herstellung der Tunnel, Erhaltungs- und Wiederherstellungsarbeiten, Berlin: Ernst & Sohn 1920 u. 1927.

90. MAILLART, R.: Über Gebirgsdruck. Schweiz. Bauztg. 81 (1923) H. 14.

91. Ministero dei Lavori Publici.: La Diretissima Bologna-Fiernze-Roma, 1934.

92. MAINARDIS, M.: Allgemeine Richtlinien für Projektierung und Bau von elektrischen Kavernenkraftwerken. Elin-Zeitschrift VIII (1956) H. 3.

93. MOOS, A.: Aus dem Alltag eines Baugeologen. Geologie u. Bauwesen 24 (1959) H. 3. u. 4.

94. MOREL, E.: Le projet du tunnel routier sous le Mont-Blanc. Straße u. Verkehr (1956) H. 5.

95. MORTON, F.: Hallstatt und die Hallstattzeit. Verlag des Musealvereines Hallstatt 1953.

96. MÜLLER, L.: a) Technologie der Erdkruste. Geologie u. Bauwesen, 17 (1949) H. 4. — b) Beispiele ausgeführter Felsverankerungen. Grubensicherheit und Grubenausbau.

Bergmännische Fachtagung Leoben 1952. — c) Setzungen von Bauwerken auf Felsuntergrund. Deutsche Baugrundtagung 1953 in Hannover. — d) Felssicherung und verankerte Stützmauern. Fachblatt f. Bautechnik u. Bauwirtschaft (1956) H. 10. — e) Geomechanische Auswertung gefügekundlicher Details. Geologie u. Bauwesen 24 (1958) H. 1. — f) Die Geomechanik in der Praxis des Ingenieur- und Bergbaues. Geologie u. Bauwesen 25 (1960) H. 2/3. — g) Brechen und Fließen in der geologischen und mechanischen Terminologie. Geologie u. Bauwesen 25 (1960) H. 2/3.

97. NÁDAI, A.: Theory of Flow and Fracture of Solids, 2. Aufl., New York/Toronto/London: McGraw-Hill 1950.

98. NEUHAUSER, E.: Die Ursache der Rohrbrüche im Druckschacht des Gerloskraftwerkes. Österr. Wasserwirtschaft 2 (1950) H. 8/9.

99. NEVIN, CH. M.: Principles of structural geology, 4. Aufl., New York: Wiley u. Chapman & Hall London 1949.

100. OBERTI, G.: a) Ricerche sul comportamento statico delle condotte forzate in roccia di Soverzene. L'energia elettrica XXVI (1949) Nr. 3 u. 4. — b) Experimentelle Untersuchungen über die Charakteristika der Verformbarkeit der Felsen. Geologie u. Bauwesen 25 (1960) H. 2/3.

101. OHDE, J.: Zur Theorie des Erddruckes unter besonderer Berücksichtigung der Erddruckverteilung. Bautechnik 16 (1938).

102. Société Ofinco: a) Les Puits sous pression de la Centrale de Gondo. Schweiz. Bauztg. 70 (1952) H. 52. — b) Traversée d'une zone argileuse à forte „poussée de montagne" par une galerie d' adduction d'eau. Schweiz. Bauztg. 72 (1954) H. 6.

103. PANCHAUD, F., u. O. J. RESCHER: Der Donnerbühl-Tunnel in Bern; Spannungsoptische Untersuchung des Tunnelquerschnittes. Schweiz. Bauztg. 78 (1960) H. 11.

104. PENDL, E.: a) Die Wahl der zweckmäßigsten Tunnelbauweisen mit Rücksicht auf den Gebirgsdruck. Internationale Gebirgsdrucktagung Leoben 1950, Wien: Urban 1950. — b) Probleme um den Bau von Alpenstraßentunneln. Österr. Bauzeitschrift, 12 (1957) H. 10.

105. PREPAKT, S. A., Zürich: Konstruktionen in Prepakt-Beton. Schweiz. Bauztg. 66 (1948) H. 23.

106. PRESS, H.: Stauanlagen und Wasserkraftwerke, I. Teil: Talsperren und III. Teil: Wasserkraftwerke, Berlin: Ernst & Sohn 1954.

107. PROCTOR, M. E., u. T. L. WHITE: Rock tunneling with steel supports, Youngtown, Ohio: Joungtown Printing 1946.

108. RABCEWICZ, L.: a) Gebirgsdruck und Tunnelbau, Wien: Springer 1944. — b) Modellversuche mit Ankerung in kohäsionslosem Material. Bautechnik 34 (1957) H. 5. — c) Die Ankerung im Tunnelbau ersetzt bisher gebräuchliche Einbaumethoden. Schweiz. Bauztg. 75 (1957) H. 9. — d) Bolted support for tunnels. Mine and Quarry Engineering, March 1955.

109. RAINER, H.: a) Der Bau des neuen Semmeringtunnels. Aufbau 6 (1951) H. 12. — b) Der Bau des neuen Semmeringtunnels. Öst. Bauzeitschrift 7 (1952) H. 9 u. 11.

110. REDLICH, TERZAGHI u. KAMPE: Ingenieur-Geologie, Berlin: Springer 1929.

111. REICH, H.: Geologische Unterlagen der angewandten Geophysik. Handbuch der Experimentalphysik, 25, part 3 (1930).

112. RIHA, H.: Berichte über Stollenbauten der Tauernkraftwerke AG, Montan-Rundschau, Sonderheft Tunnel- und Stollenbau 1960.

113. RITTER, W.: Statik der Tunnelgewölbe, Berlin 1879.

114. RUDOLF, K.: Der Achensee-Stollen nach 25jährigem durchgehendem Werksbetrieb. Öst. Wasserwirtschaft 4 (1952) H. 4.

115. ROŠ, M., u. A. EICHINGER: Diskussionsbericht Nr. 28 der EMPA. Zürich 1928.

116. ROTPLETZ, F.: Woran leiden unsere Eisenbahntunnel, wie kann abgeholfen, wie vorgebeugt werden? Schweiz. Bauztg. 71 (1918).

117. ROTTER, E.: Anwendungen von Spritzbeton. Schriftenreihe des Öst. Wasserwirtschaftsverbandes. H. 35, Wien: Springer 1958.

118. RÜSCH, H.: a) Spannbetonerläuterungen zu DIN 1227, Richtlinien für Bemessung und Ausführung. — b) Der Einfluß der Deformationseigenschaften des Betons auf den Spannungsverlauf. Schweiz. Bauztg. 77 (1959) H. 9.

119. Rziha, F.: Lehrbuch der gesamten Tunnelbaukunst. 2. Aufl., Berlin: Ernst & Sohn 1874.

120. Sabljak, R.: Rechnerische Spannungsermittlung in Betonauskleidungen von Druckstollen. Schweiz. Bauztg. 73 (1955) H. 14.

121. Saliger, R.: Der Stahlbetonbau, 7. Aufl., Wien: Deuticke 1949.

122. Schaechterle: Tunnelumbau in quellendem Gebirge. Bautechnik 4 (1926) H. 30.

123. Schauberger, O.: Gebirgsdruckerscheinungen im alpinen Haselgebirge. Internationale Gebirgsdrucktagung Leoben 1950, Wien: Urban 1950.

124. Schleicher, F.: Zur Theorie des Baugrundes. Bauingenieur 7 (1926).

125. Schmid, J.: Statische Probleme des Tunnel- und Druckstollenbaues, Berlin 1926.

126. Schüller, H.: Die Triebwasserumleitung des Kraftwerkes Schwarzach. Öst. Zeitschrift für Elektrizitätswirtschaft 12 (1959) H. 2.

127. Schultze, E.: a) Die Verwendbarkeit von Beton im Schachtbau. Grubensicherheit und Grubenausbau, Bergmännische Fachtagung Leoben 1950. — b) Bodenmechanische Probleme im Bergbau. Bautechnik-Archiv (1952) H. 8. — c) Die neuere Entwicklung der Bodenmechanik an Hand der Ergebnisse der IV. Internationalen Tagung für Bodenmechanik und Grundbau in London im August 1957. Mitteilungen aus dem Institut für Verkehrswasserbau, Grundbau und Bodenmechanik der Technischen Hochschule Aachen (1958) H. 18.

128. Schwiete, E.: Die Tonmineralien in Böden und ihre Bestimmung, Mitteilungen aus dem Institut für Verkehrswasserbau, Grundbau und Bodenmechanik der Technischen Hochschule Aachen (1958) H. 18.

129. Seelmeier, H.: Der Triebwasserstollen des Ennskraftwerkes Hieflau. Geologie u. Bauwesen 24 (1959) H. 3 u. 4.

130. Semenza, C.: a) L'impianto idroelettrico del Lumiei. L'Energia Elettrica XXV (1948) H. 8. — b) Einige praktische Überlegungen zum Problem der Gründung von Staumauern und Staudämmen. Geologie u. Bauwesen 24 (1958) H. 2.

131. Seidl, K.: Über den Spannungszustand im Streckenumfang. Zeitschrift für das Berg-, Hütten- und Salinenwesen 1934.

132. Der neue Semmeringtunnel. Sonderheft der Zeitschrift „Eisenbahn" 1952.

133. Slezak, F., u. H. Seelmeier: Die Bodenverfestigungen im Bereich des Rohrstollens beim Krafthaus Schwarzach im Pongau. Baumaschine u. Bautechnik 7 (1960) H. 5.

134. Sonderegger, A.: Spritzbeton im Stollenbau. Schweiz. Bauztg. 74 (1956) H. 14.

135. Spackeler, G.: Der heutige Stand der Gebirgsdruckforschung. Internationale Gebirgsdrucktagung Leoben 1950, Wien: Urban 1950.

136. Spilker, A.: Mitteilung über die Messung der Kräfte in einer Baugrubenaussteifung. Bautechnik 15 (1937) H. 1.

137. Stambach, E.: Über die Ausführung des Wasserkraftwerkes Ackersand II. Schweiz. Bauztg. 77 (1959) H. 5.

138. Stini, J.: a) Unsere Täler wachsen zu. Geologie u. Bauwesen 13 (1941) H. 3. — b) Nochmals der Talzuschub. Geologie u. Bauwesen 14 (1942) H. 1. — c) Neuere und ältere Vorschläge zur Einschätzung des Gebirgsdruckes. Internationale Gebirgsdrucktagung Leoben 1950, Wien: Urban 1950. — d) Tunnelbaugeologie, Wien: Springer 1950. — e) Der Gebirgsdruck und seine Berechnung. Geologie u. Bauwesen 19 (1952) H. 3. — f) Felsgrundbrüche von Wasserkraftanlagen. Geologie u. Bauwesen 22 (1956) H. 3—4. — g) Stini, J., u. H. Petzny: Wassersprengung und Sprengwasser. Geologie u. Bauwesen 22 (1956) H. 2.

139. Studer, H.: Das Kraftwerk Amsteg der Schweizerischen Bundesbahnen. Schweiz. Bauztg. 86 (1925) H. 23.

140. Sulzer, P.: Projekt eines schweizerischen Prototyp-Atomkraftwerkes. Mitteilungsblatt Nr. 4/1958 des Delegierten für Fragen der Atomenergie.

141. Swida, W.: Über die Beanspruchung in vorgespannten Druckstollen. Bautechnik 36 (1959) H. 4.

142. Talobre, J.: a) Dix ans de mesures de compression interne des roches; progrès et résultats pratiques, Geologie u. Bauwesen 25 (1960) H. 2/3. — b) Die statischen Verhältnisse tiefliegender Wasserstollen. Travaux, Nov. 1949.

143. Tertsch, H.: Die Festigkeitserscheinungen der Kristalle, Wien 1949.

144. Terzaghi, K.: a) Erdbaumechanik auf bodenphysikalischer Grundlage, Leipzig/Wien: Deuticke 1925. — b) Theoretical Soil Mechanics, 5. Aufl., London: Chapman & Hall u. New York: Wiley 1948. — c) Rock defects and loads on tunnel supports. 1945/46.
145. Terzaghi, K., u. R. Jelinek: Theoretische Bodenmechanik, Berlin/Göttingen/Heidelberg: Springer 1954.
146. Torperczer, M.: Geophysik. Taschenbuch des Wissens, Bd. 2, Wien: Bondi 1951.
147. Tremmel, E.: a) Die Beanspruchung von Druckschachtpanzerungen im anisotropen Gebirge. Geologie u. Bauwesen 23 (1957) H. 2. — b) Zur Klarstellung der geomechanischen Terminologie. Geologie u. Bauwesen 25 (1960) H. 2/3. — c) Zur Abschätzung des Einflusses der unvollkommenen Zugspannungsübertragung im zerklüfteten Gebirge auf die Beanspruchung von Druckschachtpanzerungen. (Diskussionsbeitrag). Geologie u. Bauwesen 25 (1960) H. 2/3.
148. Tremmel, E., u. K. Rienössl: Der Kraftabstieg des Kraftwerkes Schwarzach. Öst. Zeitschrift für Elektrizitätswirtschaft 12 (1959) H. 2.
149. Tschernig, E.: Neuere Beobachtungen über Gebirgsdruckerscheinungen im alpinen Blei-Zinkerzbau. Internationale Gebirgsdrucktagung Leoben 1950, Wien: Urban 1950.
150. Übelacker, R.: Der Möllstollen. Die Oberstufe des Tauernkraftwerkes Glockner—Kaprun, Festschrift 1955.
151. Übelacker, R., u. W. Hosnedl: Die Baudurchführung des Salzach-Umleitungsstollens des Kraftwerkes Schwarzach. Öst. Zeitschrift für Elektrizitätswirtschaft 12 (1959) H. 2.
152. Vonplon, R.: Dehnungsmessungen im Druckstollen des Juliawerkes Tiefencastel. Schweiz. Bauztg. 73 (1955) Nr. 14.
153. Walch, O.: Die Auskleidung von Druckstollen und Druckschächten, Berlin: Springer 1926.
154. Walther, R.: Vorgespannte Felsanker. Schweiz. Bauztg. 77 (1959) H. 47.
155. Weber, H.: Bohrhämmer im Montblanc. Tiefbau 1 (1959) H. 1.
156. Wenzel, K.: Aus der Projektierung für die Kraftwerksgruppe Hinterrhein; Die Bestimmung elastischer Eigenschaften von anstehendem Fels durch Ultraschall-Sondierung. Schweiz. Bauztg. 77 (1959) H. 30.
157. Wiedemann, K.: Stollenbauten in neuzeitlicher Technik, 6. Aufl., Berlin: Ernst & Sohn 1952.
158. Wiesmann, E.: a) Ein Beitrag zur Frage der Gebirgs- und Gesteinsfestigkeit. Schweiz. Bauztg. 53 (1909). — b) Über Gebirgsdruck. Schweiz. Bauztg. 60 (1912) S. 87ff.
159. Willmann, E.: Über einige Gebirgsdruckerscheinungen in ihren Beziehungen zum Tunnelbau, Leipzig: Engelmann 1911.
160. Wöhlbier, H.: Grundlagen und Zweckforschung auf dem Gebiete des Gebirgsdruckes. Internationale Gebirgsdrucktagung 1950, Wien: Urban 1950.
161. Wogrin, A.: Sulfatbeständiger Beton. Öst. Zeitschrift für Elektrizitätswirtschaft 12 (1959) H. 2.
162. Hildebrand, W.: Möglichkeiten und Probleme des Tunnelbohrens in extrem harten Gebirgen. Baumaschine- und Technik 14 (1967) H. 12.
163. Kastner, H.: Der Seitendruck im Lockerboden und im Fels der Erdkruste. Mitt. d. Inst. f. Grundbau und Bodenmechanik an der T. H. Wien, 5 (1963).
164. Kastner, H.: Das Werden der großen Faltengebirge, Versuch einer geomechanischen Deutung ihrer Genesis. Felsmechanik und Ingenieurgeologie 6/612 (1968).
165. Lauffer, H.: Vorspanninjektionen für Druckstollen. Bauingenieur 43 (1968) H. 7.
166. Sattler, K.: Neuartige Tunnelmodellversuche, Ergebnisse und Folgerungen. Felsmechanik und Ingenieurgeologie 137 (1968).
167. Scheidegger, F.: Die Leistung mechanischer Vortriebssysteme im Tunnelbau. Öst. Ingenieurzeitschrift 14 (1969) H. 2.
168. Veder, Ch.: Bodenstabilisierung durch Ausschaltung von Grenzflächenerscheinungen. Felsmechanik und Ingenieurgeologie IV (1968) 9—24.

721/29/70